Buchführung und Finanzberichte

Hans Peter Möller
Bernd Hüfner

Buchführung und Finanzberichte

Grundlagen, Theorie und Anwendung

3., aktualisierte Auflage

ein Imprint von Pearson Education

München • Boston • San Francisco • Harlow, England
Don Mills, Ontario • Sydney • Mexico City
Madrid • Amsterdam

Bibliografische Information der Deutschen Nationalbibliothek

Die Deutsche Nationalbibliothek verzeichnet diese Publikation in der Deutschen National-
bibliografie; detaillierte bibliografische Daten sind im Internet über *http://dnb.d-nb.de* abrufbar.

Umwelthinweis:
Dieses Produkt wurde auf chlorfrei gebleichtem Papier gedruckt.
Die Einschrumpffolie – zum Schutz vor Verschmutzung – ist aus
umweltverträglichem und recyclingfähigem PE-Material.

10 9 8 7 6 5 4 3 2 1

12 11 10 09

ISBN 978-3-86894-016-9

© 2009 Pearson Studium
ein Imprint der Pearson Education Deutschland GmbH,
Martin-Kollar-Straße 10-12, D-81829 München/Germany
Alle Rechte vorbehalten
www.pearson-studium.de
Lektorat: Christian Schneider, cschneider@pearson.de
Korrektorat: Barbara Decker, München
Einbandgestaltung: Thomas Arlt, tarlt@adesso21.net
Titelbild: Getty Images, Auenstraße 5, 80469 München
        Fotograf: artpartner-images
Herstellung: Elisabeth Prümm, epruemm@pearson.de
Satz: mediaService, Siegen (www.media-service.tv)
Druck und Verarbeitung: Kösel, Krugzell (www.KoeselBuch.de)

Printed in Germany

Inhaltsübersicht

Inhaltsverzeichnis

Kapitel 5 Behandlung von relevanten Ereignissen während des Abrechnungszeitraums 179

Vorwort

Viele Unternehmen lassen ihr Rechnungswesen von Dientleistern durchführen. Sie konzentrieren sich dann hauptsächlich auf die Interpretation ihrer Finanzberichte und neigen dazu, die grundlegenden Fragen der Konzeption und der Buchungstechnik zu verdrängen. Ähnliche Tendenzen findet man auch in der akademischen Lehre. Mit diesem Buch streben die Autoren trotz dieser Entwicklungen eine solide Ausbildung auf einem grundlegenden Gebiet des Rechnungswesens an.

Mit dem vorliegenden Buch versuchen wir, theoretische Konzepte mit weitgehend einem einzigen praktischen Beispiel und dazu passenden Aufgaben zu verknüpfen. Das Buch wird mit seinem Übungsmaterial seit 2004 erfolgreich in der akademischen Lehre eingesetzt und seither ständig weiterentwickelt. Die gegenwärtige Auflage bezeichnen wir als von „Studenten getestet", weil alle Anregungen von Studenten mehrerer Jahrgänge im Text und bei den Fragen und Aufgaben berücksichtigt wurden. Zusätzlich wurde der Text, unter anderem wegen der jüngsten Änderungen des deutschen Handelsgesetzbuchs, nochmals gründlich überarbeitet

Das Buch enthält viele Möglichkeiten, sich erfolgreich mit dem Stoff zu befassen:

- den Lehrtext mit vielen Beispielen,
- eine Menge von Kontrollfragen, die sich auf den Lehrtext beziehen
- sowie zahlreiche Übungsaufgaben mit ihren Ergebnissen.

Zum Aufbau des Buches

Im Vergleich zu früheren Ausgaben und Nachdrucken wurde das gesamte Buch auch hinsichtlich der Übungsaufgaben überarbeitet. Dabei wurde der Text an vielen Stellen verständlicher und klarer gefasst. Die Überarbeitung bezog sich auf alle Kapitel. Insbesondere die Kapitel 5 bis 8 der früheren Auflagen wurden neu konzipiert. Den Stoff findet man nun in den neuen Kapiteln 5 bis 7. Kapitel 8 ist damit entfallen. Es gibt jetzt ein Kapitel für die Verbuchung von Ereignissen, die man als Geschäftsvorfälle bezeichnet, eines für die Verbuchung der anderen relevanten Ereignisse und eines für die Wege, aus der Buchführung Finanzberichte zu erstellen.

Arbeiten und Lernen mit diesem Buch

Jedes Kapitel enthält Beispiele zur Verdeutlichung und Vertiefung der theoretischen Aussagen. Die meisten dieser Beispiele finden sich jetzt in eigenen Abschnitten, so dass man sie beim Lernen leicht überspringen oder bewusst auswählen kann. Am Ende jedes Kapitels findet man Literaturhinweise und Übungsmaterial. Die Literaturhinweise beziehen sich in vielen Fällen nicht auf andere grundlegende Werke der Buchführung, sondern auf spezielle Veröffentlichungen zu einigen angesprochenen Punkten. Das Übungsmaterial besteht aus Fragen mit Antworten, Kontrollfragen ohne Antworten und Übungsaufgaben. Die Fragen mit Antworten beziehen sich auf besonders wichtige Sachverhalte, die der Lernende unbedingt verstanden haben sollte. Die Kontrollfragen sollen der Prüfung dienen, ob der Lernende den Lehrtext verstanden hat. Die Übungsaufgaben stellen auf die Beispiele im Text ab; sie erweitern diese Beispiele aber auch.

Zusatzmaterialien auf der Website zu diesem Buch

Unter *www.pearson-studium.de* steht den Lernenden zu jedem Kapitel eine umfangreiche Sammlung von Multiple-Choice-Aussagen zur Verfügung. Dozenten finden zur Herstellung von Folien einen Datensatz für den Unterricht sowie eine Sammlung ausführlicher Musterlösungen für alle Aufgaben. Darüber hinaus bieten die Autoren allen Lesern die Möglichkeit, aus dem Buch entwickelte weitere Aufgaben unter *www.buchfuehrung.rwth-aachen.de* zu bearbeiten, deutlich auf Lösungsfehler hingewiesen zu werden und bei Bedarf die jeweilige Musterlösung dazu abrufen zu können.

Danksagungen

Dank schulden die Autoren dem Verlag für die kompetente Unterstützung bei der Anfertigung des Buchs. Die Autoren danken ferner den Mitarbeitern des Lehrstuhls für Unternehmensrechnung und Finanzierung der RWTH Aachen, insbesondere den Herren Dr. Holger Ketteniss und Marc Wu, der Unterstützung durch die Fakultät für Wirtschaftswissenschaften mit Herrn Dipl.-Kfm. Marcus Gerards, den Mitarbeitern des Lehrstuhls für Rechnungslegung und Controlling der Friedrich-Schiller-Universität Jena, insbesondere Frau Theresia van Reimersdahl, dem sehr sorgfältigen Lektor des Verlags und vielen anderen Lesern für ihre Unterstützung beim Beseitigen von Fehlern. Für Fehler, die bisher nicht entdeckt und beseitigt wurden, übernehmen sie die volle Verantwortung.

Hans Peter Möller
Bernd Hüfner
Aachen und Jena

Zwecke und Zielgrößen der Finanzberichte von Unternehmen

1

ÜBERBLICK

Lernziele

Nach dem Studium dieses Kapitels sollten Sie in der Lage sein,

■ die Rollen der Buchführung und des betriebswirtschaftlichen Rechnungswesens in Unternehmen zu verstehen,

■ die Bedeutung von Buchführungszahlen im Rahmen des Rechnungswesens für Unternehmer zu erkennen, sowohl in der Rolle von Unternehmensleitern als auch in der von Eigenkapitalgebern,

■ einige Fachbegriffe der Buchführung und der Betriebswirtschaftslehre verwenden zu können,

■ einige Anforderungen zu kennen, die üblicherweise an Informationsinstrumente gestellt werden, insbesondere an Instrumente zur Darstellung von Eigenkapital und Einkommen,

■ ein Verständnis dafür zu erlangen, wie die Finanzberichte, insbesondere eine Bilanz, eine Einkommensrechnung und eine Eigenkapitaltransferrechnung, aussehen und

■ zu wissen, welche beruflichen Möglichkeiten sich bei Kenntnis der Buchführung und des betriebswirtschaftlichen Rechnungswesens ergeben.

Überblick

Der Inhalt des Kapitels dient der Darstellung wichtiger Zwecke und Zielgrößen der Buchführung im Rahmen des betriebswirtschaftlichen Rechnungswesens. Allgemein gesprochen stellt die Buchführung ein Instrument zur organisierten Abbildung der finanziellen Lage eines Unternehmens aus Sicht des Unternehmers oder der Unternehmer dar. Wir unterstellen der Einfachheit halber zunächst, der Unternehmer sei eine einzige Person. Später unterscheiden wir Fälle, in denen wir den Unternehmer in zwei Rollen sehen, möglicherweise auch als viele unterschiedliche Personen. Der Unternehmer leitet nicht nur das Unternehmen, er gibt auch freiwillig Kapital in das Unternehmen. Dies tut er ohne einen formalen Anspruch auf Rückzahlung. Wenn das Unternehmen von anderen Personen geleitet wird als von denjenigen, die das Kapital einbringen, bezeichnen wir die eine Personengruppe als Manager und die andere als Eigenkapitalgeber.

Für andere Personengruppen mit direkten rechtlichen Ansprüchen gegenüber dem Unternehmen, beispielsweise Beschäftigten oder Banken, bei denen das Unternehmen ein Darlehen aufgenommen hat, liefert die Buchführung nur mittelbare Informationen. Die rechtlichen Ansprüche dieser Personengruppen werden gegenüber denjenigen des Unternehmers vorrangig bedient, da der Unternehmer sich mit dem zufrieden geben muss, was nach Ausgleich aller formalen Ansprüche Fremder übrig bleibt.

Die Abbildung der finanziellen Lage kann auf den Betrag ausgerichtet sein, der dem Unternehmer zu einem Zeitpunkt aus dem Unternehmen zustünde. Diesen Betrag nennen wir Eigenkapital. Sie kann auch auf den Betrag abzielen, der in einem Zeitraum durch die Unternehmenstätigkeit (und nicht durch finanzielle Transaktionen zwischen dem Unternehmer und dem Unternehmen) entstanden ist oder vernichtet wird. Diesen Betrag nennen wir Einkommen. Ist das Einkommen positiv, sprechen wir von Gewinn, ist es negativ, von Verlust. Eigenkapital- und Einkommensaspekte werden in diesem Buch gemeinsam behandelt, aber in verschiedenen Finanzberichten dargestellt, in der Bilanz und in der Einkommensrechnung. Darüber hinaus wird in der Kapitalflussrechnung die Liquiditätslage des Unternehmens dargestellt.

Im ersten Kapitel geht es zunächst darum, welche Informationen man mit der Buchführung ermitteln möchte. Im Vordergrund der Darstellung steht dabei der Zweck, den Unternehmer zu informieren. Es wird unterstellt, dieser sei hauptsächlich an der Ermittlung des ihm zustehenden Eigenkapitals des Unternehmens und an der Ermittlung des auf ihn entfallenden Einkommens des Unternehmens interessiert. Eigenkapital und Einkommen von Unternehmen kann man daher als die Zielgrößen der Buchführung und des betriebswirtschaftlichen Rechnungswesens betrachten. Das gesamte Vorgehen der Buchführung stellt auf die Ermittlung dieser beiden Größen ab.

Der Aussagegehalt des errechneten Eigenkapitals und Einkommens von Unternehmen hängt davon ab, wie man die Ermittlung dieser Eigenkapital- und Einkommensgrößen vornimmt. Eine besondere Rolle spielen dabei die Annahmen, die man über das Unternehmen trifft sowie über die Eigenschaften, die man sich von den Darstellungen wünscht. Derartige Überlegungen muss man angestellt haben, wenn man sinnvoll und vollständig Buchführung betreiben möchte. Üblicherweise werden solche Überlegungen aber nicht der Buchführung, sondern dem betriebswirtschaftlichen Rechnungswesen zugeordnet. Wir wollen in diesem Buch verstehen, wie die Buchführung funktioniert. Deswegen befassen wir uns auch mit den Teilen des betriebswirtschaftlichen Rechnungswesens, die eine Grundlage der Buchführung darstellen.

Die Zahlen der Buchführung werden zu Finanzberichten zusammengefasst. Wir wollen nicht darüber streiten, ob man solche Finanzberichte der Buchführung oder dem betriebswirtschaftlichen Rechnungswesen zuordnet. Wir betrachten alles, was zum Verständnis der Buchführung und zur Erstellung der Finanzberichte notwendig erscheint. In einem weiteren Abschnitt des Kapitels geben wir beispielhaft für ein Unternehmen die wichtigen mit der Buchführung zusammenhängenden Finanzberichte an.

Der vorletzte Abschnitt des Kapitels führt die Berufschancen im Bereich der Buchführung und des betriebswirtschaftlichen Rechnungswesens kurz auf. Im Unternehmen zählen dazu der Beruf des Buchhalters ebenso wie die vielen Tätigkeiten in der kaufmännischen Unternehmensleitung. Außerhalb von Unternehmen ist an alle zu denken, die von der Geschäftsführung ausgeschlossen sind, an den Anteilseigner ebenso wie an den Steuerberater, an den sogenannten Wirtschaftsprüfer und an den Unternehmensberater.

Im letzten Abschnitt des Kapitels wird Übungsmaterial angeboten: Fragen zum Inhalt mit Antworten, Fragen zur Verständniskontrolle ohne Antworten und einige Aufgaben zum Selbststudium mit Ergebnissen.

Wir haben kurz erwähnt, dass die Begriffe „betriebswirtschaftliches Rechnungswesen" und „Buchführung" nicht miteinander verwechselt werden sollten. „Betriebswirtschaftliches Rechnungswesen" ist der umfassende Begriff. Mit „Buchführung" wird bei enger Begriffsabgrenzung der Teil des „betriebswirtschaftlichen Rechnungswesens" beschrieben, in dem es primär um die Prozesse der organisierten Erfassung und Aufzeichnung ökonomisch relevanter Vorgänge geht. Wir verwenden den Begriff hier jedoch in einem umfassenderen Sinn, der auch die Erstellung von Finanzberichten einschließt.

1.1   Zwecke der Buchführung

1.1.1   Information des Unternehmers

Betriebswirtschaftliches Rechnungswesen zur Dokumentation der Unternehmenstätigkeit und zur Entscheidungsunterstützung von Unternehmern

Die Buchführung lässt sich zusammen mit dem betriebswirtschaftlichen Rechnungswesen als ein Informationsinstrument von Unternehmern auffassen. Darin werden die finanziellen Konsequenzen von Entscheidungen und Ereignissen im Unternehmen aus der Sicht des Unternehmers abgebildet. Die Abbildungen werden zu Finanzberichten zusammengefasst und spätestens dann Entscheidungsträgern im Unternehmen unterbreitet.[1] In ihnen wird in Geldeinheiten über das Unternehmen berichtet. Die Berichte liefern Informationen über die Vergangenheit und – wesentlich wichtiger – über die Zukunft. Sie sollen helfen, gute Entscheidungen zu treffen. „Wie viel Kapital steckt in meinem Unternehmen? Wie groß war der Gewinn des abgelaufenen Jahres? Macht mein Unternehmen immer noch Gewinn? Soll ich zusätzliches Personal einstellen? Verdiene ich genug Geld, um meine Miete zahlen zu können? Muss ich zusätzliches Kapital von fremden Personen oder Institutionen aufnehmen?" – Antworten auf solche einfach klingenden Fragen werden zur Beurteilung und Steuerung von Unternehmen benötigt, können aber nur nach mühsamen Rechnungen unter bestimmten Annahmen gegeben werden. Im Rahmen ihres Rechnungswesens sammeln Unternehmer daher Informationen über ihr Unternehmen, insbesondere berücksichtigen sie dabei alle Ein- und Auszahlungen. Sie hoffen, daraus Antworten auf solche und andere Fragen ermitteln zu können. Abbildung 1.1 verdeutlicht die Rolle des betriebswirtschaftlichen Rechnungswesens eines

---

1   In der deutschsprachigen Literatur ist es bisher üblich, in Anlehnung an das deutsche Handelsgesetzbuch vom Jahresabschluss zu sprechen. Darunter werden traditionell eine „Bilanz", eine „Gewinn- und Verlustrechnung" sowie ein „Anhang" verstanden. Angesichts der zunehmenden Ausweitung der Berichtspflichten auf zusätzliche Rechenwerke und wegen der Forderung nach einer Berichterstattung für kürzere Zeiträume als einem Jahr wird hier nicht mehr vom Jahresabschluss gesprochen, sondern allgemein von Finanzberichten.

Unternehmens in einem Entscheidungskontext. Die Striche mit den Pfeilenden kennzeichnen darin den Informationsfluss.

Abbildung 1.1:
Buchführung und
betriebswirtschaftliches
Rechnungswesen im
Entscheidungskontext
eines Unternehmens

Die Buchführung eines Unternehmens dokumentiert die finanziellen Konsequenzen von Ereignissen, die den Unternehmer berühren, letztlich, um das ihm zustehende Eigenkapital zu einem Zeitpunkt und sein Einkommen während eines Zeitraums zu bestimmen. Eigenkapital und Einkommen sind Größen, die man nicht messen, sondern nur errechnen kann. Unternehmer haben keine andere Möglichkeit, solche Zahlen zu ermitteln, als die in der Buchführung und im betriebswirtschaftlichen Rechnungswesen aufgezeigten. Die Ereignisse, deren Konsequenzen im Rahmen der Buchführung abgebildet werden, bezeichnet man als die für die Buchführung relevanten Ereignisse. Der Unternehmer selbst beziehungsweise seine Manager arbeiten mit diesen Zahlen. Sie benutzen sie zur Festsetzung finanzieller Ziele und zur Steuerung des Zielerreichungsprozesses.

Hauptzweck: Information über die Eigenkapital- und Einkommenskonsequenzen aller Ereignisse, die den Unternehmer berühren

Viele Personen oder Institutionen, die Entscheidungen treffen – im Rahmen der Entscheidungslehre auch als Entscheidungsträger bezeichnet – benötigen darüber hinaus Informationen, wie sie die Buchführung liefert. Dies gilt für Privatleute ebenso wie für Investoren am Kapitalmarkt, die über die Anlage in Aktien auf der Basis erwarteter Renditen und Risiken entscheiden. Sie analysieren die Finanzberichte der hinter den Aktien stehenden Unternehmen. Ähnliches gilt für Kreditgeber. Darüber hinaus verpflichten die Steuerbehörden vieler Länder ihre Unternehmen sogar dazu, ein Rechnungswesen nach steuerrechtlichen Regeln zu betreiben, aus dem sich die Höhe vieler Steuerarten errechnet.

Nebenzweck: Information auch für andere Personengruppen und Behörden

Die gerade verwendeten Formulierungen betreffen zum Teil Unternehmen, in denen keine Übereinstimmung zwischen den Personen besteht, die das Unternehmen leiten, und denen, die es mit Eigenkapital versorgen. In solchen Fällen gibt es nicht mehr nur einen einzigen Unternehmer; seine Rolle als Unternehmensleiter und Investor entfällt auf das Management und auf die Anteilseigner.[2] Dann kann man zwischen unternehmensinternen und unternehmensexternen Nutzern unter-

Unternehmensexterne und unternehmensinterne Adressaten

---

2 Die aus einer solchen Rollenverteilung des Unternehmers resultierenden Probleme wurden erstmals ausführlich von Berle, A.A./Means, G.C. (1932) beschrieben.

scheiden. Unternehmensinterne Nutzer sind diejenigen, welche Entscheidungen im Unternehmen treffen, unternehmensexterne sind all diejenigen, die von der Unternehmensleitung ausgeschlossen sind. Dementsprechend lässt sich auch das betriebswirtschaftliche Rechnungswesen mit der Buchführung in zwei Bereiche unterteilen. Einer dieser Bereiche betrifft den nur für die Unternehmenssteuerung gedachten Bereich und ein anderer denjenigen, der an Außenstehende weitergegeben wird. Daraus folgt die Unterscheidung zwischen dem internen Rechnungswesen und dem externen Rechnungswesen. Während das externe Rechnungswesen hauptsächlich auf die Informationsbedürfnisse unternehmensexterner Eigenkapitalgeber ausgerichtet sein sollte, dient das interne Rechnungswesen vorwiegend der Entscheidungsunterstützung unternehmensinterner Entscheidungsträger.

Gefahr in Unternehmen durch „unsaubere" Informationspolitik der Unternehmensleitung gegenüber Außenstehenden

Soweit die Buchführung und das betriebswirtschaftliche Rechnungswesen zur Informationsvermittlung an Gruppen dienen, die von der Unternehmensführung ausgeschlossen sind und keine rechtlichen Ansprüche besitzen, haben sie auch ethischen Normen zu genügen. Das gilt insbesondere für Situationen, in denen es dem Informanten, hier der Unternehmensleitung, unangenehm ist, seine Informationen preiszugeben. Zu denken ist beispielsweise an die Information von Managern in Situationen, in denen Unternehmen wegen der Schaffung und Ausnutzung monopolähnlicher Marktstellungen und demzufolge hohen Gewinnen die Zerschlagung droht. Ein ähnliches Beispiel liegt vor, wenn die Geschäfte sehr schlecht „gelaufen" sind und die Unternehmensleitung daher befürchten muss, abgelöst zu werden. In solchen Fällen kann das Management geneigt sein, Informationen des Rechnungswesens, die nach außen gegeben werden, in seinem Sinne zu verzerren. Die Verlockung dazu ist umso größer, je höher die finanziellen Konsequenzen der Probleme für die Unternehmensleitung sind.

Lösungsvorschlag: Bindung der Informationsproduzenten an Verhaltensregeln oder Einsetzung in die Eigenkapitalgeberrolle

Unternehmen versuchen solche ethischen Probleme durch Bindung der Unternehmensleitung an interne Verhaltenskodizes oder durch Rollenvereinigung zu minimieren. Von einer Rollenvereinigung kann man beispielsweise sprechen, wenn man durch geeignete Maßnahmen die Manager teilweise in die Rolle von Anteilseignern versetzt, indem man ihnen den Aktienkauf attraktiv anbietet. Außenstehende Interessenten, z.B. institutionelle Anleger, versuchen ebenfalls, Fehlinformationen seitens der Unternehmensleitungen zu vermeiden, z.B. dadurch, dass sie dem Management die Einhaltung bestimmter Verhaltensregelungen nahelegen.[3] Auch der Berufsstand derer, die das Rechnungswesen von Gesellschaften im Interesse Außenstehender prüfen – in Deutschland der Berufsstand der Wirtschaftsprüfer in der Rolle als Finanzberichtsprüfer, in den USA derjenige der *Certified Public Accountants* in der Rolle des *Auditors* –, hat es sich zur Aufgabe gemacht, bei seinen Prüfungen ethische Gesichtspunkte zu beachten.

---

3   So können beispielsweise Wertpapierfonds vom Management die Einhaltung eines vorgegebenen Verhaltens verlangen, bevor sie Aktien eines Unternehmens kaufen.

1.1.2 Information über Eigenkapital, Einkommen und Eigenkapitaltransfers

Ein wesentlicher Zweck der Buchführung und des betriebswirtschaftlichen Rechnungswesens besteht darin, die finanzielle Lage des Unternehmens darzustellen. Dazu sind die vom Unternehmer im Unternehmen eingesetzten Mittel, das Eigenkapital, ebenso zu bestimmen wie das Wachstum dieser Mittel im Rahmen der Unternehmenstätigkeit. Die aus der Unternehmenstätigkeit erwachsende Veränderung der vom Unternehmer eingesetzten Mittel wird im vorliegenden Buch als Einkommen bezeichnet. Darüber hinaus verändert sich das Eigenkapital durch Eigenkapitaltransfers. Darunter verstehen wir Einlagen und Entnahmen der Unternehmer aus ihrem privaten Bereich in das Unternehmen oder aus dem Unternehmen in ihren privaten Bereich. Wir verwenden damit in diesem Buch die Bestandsgröße Eigenkapital mit den Veränderungsgrößen Einkommen und Eigenkapitaltransfers.

Eigenkapital und seine Veränderungen: Einkommen und Eigenkapitaltransfers

Während der Begriff des Eigenkapitals in der Literatur weitgehend akzeptiert ist, erscheinen für den Begriff des Einkommens viele unterschiedliche Ausdrücke. Wir verwenden den Begriff „Einkommen" für die vielen Bezeichnungen, die etwas Ähnliches aussagen sollen. Im deutschen Steuerrecht beispielsweise werden dafür die Bezeichnungen „Einkommen aus Gewerbebetrieb" und „Gewinn" beziehungsweise „Verlust" gebildet. Das „Einkommen aus Gewerbebetrieb" kann positiv, null oder negativ sein. Im deutschen Handelsrecht werden die Begriffe „Jahresüberschuss" und „Konzernüberschuss" verwendet, wenn das Einkommen positiv ist. Die Begriffe „Jahresfehlbetrag" und „Konzernfehlbetrag" zieht man heran, wenn es negativ ist. In der Betriebswirtschaftslehre werden auch die Begriffe „Erfolg" und „Ergebnis" benutzt. Sind diese Größen positiv, wird von „Gewinn", sonst von „Verlust" gesprochen. In der englischen Sprache haben sich im Zusammenhang mit dem Einkommen die Begriffe *net income, net loss, profit* und *loss* eingebürgert.

Begriffsvielfalt in der Literatur

Insbesondere in großen Unternehmen benötigt man Hilfsmittel zur Beurteilung von Investitionen, von Standorten, von Beschäftigten sowie zur Planung von anderen Entscheidungen. Die Buchführung und das betriebswirtschaftliche Rechnungswesen können der Unternehmensleitung helfen, das Unternehmen zu steuern, wenn die Steuerung an den vom Unternehmer eingesetzten Mitteln und an deren Mehrung oder Minderung durch die Unternehmenstätigkeit orientiert ist. Andere, nicht finanzielle Ziele des Unternehmers bleiben unberücksichtigt.

Eigenkapital und Einkommen als Steuerungsgrundlage

Das Einkommen dient nicht nur der Unternehmenssteuerung, sondern auch der Bestimmung einkommensabhängiger Zahlungen; man denke beispielsweise an einkommensabhängige Tantiemen oder einkommensabhängige Beiträge.

Einkommen zur Bestimmung einkommensabhängiger Zahlungen

1.1.3 Informationsabhängigkeit von Rechtsform und Organisationsstruktur

Ausgestaltung des finanziellen Rechnungswesens abhängig von mehreren Einflussgrößen

Die handelsrechtliche Pflicht zur Buchführung und die Art der Ausgestaltung der Buchführung hängen in Deutschland unter anderem davon ab, wie groß das Unternehmen ist und in welcher Rechtsform oder in welchem Kontext es betrieben wird. Im Wesentlichen kann man hinsichtlich der Buchführungspflicht zwei Größenklassen, drei grundlegend verschiedene Typen von Rechtsformen sowie zwei Kontextsituationen voneinander unterscheiden.

Mindestgröße für Buchführungspflicht

Hinsichtlich der Größe sieht das dHGB nach §241a dHGB eine Buchführungspflicht nur für Unternehmen vor, die an zwei aufeinanderfolgenden Bilanzstichtagen jeweils einen Umsatz von mehr als 500000 Euro und einen Gewinn von mehr als 50000 Euro vorweisen. Für kleinere Unternehmen besteht keine handelsrechtliche Buchführungspflicht.

Rechtsformbezogene Buchführungspflicht

Bezüglich der Rechtsform unterscheidet das dHGB das von einem einzelnen Unternehmer in einer einzigen Rechtsform geführte Unternehmen, diverse Formen von Personengesellschaften, teilweise mit Haftungsbegrenzung einzelner Gesellschafter, und die Kapitalgesellschaft mit genereller Haftungsbegrenzung in Form der Gesellschaft mit beschränkter Haftung (GmbH), der Aktiengesellschaft (AG) und der eingetragenen Genossenschaft (eG). Darüber hinaus gibt es Mischformen wie die Kommanditgesellschaft auf Aktien (KGaA), die hier nicht weiter angesprochen werden. Die Unterschiede hängen damit zusammen, dass die Betreiber eines Unternehmens je nach dessen Rechtsform in einer anderen Rolle mit jeweils unterschiedlichem Informationsbedarf stecken. Die europäischen Regeln zur Buchführung und Rechnungslegung, wie sie sich aus der vierten und aus der siebten Richtlinie der Europäischen Gemeinschaft[4] ergeben, gehen auf diese Unterschiede ein.

Kontextbezogene Buchführungspflicht

Für die *International Financial Reporting Standards* (*IFRS*), die derzeit in Europa von Gesellschaften mit Kapitalmarktbezug anzuwenden sind, sieht das deutsche Handelsrecht ebenfalls eine Buchführungspflicht vor.

Komplikationen bei Unternehmen, die nicht zur Buchführung verpflichtet sind

Komplikationen entstehen immer dann, wenn ein Unternehmen so organisiert ist, dass es als ökonomische Einheit aus mehreren rechtlich selbstständigen Einheiten besteht. Die Buchführungspflicht liegt nach europäischem Recht dann nur bei den rechtlich selbstständigen Einheiten, nicht aber bei der ökonomischen Einheit. Das Eigenkapital und das Einkommen des Unternehmens als ökonomische Einheit zu ermitteln, bereitet Probleme, die in diesem Buch nur am Rande behandelt werden.

Wir skizzieren die Grundlagen der Buchführung für jeweils als rechtlich selbstständige Einheiten aufgefasste Typen von Unternehmen.

Unternehmen in einer einzigen Rechtsform, die von einem einzigen Unternehmer geführt werden

■ Unternehmen, die in einer einzigen Rechtsform von einem einzigen Unternehmer geführt werden, der über alle Vermögensgüter des Unternehmens verfügen und alle Schulden beeinflussen kann, sind meist klein. Es ist selbstverständlich, dass die Buchführung eines solchen

---

4 Die vierte EG-Richtlinie wurde 1978 und die siebte EG-Richtlinie 1983 erlassen. Seither hat es kleinere Korrekturen gegeben, so dass die letzte Veröffentlichung im Jahre 2007 stattgefunden hat.

Unternehmens nicht die privaten Vermögensgüter und Geschäfte des Unternehmers umfasst, obwohl dieser für die Schulden seines Unternehmens auch persönlich mit seinem privaten Vermögen haftet. Es ist auch klar, dass es gerade in solchen Unternehmen eine Fülle von Sachverhalten gibt, die je nach Interpretation des Unternehmers dessen Privatbereich oder das Unternehmen betreffen. Solche Unternehmen besitzen rechtlich eine endliche Lebensdauer. Sie werden durch die Entscheidung des Unternehmers zur Übergabe, zur Schließung oder durch dessen Tod beendet. Der Unternehmer kann alles über sein Unternehmen selbst in Erfahrung bringen. Schlechte Entscheidungen betreffen letztlich nur ihn. Deswegen erlauben die Regeln zur Buchführung und zur Finanzberichterstellung für solche Unternehmen – wenn sie denn nicht von der Buchführung befreit sind – viel Ermessen seitens des Buchhalters beziehungsweise Unternehmers.

■ Unternehmen in einer einzigen Rechtsform, die von mehreren Unternehmern geführt werden, heißen Personengesellschaften. Personengesellschaften sollten aus mindestens zwei Personen bestehen, den Gesellschaftern, die alle am Eigenkapital, am Einkommen und an den Eigenkapitaltransfers des Unternehmens beteiligt sind. Das Unternehmen wird im Rechnungswesen getrennt von der privaten Sphäre der Gesellschafter behandelt. Mindestens einer der Gesellschafter haftet voll mit seinem privaten Vermögen. Personengesellschaften kommen in Deutschland als stille Gesellschaften, als offene Handelsgesellschaften (oHG) oder bei Haftungsbegrenzung Einzelner als Kommanditgesellschaften (KG) vor.[5] In stillen Gesellschaften beteiligt der Unternehmer weitere Personen am Eigenkapital und am Einkommen des Unternehmens, die jedoch nur im Innenverhältnis in Erscheinung treten. Nach außen hin ist eine stille Gesellschaft nicht von einem Unternehmen zu unterscheiden, das von einem einzigen Unternehmer in einer einzigen Rechtsform geführt wird. In offenen Handelsgesellschaften haften alle Gesellschafter mit ihrem privaten Vermögen, in Kommanditgesellschaften unterscheidet man Gesellschafter, die mit ihrem gesamten privaten Vermögen haften (Komplementäre), von Gesellschaftern, die ihre Haftung betragsmäßig beschränkt haben (Kommanditisten). Personengesellschaften werden durch die Entscheidung der Gesellschafter, die auch durch eine Zahlungsunfähigkeit ausgelöst sein kann, oder durch deren Tod beendet. Die Anforderungen an die Buchführung sind in solchen Personengesellschaften insbesondere wegen der teilweise komplizierten Kapital- und Einkommensverhältnisse höher als in Unternehmen, die nur von einer einzigen Person geführt werden. Da aber allen Beteiligten ein Einblick in die Buchhaltung zusteht, gibt es prinzipiell keine anderen Regeln als für Unternehmen, die nur von einer einzigen Person geführt werden.

Unternehmen in einer einzigen Rechtsform, die von mehreren Unternehmern geführt werden

---

5 Solche Mischformen haben die Regeln für Kapitalgesellschaften anzuwenden, wenn als Vollhafter eine Kapitalgesellschaft dient.

Unternehmen in einer einzigen Rechtsform mit mehreren Eigenkapital-gebern und bestelltem Leitungsorgan, Auftreten als juristische Person

■ Kapitalgesellschaften sind Unternehmen, deren Eigenkapital meistens von mehreren Personen aufgebracht wird. Im Gegensatz zu den vor-genannten Unternehmenstypen besitzen sie eine eigene Rechtsper-sönlichkeit als juristische Person. Dank dieser Konstruktion tritt das Unternehmen nach außen im eigenen Namen auf. Die Gesellschafter können ihre Anteile normalerweise verkaufen oder zurückgeben. Für Schulden des Unternehmens haften sie nicht mit ihrem gesamten persönlichen Vermögen, sondern können, z.B. bei einer Unterneh-mensinsolvenz, höchstens ihren Anteil am Kapital des Unternehmens verlieren oder einen vorher bestimmten Betrag nachzahlen. Selbst-verständlich umfasst das Rechnungswesen einer Kapitalgesellschaft nicht die persönlichen Angelegenheiten der Anteilseigner. Kapital-gesellschaften kommen in Deutschland als Aktiengesellschaften (AG), als Gesellschaften mit beschränkter Haftung (GmbH) und als einge-tragene Genossenschaften (eG) vor. Darüber hinaus haben Personen-gesellschaften, bei denen eine Kapitalgesellschaft als Komplementär fungiert, die Regeln für Kapitalgesellschaften anzuwenden. Anteile an Aktiengesellschafen können zum Handel an Aktienbörsen zugelas-sen werden. Die Lebensdauer von Kapitalgesellschaften ist rechtlich nicht begrenzt. Die Anteilseigner haben normalerweise keinen Ein-blick in die Buchhaltung. Die Unternehmerrolle wird oft von mehre-ren Personengruppen ausgeführt, von den Managern und den Anteils-eignern. Die Manager leiten das Unternehmen, die Anteilseigner stellen diesen ohne einen Anspruch auf Rückzahlung Kapital zur Verfügung, das im Unternehmen als Eigenkapital geführt wird. Für solche Kapitalgesellschaften werden besondere Anforderungen an die Buchführung und an das betriebswirtschaftliche Rechnungswesen gestellt, weil die Manager über alle, die Anteilseigner aber zunächst über keine Informationen aus dem Unternehmen verfügen.

Beschränkung des Buchinhalts

Weil Unternehmen mit einem einzigen Unternehmer und solche mit mehreren Unternehmern ihre Buchführung und ihr Rechnungswesen grundsätzlich so ausgestalten können wie Kapitalgesellschaften, kon-zentrieren wir uns in diesem Buch auf die Buchführung und das betriebswirtschaftliche Rechnungswesen von Kapitalgesellschaften.

Konzerne sind Unter-nehmen, die sich aus mehreren rechtlich selbst-ständigen Einheiten zusammensetzen

Für Unternehmen, die sich aus mehreren rechtlich selbstständigen Ein-heiten zusammensetzen, besteht weltweit keine generelle Buchführungs-pflicht. Sie brauchen nur einige besondere Sachverhalte aufzuzeichnen, die für die sogenannte Konsolidierung notwendig sind. Der Grund dürfte darin liegen, dass ihre rechtlich selbstständigen Einheiten zur Buchfüh-rung verpflichtet sind und man aus deren Aufzeichnungen die Finanz-berichte für das Unternehmen als ökonomische Einheit unter Beachtung der besonderen Aufzeichnungen ermitteln kann. Konzerne stellen solche ökonomischen Einheiten dar. Ihre Finanzberichte werden durch Zusam-menfassung und Konsolidierung der Finanzberichte aller rechtlich selbst-ständigen Einheiten des Konzerns ermittelt. Die mit der Erstellung solcher Finanzberichte zusammenhängenden Probleme spielen in diesem Buch nur eine untergeordnete Rolle.

Ein wesentlicher Unterschied zwischen Unternehmen, die von einer einzigen Person geführt werden und Personengesellschaften einerseits sowie Kapitalgesellschaften andererseits liegt in der unterschiedlichen Haftung, welche die Rechtsordnung denen auferlegt, die über die Vermögensgüter und Schulden des Unternehmens verfügen können. Kann ein einzelner Unternehmer oder eine Personengesellschaft die Schulden nicht zurückzahlen, so greifen die Kreditgeber normalerweise auf das private Vermögen der Unternehmer zurück. Wird hingegen eine Kapitalgesellschaft zahlungsunfähig, so können die Kreditgeber nur auf das Vermögen des Unternehmens und nicht auf das private Vermögen der Anteilseigner zugreifen. Lediglich bei Genossenschaften gibt es darüber hinaus eine begrenzte Zuzahlungspflicht der Genossen.

Haftungsbegrenzung als Grund für Buchführungsunterschiede

Das begrenzte persönliche Risiko der Anteilseigner erklärt die Beliebtheit von Kapitalgesellschaften. Es kommt hinzu, dass es diesem Unternehmenstyp theoretisch möglich ist, durch Ausdehnung der Zahl der Anteilseigner nahezu unbegrenzte Kapitalmengen aufzubringen. Ab einer gewissen Größe werden die Eigenkapitalgeber das Unternehmen nicht mehr selbst leiten, sondern sich einer professionellen Unternehmensleitung bedienen. Dann erscheint es für viele Betrachtungen sinnvoll, den Unternehmer im Sinne des Managers von dem Unternehmer im Sinne des Eigenkapitalgebers zu unterscheiden. Der beliebten Haftungsbegrenzung stehen allerdings bei vielen Gesellschaften die Pflichten zur Veröffentlichung von Informationen gegenüber, z.B. die zur Veröffentlichung von Finanzberichten. Diese sollen insbesondere den vom Geschehen im Unternehmen ausgeschlossenen Anteilseignern den Einblick in das Unternehmen ermöglichen. Zusätzlich sollen die Geschäftspartner etwas über das Risiko erfahren, das mit der beschränkten Haftung des Unternehmens verbunden ist. Das ist besonders wichtig, wenn ein ökonomisch selbstständiges Unternehmen aus mehreren rechtlich selbstständigen Einheiten besteht und daher das Eigenkapital und das Einkommen der rechtlich selbstständigen Einheiten durch marktunübliche Geschäfte beeinflussen kann.

Haftungsbegrenzung und Veröffentlichungspflicht bei Kapitalgesellschaften

Das Rechnungswesen unterscheidet sich in den aufgeführten Unternehmenstypen aus zwei Gründen. Der eine Grund liegt darin, dass die Angabepflichten und die Gewinnverwendungsregeln sich unterscheiden. Dementsprechend benötigt man unterschiedliche Formen der Eigenkapitaldarstellung. Der andere Grund besteht darin, dass die Information der von der Unternehmensleitung ausgeschlossenen Gesellschafter umso wichtiger wird, je geringer die persönliche Haftung der Manager ist. Daraus folgen unterschiedliche Regeln zur Abbildung von Sachverhalten.

Rechtsformunterschiedliche Ausweis- und Gewinnverwendungsregeln

Für die weiteren Ausführungen zur Buchführung und zum betriebswirtschaftlichen Rechnungswesen von Unternehmen wird zunächst – zur Darstellung der Buchführungsgrundlagen – unterstellt, wir hätten es mit einem von einem einzigen Unternehmer geführten Unternehmen zu tun. Dabei wird von der Buchführung und vom betriebswirtschaftlichen Rechnungswesen einer Kapitalgesellschaft ausgegangen. Unternehmen, die von einem einzigen Unternehmer oder von einer Personengesellschaft geführt werden, können die Regeln für Kapitalgesellschaften anwenden, Kapitalgesellschaften dürfen dagegen nicht nach den Regeln für Einzelunternehmen oder Personengesellschaften verfahren.

Annahmen des vorliegenden Buches

1.2 Zielgrößen der Buchführung: Eigenkapital und Einkommen

1.2.1 Abbildungsmöglichkeiten

Bestands- und Bewegungsrechnungen

Im Folgenden wird beschrieben, wie der Eigenkapital- und Einkommensaspekt in der Buchführung und im betriebswirtschaftlichen Rechnungswesen abgebildet werden kann. Ferner wird auf den formalen Abbildungszusammenhang zwischen Bestands- und Bewegungsrechnungen eingegangen. Eine Bestandsrechnung besteht aus der Zusammenstellung der Bestände an Vermögensgütern und Fremdkapital zu einem Zeitpunkt. Eine Bewegungsrechnung zeigt demgegenüber die Veränderungen eines Bestandes während eines Zeitraums. Besonders beliebt sind Bewegungsrechnungen des Eigenkapitals, deren eine die Einkommensrechnung und deren andere die Eigenkapitaltransferrechnung darstellt.

1.2.1.1 Inhaltliche Möglichkeiten

Beschränkung auf den finanziellen Aspekt

Die Buchführung und damit das betriebswirtschaftliche Rechnungswesen beschränken sich auf die Abbildung des finanziellen Aspekts des Unternehmensgeschehens[6]. Zur Abbildung konkreter Ereignisse in der Buchführung bedarf es zunächst einiger Vorentscheidungen. Man muss genau bestimmen, welchen Zweck man mit der Abbildung erreichen möchte und was man im Einzelnen wie abzubilden hat, wenn vom finanziellen Aspekt die Rede ist. Steht fest, dass wir es mit einem betriebswirtschaftlichen Rechnungswesen für ein Unternehmen zu tun haben, so erwartet man Informationen darüber, wie das Unternehmen finanziell dasteht und wie es sich finanziell entwickelt hat. Strittig könnte dabei werden, wie man den finanziellen Aspekt relevanter Ereignisse angemessen abbildet.

Zahlungsrechnung

Bei der Abbildung des finanziellen Aspektes eines Ereignisses könnte man daran denken, den Bestand oder die Veränderung der Zahlungsmittel des Unternehmens oder beides abzubilden. Versteht man darunter nur das Bargeld, so würde entweder aufgezeichnet, was an Bargeld in der Kasse liegt, oder wie sich dieser Bestand durch die mit den Geschäften des Abrechnungszeitraums verbundenen Ein- und Auszahlungen verändert oder beides. Die sich ergebenden Zahlen sind zwar trefflich für eine Planung und Kontrolle von Ein- und Auszahlungen geeignet, besitzen aber den Nachteil, dass sie nicht erkennen lassen, inwieweit die Zahlungsmittel und deren Veränderung den Unternehmer berühren. Beispielsweise würde beim Kauf eines Grundstücks lediglich der Abgang an Zahlungsmitteln aufgezeichnet, dies noch dazu erst, wenn die Zahlung getätigt wird. Interessiert man sich auch dafür, was mit den Zahlungsmitteln geschehen ist, so sind zusätzlich zur Herkunft des Bestandes an Zahlungsmitteln deren Veränderungen mit den jeweiligen Zwecken festzuhalten. Zahlungen sind eindeutig ermittel- und nachprüfbar. Eine entscheidende Schwäche von Zahlungsrechnungen ist darin zu sehen, dass sie nur unter

---

6 Schneider, D. (1997), S. 107-158.

sehr eingeschränkten Bedingungen Aussagen darüber zulassen, wie sich das vom Unternehmer in das Unternehmen investierte Kapital aus der Unternehmenstätigkeit heraus entwickelt hat, welches Einkommen er also in seinem Unternehmen erzielt hat.

Die Zahlungsmittel, ihre Mehrungen und Minderungen aus der Geschäftstätigkeit sowie die Ein- und Auszahlungen des Unternehmens ergeben sich aus Beobachtungen der Realität über Zahlungen, z.B. aus Verträgen oder aus Einzahlungen in das und Auszahlungen aus dem Unternehmen. Ein zahlungsorientiertes Eigenkapital und seine Veränderungen aus einer zahlungsorientierten Einkommensrechnung und aus einer zahlungsorientierten Eigenkapitaltransferrechnung kann man nur als Saldo errechnen.

Beispiel: Herkunft der Informationen

Bei einem weiten Verständnis des finanziellen Aspekts würde man nicht nur – wie bisher – die Zahlungsmittel, sondern alle in Geld ausdrückbaren Ressourcen des Unternehmens und alle Ansprüche auf diese Ressourcen zum Gegenstand des Rechnungswesens machen. Bei einem Grundstückskauf würde man beispielsweise nicht nur den Abgang an Zahlungsmitteln aufzeichnen, sondern auch den Zugang des Grundstücks. Das weite Verständnis des finanziellen Aspekts hat sich in der Praxis weltweit zur Beurteilung der Unternehmenstätigkeit durchgesetzt und zur Entwicklung von Rechenwerken geführt, in denen nicht nur der Bestand an Zahlungsmitteln und deren Veränderung, sondern auch die Bestände anderer Ressourcen und Ansprüche sowie deren Veränderungen berücksichtigt werden. Solche Rechenwerke werden in der englischen Sprache als *accrual accounting*, als Rechnungswesen mit „Häufchen" bezeichnet; im Deutschen fehlt ein entsprechender Ausdruck. Wir sprechen daher hier von einem bestandsorientierten Rechnungswesen (mit Unternehmerbezug).

Gegenüberstellung von Ressourcen und Ansprüchen: bestandsorientiertes Rechnungswesen mit Unternehmerbezug

Im Gegensatz zu Zahlungsrechnungen setzen Gegenüberstellungen von Ressourcen und Ansprüchen sowie deren Veränderungen einige Überlegungen und Festsetzungen voraus. Dabei geht es darum, wie man in einem Unternehmen die Ein- und Auszahlungen in diejenigen Rechengrößen transformiert, die für ein Rechenwerk mit Ressourcen und Ansprüchen sowie deren Veränderungen benötigt werden. Abbildung 1.2 beschreibt den Zusammenhang zwischen Zahlungsrechnungen und umfassenderen Bestandsrechnungen in einer eindrucksvollen Weise. Wir erkennen, dass die Zahlungsmittel und deren Veränderungen im Rahmen des bestandsorientierten Rechnungswesens mit seinen vielen Regeln umgewandelt werden zu Größen wie Vermögensgütern und Fremdkapital, zu Erträgen und Aufwendungen, zu Eigenkapital und Einkommen. Dies verlangt für alle Posten außer den Zahlungsmitteln Schätzungen ihrer Werte. Zum Anschaffungszeitpunkt von Vermögensgütern und Fremdkapitalposten bereitet das keine Schwierigkeiten, danach sehr wohl. Im vorliegenden Buch befassen wir uns ausführlich mit dem Zusammenhang zwischen Zahlungen und ihrer Abbildung im bestandsorientierten Rechnungswesen.

Struktur des Rechnungswesens

Abbildung 1.2:
Zusammenhang zwischen
verschiedenen Größen des
Rechnungswesens (Quelle
Beaver, W.H. (1998), S.6)

1.2.1.2 Formale Möglichkeiten

Bestandsrechnung

Aus formaler Sicht kann man zwischen Bestands- und Bewegungsrechnungen unterscheiden. In einer Bestandsrechnung, beispielsweise einer Bilanz, werden eine oder mehrere Bestandsgrößen abgebildet. Bestandsrechnungen beziehen sich immer auf einen Zeitpunkt. Sie sind besonders interessant, wenn sie mehrere Bestandsposten gemeinsam abbilden. Beispielsweise interessiert den Unternehmer der gesamte Bestand an Ressourcen eines Unternehmens und der gesamte Bestand an Ansprüchen Fremder auf diese Ressourcen. Er kann aus dem Saldo der Bestandswerte von Unternehmensressourcen und Ansprüchen Fremder ablesen, wie viel eigenes Kapital er in seinem Unternehmen gebunden hat.

Bewegungsrechnung

Als Bewegungsrechnung wird dagegen ein Rechenwerk bezeichnet, das die Veränderung eines oder mehrerer Bestandsposten abbildet. Für einen Unternehmer kann es hilfreich sein, die Veränderung des auf ihn entfallenden Kapitals im Zeitablauf zu verfolgen. Die Veränderung des Eigenkapitals lässt sich aus einer Einkommensrechnung in Verbindung mit einer Eigenkapitaltransferrechnung ermitteln. Bewegungsrechnungen beziehen sich immer auf einen Zeitraum, z.B. einen Tag, eine Woche, einen Monat, ein Quartal oder ein Jahr.

Zusammenhang zwischen Bestands- und Bewegungsrechnung

Bestands- und Bewegungsrechnung hängen miteinander zusammen, soweit es um die Bestände und deren Bewegung sowie um korrespondierende Zeitpunkte beziehungsweise Zeiträume geht. Dies gilt mengen- und wertmäßig:

$$\text{Endbestand} = \text{Anfangsbestand} + \text{Zugänge} - \text{Abgänge}$$

Kennt man den Anfangsbestand eines Postens, so lässt sich der Endbestand aus dem Anfangsbestand und den Daten einer korrespondierenden Bewegungsrechnung dieses Postens ermitteln. Zugänge und Abgänge dieses Postens stammen aus der Bewegungsrechnung. Die Umformung

$$\text{Endbestand} - \text{Anfangsbestand} = \text{Zugänge} - \text{Abgänge}$$

verdeutlicht, dass man die Bestandsveränderung nicht nur aus einer Bewegungsrechnung des Zeitraums zwischen dem Anfangs- und Endzeitpunkt, sondern auch aus zwei zeitlich aufeinanderfolgenden Bestandsrechnungen zu diesen Zeitpunkten herleiten kann.

Möchten Sie also wissen, wie sich das von Ihnen in Ihr Unternehmen eingebrachte Kapital beispielsweise während des vergangenen Quartals verändert hat, dann haben Sie zwei Möglichkeiten, dies zu ermitteln. Sie können zum einen das am Ende des Quartals auf Sie entfallene Kapital, das Eigenkapital, mit dem von Ihnen zu Beginn des Quartals investierten Kapital vergleichen. Das gleiche Ergebnis erhalten Sie, wenn Sie während des Quartals alle Veränderungen Ihres Kapitals aufzeichnen und diese am Quartalsende zusammenfassen.

Differenz von Beständen entspricht der Summe von Veränderungen

Im Folgenden wird unterstellt, man wolle die Ressourcen des Unternehmens und die Ansprüche Fremder auf diese Ressourcen abbilden. Es wird ferner angenommen, dass dies im Rahmen regelmäßiger Bestands- und Bewegungsrechnungen geschehe.

Folgerungen für das vorliegende Buch

1.2.2 Demonstration der Zahlungsorientierung und der Vermögensorientierung am Beispiel

Wir skizzieren hier kurz an einem für die Praxis der Buchführung irrelevanten Beispiel, wie die wichtigen Finanzberichte einer zahlungsbezogenen Rechnung aussehen können. Diese Darstellung soll uns zusammen mit dem anschließenden Beispiel helfen, einige der Begriffe und Besonderheiten zu verstehen, die für die Buchführung von Bedeutung sind. Wie verwenden dabei alle Begriffe mit dem Zusatz „zahlungsbezogen", um deutlich zu machen, dass es sich um die Abbildung einer Zahlungsrechnung handelt, also um etwas anderes, als um die traditionelle Abbildung, die in der Buchführung vorgenommen wird. Wir geben zwei von uns sogenannte zahlungsorientierte Bilanzen (eine zum 1.1. des Jahres 20X1 und eine zum 31.12. des Jahres 20X1)[7] sowie eine zahlungsorientierte Einkommensrechnung und eine zahlungsorientierte Eigenkapitaltransferrechnung sowie eine zahlungsorientierte Eigenkapitalveränderungsrechnung für ein Unternehmen an. Die Begriffe erklären wir im Folgenden. Dabei benutzen wir die zweispaltige Darstellung der Buchführung, obwohl das im Beispiel keine Rolle spielt. Im Beispiel werden nur Zahlungen und Zahlungsveränderungen abgebildet.

Beispiel: Begründung

Das Unternehmen sei im Vorjahr mit Zahlungsmitteln der Unternehmer in Höhe von 100 GE gegründet worden.[8] Es kaufe im Jahre 20X1 ein Vermögensgut für 50 GE ein, das aber erst im folgenden Jahr bezahlt wird. Dieses Vermögensgut verkaufe es im gleichen Jahr für 200 GE gegen Barzahlung. Während des Jahres legt der Unternehmer weitere 100 GE aus seinen privaten Mitteln in die Kasse des Unternehmens; er entnimmt ferner 75 GE aus der Unternehmenskasse für private Zwecke. Wir betrachten das Kalenderjahr als den hier interessierenden Abrechnungszeitraum.

Beispiel: Ausgangsdaten

---

7 Die Zeitangaben werden durchgehend neutral angegeben. Wir verwenden beispielsweise die Zahl 20X1 zur Kennzeichnung eines Jahres 1.

8 Anstatt bestimmter Währungen wie Euros, Schweizer Franken oder Dollars verwenden wir in diesem Buch durchgehend die Bezeichnung Geldeinheiten, abgekürzt GE. Tausend Geldeinheiten kürzen wir auf TGE und Millionen von Geldeinheiten auf Mio. GE. Die Aussagen gelten gleichermaßen für jede Währung.

Beispiel: Zahlungsorientierte Finanzberichte, zahlungsorientierte Anfangsbilanz

In der zahlungsorientierten Anfangsbilanz zum 1.1.20X1 in Abbildung 1.3 sehen wir die Zahlungsmittel, die das Unternehmen am 1.1.20X1 besitzt. Diese bestehen nur aus Bargeld in Höhe von 100 GE. Die Herkunft ergibt sich aus der rechten Seite der Bilanz, der Spalte für das zahlungsorientierte Kapital, zum 1.1.20X1. In unserem Beispiel gibt es nur vom Unternehmer eingebrachtes, also „eigenes" Kapital in Höhe von 100 GE. Die letzte Zeile enthält aus Kontrollgründen die Spaltensummen, die gleich hoch sein müssen, weil wir in der linken Spalte unsere Zahlungsmittel angeben und in der rechten, wie viele dieser Zahlungsmittel von Fremden und wie viele vom Unternehmer eingelegt wurden.

Abbildung 1.3:
Zahlungsorientierte Bilanz des Unternehmens zum 1.1.20X1

Zahlungsorientierte Bilanz zum 1.1.20X1			
Zahlungsmittelbestand		Bestand an zahlungsorientiertem Kapital	
Zahlungsmittel	100	Zahlungsorientiertes Fremdkapital	0
		Zahlungsorientiertes Eigenkapital	100
Summe Zahlungsmittel	100	Summe zahlungsorientiertes Kapital	100

Zahlungsorientierte Einkommensrechnung

Die zahlungsorientierte Einkommensrechnung in Abbildung 1.4 bildet die zahlungsorientierten Eigenkapitalveränderungen während des Jahres ab, die nichts mit Transfers zwischen dem Unternehmen und dem Unternehmer zu tun haben. Eine Mehrung wird als zahlungsorientierter Ertrag und eine Minderung als zahlungsorientierter Aufwand bezeichnet. Übersteigt der zahlungsorientierte Ertrag den zahlungsorientierten Aufwand, hat man einen zahlungsorientierten Gewinn erzielt, im umgekehrten Fall einen zahlungsorientierten Verlust. Wir sehen in unserem formalen Schema beide Posten vor, obwohl in tatsächlichen Rechnungen immer nur einer gefüllt ist. Wenn wir die Zahlungen in Verbindung mit dem Vermögensgut in dem Jahr berücksichtigen, in dem sie stattfinden, erhalten wir die folgende zahlungsorientierte Einkommensrechnung. Auch in diesem Finanzbericht gibt die letzte Zeile aus Kontrollgründen die Spaltensummen wieder.

Abbildung 1.4:
Zahlungsorientierte Einkommensrechnung des Unternehmens für das Jahr 20X1

Zahlungsorientierte Einkommensrechnung für das Jahr 20X1			
Zahlungsorientierter Aufwand		Zahlungsorientierter Ertrag	
Auszahlung aus dem Einkauf des Vermögensguts	0	Einzahlung aus dem Verkauf des Vermögensguts	200
Saldo: Zahlungsorientierter Gewinn (Summe rechte Spalte minus Summe linke Spalte ohne diesen Posten, falls Saldo positiv)	200	Saldo: Zahlungsorientierter Verlust (Summe linke Spalte minus Summe rechte Spalte ohne diesen Posten, falls Saldo positiv)	0
Summe zahlungsorientierter Aufwand plus zahlungsorientierter Gewinn	200	Summe zahlungsorientierter Ertrag plus zahlungsorientierter Verlust	200

Zahlungsorientierte Eigenkapitaltransferrechnung

Die zahlungsorientierte Eigenkapitaltransferrechnung gibt die zahlungsorientierten Eigenkapitalveränderungen wieder, die sich aus Transferzahlungen zwischen dem Unternehmer und dem Unternehmen ergeben. In unserem Beispiel handelt es sich um eine Einlage von Zahlungsmitteln durch den Unternehmer in Höhe von 100 GE und um eine Entnahme von Zahlungsmitteln in Höhe von 75 GE, die in Abbildung 1.5 wiedergegeben sind. Als Saldo erwächst daraus eine zahlungsorientierte Eigenkapitalmehrung in Höhe von 25 GE. Wir haben, wiederum aus Kontrollgründen, eine Zeile mit den jeweiligen Spaltensummen angefügt.

Zahlungsorientierte Eigenkapitaltransferrechnung für das Jahr 20X1			
Entnahme		Einlage	
Auszahlung wegen Entnahme	75	Einzahlung wegen Einlage	100
Saldo: Zahlungsorientierte positive Eigenkapitaltransfers (Summe rechte Spalte minus Summe linke Spalte ohne diesen Posten, falls Saldo positiv)	25	Saldo: Zahlungsorientierte negative Eigenkapitaltransfers (Summe linke Spalte minus Summe rechte Spalte ohne diesen Posten, falls Saldo positiv)	0
Summe Entnahme plus zahlungsorientierte positive Eigenkapitaltransfers	100	Summe Einlage plus zahlungsorientierte negative Eigenkapitaltransfers	100

Abbildung 1.5:
Zahlungsorientierte Eigenkapitaltransferrechnung des Unternehmens für das Jahr 20X1

Nachdem wir das zahlungsorientierte Einkommen und die zahlungsorientierten Eigenkapitaltransfers ermittelt haben, sind wir in der Lage, die zahlungsorientierte Eigenkapitalveränderungsrechnung aufzustellen. Dies geschieht in Abbildung 1.6, Seite 17. Auch hier haben wir, wieder aus Kontrollgründen, eine Zeile mit den Spaltensummen angefügt.

Zahlungsorientierte Eigenkapitalveränderungsrechnung

Zahlungsorientierte Eigenkapitalveränderungsrechnung für das Jahr 20X1			
Minderungen		Anfangsbestand und Mehrungen	
		Zahlungsorientiertes Eigenkapital am 1.1.20X1	100
Zahlungsorientiertes negatives Einkommen (Zahlungsorientierter Verlust) in 20X1	0	Zahlungsorientiertes positives Einkommen (Zahlungsorientierter Gewinn) in 20X1	200
Zahlungsorientierte Eigenkapitalminderung aus Transfers (Zahlungsorientierter negativer Eigenkapitaltransfer)	0	Zahlungsorientierte Eigenkapitalerhöhung aus Transfers (Zahlungsorientierter positiver Eigenkapitaltransfer)	25
Saldo: Zahlungsorientiertes positives Eigenkapital (Summe rechte Spalte minus Summe linke Spalte ohne diesen Posten, falls Saldo positiv)	325	Saldo: Zahlungsorientiertes negatives Eigenkapital (Summe linke Spalte minus Summe rechte Spalte ohne diesen Posten, falls Saldo positiv)	0
Summe der Posten	325	Summe der Posten	325

Abbildung 1.6:
Zahlungsorientierte Eigenkapitalveränderungsrechnung des Unternehmens für das Jahr 20X1

Zahlungsorientierte Schlussbilanz

Aus der zahlungsorientierten Bilanz zum 1.1.20X1, der zahlungsorientierten Einkommensrechnung für 20X1 und der zahlungsorientierten Eigenkapitaltransferrechnung für 20X1 sowie der zahlungsorientierten Eigenkapitaleveränderungsrechnung lässt sich in unserem Beispiel die zahlungsorientierte Bilanz zum 31.12.20X1 wie in Abbildung 1.7 bestimmen. Wir haben es in unserem Beispiel bereits mit einem bestandsorientierten Rechnungswesen zu tun. Darin betrachten wir allerdings nur die Bestände an Zahlungsmitteln sowie die daraus erwachsenden Bestände an Fremd- und Eigenkapital.

Abbildung 1.7:
Zahlungsorientierte Bilanz des Unternehmens zum 31.12.20X1

Zahlungsorientierte Bilanz zum 31.12.20X1			
Zahlungsmittelbestand		Bestand an zahlungsorientiertem Kapital	
Zahlungsmittel		Zahlungsorientiertes Fremdkapital	0
Anfangsbestand	100	Zahlungsorientiertes Eigenkapital	
+ Zahlungsmittelzugang wegen Einkommen	200	Anfangsbestand	100
+ Zahlungsmittelzugang wegen Eigenkapitaltransfer	25	+ Zugang aus Einkommensrechnung	200
		+ Zugang aus Eigenkapitaltransferrechnung	25
Summe Zahlungsmittel	325	Summe zahlungsorientiertes Kapital	325

Beispiel: Ergänzung der Ausgangsdaten

Eine Fortsetzung des obigen Beispiels mag ein bestandsorientiertes Rechnungswesen mit Unternehmerbezug skizzieren. Wir verwenden jetzt nur noch die Begriffe, die auch in der traditionellen Buchführung herangezogen werden. Wir unterstellen zusätzlich zum obigen Sachverhalt, das Unternehmen habe ein Grundstück zu einem Betrag vom 250 GE gekauft und dies bis zum 31.12.20X1 bar bezahlt. Zusätzlich habe es während des Abrechnungszeitraums ein Darlehen in Höhe von 150 GE aufgenommen, das zum Ende des Abrechnungszeitraums noch nicht zurückgezahlt ist.

Beispiel: eine bestandsorientierte Bilanz als Lösung

Diese zusätzlichen Sachverhalte und der in einer zahlungsorientierten Rechnung nicht berücksichtigte Kauf des Vermögensguts (weil er im Abrechnungszeitraum noch nicht bezahlt wurde) wirken sich bei bestandsorientierter Betrachtungsweise auf die Rechnungen aus. Die Abbildung entspricht dann dem, was man im traditionellen Rechnungswesen vorfindet. In einer Bestandsrechnung erfasst man auch gekaufte Vermögensgüter, die man noch nicht bezahlt hat und Fremdkapitalverpflichtungen, die man erst in der Zukunft erfüllt. Diese Vermögensgüter und Fremdkapitalposten stellen so lange Vermögen und Fremdkapital dar, wie sie sich im Unternehmen befinden. In Höhe des Kaufpreises besteht für diese eine Zahlungsverpflichtung gegenüber Fremden. Das Fremdkapital ist also bei bestandsorientierter Darstellung um den Anschaffungspreis solcher Vermögensgüter höher als in der zahlungsorientierten Bilanz. Darüber hinaus sind die Regeln zur Ermittlung des Einkommens anders als bei zahlungsorientierter Betrachtung. Weltweit bestimmt man das Einkommen zunächst durch eine Gegenüberstellung der erhaltenen Vermögensgüter (im Beispiel der Zahlungsmittel aus dem Verkauf in Höhe von 200 GE) und der hingegebenen Vermögensgüter (im Beispiel haben wir die Anschaffungsausgabe des Vermögensguts in Höhe von 50 GE angesetzt). Berücksichtigt man diese beiden Effekte, so erhält man die Einkommensrechnung der Abbildung 1.8 und die Bilanz des Unternehmens zum 31.12.20X1 der Abbildung 1.9. In dieser Bilanz haben wir für die linke und für die rechte Seite jeweils drei Spalten vorgesehen. Eine dient jeweils der Angabe des Texts und die beiden anderen enthalten jeweils Zahlen. Die jeweils erste Zahlenspalte gibt die Werte an, aus denen sich der Bestand eines Postens errechnet, die jeweils zweite den errechneten Wert des Postens zum Bilanzstichtag. Die Übersichten haben wir auch jetzt wieder aus Kontrollgründen um die Summe der jeweils rechten Spalten ergänzt.

Bestandsorientierte Einkommensrechnung für das Jahr 20X1			
Aufwand		Ertrag	
Ausgabe für das hingegebene Vermögensgut	50	Einnahme für das verkaufte Vermögensgut	200
Positives Einkommen (falls Saldo der Einnahmen und Ausgaben positiv)	150	Negatives Einkommen (falls Saldo der Ausgaben und Einnahmen positiv)	0
Summe Aufwand plus Gewinn	200	Summe Ertrag plus Verlust	200

Abbildung 1.8:
Bestandsorientierte Einkommensrechnung des Unternehmens für das Jahr 20X1

Bestandsorientierte Bilanz des Unternehmens zum 31.12.20X1					
Vermögensgüterbestand			Kapitalbestand		
Zahlungsmittel			Fremdkapital		
Bestand vor Grundstückskauf und Darlehensaufnahme	325		Aus Darlehen	150	
− Abgang wegen Grundstückskauf	−250		Aus Kauf von Vermögensgütern	50	200
+ Zugang wegen Darlehensaufnahme	+150	225	Eigenkapital am 1.1.20X1		
Grundstück		250	Anfangsbestand	100	
verkaufbare Vermögensgüter			+ Zugang aus Einkommen	150	
Zugang	50		+ Zugang aus Eigenkapitaltransfer	25	275
Abgang	50	0			
Summe Vermögensgüter		475	Summe Kapital		475

Abbildung 1.9:
Bestandsorientierte Bilanz des Unternehmens bei einer Vermögensrechnung zum 31.12.20X1

Geringe bzw. keine Aus-
wirkungen auf andere
Finanzberichte

Wegen der Einkommensveränderung wird auch die Einkommensveränderungsrechnung berührt. In den anderen Rechenwerken sind lediglich die Überschriften und die Bezeichnungen der Posten sowie eventuell die Beträge anzupassen.

1.2.3 Anforderungen

Weltweite Vielfalt von
Regelungssystemen

Dem nach außen orientierten betriebswirtschaftlichen Rechnungswesen liegen in allen Ländern gewisse Konzepte und Prinzipien zur Definition und Bewertung von Vermögensgütern, Schulden, Erträgen und Aufwendungen zu Grunde. In Deutschland ergeben sich diese beispielsweise aus den Vorschriften des deutschen Handelsgesetzbuchs (dHGB) sowie aus den Grundsätzen ordnungsmäßiger Buchführung und Bilanzierung (GoB), in den USA beispielsweise aus den *Generally Accepted Accounting Principles* (*U.S. GAAP*). Auf internationaler Ebene haben sich beispielsweise die *International Financial Reporting Standards* (*IFRS*) entwickelt, die auch viele der *International Accounting Standards* (*IAS*) umfassen. Es handelt sich dabei erstens um ganz allgemeine Prinzipien, die einzuhalten sind, wenn man eine andere Person über etwas informieren möchte, und zweitens um spezielle Regeln, die nur das Rechnungswesen und die Buchführung betreffen.

Rechtsphilosophische
Hintergründe der verschiedenen Regelungen

Bei den Vorschriften des dHGB handelt es sich um Normen im Sinne des Römischen Rechts, bei den deutschen GoB um einen im Regelwerk des dHGB häufig genannten unbestimmten Rechtsbegriff, dessen Inhalt nicht kodifiziert oder von einem offiziellen Gremium verbindlich vorgegeben ist. Das dHGB ist im Rahmen eines demokratischen Prozesses im Parlament nach ausführlichen Anhörungen von Experten entstanden. Die *U.S. GAAP* sowie die *IFRS* sind dagegen private Vereinbarungen, mit denen Betroffene sich selbst zu einem bestimmten Handeln verpflichten, um staatliche Regelungen zu vermeiden. Sie sind zudem in Ländern entstanden, die ihr Recht in der Tradition des Germanischen Rechts auf ein *case law* hin entwickeln. Sie wurden aus übergeordneten, in einem sogenannten Rahmenkonzept (*framework*) dokumentierten Zwecken hergeleitet und von einem mit der Setzung von Standards betrauten Gremium, aber nicht von einem Parlament frei gewählter Volksvertreter verabschiedet. In den USA handelt es sich bei diesem Gremium um den privat organisierten *Financial Accounting Standards Board* (*FASB*)[9], im *IFRS*-Kontext ebenfalls um einen privat organisierten Verein namens *International Accounting Standards Board* (*IASB*)[10]. In Deutschland existiert mit dem Deutschen Rechnungslegungs Standards Committee (DRSC)[11] seit 1998 ebenfalls ein privat organisierter Verein zur Standardisierung der deutschen Rechnungslegung. Dieser Verein darf sich jedoch nur damit befassen, Empfehlungen zur Rechnungslegung im Rahmen des

---

9 Vgl. die Selbstpräsentation des *FASB* im Internet (*www.fasb.org*, Abruf am 15.3.2007).

10 Vgl. die Selbstpräsentation des *IASB* im Internet (*www.iasb.org*, Abruf am 15.3.2007).

11 Vgl. die Selbstpräsentation des DRSC im Internet, (*www.drsc.de*, Abruf am 15.3.2007).

dHGB zu geben. Diese Empfehlungen werden den Grundsätzen ordnungsmäßiger Buchführung (GoB) zugeordnet.

Die Vorschriften und Grundsätze des externen Rechnungswesens werden – je nach ihrer Güte und Verträglichkeit mit den Zwecken des internen Rechnungswesens eines Unternehmens – auch im internen Rechnungswesen verwendet.

Anwendung der Regeln teilweise auch für interne Zwecke

Der Zweck der Regelungen des dHGB und der GoB ist nicht direkt ersichtlich. Zwar fordert das dHGB in § 264 für Kapitalgesellschaften, dass „der Jahresabschluss unter Beachtung der Grundsätze ordnungsgemäßer Buchführung ein den tatsächlichen Verhältnissen entsprechendes Bild der Vermögens-, Finanz- und Ertragslage zu vermitteln" hat; doch diese Forderung ist kaum als Zweck der Regelungen des dHGB anzusehen, weil das dHGB selbst definiert, was unter der Vermögens-, Finanz- und Ertragslage zu verstehen ist. In der Fachliteratur wird oft argumentiert, der Hauptzweck der deutschen Rechnungslegung bestehe darin, die Gläubiger zu schützen. Dabei wird allerdings vernachlässigt, dass der Hauptzweck auch im dHGB darin besteht, die Unternehmensleitung und die außenstehenden Anteilseigner zu informieren. Ein Schutz von Gläubigern kommt nur dadurch zustande, dass absehbare zukünftige Verluste nicht erst bei ihrem Eintritt einkommensmindernd zu berücksichtigen sind, sondern bereits, wenn man sie erkennt. Hauptzweck der *U.S. GAAP* und der *IFRS* ist es, Informationen bereitzustellen, die Anlegern bei ihren Entscheidungen über die Investition in ein Unternehmen nützlich sind.

Zwecke einiger Regelungskreise

Bei der Bereitstellung von Informationen des betriebswirtschaftlichen Rechnungswesens ist zu beachten, dass der aus den Informationen zu gewinnende Nutzen größer sein sollte als die Kosten[12] für deren Bereitstellung. Klar ist, dass die Abwägung von Nutzen und Kosten eine Wertungsentscheidung desjenigen erfordert, der das Rechnungswesen bereitstellt. Allerdings ist zu berücksichtigen, dass die Kosten der Berichterstattung nicht zwingend spezifischen Nutzern zuzuordnen sind. Tatsächlich wird es viele Arten von Nutzern geben, die durch die Entscheidung des Unternehmens für ein beispielsweise erhöhtes Berichterstattungsniveau bereit sind, ihre Kooperationskonditionen (z.B. die Entschädigung für die Überlassung von Kapital) zu ändern. Darum stellt eine Kosten-Nutzen-Abwägung keine triviale Angelegenheit dar. Dennoch erscheint es aus Sicht des berichterstattenden Unternehmens, der Nutzer des betriebswirtschaftlichen Rechnungswesens sowie aus der Perspektive von Standardsetzern unabdingbar, den Informationsnutzen der Rechnungswesensempfänger gegenüber den Informationskosten des rechnungslegenden Unternehmens abzuwägen.[13]

Bereitstellung von Informationen des Rechnungswesens muss wirtschaftlich sein!

Die folgenden Ausführungen stützen sich zunächst auf grundlegende Konzepte und dann auf Prinzipien des Rechnungswesens, die mehr oder weniger ausgeprägt in allen Ländern gelten, in denen externes Rech-

Weltweite Geltung bestimmter Annahmen

---

12 Der Begriff „Kosten" wird hier im allgemeinen Sprachgebrauch verwendet und nicht im Sinn der im deutschsprachigen Raum verwendeten Kostenrechnungsgrößen.

13 Vgl. Beaver, W.H. (1998), insbesondere Kapitel 7.

nungswesen betrieben wird.[14] Es gibt viele unterschiedliche Versuche, diese Prinzipien zu systematisieren. Um dem Leser das Verständnis der angelsächsischen Literatur zu erleichtern, werden neben den deutschen Begriffen häufig die englischsprachigen Begriffe genannt.

1.2.4   Allgemeine Anforderungen

Relevanz

Ohne Relevanz kein Informationsgehalt!

Weil Informationen und damit auch Aufzeichnungen und Berichte des Rechnungswesens von ihren Nutzern als Grundlage von Entscheidungen herangezogen werden, sollen sie (entscheidungs-)relevant sein (*relevance principle*). Von (Entscheidungs-)Relevanz ist auszugehen, wenn Informationen des Rechnungswesens ökonomische Entscheidungen der Nutzer beeinflussen. Das gilt genau dann, wenn solche Informationen zu Entscheidungen führen, welche die Nutzer ohne die entsprechende Information nicht gefällt hätten. Damit eine Information entscheidungsrelevant ist, muss sie auch zeitgerecht vorliegen (*timeliness*). Informationen, die eine schon geplante Entscheidung nur bestärken, sind in diesem strengen Sinne nicht als entscheidungsrelevant anzusehen.

Ohne Zeitnähe keine Relevanz!

Informationen können ihre Entscheidungsrelevanz verlieren. Das ist insbesondere dann der Fall, wenn sie nicht mehr zeitnah, nicht mehr aktuell sind. Nicht nur Anteilseigner beziehungsweise Investoren auf Aktienmärkten, sondern grundsätzlich sämtliche Nutzer des Rechnungswesens können mit veralteten Unternehmensinformationen nur in Sonderfällen etwas anfangen.

Verlässlichkeit

Ohne Verlässlichkeit kein Informationsgehalt!

Aufzeichnungen und Berichte des Rechnungswesens sollen auch verlässlich sein, weil sie von ihren Nutzern zu Entscheidungen herangezogen werden (*reliability principle*). Die Verlässlichkeit ist am höchsten, wenn die Richtigkeit der Daten von einem unabhängigen Beobachter bestätigt werden kann. Ist dies nicht möglich, sollte die bestmögliche Schätzung herangezogen werden. Gibt es beispielsweise vom Kauf eines Vermögensguts Belege, Rechnungen oder Quittungen, so stellt der Anschaffungswert zum Kaufzeitpunkt den verlässlichsten Wert dar. Planen Sie beispielsweise in Ihrem Unternehmen, einen drei Jahre alten Pkw für 15 000 GE zu kaufen, dessen Wert Sie auf 20 000 GE schätzen, dann sollte der Pkw trotz Ihrer Schätzung mit einem Wert von 15 000 GE im Rechnungswesen des Unternehmens erfasst werden. Dieser Betrag ist dann für den Anschaffungszeitpunkt objektiv nachprüfbar und verlässlich ermittelt. Zu späteren Zeitpunkten kann es sich als zweckmäßig erweisen, den Betrag zu verändern.

---

14 Vgl. beispielsweise Leffson, U. (1987), Ballwieser, W. (2002), Moxter, A. (2003).

Ein Zuwachs an Verlässlichkeit geht oft mit einer Einbuße an Relevanz einher. Umgekehrt gilt: Soll ein Ereignis zeitnah abgebildet werden, ist eine Darstellung ökonomischer Konsequenzen häufig schon dann erforderlich, wenn noch nicht alle Aspekte des Ereignisses hinreichend sicher und damit verlässlich sind. Das Spannungsverhältnis lässt sich nur durch eine subjektive Entscheidung des Bilanzierers lösen. Dabei muss dem Berichterstattenden klar sein, dass verlässliche Informationen, z.B. solche über die Anschaffungsausgaben einer Jahrzehnte zurückliegenden Anschaffung eines Grundstücks, in den meisten Fällen alles andere als relevant sind. Weltweit haben die Bilanzierungsregeln traditionell der Verlässlichkeit ein größeres Gewicht eingeräumt als der Relevanz. Erst neuerdings wird mit dem Aufkommen von Geschäften zur Absicherung des Einkommens aus riskanten Geschäften und mit dem Management von Risikopositionen der Relevanz durch eine Bewertung zu Tageswerten zunehmend Bedeutung beigemessen.

Spannungsverhältnis zwischen Relevanz und Verlässlichkeit

1.2.4.1 Unternehmensbezogene Anforderungen

Ökonomisch selbstständige Wirtschaftseinheit

Das betriebswirtschaftliche Rechnungswesen bezieht sich immer auf eine Institution. Ökonomisch besonders aussagefähig sind die Zahlen, wenn diese Institution sich nach ökonomischen Kriterien als selbstständige Wirtschaftseinheit von anderen Institutionen abgrenzen lässt (*economic entity-Konzept*). Dann lässt sich auch das Rechnungswesen einer solchen Wirtschaftseinheit streng von demjenigen anderer Wirtschaftseinheiten trennen.

Ökonomisch selbstständige Wirtschaftseinheit

In der Praxis werden meist juristische Kriterien zur Abgrenzung derjenigen Institution verwendet, die finanzielle Berichte zu erstellen hat. In Deutschland ist handelsrechtlich beispielsweise ab einer bestimmten Unternehmensgröße jeder Kaufmann dazu verpflichtet, gleichgültig, ob es sich bei ihm um eine natürliche oder um eine juristische Person handelt. Im Gegensatz zu einer ökonomischen Institutionsabgrenzung kann eine solche juristische Abgrenzung zur Beeinträchtigung des Aussagegehalts der Rechnungslegung missbraucht werden. Dies ist beispielsweise der Fall, wenn eine Kapitalgesellschaft A eine Tochtergesellschaft B gründet und die Unternehmensleitung dann einen Teil der Geschäfte der Gesellschaft A über B abwickelt: Die juristische Sichtweise führt dazu, dass die finanziellen Berichte von A die Geschäfte nicht enthalten, die über B abgewickelt werden. Ökonomisch ist es jedoch für die Kapitalgeber von A wünschenswert zu erfahren, was mit ihrem Kapital geschieht, unabhängig davon, ob dies in A oder in B der Fall ist.

Juristische Abgrenzung in Deutschland dominierend

Der Kaufmann wird sein Unternehmen als eine andere Wirtschaftseinheit verstehen als seine Privatsphäre. Zumindest für sein Unternehmen wird er ein Rechnungswesen betreiben, das die Vermengung mit Ereignissen in seiner Privatsphäre ausschließt. Nur dann kann er die Zahlen aus dem Rechnungswesen zur Beurteilung seines Unternehmens heranziehen. Für den Studenten der Informatik beispielsweise, der neben seinem Studium ein EDV-Beratungsunternehmen betreibt, ist

Abgrenzung der Unternehmenssphäre

das Unternehmen eine Wirtschaftseinheit. Er wird das Geld, das er in diesem Unternehmen erwirtschaftet hat, im Rechnungswesen seines Unternehmens streng von dem Geld trennen, das ihm seine Eltern zum Geburtstag schenken. Sonst könnte er nicht erkennen, was ihm die Investition in das Unternehmen und die Tätigkeit im Unternehmen gebracht haben. Selbstverständlich kann er jederzeit Geld aus seinem Privatvermögen in das Unternehmen einlegen und auch welches entnehmen. Die Aussagen gelten gleichermaßen für die Gesellschafter von Personen- wie von vielen Kapitalgesellschaften. Ein anderes Beispiel liegt vor, wenn ein Unternehmen Teile der Vermögensgüter an ein anderes ökonomisch selbstständiges Unternehmen verkauft. Ab dem Verkaufszeitpunkt gehören die Werte der verkauften Unternehmensteile nicht mehr in das Rechnungswesen des verkaufenden Unternehmens, sondern in das Rechnungswesen des kaufenden Unternehmens.

Rechtliche Selbstständigkeit muss nicht mit ökonomischer Selbstständigkeit einhergehen

Beachtet man nicht das Konzept, das Rechnungswesen eines Unternehmens jeweils nur für eine ökonomisch selbstständige Organisationseinheit durchzuführen, so kann die Aussagefähigkeit des Rechnungswesens beeinträchtigt sein. Vermengt der oben genannte Student das Geldgeschenk seiner Eltern mit den Ressourcen seines Unternehmens, so kann er nicht mehr erkennen, ob sich das Unternehmen für ihn lohnt. Gleiches gilt für einen Unternehmer, der Teile der Ressourcen nicht an ein anderes ökonomisch selbstständiges Unternehmen verkauft, sondern es in eine neue Gesellschaft ausgründet, deren Anteile er oder sein Unternehmen (Tochterunternehmen) besitzt: er gewinnt nur dann einen Überblick über das von ihm eingesetzte Kapital, wenn er die Kapitalentwicklung im Tochterunternehmen in das Rechnungswesen einbezieht. Eine rechtlich selbstständige Organisation macht daher noch längst kein ökonomisch selbstständiges Unternehmen aus.

Rechnungswesen für Unternehmer als Residualanspruchsberechtigte

Üblicherweise werden der Inhalt des Rechnungswesens und die Größe, um deren Ermittlung es dabei geht (Zielgröße des Rechnungswesens), jeweils für eine ökonomisch selbstständige Wirtschaftseinheit aus der Sicht des Unternehmers definiert. Der Unternehmer besitzt zwar die Verfügungsmacht über das Unternehmensvermögen; seine rechtlichen Ansprüche an das Unternehmen werden jedoch erst nach den Ansprüchen aller anderen Anspruchsberechtigten erfüllt. Es handelt sich gewissermaßen um Restansprüche. Deswegen bezeichnet man den Unternehmer auch als einen Residualanspruchsberechtigten. Für ihn ist es besonders wichtig, die ökonomischen Konsequenzen von relevanten Ereignissen im Unternehmen abzubilden; denn ihm bleibt nicht nur der Anspruch auf das „Residuum", seine Ressourcen sind es auch, die bei ökonomisch ungünstigen Vorgängen als erste schwinden. Er wird daher vom Rechnungswesen seines Unternehmens Informationen über seinen Anteil am Kapital und dessen Veränderung im Zeitablauf, insbesondere über das Einkommen, erwarten.

Rechnungswesen für Unternehmer als Sachwalter des investierten Kapitals

In Unternehmen, in denen der Unternehmensleiter nur seine Arbeitskraft und kein Eigenkapital einbringt, stellen die Eigenkapitalgeber die gleichen Anforderungen an das Rechnungswesen wie ein Unternehmer, in dessen Hand „Eigenkapital" und „Verfügungsmacht" vereint sind.

Für die Unternehmensleitung kann es in solchen Unternehmen zumindest bei Entscheidungen und Rechtfertigungen interessant sein, Inhalt und Zielgrößen des Rechnungswesens anders aufzufassen. Sie argumentiert gerne aus der Sicht aller Kapitalgeber, wenn sie das gesamte von ihr verwaltete Kapital (und nicht nur das ihr von den Eigenkapitalgebern anvertraute) sowie dessen Veränderung durch die im Unternehmen getätigten Investitionen herausstellt. Wenn in der Fachliteratur deshalb Kapital und Einkommen eines Unternehmens diskutiert werden, ist für das Rechnungswesen zunächst zu klären, welche der beiden Sichtweisen vorherrscht. Wir vernachlässigen die auf den gesamten Kapitaleinsatz bezogene Sichtweise im Folgenden weitgehend. Die rechtlichen Vorschriften für das Rechnungswesen stellen weltweit auf die Unternehmer als Residualanspruchsberechtigte ab.

Unternehmensfortführung

Bei der Aufstellung von Finanzberichten wird von der Annahme der Unternehmensfortführung ausgegangen (*going concern-Konzept*). Das Konzept unterstellt, das Unternehmen werde mindestens so lange betrieben, bis die angeschafften Vermögensgüter der beabsichtigten Nutzung zugeführt sind. Die Alternative zu diesem Konzept stellt das Konzept der Unternehmensbeendigung dar. Bei Unternehmensbeendigung müssen alle Vermögensgüter verkauft werden und der jeweilige Verkaufspreis, der möglicherweise als Folge des Veräußerungszwangs vom üblichen Marktpreis abwiche, wäre der angemessene Wertansatz. Weil die Beendigung eines Unternehmens die Ausnahme und nicht die Regel darstellt, wird es üblicherweise als sinnvoll angesehen, für den Wertansatz die Annahme der Unternehmensfortführung so lange aufrechtzuerhalten, wie die Unternehmensauflösung nicht bevorsteht. Dies ist genau die Regelung, welche weltweit von Rechnungslegungsregeln gefordert wird.

Annahme der Unternehmensfortführung

Stabile Währungseinheit

Der finanzielle Aspekt des Rechnungswesens verlangt eine Beschränkung auf das, was in Geldeinheiten ausdrück- und messbar ist. Im Gegensatz zu physikalischen Maßen wie Längen-, Raum-, Gewichts- oder Zeitmaßen verändert sich der Wert einer Geldeinheit im Laufe der Zeit. Wenn das allgemeine Preisniveau eines Landes steigt, spricht man von Inflation. Bei Inflation kann man heute mit einer Geldeinheit weniger Vermögensgüter kaufen, als man es früher konnte. Bei einer Deflation verhält es sich umgekehrt. Für das Rechnungswesen wird angenommen, der Wert des Geldes sei so stabil, dass man die Auswirkungen der allgemeinen Preisniveauveränderung vernachlässigen könne. Dieses Konzept der stabilen Währungseinheit (*monetary unit-Konzept*) gestattet es, Geldbeträge, die sich auf unterschiedliche Zeitpunkte beziehen, zusammenzuzählen oder voneinander abzuziehen, ohne sie vorher wegen eventuell unterschiedlicher Wertigkeit miteinander vergleichbar gemacht zu haben. Es leuchtet allerdings ein, dass dies prob-

Keine Berücksichtigung von Geldwertschwankungen im Zeitablauf lematisch sein kann, weil solche Geldbeträge möglicherweise verschiedene Güterwerte repräsentieren.

Komplikationen bei der Berücksichtigung von Inflation oder Deflation

Wollte man Geldwertschwankungen berücksichtigen, so müsste man die Geldbeträge in Einheiten einer fiktiven stabilen Währung umrechnen. Betrachtet man den Zins als Preis für die zeitliche Überlassung von Geld und gleichzeitig auch als Preis für den Ausgleich von Inflation oder Deflation, dann können solche Umrechnungen durch Aufzinsen oder Abzinsen der ursprünglichen Geldbeträge vorgenommen werden.

„Scheingewinn"

Ein Beispiel: Wenn Sie ein Vermögensgut, das Sie für 100 GE gekauft haben, ein Jahr später für 110 GE verkaufen, dann haben Sie hinterher 10 GE mehr als vorher, unabhängig davon, ob Inflation herrscht oder nicht. Diese 10 GE als eine Wertsteigerung des von Ihnen eingesetzten Kapitals zu betrachten, ist die Implikation des Konzepts der stabilen Währungseinheit. Die Alternative wäre, die Inflation bei der Einkommensermittlung zu berücksichtigen. Wäre beispielsweise während des Jahres eine Inflation von 10 % eingetreten, so hätte man die Wertveränderung sicherlich anders ermittelt: Vor dem Vergleich des Verkaufspreises mit dem Einkaufspreis hätte man einen der beiden Geldbeträge um den Effekt der Inflation und des zeitlichen Auseinanderfallens der Zahlungen bereinigen müssen. Für die Ermittlung der Wertsteigerung des eingesetzten Kapitals hätte man entweder die eingekaufte Ware mit einem um 10 % erhöhten fiktiven Anschaffungspreis ansetzen oder den Verkaufspreis fiktiv um den Effekt verringern können. Dann hätte sich aus dem Verkauf keine Wertsteigerung des eingesetzten Kapitals ergeben. Daher wird argumentiert, beim Vergleich des Verkaufspreises mit dem Einkaufspreis habe sich bei Berücksichtigung der Inflation nur ein sogenannter „Scheingewinn" ergeben. Die Wertsteigerung ehemals angeschaffter Vermögensgüter als Folge der Inflation bedeutet dann keine Wertsteigerung des Unternehmens, sondern nur einen Ausgleich für die Kaufkraftänderung. Sie dient nur dem Ausgleich dafür, die ursprüngliche Substanz des Unternehmens wiederherzustellen und hat nichts mit der Leistung des Unternehmens zu tun. Daher wird vorgeschlagen, sie nicht dem Einkommen des Unternehmens hinzuzurechnen.[15]

Allgemeine Annahmen

Tatsächlich unterstellen die meisten Rechnungslegungsregeln, es gäbe weder Inflation noch Deflation. Besondere Vorkehrungen für inflationäre oder deflationäre Wirtschaftsphasen werden nur von den Rechnungslegungssystemen einiger Ländern vorgesehen, in denen große Inflation herrscht, sowie von den Regeln der *IFRS*.

1.2.4.2 Buchführungsbezogene Anforderungen

Leistungsabgabeorientierung und Einzelbewertung

Einkommensmessung bei Leistungsabgabe

Einkommensorientierte Finanzberichte werden im Regelfall aus den tatsächlichen oder erwarteten Zahlungen eines Zeitraums entwickelt. Konsequenzen von Ereignissen und Handlungen im Unternehmen werden zur Einkommensmessung allerdings nicht zwingend zu dem Zeitpunkt

---

15 Vgl. zum Überblick Moxter, A. (1984), S. 57–79.

beziehungsweise in dem Zeitraum und in der Höhe berücksichtigt, in dem Einzahlungen oder Auszahlungen stattfinden. Leistungsabgaben werden vielmehr dann berücksichtigt, wenn Leistungen an Marktpartner abgegeben werden und somit ein Zahlungsanspruch entstanden ist. Auszahlungen für Vermögensgüter, die über mehrere Abrechnungszeiträume genutzt werden, berücksichtigt man anteilig bei der Einkommensermittlung. Darüber hinaus nimmt man die Einkommenswirkung einiger zukünftigen Ereignisse vorweg. Das erfordert neben der Aufzeichnung von Zahlungen und Zahlungsansprüchen die Erfassung und Bewertung jedes einzelnen Postens, für den etwas bezahlt wurde oder wird, ohne dass er seine Einkommenswirkung bereits entfaltet haben muss (bestandsorientiertes Rechnungswesen, *accrual accounting*). Der Vorteil dieses Konzepts liegt darin, dass Informationen bereitgestellt werden, die nützlicher erscheinen als Zahlungssalden. Einkommensrechnungen liefern dann nicht nur Informationen über vergangene Ereignisse, die zahlungswirksam waren; sie informieren darüber hinaus auch über ökonomische Konsequenzen von Ereignissen, die künftige Zahlungswirkungen mit sich bringen. Der Nachteil der Abkehr von einer Zahlungsrechnung liegt zweifellos in einem höheren Erfassungsaufwand und darin, dass im Gegensatz zur Zahlungsorientierung die Abbildung bei umfassender Bestandsorientierung oftmals nicht ohne Ermessen möglich ist. Alternativ dazu wäre es denkbar, die Einkommensentstehung auf den Zeitpunkt der Auftragsannahme oder den des Zahlungseingangs festzulegen.[16] Regulierungen des Rechnungswesens unterstellen traditionell weltweit die Leistungsabgabeorientierung bei einer gleichzeitigen Einzelbewertung.

Bewertung von Vermögensgütern und Fremdkapital

Traditionell fordern Rechnungslegungsregeln, dass Vermögensgüter und Dienstleistungen zum Anschaffungszeitpunkt zu den Preisen aufgezeichnet werden, die vom Unternehmen am Markt entrichtet werden (*cost principle*), weil diese Werte verlässlich ermittelbar sind. Dem entspricht es, dass Fremdkapitalverpflichtungen bei ihrer Entstehung mit dem Erfüllungsbetrag anzusetzen sind.

Traditionell: Bewertung zu Anschaffungsausgaben beziehungsweise zum Rückzahlungsbetrag

Hat man es mit einem nicht abnutzbaren Vermögensgut zu tun, erscheint es zur objektivierten Einkommensermittlung sinnvoll, diesen Wert so lange beizubehalten, wie das angeschaffte Vermögensgut im Unternehmen verbleibt. Wertveränderungen werden nicht gesondert erfasst und erscheinen erst zusammen mit dem durch einen Verkauf erzielten Erlös als Einkommen. Alternativ dazu wird vorgeschlagen, eine Bewertung zum Marktpreis vorzunehmen und Marktpreisänderungen einkommenswirksam zu berücksichtigen.

Bewertung von Vermögensgütern nach der Anschaffung

Bei abnutzbaren Vermögensgütern, beispielsweise einer Maschine zur Herstellung von Erzeugnissen, würde die Bewertung zu Anschaffungsausgaben dazu führen, dass selbst dann noch der Anschaffungswert aufgezeichnet wäre, wenn das Vermögensgut infolge der Abnutzung objektiv wertlos wäre. In der Regel wird vom Anschaffungswertprinzip

Mängel der Anschaffungsausgabenorientierung bei abnutzbaren Vermögensgütern

---

16 Vgl. dazu beispielsweise Poensgen, H.O. (1973), S. 195–221.

für die Einkommensermittlung daher auf folgende Weise abgewichen: die Anschaffungsausgaben abnutzbarer Vermögensgüter, deren Nutzung sich über mehrere Abrechnungszeiträume erstreckt, berücksichtigt man anteilig in den Zeiträumen der Nutzung als Einkommensminderung; die abnutzbaren Vermögensgüter werden – entsprechend um den (kumuliert) verrechneten Aufwand in ihrem Anschaffungswert gemindert – jeweils zu ihrem Restwert angesetzt. Man spricht auch von den fortgeführten Anschaffungsausgaben. Die Konsequenzen, die sich bei Abkehr von einer solchen Bewertung zu Anschaffungsausgaben ergeben, sind weitgehend unklar, weil man oft geschätzte Werte anstatt verlässlicher Werte verarbeiten muss. Mit der Relevanz kann es dagegen ganz anders aussehen. Konsequent wäre es zudem bei Vernachlässigung des noch zu erwähnenden Vorsichtsprinzips, nicht nur Abschreibungen, sondern auch Zuschreibungen vorzusehen.

Mängel der Anschaffungs-ausgabenorientierung bei Wertschwankungen

Probleme für die Nutzung von Anschaffungswerten im Rechnungswesen können sich insbesondere ergeben, wenn der Marktpreis des Vermögensguts im Zeitablauf Schwankungen unterworfen ist. Der Anschaffungswert ist dann zwar objektiv nachprüfbar, jedoch für viele Fragen ökonomisch irrelevant. In Deutschland werden Wertschwankungen immer dann berücksichtigt, wenn der Marktpreis eines Vermögensguts niedriger ist als die fortgeführten Anschaffungsausgaben oder wenn der Rückzahlungsbetrag eines Fremdkapitalpostens höher ist als der Verfügungsbetrag zum Anschaffungszeitpunkt. Damit sollen erwartete Wertminderungen des Eigenkapitals bereits zum Zeitpunkt des Erkennens und nicht erst zum Zeitpunkt ihres Eintritts erfasst werden. In anderen Regelungskreisen, z.B. in den *U.S. GAAP* oder in den *IFRS*, wird dagegen zunehmend ein Ansatz zum *fair value* vorgeschrieben. Dies ist ein Wertansatz, der eine marktnahe Bewertung von Vermögensgütern und Fremdkapitalposten sicherstellen soll. Dabei handelt es sich im Idealfall um einen unter normalen Bedingungen zustande gekommenen Marktpreis auf einem aktiven Markt, gleichgültig, ob er über oder unter den Anschaffungsausgaben liegt.[17] Der Ansatz zum *fair value* soll die Zeitnähe und Relevanz der Zahlen des Rechnungswesens erhöhen.

Einhaltung von Vorsicht

Vorsichtsprinzip als Prinzip asymmetrischer Berücksichtigung guter und schlechter Informationen

Aufgrund des Vorsichtsprinzips (*prudence principle, conservatism*) soll sich eine rechnungslegende Unternehmensleitung „im Zweifel eher zu arm als zu reich rechnen". Das Prinzip wird in Deutschland in einem umfassenden Sinne und in einem engen Sinne verwendet. Im umfassenden Sinne bedeutet es, alle Regeln für den Ansatz und die Bewertung so auszulegen beziehungsweise zu gestalten, dass das Eigenkapital und das Einkommen niedrig erscheinen. Dies erreicht man durch einen zeitlich relativ späten Ansatz erwarteter Eigenkapitalmehrungen und einen zeitlich relativ frühen Ansatz erwarteter Eigenkapitalminderungen.

---

17 Ist kein aktiver Markt vorhanden, so ist der *fair value* auf Basis eines Bewertungskalküls zu ermitteln, der so weit wie möglich Marktdaten verwenden sollte.

Weniger restriktiv wird das Prinzip begriffen, wenn nur das Ermessen bei der Prognose und Schätzung des Einkommens betroffen ist, wenn dabei also künftiges unsicheres Unternehmensgeschehen zu berücksichtigen ist, etwa die Abwertung zweifelhafter Forderungen. Das Vorsichtsprinzip drückt sich beispielsweise in der Festlegung relativ später Erfassungszeitpunkte für erwartete Eigenkapitalsteigerungen aus, hingegen in relativ frühen Erfassungszeitpunkten für erwartete Eigenkapitalsenkungen. Offensichtlich ist, dass ein solches Vorgehen mit bloßen Verlässlichkeitsüberlegungen nicht erklärbar ist. Vielmehr kommt im Vorsichtsprinzip ein asymmetrisches Konzept der Verlässlichkeit zum Ausdruck, nach dem die Darstellung einer günstigen Einkommensentwicklung ein höheres Niveau an Nachprüfbarkeit erfordert als die Darstellung einer ungünstigen Entwicklung. Der Grund liegt darin, dass rechnungslegende Manager eher dazu neigen, die von ihnen verantwortete Lage des Unternehmens zu beschönigen, als sie zu schlecht darzustellen.

Vorsichtsprinzip zur Ermittlung von Wertansätzen aus Schätzintervallen

Die bewusste Unterbewertung von Vermögensgütern oder Überbewertung von Fremdkapital ist indes auch durch das Vorsichtsprinzip nicht zu rechtfertigen. Die Regeln verschiedener externer Rechnungslegungskreise berücksichtigen das Vorsichtsprinzip in unterschiedlichem Ausmaß.

Kein Freibrief zur Bildung stiller Reserven!

Ermöglichung von Vergleichen

Vergleichbarkeit (*comparability*) von Informationen stellt eine weitere wichtige Eigenschaft von Rechenwerken dar. Denn die Vergleichbarkeit von Aufzeichnungen und Berichten des Rechnungswesens ermöglicht es erst, Finanzberichte desselben Unternehmens im Zeitablauf (Zeitvergleich) oder finanzielle Berichte verschiedener Unternehmen für einen Zeitraum oder Zeitpunkt beurteilen zu können (Unternehmensvergleich). Vergleichbarkeit im Zeitablauf erfordert zunächst, dass die Angaben eines Unternehmens zu Beginn eines Zeitraums mit denen zum Ende des vorhergehenden Zeitraums übereinstimmen. Ist dies nicht der Fall, lassen sich die Ziffern zweier zeitlich aufeinanderfolgender Bewegungsrechnungen nicht sinnvoll vergleichen. Betrachtungen über mehrere Zeiträume hinweg erscheinen dann erst recht nicht mehr angebracht.

Ohne Vergleichbarkeit kein Informationsgehalt!

Vergleichbarkeit von Informationen des Rechnungswesens lässt sich durch verschiedene Maßnahmen erreichen, etwa durch Verwendung derselben Messregeln für alle Unternehmen oder für ein einzelnes Unternehmen durch Angabe von Vorjahreszahlen oder auch mittels stetiger Regelanwendung im Zeitablauf. Eine wahlrechtsfreie Rechnungslegung dient zweifelsfrei der Vergleichbarkeit. Darüber hinaus trägt sie zur Ehrlichkeit in der Wissensübertragung bei, die für die Rechenschaftslegung über finanzielle Sachverhalte unverzichtbar ist.[18] Die nationalen Regeln externer Rechnungslegungskreise erfüllen die Forderung nach Vergleichbarkeit in unterschiedlichem Maße.

Maßnahmen zur Erzielung von Vergleichbarkeit

---

18 Vgl. Schneider, D. (1997), S. 199–200.

1.3   Finanzberichte eines Unternehmens

Umfangreiche Veröffent-lichungspflichten

Unternehmen müssen nach deutschem Recht einige Veröffentlichungs-pflichten erfüllen. Diejenigen für Kapitalgesellschaften sind umfangrei-cher und strenger als diejenigen für andere Unternehmen. Wir erwäh-nen wichtige Finanzberichte, die Kapitalgesellschaften aufzustellen und zu publizieren haben, weil diese diejenigen umfassen, welche an-dere Unternehmen zu erstellen haben. Dazu gehören insbesondere eine Einkommensrechnung, unter Umständen eine Eigenkapitaltransfer-rechnung, eine Bilanz, eine Eigenkapitalveränderungsrechnung, eine Erläuterung der Veränderungen von Anlagegütern gegenüber dem Vor-jahr (Anlagespiegel) und eine Kapitalflussrechnung. Auf die Darstel-lung eines Berichts, der die wichtigen Unternehmenszahlen nach Segmenten untergliedert enthält, verzichten wir hier. Nach den *Interna-tional Financial Reporting Standards* und nach den *U.S. GAAP* sind darüber hinaus deutlich mehr Informationen zu geben als nach deut-schem Recht. All diese Rechenwerke enthalten Informationen, die im Rahmen der Buchführung erfasst und zusammengestellt werden.

Beschränkung hier auf die Konzernfinanzberichte der Deutsche Telekom AG

Im Folgenden werden wichtige Finanzberichte am Beispiel der *Deut-sche Telekom AG* aufgezeigt. Diese Finanzberichte sind nicht – wie im obigen Beispiel – in Kontoform dargestellt, sondern in der sogenannten Berichtsform. Dabei werden die linke und die rechte Seite der Berichte nicht nebeneinander, sondern untereinander angeordnet. Diese Finanz-berichte sind ferner mit „Konzern…" überschrieben, weil sie nicht nur eine Aussage für die *Deutsche Telekom AG* als juristische Einheit ange-ben, sondern über die *Deutsche Telekom AG* als ökonomische Einheit informieren. Dazu gehören auch die in Tochtergesellschaften entstan-denen Einkommensbestandteile sowie die Vermögensgüter und das Fremdkapital der Tochtergesellschaften. Der Posten „Konzernüberschuss" entspricht hier der Größe, die wir bisher als Einkommen bezeichnet haben. Sie stellt in der Einkommensrechnung und in der Bilanz der *Deut-sche Telekom AG* dasjenige Einkommen dar, das für die Eigenkapitalgeber der *Deutsche Telekom AG* erwirtschaftet wurde. Die Posten „Anderen Gesellschaftern zustehendes Ergebnis" und „Anteile anderer Gesellschaf-ter" enthalten diejenigen Teile des Einkommens beziehungsweise Eigen-kapitals von Tochtergesellschaften, die nicht den Aktionären der *Deut-sche Telekom AG* zustehen.

Beschränkung auf die Finanzberichte der Einkommensrechnung, Eigenkapitaltransferrech-nung, Bilanz, Eigenkapital-veränderungsrechnung, Anlagespiegel und Kapitalflussrechnung

Abbildung 1.10, Seite 31, zeigt die Einkommensrechnung für das Geschäftsjahr 2008, das den Zeitraum zwischen dem 1.1.2008 und dem 31.12.2008 umfasst, sowie die Vorjahreswerte für die Jahre 2007 und 2006. Eine formale Eigenkapitaltransferrechnung gibt die *Deutsche Tele-kom AG* nicht an. Man findet nur eine Übersicht über die in den drei Geschäftsjahren ausgegebenen Aktien. Eine solche Rechnung führen wir deswegen für das Unternehmen hier nicht auf. Abbildung 1.11 enthält die Bilanz zum 31. Dezember des Jahres 2008, ebenfalls mit Angabe der Vor-jahreswerte für 2007. Abbildung 1.12 stellt entsprechende Eigenkapital-veränderungsrechnungen, Abbildung 1.13, Seite 34, und Abbildung 1.14, Seite 35, den entsprechenden Anlagespiegel und Abbildung 1.15, Seite 36, entsprechende Kapitalflussrechnungen der *Deutsche Telekom AG* dar.

Die hier wiedergegebene Eigenkapitalveränderungsrechnung stellt nur den Ausschnitt für ein einziges Jahr dar. Die *Deutsche Telekom AG* hat die Angaben dagegen für mehrere Jahre gemacht. Auf die Angabe eines Anlagespiegels, wie er von den Regeln des deutschen Handelsrechts gefordert wird, sei hier verzichtet, weil seine Erstellung keine buchhalterische Herausforderung bedeutet. Stattdessen geben wir eine verkürzte Fassung des Anlagespiegels für ein einziges Jahr wieder. Ebenso wird keine Aufteilung der Zahlen nach Unternehmenssegmenten wiedergegeben.

Deutsche Telekom AG und Tochtergesellschaften Konzern-Gewinn- und Verlustrechnung (Werte in Mio. Euro für das Geschäftsjahr, Vorjahreswerte angepasst)			
	2008	2007	2006
Umsatzerlöse	61666	62516	61347
Umsatzkosten	(34592)	(35337)	(34755)
Bruttoergebnis vom Umsatz	27074	27179	26592
Vertriebskosten	(15952)	(16644)	(16410)
Allgemeine Verwaltungskosten	(4821)	(5133)	(5264)
Sonstige betriebliche Erträge	1971	1645	1257
Sonstige betriebliche Aufwendungen	(1232)	(1761)	(888)
Betriebsergebnis	7040	5286	5287
Zinsergebnis	(2487)	(2514)	(2540)
Zinserträge	408	261	297
Zinsaufwendungen	(2895)	(2775)	(2837)
Ergebnis aus at equity bilanzierten Unternehmen	(388)	55	32
Sonstiges Finanzergebnis	(713)	(374)	(167)
Finanzergebnis	(3588)	(2833)	(2675)
Ergebnis vor Ertragsteuern	3452	2453	2612
Ertragsteuern	(1428)	(1373)	970
Jahresüberschuss/(Jahresfehlbetrag)	2024	1080	3582
Anderen Gesellschaftern zustehendes Ergebnis	541	509	(409)
Konzernüberschuss/(Konzernfehlbetrag)	1483	571	3173
Ergebnis je Aktie			
Unverwässert	0,34	0,13	0,74
Verwässert	0,34	0,13	0,74

Abbildung 1.10:
Einkommensrechnungen der Deutsche Telekom AG für 2008 und zwei Vorjahre (Quelle: Deutsche Telekom AG, Geschäftsbericht 2008 (deutsch), Seite 109)

Deutsche Telekom AG und Tochtergesellschaften Konzern-Bilanz (Werte in Mio. Euro zum Ende des Geschäftsjahres, Vorjahreswerte angepasst)		
	31.12.2008	31.12.2007
Aktiva		
Kurzfristige Vermögenswerte	15908	15945
Zahlungsmittel und Zahlungsmitteläquivalente	3026	2200
Forderungen aus Lieferungen und Leistungen und sonstige Forderungen	7393	7696
Ertragsteuerforderungen	273	222
Sonstige finanzielle Vermögenswerte	2169	2019
Vorräte	1294	1463
Zur Veräußerung gehaltene langfristige Vermögenswerte	434	1103
Übrige Vermögenswerte	1319	1242
Langfristige Vermögenswerte	107232	104728
Immaterielle Vermögenswerte	53927	54404
Sachanlagen	41559	42531
Beteiligung an at equity bilanzierten Unternehmen	3557	118
Sonstige finanzielle Vermögenswerte	1386	599
Aktive latente Steuern	6234	6610
Übrige Vermögenswerte	569	466
Bilanzsumme	123140	120673
Passiva		
Kurzfristige Schulden	24866	23215
Finanzielle Verbindlichkeiten	10208	9075
Verbindlichkeiten aus Lieferungen und Leistungen und sonstige Verbindlichkeiten	7073	6823
Ertragsteuerverbindlichkeiten	585	437
Sonstige Rückstellungen	3437	3365
Schulden im Zusammenhang mit zur Veräußerung gehaltenen Vermögenswerten etc.	95	182
Übrige Schulden	3468	3333
Langfristige Schulden	55162	52213
Finanzielle Verbindlichkeiten	36386	33831
Pensionsrückstellungen und ähnliche Verpflichtungen	5157	5354
Sonsige Rückstellungen	3304	3665
Passive latente Steuern	7108	6676
Übrige Schulden	3207	2688
Schulden	80028	75428
Eigenkapital	43112	45245
Gezeichnetes Kapital	11165	11165
Kapitalrücklage	51526	51524
Gewinnrücklagen einschließlich Ergebnisvortrag	(18761)	(16218)
Kumuliertes übriges Konzernergebnis	(5411)	(4907)
Konzernüberschuss	1483	571
Eigene Anteile	(5)	(5)
Anteile der Gesellschafter des Mutterunternehmens	39997	42130
Anteile anderer Gesellschafter	3115	3115
Bilanzsumme	123140	120673

Abbildung 1.11: Bilanzen der Deutsche Telekom AG zum Ende des Geschäftsjahres 2008 und für das Vorjahr (Quelle: Deutsche Telekom AG, Geschäftsbericht 2008 (deutsch), S. 110)

Deutsche Telekom AG und Tochtergesellschaften
Konzern-Eigenkapitalveränderungsrechnung 2008 (verkürzt, Werte in Mio. Euro, Vorjahreswerte angepasst)

| | Anteile der Gesellschafter des Mutterunternehmens | | | | | | | Anteile anderer Gesellschafter | | | Gesamt (Konzern EK) |
| | Bezahltes Eigenkapital | | Erwirtschaftetes Eigenkapital | | | | | | | | |
	Gezeichnetes Kapital	Kapitalrücklage	Gewinnrücklage, Ergebnisvortrag	Konzernergebnis	Kumuliertes übriges Konzernergebnis	Eigene Anteile	Gesamt (Mehrheiten EK)	Minderheitenkapital	Kumuliertes übriges Konzernergebnis	Gesamt (Minderheiten EK)	
Stand 1.1.2008	11165	51524	(16218)	571	(4907)	(5)	42130	2911	204	3115	45245
Veränd. Konsolidierungskreis							0	(2)		(2)	(2)
Jahresüberschuss			1483				1483	541		541	2024
Gewinnvortrag			571	(571)			0			0	0
Dividendenausschüttung			(3386)				(3386)	(545)		(545)	(3931)
Kapitalerhöhung aus Aktienoptionen	2						2			0	2
Versicherungsmathematische Gewinne und Verl.			166				166	1		1	167
Erfolgsneutrale Anhebung des kumulierten übrigen Konzernergebnisses			106		(400)		(294)	12	(7)	5	(289)
Erfolgswirksame Realisierung des übrigen Konzernergebnisses					(104)		(104)			0	104
Stand 31.12.2008	11165	51526	(18761)	1483	(5411)	(5)	39997	2918	197	3115	43112

Abbildung 1.12: Eigenkapitalveränderungsrechnungen der Deutsche Telekom AG für 2008 (verkürzt) (Quelle: Deutsche Telekom AG, Geschäftsbericht 2008 (deutsch), S. 170–171)

Deutsche Telekom AG und Tochtergesellschaften
Konzern-Anlagespiegel für 2008, Teil 1 (modifiziert und gekürzt, Werte in Mio. Euro, Vorjahreswerte angepasst)

	Stand 31.12.2007	Währungs-umrechnung	Veränderung Konsolidierungskreis	Zugänge (planmäßige Abschreibungen)	Zugänge (außerplanmäßige Abschreibungen)	Abgänge	Veränderung aus zur Veräußerung gehaltener	Umbuchungen	Zuschreibungen	Stand 31.12.2008
Anschaffungs- bzw. Herstellungskosten der immateriellen Vermögenswerte (IW)										
Selbsterstellte IW	2083	(23)	0	414		361	2	105		2220
Erworbene IW	42379	(736)	436	692		538	44	663		42940
Goodwill	30274	(1421)	(1)	884		2	54	0		29788
Geleistete Anzahlungen	269	(8)	0	750		(2)	0	(141)		872
Gesamt	75005	(2188)	435	2740		899	100	627		75820
Kumulierte Abschreibungen der Immateriellen Vermögenswerte										
Selbsterstellte IW	1223	(6)	0	459	14	370	0	(10)		1310
Erworbene IW	9744	(548)	(18)	2598	37	508	(21)	137		11421
Goodwill	9634	(761)	0	0	289	0	0	0		9162
Geleistete Anzahlungen	0	0	0	0	0	0		0		0
Gesamt	20601	(1315)	(18)	3057	340	878	(21)	127		21893
Buchwerte										
Selbsterstellte IW	860									910
Erworbene IW	32635									31519
Goodwill	20640									20260
Geleistete Anzahlungen	269									872
Gesamt	54404									53927

Abbildung 1.13:
Anlagespiegel der Deutsche Telekom AG für 2008, Teil 1 (Quelle: Deutsche Telekom AG, Geschäftsbericht 2008 (deutsch), Seite 150–151)

Deutsche Telekom AG und Tochtergesellschaften
Konzern-Anlagespiegel für 2008, Teil 2 (modifiziert und gekürzt, Werte in Mio. Euro)

	Stand 31.12.2007	Währungs-umrechnung	Veränderung Konsoli-dierungskreis	Zugänge (planmäßige Abschreibungen)	Zugänge (außerplanm. Abschreibungen)	Abgänge	Veränderung aus zur Veräußerung gehaltenen	Umbuchungen	Zuschreibungen	Stand 31.12.2008
Anschaffungs- bzw. Herstellungskosten der immat. Vermögenswerte (IW)										
Grundstücke etc.	15831	15	12	112		88	62	234		16178
Technische Anlagen, Maschinen	91681	(533)	122	2171		2052	16	2939		94344
Andere Anlagen, Betriebs- und Geschäftsausstattung	6794	(65)	(51)	566		876	0	333		6701
Geleistete Anzahlungen etc.	2867	(24)	18	4528		63	(1)	(4133)		3192
Gesamt	117173	(607)	101	7377		3079	77	(627)		120415
Kumulierte Abschreib. der immat. Vermögenswerte										
Grundstücke etc.	6502	17	23	678	110	51	64	(16)	(134)	7193
Technische Anlagen, Maschinen	63561	(424)	(5)	6031	5	1888	(1)	(118)	0	67161
Andere Anlagen, Betriebs- und Geschäftsausstattung	4571	(30)	(54)	729	8	737	0	10	0	4497
Geleistete Anzahlungen	8	0	0	0	4	3	(2)	(2)		5
Gesamt	74642	(437)	(36)	7438	127	2679	61	(126)	(134)	78856
Buchwerte										
Grundstücke etc.	9329									8985
Technische Anlagen, Maschinen	28120									27183
Andere Anlagen, Betriebs- und Geschäftsausstattung	2223									2204
Geleistete Anzahlungen	2859									3187
Gesamt	42531									41559

Abbildung 1.14:
Anlagespiegel der Deutsche Telekom AG für 2008, Teil 2 (Quelle: Deutsche Telekom AG, Geschäftsbericht 2008 (deutsch), Seite 152–153)

Deutsche Telekom AG und Tochtergesellschaften
Konzern-Kapitalflussrechnung (Werte in Mio. Euro für das Geschäftsjahr, Vorjahreswerte angepasst)

	2008	2007	2006
Jahresüberschuss	2024	1080	3582
Abschreibungen auf immaterielle Vermögenswerte und Sachanlagen	10975	11611	11034
Ertragsteueraufwand	1428	1373	(970)
Zinserträge und -aufwendungen	2487	2514	2540
Sonstiges Finanzergebnis	713	374	167
Ergebnis aus at equity bilanzierten Unternehmen	388	(55)	(32)
Ergebnis aus dem Abgang voll konsolidierter Gesellschaften	(455)	(379)	–
Sonstige zahlungsunwirksame Vorgänge	(147)	124	32
Ergebnis aus dem Abgang immaterieller Vermögenswerte und Sachanlagen	70	(42)	(72)
Veränderung aktives Working Capital	286	(1072)	(17)
Veränderung der Rückstellungen	493	1825	1585
Veränderung übriges passives Working Capital	(130)	(1391)	353
Erhaltene/gezahlte Ertragsteuern	(520)	171	(1248)
Erhaltene Dividenden	13	36	27
Operativer Cashflow	17625	16169	16981
Gezahlte Zinsen	(3431)	(4005)	(4081)
Erhaltene Zinsen	1174	1550	1322
Cashflow aus Geschäftstätigkeit	15368	13714	14222
Auszahlungen für Investitionen in			
Immaterielle Vermögensgegenstände	(1799)	(1346)	(4628)
Sachanlagen	(6908)	(6669)	(7178)
Langfristige finanzielle Vermögenswerte	(3261)	(264)	(624)
Anteile voll konsolidierter Gesellschaften und Geschäftseinheiten	(1030)	(1547)	(2265)
Einzahlungen aus Abgängen von			
Immateriellen Vermögenswerten	34	39	35
Sachanlagen	338	722	532
Langfristigen finanziellen Vermögenswerten	102	133	249
Anteilen voll konsolidierter Gesellschaften und Geschäftseinheiten	778	888	(21)
Veränderung der Zahlungsmittel (Laufzeit mehr als 3 Monate) und			
Wertpapiere des kurzfristigen finanziellen Vermögens	611	(60)	(348)
Sonstiges	(249)	50	(57)
Cashflow aus Investitionstätigkeit	(11384)	(8054)	(14305)
Aufnahme kurzfristiger Finanzverbindlichkeiten	39281	32514	3817
Rückzahlung kurzfristiger Finanzverbindlichkeiten	(44657)	(32259)	(9173)
Aufnahme mittel- und langfristiger Finanzverbindlichkeiten	6477	1586	7871
Rückzahlung mittel- und langfristiger Finanzverbindlichkeiten	(96)	(1020)	(492)
Dividendenausschüttungen	(3963)	(3762)	(3182)
Aktienrückkauf	–	–	(709)
Kapitalerhöhung aus Aktienoptionen	3	24	16
Tilgung von Leasingverbindlichkeiten	(142)	(208)	(219)
Cashflow aus Finanzierungstätigkeit	(3097)	(6125)	(2061)
Auswirkung von Kursveränderungen auf die Zahlungsmittel (Laufzeit bis 3 Monate)	(61)	(100)	(66)
Nettoveränderung der Zahlungsmittel (Laufzeit bis 3 Monate)	826	(565)	(2210)
Zahlungsmittelbestand am Anfang des Jahres	2200	2765	4975
Zahlungsmittelbestand am Ende des Jahres	3026	2200	2765

Abbildung 1.15: Kapitalflussrechnungen der Deutsche Telekom AG für 2008 und zwei Vorjahre (Quelle: Deutsche Telekom AG, Geschäftsbericht 2008 (deutsch), S. 112)

1.4 Buchführung und Rechnungswesen im Beruf

Der vorliegende Abschnitt führt die Berufschancen im Bereich der Buchführung und des betriebswirtschaftlichen Rechnungswesens kurz auf. Viele Berufe ranken sich um die Buchführung und um das betriebswirtschaftliche Rechnungswesen. Innerhalb von Unternehmen sind es direkt beispielsweise der Buchhalter oder der *accountant*, der Kostenanalytiker und -planer, der Revisor sowie derjenige, der die mit dem Rechnungswesen befassten Teile des Informationssystems des Unternehmens entwirft und fortentwickelt. Indirekt sind alle Entscheidungsträger eines Unternehmens mit der Buchführung und dem betriebswirtschaftlichen Rechnungswesen verbunden, weil ihre Entscheidungen in erheblichem Maße auf Buchführungszahlen beruhen oder in diese eingehen. Außerhalb von Unternehmen ist an alle zu denken, die von der Geschäftsführung ausgeschlossen sind, an den Anteilseigner ebenso wie an den Steuerberater, an den Wirtschaftsprüfer in der Rolle des Finanzberichtsprüfers und an den Unternehmensberater.

1.5 Literaturhinweise

Literatur zur Einführung in das Gebiet der Buchführung und des Rechnungswesens findet man in Form von Einführungswerken sowie bei deren Literaturangaben. Hier wird nur auf Quellen verwiesen, die Nebenaspekte der Darstellung betreffen.

Ballwieser, W. (2002), Informations-GoB – auch im Lichte von *IAS* und *US GAAP*, Zeitschrift für kapitalmarktorientierte Rechnungslegung, 2. Jahrgang, S. 115–121.

Beaver, W.H. (1998), Financial Reporting – An Accounting Revolution, 3rd edition, Upper Saddle River, N.J. (Prentice Hall).

Berle, A.A./ Means, G.C. (1932), The Modern Corporation and Privat-Property, New York, Nachdruck 1991.

Deutsche Telekom AG, Geschäftsbericht 2008 (deutsch).

DRSC, siehe Selbstpräsentation im Internet unter *www.drsc.de*.

FASB, siehe Selbstpräsentation im Internet unter *www.fasb.org*.

IASB, siehe Selbstpräsentation im Internet unter *www.iasb.org*.

Leffson, U. (1987), Die Grundsätze ordnungsmäßiger Buchführung, 7. Auflage, Düsseldorf.

Moxter, A. (1984), Bilanzlehre, Band I: Einführung in die Bilanztheorie, 3. Auflage, Wiesbaden (Gabler).

Moxter, A. (2003), Grundsätze ordnungsmäßiger Rechnungslegung, Düsseldorf (Institut der Wirtschaftsprüfer).

Poensgen, H.O. (1973), Geschäftsbereichsorganisation, Opladen (Westdeutscher Verlag).

Schneider, D. (1997), Betriebswirtschaftslehre, Band 2: Rechnungswesen, München, Wien (Oldenbourg).

Vierte Richtlinie der EU vom 25.7.1978 mit sämtlichen Änderungen und Anpassungen, siehe *http://europa.eu/scadplus/leg/de/lvb/l26009.htm.*

Siebte Richtlinie der EU vom 13.6.1983 mit sämtlichen Änderungen und Anpassungen, siehe *http://europa.eu/scadplus/leg/de/lvb/l26010. htm.*

1.6   Übungsmaterial

1.6.1   Fragen mit Antworten

Fragen	Antworten
In welchen grundlegenden Rechtsformen lässt sich ein Unternehmen organisieren?	Als sogenannte Einzelunternehmen, als Personengesellschaft, als Kapitalgesellschaft und – abweichend von den Rechtsformen – als Konzern.
Inwieweit hat die Wahl der Rechtsform Einfluss auf die anzuwendenen Rechnungslegungsregeln?	Für unterschiedliche Rechtsformen gelten unterschiedliche Regeln. Auch die Unternehmensgröße sowie der Kapitalmarktbezug beeinflussen die anzuwendenden Regeln. Für Kapitalgesellschaften gelten beispielsweise strengere Regeln als für sogenannte Einzelunternehmen.
Was soll im betriebswirtschaftlichen Rechnungswesen abgebildet werden?	Finanzielle Ereignisse, die ein Unternehmen betreffen und objektiv gemessen werden können. Ein Unternehmen stellt eine ökonomisch selbstständige Einheit dar, deren wirtschaftliche Lage getrennt von der wirtschaftlichen Lage der Eigenkapitalgeber zu sehen ist.
Sollten Unternehmen juristisch oder ökonomisch abgegrenzt werden?	Ökonomisch sinnvolle Berichte lassen sich nur bei ökonomischer Unternehmensabgrenzung gewinnen. Allerdings kann die ökonomische Unternehmensabgrenzung mit der juristischen zusammenfallen.
Welche Eigenschaften sollte das Rechnungswesen besitzen, um relevant zu sein?	Es sollte diejenigen Informationen liefern, welche die Entscheidungen der Informationsnutzer beeinflussen können. Diese Informationen sollten verlässlich und zeitnah sein.
Warum wird eine Einkommensermittlung auf der Basis von Anschaffungsausgaben gegenüber anderen Wertansätzen oft favorisiert?	Anschaffungsausgaben sind objektiv nachprüfbar.
Wie soll man Vermögensgüter und Fremdkapital ansetzen, um möglichst verlässliche Zahlen zu erhalten?	In der Regel mit den tatsächlichen historischen Anschaffungsausgaben beziehungsweise mit den historischen Rückzahlungsbeträgen. Schätzwerte sind „mit Vorsicht" zu schätzen.
Wie soll man Vermögensgüter und Fremdkapital ansetzen, um möglichst relevante Zahlen zu erhalten?	In der Regel mit den aktuellen Tageswerten zum Bilanzstichtag.
Woraus können die finanziellen Berichte von Unternehmen bestehen?	Zu den finanziellen Berichten können gehören: eine Einkommensrechnung, eine Bilanz, ein Anlagespiegel, eine Eigenkapitalveränderungsrechnung, eine Kapitalflussrechnung und eine Segmentberichterstattung.

1.6.2 Verständniskontrolle

1 Worin liegt der Unterschied zwischen „Rechnungswesen" und „Buchführung"?

2 Identifizieren Sie die Nutzer von Informationen des Rechnungswesens! Erklären Sie, wie die Information jeweils genutzt wird!

3 Nennen Sie zwei bedeutende Gründe für die Entwicklung des Rechnungswesens!

4 Welche Institution formuliert die Rechnungslegungsregeln in Deutschland, welche in den USA und welche auf internationaler Ebene?

5 Identifizieren Sie die „Eigentümer" eines sogenannten Einzelunternehmens, einer Personengesellschaft und einer Kapitalgesellschaft!

6 Warum sind ethische Standards für das Rechnungswesen erforderlich?

7 Beschreiben Sie kurz die Bedeutung des Prinzips der Verlässlichkeit!

8 Warum ist das Konzept der ökonomisch selbstständigen Wirtschaftseinheit bedeutsam für das Rechnungswesen?

9 Geben Sie einige Beispiele für die Abgrenzung von Wirtschaftseinheiten!

10 Welche Rolle spielt die anschaffungsausgabenorientierte Bewertung im Rechnungswesen?

11 Welche Probleme ergeben sich aus dem Streben nach leistungsabgabeorientierter Einkommensmessung, welches Problem wird hierdurch vermieden?

1.6.3 Aufgaben zum Selbststudium

Aufgabe 1.1 Abbildung eines einfachen Sachverhalts im Rahmen von zahlungsorientierten Finanzberichten

Vorbemerkung zu Aufgabe 1.1

Der Hinweis auf Anfangsbilanz, Einkommensrechnung, Eigenkapitaltransferrechnung und Schlussbilanz kann, muss aber nicht so interpretiert werden, dass man einen Bezug zum Unternehmer herstellt. Ohne Bezug zum Unternehmer errechnet man nur Größen, die sich auf das gesamte Unternehmen beziehen und nicht nur auf die Teile, die auf den Unternehmer entfallen.

Unter dem Begriff der „zahlungsorientierten Bilanz" erfassen wir nur die Zahlungsmittel sowie in der „zahlungsorientierten Einkommensrechnung" und der „zahlungsorientierten Eigenkapitaltransferrechnung" nur deren Veränderung.

Die Begriffe „zahlungsorientierte Anfangsbilanz", „zahlungsorientierte Einkommensrechnung", „zahlungsorientierte Eigenkapitaltransferrechnung", „zahlungsorientierte Eigenkapitalveränderungsrechnung", „zahlungsorientierte Schlussbilanz" und sämtliche mit diesen Begriffen verwandten Ausdrücke – wie „zahlungsorientiertes Einkommen" – werden in der Realität nicht verwendet. Ihre Erwähnung in Aufgabe 1.1 dient in Verbindung mit der Aufgabe 1.2 allein didaktischen Zwecken.

Mit Bezug zum Unternehmer kann man immer sehen, welcher Teil der Zahlungsmittel an Fremde zu zahlen ist und welcher dem Unternehmer verbleibt.

Sachverhalt

Eva Schmitz hat zu Beginn des Wirtschaftsjahres 20X1 ein Unternehmen gegründet. Dazu hat sie bei der Gründung aus privaten Quellen Zahlungsmittel in Höhe von 1000 GE in die Unternehmenskasse eingelegt. Zusätzlich hat sie zu Beginn von 20X1 bei der Bank ein Darlehen für ihr Unternehmen über 500 GE aufgenommen. Die Rückzahlung dieses Darlehens findet im Abrechnungszeitraum 20X2 statt und wird sich auf 500 GE belaufen. Mit dem Bargeld in Höhe von 1500 GE beginnt sie am 1.1.20X1 ihr Unternehmen. Im weiteren Verlauf des Abrechnungszeitraums 20X1 kauft sie für 400 GE Vermögensgüter gegen Barzahlung ein. Die Hälfte davon verkauft sie noch in 20X1 für 500 GE. Sie stimmt der Absicht des Käufers zu, der diesen Betrag erst im Abrechnungszeitraum 20X2 zu zahlen gedenkt. Für ihre Urlaubsfahrt entnimmt Eva Schmitz der Unternehmenskasse in 20X1 einen Betrag in Höhe von 600 GE. Der Abrechnungszeitraum des Unternehmens, das Wirtschaftsjahr, entspricht dem Kalenderjahr.

Fragen und Teilaufgaben

1. Erstellen Sie eine „zahlungsorientierte Anfangsbilanz" zum 1.1.20X1!

2. Bilden Sie die Ereignisse in einer „zahlungsorientierten Einkommensrechnung" für 20X1 ab, soweit sie das „zahlungsorientierte Einkommen" betreffen!

3. Bilden Sie die Ereignisse in einer „zahlungsorientierten Eigenkapitaltransferrechnung" ab, soweit sie „zahlungsorientierte Eigenkapitaltransfers" betreffen!

4. Stellen Sie eine „zahlungsorientierte Eigenkapitalveränderungsrechnung" für 20X1 auf!

5. Ermitteln sie eine „zahlungsorientierte Schlussbilanz" zum 31.12.20X1!

Lösungshinweise zu den Fragen und Teilaufgaben

Der Hinweis auf Anfangsbilanz, Einkommensrechnung, Eigenkapitaltransferrechnung und Schlussbilanz kann, muss aber nicht so interpretiert werden, dass man einen Bezug zum Unternehmer herstellt. Ohne Bezug zum Unternehmer errechnet man in den „zahlungsorientierten Bilanzen" nur die Zahlungsmittel sowie in der „zahlungsorientierten Einkommensrechnung" und der „zahlungsorientierten Eigenkapitaltransferrechnung" nur deren Veränderung. Im Einzelnen erhält man

1. in der „zahlungsorientierten Anfangsbilanz" ohne Unternehmerbezug 1 500 GE Zahlungsmittel,

2. in der „zahlungsorientierten Einkommensrechnung" ohne Unternehmerbezug einen Betrag von −400 GE als Zahlungsmittelveränderung, damit ein zahlungsorientierter Verlust,

3. in der „zahlungsorientierten Eigenkapitaltransferrechnung" ohne Unternehmerbezug eine „zahlungsorientierte Eigenkapitalminderung" in Höhe von 600 GE, was einer „zahlungsorientierten Eigenkapitalmehrung von −600 GE entspricht,

4. eine „zahlungsorientierte Eigenkapitalveränderungsrechnung" mit einem „zahlungsorientierten Eigenkapital" zum Ende des Abrechnungszeitraums 20X1 in Höhe von 1 000 GE − 400 GE − 600 GE = 0 GE, was einer „zahlungsorientierten Eigenkapitalveränderung" von 0 GE entspricht,

5. in der „zahlungsorientierten Schlussbilanz" ohne Unternehmerbezug Zahlungsmittel in Höhe von 500 GE.

Ohne Bezug zum Unternehmer kann man nicht sehen, welcher Teil der Zahlungsmittel an Fremde zu zahlen ist und welcher dem Unternehmer verbleibt. Mit Bezug zum Unternehmer errechnet man, dass Zahlungsmittel in Höhe von 500 GE irgendwann zurückzuzahlen sind. Es entfällt damit kein positiver Rest auf den Unternehmer.

Aufgabe 1.2 **Abbildung eines einfachen Sachverhalts im Rahmen von bestands-orientierten, auf den Unternehmer bezogenen Finanzberichten**

Vorbemerkung zu Aufgabe 1.2

Mit ~~Vermögensorientierung~~ *Bestandsorientierung* und Bezug zum Unternehmer kann man immer sehen, in welcher Höhe ~~Vermögensgüter bestehen~~ *vermögensgüter und fremdkapitalposten bestehen* und in welcher Höhe der Unternehmer daran beteiligt ist.

Sachverhalt

Eva Schmitz hat zu Beginn des Wirtschaftsjahres 20X1 ein Unternehmen gegründet. Dazu hat sie bei der Gründung aus privaten Quellen Zahlungsmittel in Höhe von 1000 GE in die Unternehmenskasse eingelegt. Zusätzlich hat sie zu Beginn von 20X1 bei der Bank ein Darlehen für ihr Unternehmen über 500 GE aufgenommen. Die Rückzahlung dieses Darlehens findet im Abrechnungszeitraum 20X2 statt und wird sich auf 500 GE belaufen. Mit dem Bargeld in Höhe von 1500 GE beginnt sie am 1.1.20X1 ihr Unternehmen. Im weiteren Verlauf des Abrechnungszeitraums 20X1 kauft sie für 400 GE Vermögensgüter gegen Barzahlung ein. Die Hälfte davon verkauft sie noch in 20X1 für 500 GE. Sie stimmt der Absicht des Käufers zu, der den Betrag erst im Abrechnungszeitraum 20X2 zu zahlen gedenkt. Für ihre Urlaubsfahrt entnimmt Eva Schmitz der Unternehmenskasse in 20X1 einen Betrag in Höhe von 600 GE. Die Bewertung der Vermögensgüter und der Fremdkapitalposten erfolge zu Anschaffungsausgaben beziehungsweise zum Rückzahlungsbetrag. Der Abrechnungszeitraum des Unternehmens, das Wirtschaftsjahr, entspricht dem Kalenderjahr.

Fragen und Teilaufgaben

1. Erstellen Sie eine bestandsorientierte, auf den Unternehmer bezogene Anfangsbilanz zum 1.1.20X1!

2. Bilden Sie die Ereignisse in einer bestandsorientierten, auf den Unternehmer bezogenen Einkommensrechnung für 20X1 ab, soweit sie das Einkommen betreffen!

3. Bilden Sie die Ereignisse in einer bestandsorientierten, auf den Unternehmer bezogenen Eigenkapitaltransferrechnung für 20X1 ab, soweit sie Eigenkapitaltransfers betreffen!

4. Fassen Sie die Eigenkapitalveränderungen in einer bestandsorientierten Eigenkapitalveränderungsrechnung für 20X1 zusammen!

5. Ermitteln sie eine bestandsorientierte, auf den Unternehmer bezogene Schlussbilanz zum 31.12.20X1!

Lösungshinweise zu den Fragen und Teilaufgaben

Mit Vermögensorientierung _Bestands_ und Bezug zum Unternehmer kann man immer sehen, in welcher Höhe Vermögensgüter bestehen _und Fremdkapita Grösten_ und in welcher Höhe der Unternehmer daran beteiligt ist. Im Einzelnen errechnet man

1. in der „bestandsorientierten Anfangsbilanz" mit Unternehmerbezug ein Vermögen in Höhe von 1 500 GE, das zu 1 000 GE aus eigenen Mitteln finanziert wurde,

2. in der „bestandsorientierten Einkommensrechnung" mit Unternehmerbezug ein Einkommen in Höhe von 500 GE – 200 GE = 300 GE,

3. in der „bestandsorientierten Eigenkapitaltransferrechnung" einen Transfer von Vermögensgütern (Bargeld in Höhe von 600 GE) und eine „bestandsorientierte Eigenkapitalreduktion" in Höhe von 600GE,

4. in der „bestandsorientierten Eigenkaptalveränderungsrechnung" ein „bestandsorientiertes Eigenkapital" zum Ende des Abrechnungszeitraums 20X1 in Höhe von 1 000 GE + 300 GE – 600 GE = 700 GE, was einer „bestandsorientierten Eigenkapitalveränderung" von –300 GE entspricht,

5. in der „bestandsorientierten Schlussbilanz" mit Unternehmerbezug Vermögensgüter in Höhe von 1 200 GE und ein Eigenkapital in Höhe von 700 GE.

Regelungsgrundlagen zur Buchführung in Deutschland

2

ÜBERBLICK

Lernziele

Nach dem Studium dieses Kapitels sollten Sie wissen,

- wie sich juristisch definierte von betriebswirtschaftlich definierten Unternehmen unterscheiden,

- nach welchen Rechtsgrundlagen Unternehmen in Deutschland verpflichtet sind, Bücher zu führen beziehungsweise Finanzberichte aufzustellen,

- unter welchen Voraussetzungen juristisch definierte Unternehmen in Deutschland zur Buchführung und Aufstellung von Finanzberichten verpflichtet sind,

- unter welchen Voraussetzungen ökonomisch definierte Unternehmen in Deutschland zu zusätzlichen Aufzeichnungen zur Erstellung von Konzernfinanzberichten verpflichtet sind,

- dass es neben Buchführungspflichten auch weniger umfangreiche Aufzeichnungspflichten für juristisch definierte Unternehmen gibt, die am besten mit Hilfe der Buchführung erfüllt werden,

- welche Unterschiede und Gemeinsamkeiten zwischen steuerrechtlichen und handelsrechtlichen Pflichten zur Buchführung bestehen,

- welcher Einfluss den *International Financial Reporting Standards* für die Buchführung und die Berichterstellung kapitalmarktorientierter Unternehmen zukommt.

Überblick

Der Inhalt des Kapitels dient dazu, Ihnen die Regelungsgrundlagen zur Buchführung und zur Aufstellung von Finanzberichten in Deutschland zu vermitteln[1]. Dabei wird zwischen verschiedenen Regelungsgrundlagen unterschieden, in denen sich Vorschriften über die Buchführung finden. Dazu zählen in Deutschland das deutsche Steuerrecht, das traditionelle deutsche Handelsgesetzbuch (ohne den Hinweis auf die *International Financial Reporting Standards*) und neuerdings auch die *International Financial Reporting Standards*. Für jede Art dieser Regelungen unterscheiden wir Regelungen, die für jedes Unternehmen im rechtlichen Sinne gelten, von Regelungen, die zusätzlich zu erfüllen sind, wenn ein solches Unternehmen seine Geschäfte in mehreren rechtlich selbstständigen Einheiten tätigt. Gemäß dem *economic entity*-Konzept sind Zahlen des betriebswirtschaftlichen Rechnungswesens dann besonders aussagekräftig, wenn sie sich auf eine Institution beziehen, die sich nach ökonomischen Kriterien als selbstständige Wirtschaftseinheit von anderen Institutionen abgrenzen lässt.

---

1 Die Ausführungen beziehen sich auf den Stand am 30.4.2009.

Zunächst wird jeweils auf allgemeine Pflichten zur Buchführung, Aufzeichnung und Berichterstellung für Unternehmen eingegangen, deren gesamter Geschäftsbetrieb sich in einer der oben beschriebenen rechtlichen Einheiten abspielt. Im Anschluss daran weisen wir auf Buchführungs- und Berichterstellungspflichten für Unternehmen hin, die ihre Geschäfte in mehreren rechtlich selbstständigen, aber ökonomisch unselbstständigen Einheiten unter einheitlicher Leitung oder Kontrolle betreiben, auf sogenannte Konzerne. Dabei werden die entsprechenden Passagen des deutschen Steuer- und Handelsrechts, des Publizitätsrechts sowie der *International Financial Reporting Standards* behandelt.

2.1 Zweck und Art der Regelungen

Warum verpflichtet der Gesetzgeber Unternehmen zur Buchführung und Aufstellung von Finanzberichten? Sinnvoll erscheint dies nur, wenn die gesamtwirtschaftliche Wohlfahrt durch die Einführung dieser Pflichten zunimmt gegenüber einer Situation ohne diese Pflichten. Der Zwang zur Buchführung und Aufstellung von Finanzberichten zieht zweifellos direkte und indirekte Kosten nach sich, die ohne diesen Zwang nicht entstünden. Nicht so klar ist die Frage nach dem gesamtwirtschaftlichen Wohlfahrtsgewinn einer Buchführungs- und Berichterstellungspflicht zu beantworten. Fest steht indes, dass die gesamtwirtschaftliche Wohlfahrt durch Einführung solcher Pflichten nur dann gesteigert wird, wenn hiermit Zwecke erfüllt werden, die als gesamtwirtschaftlich wertvoll betrachtet werden.

Gesamtwirtschaftlicher Wohlfahrtsgewinn durch Buchführungs- und Berichtaufstellungspflicht?

Mehrere Zwecke lassen sich anführen, deren Erfüllung einen Wohlfahrtsgewinn erwarten lässt. Buchführungsunterlagen dokumentieren das Unternehmensgeschehen. Die finanziellen Konsequenzen von Ereignissen im Unternehmen und um das Unternehmen herum werden mit Hilfe der Buchführung unter Verwendung einer standardisierten Systematik erfasst. Die Standardisierung der Aufzeichnungen macht das Unternehmensgeschehen für Dritte leicht nachvollziehbar, vergleichbar und nachprüfbar. Dies dient der Rechtssicherheit in einer Gemeinschaft. Rechtssicherheit ist notwendig, weil Unternehmen mit anderen Unternehmen und gesellschaftlichen Gruppen in vielfältigen rechtlichen Beziehungen stehen, die in erheblichem Maße Vertrauen in das Unternehmen und in das Rechtssystem voraussetzen, insbesondere auch in die Nachprüfbarkeit von Fakten im Konfliktfall. Diese Rolle nimmt die Buchführung wahr, beispielsweise mit Hilfe der aus ihr generierten Finanzberichte, die am Ende jedes Abrechnungszeitraums Rechenschaft über die Verwendung des eingesetzten Kapitals geben.

Dokumentationszweck (Rechtssicherheit)

Die regelmäßige Erstellung von Finanzberichten zwingt Unternehmensleitungen zur Selbstinformation über die wirtschaftliche Lage des Unternehmens. Unternehmensleitungen dienen solche Informationen zur Kontrolle ihrer Geschäftstätigkeit. Aus gesamtwirtschaftlicher Sicht wird hierdurch erreicht, dass Unternehmensleitungen – gegenüber einer Situation ohne Buchführung – günstige oder schwierige Unternehmenssituationen ausnutzen oder abstellen. Gesamtwirtschaftliche Kosten in

Informationszweck

Form von Unternehmenskrisen und Unternehmenszusammenbrüchen werden so gesenkt. Wenn Unternehmen zur Offenlegung ihrer Finanzberichte verpflichtet sind, erhalten Personen oder Institutionen, die von der Leitung des Unternehmens ausgeschlossen sind, sogenannte Unternehmensexterne oder Außenstehende, wichtige Informationen über die wirtschaftliche Lage des Unternehmens. Sie können ihre mit dem Unternehmen zusammenhängenden Entscheidungen dann auf Informationen stützen, über die sie sonst nicht verfügten. Die Offenlegungspflicht dient so dem Interessenausgleich zwischen rechnungslegendem Unternehmen und den externen Unternehmensinteressierten. Gegenüber einer Situation ohne die Information aus Finanzberichten ist davon auszugehen, dass solche unternehmensexternen Gruppen überhaupt erst zur Kooperation mit dem Unternehmen bereit sind und je nach Aussagegehalt der vermittelten Berichtsinformationen bessere Allokationsentscheidungen treffen.

Zweck der Gleichmäßigkeit der Besteuerung

Aus Sicht des deutschen Steuergesetzgebers dient die Buchführung und die damit zusammenhängende Einkommensermittlung ferner dem Zweck, eine gleichmäßige, an der wirtschaftlichen Leistungsfähigkeit orientierte Besteuerung steuerpflichtiger Unternehmen zu erreichen.

Juristische oder ökonomische Unternehmensdefinition?

In Deutschland existieren genaue Regeln für alle Unternehmen, welche die Kaufmannseigenschaft im juristischen Sinne besitzen. Diese Eigenschaft ist juristisch definiert, und es werden Rechte und Pflichten daran geknüpft. Erst in den letzten Jahrzehnten hat sich im Recht zusätzlich die ökonomische Sicht entwickelt, nach der Unternehmen im ökonomischen Sinne definiert und als ökonomische Einheiten angesehen werden. Zu einem Unternehmen im ökonomischen Sinne können – wie bereits erwähnt – mehrere Institutionen im rechtlichen Sinne gehören, also beispielsweise mehrere rechtlich zwar selbstständige, ökonomisch aber unselbstständige Gesellschaften. Aus ökonomischer Sicht interessiert dann hauptsächlich das Rechnungswesen der als ökonomische Einheit aufgefassten Gesamtheit von Einheiten. Die bloße Addition der Zahlen der juristisch selbstständigen Einheiten kann solche Informationen nur in ganz speziellen Fällen liefern.

Vorausschau

In den folgenden Ausführungen werden jeweils zunächst die verschiedenen Arten von Vorschriften für Unternehmen als rechtliche Einheiten und als ökonomische Einheiten aufgeführt. Man spricht im letztgenannten Fall von Konzernen. Vorschriften zur Buchführung in Deutschland findet man im deutschen Steuerrecht, im deutschen Handelsgesetzbuch (dHGB), im Publizitätsgesetz (PublG) und in den *International Financial Reporting Standards* (IFRS).

2.2 Buchführungs- und Berichtspflicht nach deutschem Steuerrecht

2.2.1 Regelungen für Unternehmen in einer einzigen rechtlichen Einheit

2.2.1.1 Buchführungspflicht

Für das deutsche Steuerrecht ergeben sich Buchführungs- und Aufzeichnungspflichten aus der Abgabenordnung (AO). Diese verweist in § 140 AO darauf, dass Vorschriften aus anderen Gesetzen zu beachten sind, wenn diese für die Besteuerung bedeutsam sind. Die handelsrechtliche Pflicht zur Buchführung geht somit indirekt in das deutsche Steuerrecht ein. Die steuerrechtliche Buchführungspflicht wird gleichsam von der handelsrechtlichen hergeleitet. Man spricht daher von der sogenannten derivativen Buchführungspflicht nach deutschem Steuerrecht. In § 141 AO wird zudem die originäre steuerliche Buchführungs- und Aufzeichnungspflicht geregelt.

Formale Rechtsgrundlagen

Zu den nicht steuerrechtlichen Vorschriften, die über § 140 AO auch für das Steuerrecht gelten, zählen die Buchführungs- und Aufzeichnungspflichten des dHGB. Die steuerrechtlichen Vorschriften zur Einkommensteuer hängen eng mit denen des dHGB zusammen. Die Einkommensteuer knüpft an die wirtschaftliche Leistungsfähigkeit des steuerpflichtigen Unternehmens im juristischen Sinn an.

Einkommensbesteuerung als Zweck steuerrechtlicher Gewinnermittlung

Die steuerrechtliche Gewinnermittlung nach § 5 Absatz 1 EStG baut auf einer nach handelsrechtlichen Grundsätzen geführten Buchführung auf. Daher interessiert es, welche Unternehmen nach deutschem Steuerrecht zu einer solchen Buchführung verpflichtet sind. Die Abgabenordnung (AO) regelt die Buchführungspflicht für steuerliche Zwecke.

Buchführungspflicht nach der Abgabenordnung

§ 140 AO stellt zunächst fest, dass Verpflichtungen zur Buchführung oder zu Aufzeichnungen nach anderen als Steuergesetzen auch für Zwecke der Besteuerung zu erfüllen sind. Dies gilt auch für Buchführungs- beziehungsweise Aufzeichnungspflichten nach anderen als handelsrechtlichen Gesetzen, etwa solchen nach dem Fahrlehrergesetz, dem Hebammengesetz oder dem Weingesetz. Nach dem Weingesetz sind Weinbauunternehmen sowie Weinkellereien unter anderem zum Führen von Fasslagerbüchern, Kellerbüchern und Weinlagerbüchern verpflichtet. Solchen Vorschriften kommt man gut mit der Buchführung nach.

Derivative Buchführungspflicht

Aus § 141 Absatz 1 AO folgt die originäre steuerrechtliche Verpflichtung, Bücher zu führen und regelmäßig Finanzberichte aufgrund jährlicher Bestandsaufnahmen von Vermögensgütern und Fremdkapital zu erstellen. Danach sind gewerbliche Unternehmen sowie Land- und Forstwirte, die handelsrechtlich nicht buchführungspflichtig sind, steuerrechtlich buchführungspflichtig, wenn mindestens eines der folgenden vier Kriterien erfüllt ist.

Originäre Buchführungspflicht

1 Die Umsätze einschließlich der steuerfreien Umsätze, ausgenommen die Umsätze nach §4 Nr. 8 bis 10 des Umsatzsteuergesetzes, betragen mehr als 500 000 Euro im Kalenderjahr.

2 Selbstbewirtschaftete land- und forstwirtschaftliche Flächen besitzen einen Wirtschaftswert (§46 des Bewertungsgesetzes) von mehr als 25 000 Euro.

3 Der Gewinn aus Gewerbebetrieb beträgt mehr als 50 000 Euro im Wirtschaftsjahr.

4 Der Gewinn aus Land- und Forstwirtschaft übersteigt 50 000 Euro im Kalenderjahr.

Gegenüber der im Folgenden noch darzustellenden handelsrechtlichen Regelung werden hierdurch ab einer bestimmten Unternehmensgröße zusätzlich zum dHGB Gewerbetreibende ohne Kaufmannseigenschaft sowie Land- und Forstwirte erfasst. Das deutsche Steuerrecht zieht so den Kreis der zur Buchführung Verpflichteten weiter als das deutsche Handelsrecht. Offensichtlich dient dies dem Interesse der Gleichmäßigkeit der Besteuerung.

Ergänzende Vorschriften für Land- und Forstwirte
Nach §142 Absatz 1 AO haben buchführungspflichtige Land- und Forstwirte neben den jährlichen Bestandsaufnahmen und Finanzberichten üblicher Gewerbetreibender auch ein sogenanntes Anbauverzeichnis zu führen. Hierin ist zu dokumentieren, mit welchen Fruchtarten die selbstbewirtschafteten Flächen im abgelaufenen Wirtschaftsjahr bestellt waren (§142 AO).

Beginn und Ende der originären Buchführungspflicht
Die originäre steuerrechtliche Buchführungspflicht beginnt nicht bereits in dem Kalender- oder Wirtschaftsjahr, in dem die oben genannten Kriterien zum ersten Mal erfüllt sind. Voraussetzung ist vielmehr, dass dem Unternehmen die Buchführungspflicht durch die Finanzbehörde bekannt gegeben wurde. Auf Basis von Steuerbescheiden oder Feststellungsbescheiden lässt sich von der Finanzbehörde feststellen, ob einer der genannten Grenzwerte obiger Kriterien möglicherweise überschritten wird. Die Buchführungspflicht beginnt dann in dem Kalenderjahr, das dem Jahr der Bekanntmachung durch die Finanzbehörde folgt (§141 Absatz 2 Satz 1 AO). Sie endet ein Jahr nach Ablauf des Wirtschaftsjahres, in dem die Finanzbehörde feststellt, dass die Voraussetzungen der Buchführungspflicht nicht mehr vorliegen (§141 Absatz 2 Satz 2 AO).

Aufzeichnungspflichten versus Buchführungspflichten
Nach deutschem Steuerrecht gibt es neben der Pflicht zur Buchführung auch Aufzeichnungspflichten für Unternehmen, die keiner Buchführungspflicht unterliegen. Während im Rahmen der Buchführung sämtliche abzubildenden Ereignisse richtig, zeitgerecht und geordnet abzubilden sind, erfassen Aufzeichnungen nur bestimmte Arten von Ereignissen. Allgemeine Anforderungen an Buchführung und Aufzeichnungen sowie zu beachtende Ordnungsvorschriften werden in §§145-146 AO geregelt. Weil sich keine grundlegenden Unterschiede zu den Vorschriften nach dHGB ergeben, wird hier auf eine Darstellung verzichtet.

Nach §§ 143-144 AO müssen gewerbliche Unternehmer ihren gesamten Warenverkehr, sowohl ihren Wareneingang als auch ihren Warenausgang, vollständig erfassen. Neben üblichen Waren sind hierbei Rohstoffe, unfertige Erzeugnisse, Hilfsstoffe und Zutaten zu berücksichtigen, die der Unternehmer im Rahmen seines Gewerbebetriebs zur Weiterveräußerung oder zum Verbrauch erwirbt. Aufzuzeichnen sind nach §§ 143, 144 Absatz 3 AO jeweils das Datum des Wareneingangs beziehungsweise Warenausgangs oder der entsprechenden Rechnung, der Name und die Anschrift des Lieferanten, die handelsübliche Bezeichnung und der Preis der Ware. Darüber hinaus wird ein Hinweis auf einen entsprechenden Beleg gefordert, der in Form einer Rechnung, eines Kassenzettels oder einer Quittung vorliegen kann.

Aufzeichnungspflicht des Wareneingangs und Warenausgangs

Der Finanzverwaltung dienen solche Aufzeichnungen dazu, den gesamten Warenverkehr eines Unternehmens zu überwachen. Leicht lässt sich bei einer sogenannten Betriebsprüfung eines Unternehmens durch die Finanzverwaltung kontrollieren, ob es Waren auf Lager gibt, die nie als Wareneingang erfasst wurden. Um auch den gewerblichen Handel mit land- und forstwirtschaftlichen Erzeugnissen überwachen zu können, sind auch originär buchführungspflichtige Land- und Forstwirte verpflichtet, den Warenausgang aufzuzeichnen (§ 144 Absatz 5 AO).

Prüfungsmöglichkeit durch die Finanzverwaltung

Eine weitere Aufzeichnungspflicht für Unternehmen ergibt sich aus der Besteuerung von Umsätzen, die im Umsatzsteuergesetz (UStG) geregelt ist. Die Aufzeichnungspflicht knüpft an die Unternehmereigenschaft im Sinne von § 2 Absatz 1 UStG an. Danach ist derjenige ein Unternehmer, der eine gewerbliche oder berufliche Tätigkeit selbstständig ausübt. Als gewerblich oder beruflich gilt dabei jede nachhaltige Tätigkeit zur Erzielung von Einnahmen, auch wenn die Absicht zur Gewinnerzielung fehlt.

Aufzeichnungspflicht für die Umsatzbesteuerung

Der Zweck der Aufzeichnungspflicht für die Umsatzbesteuerung besteht darin, die Bemessungsgrundlage für die Besteuerung nach UStG zu liefern. Steuerbar sind nach § 1 UStG Umsätze aus Lieferungen und sonstigen Leistungen im Inland, der Eigenverbrauch des Unternehmers, die Einfuhr von Gegenständen aus einem Drittlandsgebiet in das Inland und der sogenannte innergemeinschaftliche Erwerb im Inland gegen Entgelt (im Falle von Importen aus anderen EU-Mitgliedstaaten). Steuerpflichtig sind diejenigen steuerbaren Umsätze, die nicht steuerfrei sind. Steuerfreie Umsätze werden unter anderem in § 4 UStG aufgelistet. Darunter fallen beispielsweise Umsätze von Ärzten, Museen oder Privatschulen. § 5 UStG regelt Steuerbefreiungen für die Einfuhr bestimmter Gegenstände.

Steuerbare, steuerpflichtige und steuerfreie Umsätze

Die Umsatzsteuer bemisst sich für Lieferungen und sonstige Leistungen sowie beim innergemeinschaftlichen Erwerb nach dem vereinbarten Entgelt für die Leistung vor Berücksichtigung der Umsatzsteuer (§ 10 Absatz 1 Satz 2 UStG). Bemessungsgrundlage beim Eigenverbrauch sind – je nach Verfügbarkeit – Einkaufspreis zuzüglich Nebenkosten beziehungsweise die Selbstkosten der entnommenen Gegenstände (§ 10 Absatz 4 UStG). Im Falle der Einfuhr von Gegenständen ist auf deren

Bemessungsgrundlagen der Umsatzbesteuerung

Wert nach den jeweiligen Vorschriften über den Zollwert abzustellen (§ 11 Absatz 1 UStG).

Befreiung von Aufzeichnungspflichten nach UStG

Voraussetzungen für eine Befreiung von Aufzeichnungspflichten und damit für ein vereinfachtes Verfahren enthält § 23 UStG, nach dem die mit der Umsatzsteuer zu verrechnenden Vorsteuern auf Grundlage von Durchschnittsätzen ermittelt werden können.

Aufbewahrungspflichten

§ 147 Absatz 1 AO fordert von allen buchführungs- und aufzeichnungspflichtigen Personen, Ordnungsvorschriften für die Aufbewahrung von Unterlagen zu erfüllen. Der Kreis der Aufbewahrungspflichtigen wird damit weiter gesteckt als nach deutschem Handelsrecht. Materiell entsprechen die steuerrechtlichen Vorschriften denen nach § 257 dHGB. Das gilt für zehn- beziehungsweise sechsjährige Aufbewahrungszeiträume von Buchführungsunterlagen und Aufzeichnungen, wenn nicht in anderen Steuergesetzen kürzere Aufbewahrungsfristen zugelassen sind (§ 147 Absatz 1 und 3 AO). Wie nach Handelsrecht können bestimmte Buchführungsunterlagen unter Erfüllung von Ordnungsvorschriften auch auf elektronischen Datenträgern gespeichert werden (§ 147 Absatz 2 AO). Die Aufbewahrungsfrist beginnt mit dem Schluss des Kalenderjahres, in dem die letzte Eintragung gemacht beziehungsweise der finanzielle Bericht des Geschäftsjahres aufgestellt worden ist (§ 147 Absatz 4 AO).

2.2.1.2 Berichtspflicht

Grundlage in §§ 4-6 EStG

Nach geltendem Einkommensteuerrecht ist die Maßgröße der wirtschaftlichen Leistungsfähigkeit der steuerrechtliche Gewinn. Wie dieser Gewinn ermittelt wird und mit welchen Werten einzelne Bilanzpositionen für Besteuerungszwecke zu bewerten sind, wird im Einkommensteuergesetz (EStG), insbesondere in §§ 4-6 EStG, weitgehend, aber nicht abschließend geregelt.

Gewinnermittlung für Gewerbetreibende nach § 5 Absatz 1 EStG

Zu den Sachverhalten, die im Einkommensteuerrecht nicht explizit angesprochen werden, zählen aufgrund von § 5 EStG die handelsrechtlichen Vorschriften. Hiernach ist der steuerrechtliche Gewinn durch einen vollständigen Betriebsvermögensvergleich zu ermitteln. Diese Gewinnermittlungsmethode ist für Gewerbetreibende maßgebend, die freiwillig oder aufgrund gesetzlicher Verpflichtung Bücher führen und regelmäßig Finanzberichte erstellen. Nach § 5 Absatz 1 EStG haben sie für den Schluss des Wirtschaftsjahres das sogenannte Betriebsvermögen anzusetzen, das nach handelsrechtlichen Grundsätzen ordnungsmäßiger Buchführung zu ermitteln ist. Folglich ergibt sich das Betriebsvermögen einer Steuerbilanz aus einer handelsrechtlichen Bilanz. Man spricht in diesem Zusammenhang auch von der Maßgeblichkeit der Handelsbilanz für die Steuerbilanz. Der steuerrechtliche Gewinn des Wirtschaftsjahres ermittelt sich nach § 4 Absatz 1 EStG als Unterschiedsbetrag zwischen dem Betriebsvermögen am Schluss des Wirtschaftsjahres und am Schluss des vorangegangenen Wirtschaftsjahres, vermehrt um den Wert der Entnahmen, vermindert um den Wert der Einlagen. Zum Teil sind die steuerrechtlichen Vorschriften so streng, dass sie steuerliche Vorteile an eine entsprechende Berücksichtigung in den Finanzberichten nach dHGB knüpfen. Man spricht dann auch von der „Umkehrung der Maßgeblichkeit der Handelsbilanz für die Steuerbilanz".

2.2.2 Zusätzliche Regelungen für Konzerne

Das deutsche Steuerrecht vernachlässigt weitgehend die Existenz von Konzernen. Dementsprechend sind keine Regelungen des deutschen Steuerrechts zu nennen, in denen besondere Vorschriften für Konzerne aufgeführt werden.

Keine konzernrelevanten steuerrechtlichen Regelungen!

2.3 Buchführungs- und Berichtspflicht nach deutschem Handelsgesetzbuch (ohne §315a)

Wir verstehen hier unter den Regelungen des deutschen Handelsgesetzbuches alle Regelungen außer denen des §315a dHGB, in dem kapitalmarktorientierte deutsche Konzerne verpflichtet werden, grundsätzlich ab dem Geschäftsjahr 2005 beziehungsweise unter bestimmten Bedingungen ab dem Geschäftsjahr 2007 die *International Financial Reporting Standards* in ihren konsolidierten Finanzberichten anzuwenden. Diese Standards behandeln wir in einem der folgenden Abschnitte.

Definition des deutschen Handelsgesetzbuchs für das Buch

2.3.1 Regelungen für Unternehmen in einer einzigen rechtlichen Einheit

2.3.1.1 Buchführungspflicht

Die Buchführungspflicht ist in §238 Absatz 1 Satz 1 dHGB festgeschrieben: „Jeder Kaufmann ist verpflichtet, Bücher zu führen und in diesen seine Handelsgeschäfte und die Lage seines Vermögens nach den Grundsätzen ordnungsmäßiger Buchführung ersichtlich zu machen." Eine Befreiungsvorschrift dazu existiert nach §241a dHGB für „Einzelkaufleute, die an den Abschlussstichtagen von zwei aufeinanderfolgenden Geschäftsjahren nicht mehr als 500000 Euro Umsatzerlöse und 50000 Euro Jahresüberschuss aufweisen", es sei denn, sie sind kapitalmarktorientiert. Die Buchführungspflicht knüpft damit an die Kaufmannseigenschaft im Rechtssinne mit einer Befreiungsvorschrift für kleine Einzelkaufleute an.

Buchführungspflicht des Kaufmanns nach dHGB

Das deutsche Handelsrecht regelt den Begriff des Kaufmanns in §§1–7 dHGB. Nach §1 Absatz 1 dHGB ist derjenige ein Kaufmann, der ein Handelsgewerbe betreibt. Fachleute sprechen in diesem Fall von einem *Ist-Kaufmann*. Absatz 2 bezeichnet das Handelsgewerbe. „Handelsgewerbe ist jeder Gewerbebetrieb, es sei denn, dass das Unternehmen nach Art oder Umfang einen in kaufmännischer Weise eingerichteten Geschäftsbetrieb nicht erfordert". Jedes Handelsgewerbe ist unter seinem Namen, juristisch Firma genannt, in das Handelsregister einzutragen. Was ein Gewerbebetrieb ist und wann dieser einen in kaufmännischer Weise eingerichteten Geschäftsbetrieb erfordert, wird allerdings im dHGB nicht konkretisiert.

„Ist-Kaufmann" und Handelsgewerbe

Zu den Kaufleuten zählen nach §2 dHGB auch Gewerbetreibende, die nicht unter §1 dHGB fallen, ihre Firma jedoch ins Handelsregister

„Kann-Kaufmann"

haben eintragen lassen. Zu dieser Gruppe zählen z.B. Handwerker, wenn sie die Firma des Unternehmens in das Handelsregister haben eintragen lassen. Juristen sprechen in diesem Fall von einem *Kann-Kaufmann*. Gleiches gilt für Land- und Forstwirte sowie Kleingewerbetreibende, deren Tätigkeit nicht unter die in §1 dHGB aufgeführte Handelsgewerbetätigkeit fällt. Erfordern diese Tätigkeiten nach Art und Umfang einen in kaufmännischer Weise eingerichteten Geschäftsbetrieb und lassen die Unternehmer die Firma ins Handelsregister eintragen, so gelten sie als Kaufleute (§3 dHGB). Mit der Löschung der Eintragung im Handelsregister, die der *Kann-Kaufmann* beantragen kann, geht der Kaufmannsstatus wieder verloren.

„Form-Kaufmann"

Schließlich weist §6 dHGB Handelsgesellschaften sowie bestimmten Vereinen die Kaufmannseigenschaft zu. Dazu zählen auch Kapitalgesellschaften. Hierbei ergibt sich die Kaufmannseigenschaft aus der besonderen Rechtsform des Unternehmens. Unter Juristen ist dafür die Bezeichnung *Form-Kaufmann* üblich.

Beginn und Ende der Buchführungspflicht

Die Buchführungspflicht beginnt in dem Zeitpunkt, zu dem die Kaufmannseigenschaft erlangt wurde, also entweder mit der Aufnahme des Handelsgewerbes, dem Handelsregistereintrag oder der Gründung einer Gesellschaft mit Kaufmannseigenschaft begründender Rechtsform und dem sich anschließenden Handelsregistereintrag. Sie endet, wenn das Handelsgewerbe eingestellt, der Eintrag im Handelsregister gelöscht wird oder die Gesellschaft abgewickelt und der Eintrag im Handelsregister gelöscht wird.

Anforderungen an die Buchführung von Kaufleuten

Jeder Kaufmann hat sich im Rahmen seiner Buchführungspflicht allgemein an die handelsrechtlichen Grundsätze ordnungsmäßiger Buchführung (GoB) zu halten (§238 Absatz 1 Satz 1 dHGB). Was die konkrete Ausgestaltung der Buchführung, etwa die Wahl des Buchführungssystems angeht, lässt der Gesetzgeber dem Kaufmann allerdings weitgehende Freiheiten.

■ Gefordert wird nach §238 Absatz 1 Satz 2 dHGB z.B. nur, die Buchführung so auszugestalten, dass sich ein sachverständiger Dritter innerhalb angemessener Zeit einen Überblick über die im Rechnungswesen abgebildeten Ereignisse und über die Lage des Unternehmens verschaffen kann.

■ Abgebildete Ereignisse müssen sich in ihrer Entstehung und Abwicklung verfolgen lassen (§238 Absatz 1 Satz 3).

■ §239 Absatz 1 und 2 dHGB verlangen für sämtliche Aufzeichnungen eine lebende Sprache und dass Eintragungen vollständig, richtig, zeitgerecht und geordnet vorgenommen werden.

■ Um nachträgliche Manipulationen in der Buchführung zu erschweren, müssen ursprüngliche Eintragungen dauerhaft feststellbar bleiben, und es muss nachzuvollziehen sein, dass Eintragungen ursprünglicher Natur sind. Nachträgliche Änderungen von Eintragungen sind nicht zulässig. Fehler müssen durch gesonderte Einträge korrigiert werden (§239 Absatz 3 dHGB).

Buchführungsunterlagen müssen aufbewahrt werden, damit eine spätere Nachprüfbarkeit gewährleistet ist. §257 dHGB regelt die Aufbewahrungspflichten solcher und anderer Unterlagen sowie die Aufbewahrungsfristen für Kaufleute. Zehn Jahre aufzubewahren sind Handelsbücher, die Liste der Vermögensgüter und Fremdkapitalposten in Form sogenannter Inventare, Bilanzen und Einkommensrechnungen, Lageberichte, die Eröffnungsbilanz sowie die zu ihrem Verständnis erforderlichen Arbeitsanweisungen und sonstigen Organisationsunterlagen. Sechs Jahre Aufbewahrungsfrist gelten für sonstige Unterlagen (§257 Absatz 4 dHGB). Mit Ausnahme der Bilanzen und Einkommensrechnungen sowie der Eröffnungsbilanz eines Unternehmens können Buchführungsunterlagen auch auf elektronischen Datenträgern aufbewahrt werden, sofern dabei gewisse Ordnungsvorschriften eingehalten werden (§257 Absatz 3 dHGB). Die Aufbewahrungsfrist beginnt mit dem Schluss des Kalenderjahres, in dem die letzte Eintragung in Büchern zu diesem Kalenderjahr gemacht beziehungsweise die Finanzberichte des Geschäftsjahres aufgestellt worden sind (§257 Absatz 5 dHGB). Weitere Details zur Vorlage von Buchführungsunterlagen in gewissen Spezialsituationen werden in §§258-261 dHGB geregelt.

Aufbewahrungspflichten

2.3.1.2 Berichtspflicht

Im dritten Buch des dHGB finden sich in den §§240-263 dHGB die für alle Kaufleute geltenden allgemeinen Vorschriften zur Aufstellung von Finanzberichten nach deutschem Handelsrecht. §§240, 242 Absatz 1-2 dHGB verpflichten den Kaufmann zur regelmäßigen Aufstellung eines Inventars sowie einer Bilanz und einer Einkommensrechnung („Gewinn- und Verlustrechnung"), am Schluss eines jeden Geschäftsjahres. Auch zu Beginn seines Handelsgewerbes muss der Kaufmann sein Inventar feststellen und eine Eröffnungsbilanz aufstellen. Das Inventar stellt eine Liste der vorgefundenen Vermögensgüter und Schulden dar.

Vorschriften für Unternehmen aller Rechtsformen

Nach §242 Absatz 3 dHGB bilden die Finanzberichte Bilanz und Einkommensrechnung am Ende eines Geschäftsjahres zusammen den sogenannten Jahresabschluss. Dieser ist nach den GoB aufzustellen (§243 Absatz 1 dHGB). Das zu Grunde gelegte Geschäftsjahr darf dabei eine Dauer von zwölf Monaten nicht überschreiten (§240 Absatz 2 Satz 2 dHGB). Was die Aufstellungsfrist nach Ablauf des Geschäftsjahres angeht, fordert §243 Absatz 3 dHGB nur die Erstellung „innerhalb der einem ordnungsmäßigen Geschäftsgang entsprechenden Zeit". Die mit der Bezeichnung „Jahresabschluss" gekennzeichneten Finanzberichte sind in deutscher Sprache sowie in Euro aufzustellen (§244 dHGB) und vom Kaufmann unter Angabe des Datums zu unterzeichnen (§245 dHGB).

Aufstellung der Finanzberichte jeweils für Wirtschaftsjahre

§§246-251 dHGB befassen sich mit den Ansatzvorschriften. Hier wird geregelt, welche Posten der handelsrechtliche „Jahresabschluss" enthalten muss, welche er nicht enthalten darf und welche er enthalten kann. In den Vorschriften werden Begriffe erwähnt, die einer Erklärung bedürfen. Wir verzichten an dieser Stelle jedoch auf eine Erläuterung, weil wir im weiteren Verlauf des Buchs noch darauf zu sprechen kommen. Hier seien die Vorschriften nur der Vollständigkeit halber aufgezählt. Der ver-

Überblick über Ansatzvorschriften

pflichtende Bilanzansatz wird in §246 Absatz 1 dHGB deutlich, und zwar im Vollständigkeitsgebot, also in der Berücksichtigung sämtlicher Vermögensgegenstände, Fremdkapitalposten und Rechnungsabgrenzungsposten. Ebenso sind alle Aufwendungen und Erträge in der Einkommensrechnung aufzuführen. Bilanzansatzverbote gelten beispielsweise (noch) für einige in §248 dHGB angeführte nicht entgeltlich erworbene immaterielle Vermögensgegenstände des Anlagevermögens. Ansatzwahlmöglichkeiten bestehen für ausgewählte Rechnungsabgrenzungsposten (§250 Absatz 3 dHGB).

Überblick über Bewertungsvorschriften

Vorschriften zur Bewertung von Posten der Bilanz und Einkommensrechnung findet man in den §§252-256 dHGB. Allgemeine Bewertungsgrundsätze im Sinne von spezifischen Grundsätzen ordnungsmäßiger Buchführung (z.B. Einzelbewertung, Methodenstetigkeit) finden sich in §252 dHGB. Die übrigen Vorschriften dienen der Regelung spezieller Wertansätze. §253 dHGB beschäftigt sich mit der Bewertung von Vermögensgegenständen und Fremdkapitalposten. In bestimmten Fällen erlaubt §254 HGB abweichend von Prinzip der Einzelbewertung die Bildung sogenannter Bewertungseinheiten. §255 dHGB definiert die Komponenten von Ausgaben, die in die „Anschaffungs- oder Herstellungskosten" von Vermögensgegenständen einzubeziehen sind.[2] Vereinfachungen für die Ermittlung von Anschaffungswerten werden für gleichartige Vermögensgegenstände des Vorratsvermögens in §256 dHGB gestattet. Posten in fremder Währung sind nach §256a dHGB zum Devisenkassamittelkurs am Bilanzstichtag umzurechnen.

Vorschriften für alle Kaufleute: Gliederungs-, Befreiungs- und Offenlegungsvorschriften

Alle Kaufleute, die nicht dem Publizitätsgesetz unterliegen, müssen nach §247 Absatz 1 dHGB in ihrer Bilanz das Anlage- und das Umlaufvermögen, das Eigenkapital, die Fremdkapitalposten sowie die Rechnungsabgrenzungsposten gesondert ausweisen und hinreichend aufgliedern. Für Kapitalgesellschaften gelten zusätzlich weitere Vorschriften.

Ergänzende Vorschriften für haftungsbeschränkte Kapital- und Personengesellschaften

In den §§264-289 dHGB befinden sich ergänzende Vorschriften mit hohen Anforderungen für Kapitalgesellschaften. Seit Inkrafttreten des „Kapitalgesellschaften- und Co-Richtlinie-Gesetzes" (KapCoRiLiG) im Jahre 2000 gelten diese nach §264a Absatz 1 dHGB auch für bestimmte haftungsbeschränkte Personengesellschaften, bei denen – direkt oder indirekt – nicht mindestens ein persönlich haftender Gesellschafter eine natürliche Person ist. Dies gilt beispielsweise für Unternehmen in der Rechtsform einer GmbH & Co. KG.

Zweck der ergänzenden Vorschriften

Erweiterte Anforderungen an die Ausgestaltung von Finanzberichten solcher Gesellschaften zu stellen, wird mit einer verschärften Haftungsproblematik begründet. Solche Unternehmen haften Gläubigern gegenüber nur mit ihrem Gesellschaftsvermögen. Darüber hinaus kommt es in

---

2 Wir haben Anführungsstriche verwendet, um deutlich zu machen, dass der vom Gesetzgeber verwendete Begriff der „Kosten" nicht mit dem Inhalt belegt ist, wie es gemäß üblicher betriebswirtschaftlicher Terminologie der Fall ist. Hiernach müsste man von „Anschaffungs- oder Herstellungsausgaben" sprechen, wenn man die Absicht des Gesetzgebers darlegen möchte.

Kapitalgesellschaften oft zur Trennung von Eigentum (bei den Anteilseignern) und Verfügungsgewalt (beim Management). Die Publizitätspflicht entspricht den Informationsinteressen der von der Geschäftsführung ausgeschlossenen Anteilseigner.

Die Finanzberichte von kapitalmarktorientierten Kapitalgesellschaften im Sinne von §264d dHGB müssen nach §264 Absatz 1 dHGB einen Anhang, einen Lagebericht, eine Kapitalflussrechnung sowie einen Eigenkapitalspiegel enthalten. Eine Segmentberichterstattung sollte ebenfalls angegeben werden. Der Anhang erläutert die Finanzberichte und enthält ergänzende Angaben (§§284-288 dHGB). Im Lagebericht sind nach §289 dHGB zumindest der Geschäftsverlauf und die Lage der Gesellschaft so darzustellen, dass ein den tatsächlichen Verhältnissen entsprechendes Bild vermittelt wird. Auf die Risiken der künftigen Entwicklung sowie auf nicht aus der Bilanz ersichtliche Geschäfte ist dabei einzugehen. Darüber hinaus soll der Lagebericht berichten über

Erweiterung des Jahresabschlusses um Anhang und Lagebericht

- die voraussichtliche Entwicklung der Gesellschaft und ihre wesentlichen Chancen und Risiken,

- Vorgänge von besonderer Bedeutung, die nach dem Schluss des Geschäftsjahres eingetreten sind,

- bestimmte Arten von Risiken sowie Risikomanagementziele und -methoden der Gesellschaft einschließlich der Methoden zur Absicherung,

- den Bereich der Forschung und Entwicklung,

- bestehende Zweigniederlassungen der Gesellschaft.

Auf die Kapitalflussrechnung und den Eigenkapitalspiegel gehen wir in diesem Buch im Gegensatz zur Segmentberichterstattung noch ein.

Höhere Rechnungslegungsanforderungen äußern sich bei solchen Gesellschaften unter anderem in

Strengere Vorschriften für Kapitalgesellschaften

- kürzeren Aufstellungsfristen (drei Monate) für die Finanzberichte (§264 Absatz 1 Satz 2 dHGB),

- detaillierteren Regeln für die Gliederung von Bilanz und Einkommensrechnung (§§265-267 dHGB),

- der Pflicht zur Prüfung der Finanzberichte durch unabhängige, öffentlich bestellte Dritte (§§316-324 dHGB),

- der Pflicht zur Offenlegung der Finanzberichte im Bundesanzeiger (§325-329 dHGB).

Die Verschärfungen gegenüber den Vorschriften für alle Kaufleute werden in Abhängigkeit von Größenmerkmalen der Gesellschaften teilweise wieder eingeschränkt. In §267 dHGB werden kleine, mittelgroße und große Gesellschaften, gemessen nach drei Größenmerkmalen – Bilanzsumme, Umsatzerlöse und Zahl der Arbeitnehmer – voneinander unterschieden. Die Zuordnung zu einer Größenklasse hängt davon ab, ob an zwei aufeinanderfolgenden Abschlussstichtagen mindestens zwei der drei Größenmerkmale bestimmte Schwellenwerte erreichen. Abbildung

Größenabhängige Differenzierung ergänzender Vorschriften

2.1 stellt diese Schwellenwerte für die drei Größenklassen von Kapitalgesellschaften und haftungsbeschränkten Personengesellschaften dar.

Abbildung 2.1:
Schwellenwerte für die Bestimmung der Größenklasse einer Kapitalgesellschaft beziehungsweise haftungsbeschränkten Personengesellschaft nach §267 dHGB

Größenklasse der Gesellschaft	Größenmerkmal		
	Bilanzsumme in Mio. Euro	Umsatz in Mio. Euro	Zahl der Arbeitnehmer
klein	≤ 4,840	≤ 9,680	≤ 50
mittel	≤ 19,250	≤ 38,500	≤ 250
groß	> 19,250	> 38,500	> 250

In vollem Umfang gelten die strengen Vorschriften nur für große Gesellschaften. Unabhängig von den Ausprägungen der Größenmerkmale gelten kapitalmarktorientierte Kapitalgesellschaften im Sinne des §24d dHGB stets als groß.

Besondere Erleichterungen für kleine Gesellschaften

Für kleine Gesellschaften bestehen die folgenden Erleichterungen:

- Wegfall des Lageberichts (§264 Absatz 1 Satz 3),
- Verlängerung der Frist zur Erstellung der Finanzberichte auf bis zu sechs Monate (§264 Absatz 1 Satz 3 dHGB),
- verkürzte Gliederung von Bilanz und Einkommensrechnung (§266 Absatz 1 Satz 3, §276 dHGB),
- keine Pflicht zur Prüfung der Finanzberichte (§316 Absatz 1 dHGB),
- keine Pflicht zur Offenlegung des Jahresabschlusses im Bundesanzeiger (§325 Absatz 1-2 dHGB).

Für mittelgroße Gesellschaften gelten Regeln, die inhaltlich zwischen denen für große und für kleine Gesellschaften liegen.

Rechtsformspezifische Rechnungslegungs-vorschriften

Rechtsformspezifische Vorschriften zur Rechnungslegung ergeben sich darüber hinaus aus Spezialvorschriften. Für Aktiengesellschaften sind diese im Aktiengesetz (AktG), für Gesellschaften mit beschränkter Haftung im GmbH-Gesetz sowie für Genossenschaften im Genossenschaftsgesetz (GenG) enthalten. Die §§336-339 dHGB enthalten Vorschriften für Kreditinstitute und Versicherungen.

2.3.2 Zusätzliche Regelungen für Konzerne

Ökonomische versus juristische Sichtweise von Unternehmen

Viele Unternehmen bestehen nicht nur aus einer einzigen rechtlich selbstständigen Einheit. Sie setzen sich aus mehreren rechtlich selbstständigen Gesellschaften zusammen (vgl. hierzu auch die Ausführungen zum Konzept der ökonomisch selbstständigen Wirtschaftseinheit in Kapitel 1). Traditionell knüpft das deutsche Handelsrecht seine Regeln über Buchführung und Rechnungslegung an die Kaufmannseigenschaft und damit primär an rechtlich selbstständige Einheiten. Dies ist unabhängig davon, ob diese Einheiten ökonomisch selbstständig oder unselbstständig sind.

Bestehen Unternehmen aus mehreren rechtlich selbstständigen Gesellschaften unter ökonomisch einheitlicher Leitung, so hat man es im ökonomischen Sinne mit einem einzigen Unternehmen, einem Konzern, zu tun. Interessiert sich ein Anleger für ein solches Unternehmen, benötigt er Finanzberichte, die sich auf diese ökonomische Unternehmenseinheit beziehen. Die einzelnen Finanzberichte der das Unternehmen bildenden Gesellschaften helfen ihm dabei nur in Sonderfällen weiter, weil sie verzerrt sein können. Die Probleme der Erstellung von Finanzberichten solcher Konzerne werden in spezieller Literatur zur sogenannten Konzernrechnungslegung behandelt.[3]

Ökonomischer Gesellschaftsverbund als ein Unternehmen

2.3.2.1 Buchführungspflicht

Bei einem ökonomisch selbstständigen Unternehmen, das nur aus einer einzigen rechtlich definierten Gesellschaft besteht, entsprechen die aus den gesetzlichen Verpflichtungen zur Buchführung erstellten Finanzberichte für die rechtlich abgegrenzte Unternehmenseinheit denjenigen für die ökonomische Unternehmenseinheit. Betrachtet man dagegen ein Unternehmen, das sich aus mehreren rechtlich selbstständigen Gesellschaften zusammensetzt, so ist die Situation eine andere. Die Erstellung von Finanzberichten für ein solches ökonomisch definiertes Unternehmen ist schwieriger. Zwar verfügt jede rechtlich selbstständige Gesellschaft über ihre eigene Buchführung, in der Regel existiert aber keine originäre Buchführung für die ökonomische Unternehmenseinheit. Folglich ergeben sich die entsprechenden Finanzberichte für die Lage eines solchen ökonomisch definierten Unternehmens normalerweise nicht aus einer einzigen Buchführung.

In der Regel ist eine originäre Buchführung von Konzernen nicht vorhanden

Das deutsche Handelsrecht fordert formal keine originäre Buchführung für Konzerne. Die in §238 Absatz 1 Satz 1 dHGB festgeschriebene Buchführungspflicht für alle Kaufleute wird im Rahmen der dHGB-Vorschriften nicht ausdrücklich auf Konzerne ausgeweitet. Vielmehr sind entsprechende Finanzberichte nach §290 dHGB sowie nach §300 Absatz 1 Satz 1 dHGB rückwirkend aus den Finanzberichten der zum ökonomischen Verbund gehörenden juristischen Einheiten herzuleiten. Hieraus lässt sich allerdings nicht schließen, dass für ökonomisch abgegrenzte Unternehmenseinheiten nach deutschem Handelsrecht keine gesonderten Buchführungspflichten bestehen beziehungsweise entstehen. Im Rahmen der Erstellung von Finanzberichten für Konzerne ist gleichwohl eine besondere Buchführung zu betreiben. Damit ist die Aufzeichnung aller Vorgänge gemeint, die es ermöglichen, die Finanzberichte der rechtlich abgegrenzten Unternehmenseinheiten in Finanzberichte für die ökonomische Unternehmenseinheit überführen zu können. Im Folgenden wird nur kurz auf die Probleme eingegangen, die sich bei einer Erstellung sogenannter Konzernfinanzberichte für ein betriebswirtschaftlich definiertes Unternehmen ergeben. Die meisten dieser Probleme lassen sich mit einer gesonderten Buchführung in den Griff bekommen.

Buchführungspflicht für ökonomisch definierte Unternehmen nach dHGB?

---

3 Vgl. z.B. Baetge et al. (2004) oder Busse von Colbe et al. (2006).

Vorgehen bei Erstellung konsolidierter Finanzberichte

In einem ersten Schritt ist zu klären, welche rechtlich selbstständigen Einheiten überhaupt als zugehörig zur ökonomischen Unternehmenseinheit betrachtet werden. Es geht um die Abgrenzung des sogenannten Konsolidierungskreises. Ist dies geklärt, sind einzubeziehende Finanzberichte so zu vereinheitlichen, dass gleiche Sachverhalte unabhängig davon, in welcher Einheit sie anfallen, gleich abgebildet werden. Andernfalls macht es keinen Sinn, Teile von Finanzberichten mehrerer Einheiten zusammenzufassen. Bei so modifizierten Finanzberichten spricht man von der sogenannten Handelsbilanz II im weiten Sinn. Auf die damit zusammenhängenden Probleme gehen wir in diesem Buch nicht näher ein.

2.3.2.2 Berichtspflicht

Überblick über dHGB-Vorschriften zur konsolidierten Rechnungslegung

Das deutsche Handelsrecht beschäftigt sich in §§ 290-315 dHGB mit konsolidierungsspezifischen Besonderheiten. §§ 290-293 dHGB konkretisieren den Anwendungsbereich konsolidierter Rechnungslegung mit Regelungen zur Aufstellungspflicht beziehungsweise zu Aufstellungsbefreiungen. Vorschriften zum Konsolidierungskreis finden sich in §§ 294-296 dHGB, solche zu Inhalt und Form der konsolidierten Finanzberichte in §§ 297-299 dHGB. Einzelheiten zu Bewertung und Konsolidierungstechniken regeln §§ 300-312 dHGB. In §§ 313-315 dHGB folgen die Vorschriften zu Anhang und Lagebericht konsolidierter Rechnungslegung.

Aufstellungspflicht konsolidierter Finanzberichte nach dHGB

Nach § 290 dHGB sind Kapitalgesellschaften mit Sitz in Deutschland als Obergesellschaften zur Aufstellung konsolidierter finanzieller Berichte verpflichtet, wenn sie unmittelbar oder mittelbar einen beherrschenden Einfluss auf eine oder mehrere Untergesellschaften ausüben können. Ein beherrschender Einfluss einer Obergesellschaft liegt nach § 290 Absatz 2 dHGB dann vor, wenn eine der vier folgenden Bedingungen für das Verhältnis von Ober- und Untergesellschaft erfüllt ist.

- Die Obergesellschaft besitzt die Mehrheit der Stimmrechte der Untergesellschaft.

- Die Obergesellschaft besitzt als Gesellschafterin der Untergesellschaft das Recht, in der Untergesellschaft die Mehrheit der Mitglieder des Verwaltungs-, Leitungs- oder Aufsichtsorgans zu bestellen oder abzuberufen, wenn sie gleichzeitig Gesellschafter ist.

- Der Obergesellschaft steht das Recht zu, auf Basis eines abgeschlossenen Beherrschungsvertrags oder einer Bestimmung in der Satzung der Untergesellschaft einen beherrschenden Einfluss auf die Untergesellschaft auszuüben.

- Die Obergesellschaft trägt bei wirtschaftlicher Betrachtungsweise die Mehrheit der Risiken und Chancen einer Untereinheit, die zur Erreichung eines eng begrenzten und genau definierten Ziels der Obergesellschaft dient.

Bei Vorliegen verschiedener Voraussetzungen kann eine Obergesellschaft davon befreit werden, Konzernfinanzberichte zu erstellen. Nach §291 Absatz 1 dHGB gilt dies beispielsweise dann, wenn eine übergeordnete Obergesellschaft mit Sitz in Deutschland, der Europäischen Union beziehungsweise des Europäischen Wirtschaftsraums existiert, in deren Konzernfinanzberichten die Daten der Obergesellschaft einfließen. Weil die untergeordnete Obergesellschaft zugleich Untergesellschaft ist, gelten die Konzernfinanzberichte der übergeordneten Obergesellschaft als sogenannte „befreiende Konzernfinanzberichte". Hierdurch kann die untergeordnete Obergesellschaft von der Aufstellungspflicht entbunden werden. Seit Inkrafttreten des Transparenz- und Publizitätsgesetzes (TransPuG) in 2002 gilt die Befreiung von der konsolidierten Finanzberichtserstellung allerdings nicht mehr für solche Obergesellschaften, deren Aktien in einem Mitgliedstaat der EU oder dem Europäischen Wirtschaftsraum zum Handel in einem geregelten Markt zugelassen sind (§291 Absatz 3 Nr.1 dHGB). §292 dHGB regelt die Voraussetzungen, die erfüllt sein müssen, um durch konsolidierte Finanzberichte einer Obergesellschaft aus Staaten, die nicht der Europäischen Union oder dem Europäischen Wirtschaftsraums angehören, von der Aufstellungspflicht befreit zu werden. Nach §293 Absatz 1 dHGB entfällt die Pflicht zur Aufstellung von Konzernfinanzberichten zudem, wenn gemäß den besonderen Größenkriterien für Konzerne ein sogenannter kleiner Konzern vorliegt, wobei börsennotierte Gesellschaften immer als groß gelten.

Befreiungspflicht von konsolidierten Finanzberichten nach dHGB

Nach dem Inkrafttreten des „Kapitalaufnahmeerleichterungsgesetzes" (KapAEG) mit seinen Modifikationen des dHGB (z.B. §292a dHGB) im Jahre 1998 waren börsennotierte deutsche Obergesellschaften von der Pflicht zur Aufstellung von Konzernfinanzberichten nach dHGB befreit, wenn sie stattdessen Konzernfinanzberichte nach international anerkannten Regeln, z.B. nach den IFRS oder nach den U.S. GAAP, erstellten, die inhaltlich mit den Konzernfinanzberichten nach deutschem Recht vergleichbar waren. Seit Mitte 2002 gibt es eine europäische Verordnung, nach der alle börsennotierten europäischen Unternehmen ihre Konzernfinanzberichte in Zukunft nach IFRS aufstellen müssen, als bisherige Anwender nationaler Bilanzierungsvorschriften ab dem Geschäftsjahr 2005 und als bisherige Anwender der U.S. GAAP ab dem Geschäftsjahr 2007.[4]

Befreiung von der (zusätzlichen) Aufstellung konsolidierter finanzieller Berichte nach dHGB, Verpflichtung auf IFRS

Ebenfalls im Jahre 1998 trat das „Gesetz zur Kontrolle und Transparenz im Unternehmensbereich" (KonTraG) in Kraft. Seitdem sind börsennotierte deutsche Obergesellschaften dazu verpflichtet, im Rahmen ihrer Finanzberichte den Konzernanhang um eine Kapitalflussrechnung und eine Segmentberichterstattung zu erweitern. Seit Inkrafttreten des TransPuG im Jahre 2002 wird zusätzlich ein Eigenkapitalspiegel gefordert (§297 Absatz 1 Satz 2 dHGB). Allerdings sehen das KonTraG und das TransPuG weder für Kapitalflussrechnungen noch für Segmentberichterstattungen, noch für den Eigenkapitalspiegel detaillierte Vorschriften vor.

Aufstellungspflicht von Kapitalflussrechnung, Segmentberichterstattung und Eigenkapitalveränderungsrechnung

---

4 Die entsprechende EU-Verordnung Nr. 1606/2002 vom 19. Juli 2002 „Anwendung internationaler Rechnungslegungsstandards" trat am 14. September 2002 in Kraft.

Hinter dem Eigenkapitalspiegel verbirgt sich eine Zusammenstellung sämtlicher Eigenkapitalveränderungen, die wir in diesem Buch als Eigenkapitalveränderungsrechnung bezeichnen.

2.4   Buchführungs- und Berichtspflicht nach deutschem Publizitätsgesetz

2.4.1   Regelungen für Unternehmen in einer einzigen rechtlichen Einheit

2.4.1.1   Buchführungspflicht

Größenabhängige Buchführungspflicht

Unternehmen, die ihre Geschäfte in einer einzigen rechtlichen Einheit betreiben, müssen unabhängig von ihrer Größe eine Buchführung erstellen. Im Publizitätsgesetz (PublG) ist geregelt, dass große Unternehmen im Rahmen ihrer Buchführung unabhängig von ihrer Rechtsform Regeln anzuwenden haben, die denen von Kapitalgesellschaften ähneln.

2.4.1.2   Berichtspflicht

Zweck des Publizitätsgesetzes

Das Publizitätsgesetz (PublG) enthält Vorschriften zur Aufstellung, Prüfung und Offenlegung von Finanzberichten großer Unternehmen, die nicht in der Rechtsform von Kapitalgesellschaften, bestimmten anderen haftungsbeschränkten Personengesellschaften, Genossenschaften oder Versicherungsvereinen auf Gegenseitigkeit auftreten. Hintergrund dieses Gesetzes bildet die Erkenntnis, dass solche Großunternehmen – unabhängig von ihrer Rechtsform – eine erhebliche branchenbezogene und gesamtwirtschaftliche Bedeutung besitzen. Ihre Bedeutung äußert sich insbesondere darin, dass zahlreiche Marktakteure, wie Lieferanten, Kunden, Gläubiger, Arbeitnehmer oder auch öffentliche Kommunen, auf den Fortbestand solcher Unternehmen angewiesen sind. Der Gesetzgeber führt das Schutzinteresse solcher Marktakteure und damit ein besonderes öffentliches Informationsinteresse an der wirtschaftlichen Lage an, um gegenüber den Vorschriften für alle Kaufleute erweiterte Rechnungslegungsvorschriften zu verlangen.

Größenvoraussetzung für Geltung des PublG

Ein Unternehmen hat nach §1 PublG besondere Rechnungslegungsvorschriften zu erfüllen, wenn es an drei aufeinanderfolgenden Abschlussstichtagen jeweils mindestens zwei der folgenden Größenmerkmale erfüllt.

1 Die Bilanzsumme am Abschlussstichtag übersteigt 65 Mio. Euro.

2 Die Umsatzerlöse in den zwölf Monaten vor dem Abschlussstichtag übersteigen 130 Mio. Euro.

3 Die durchschnittliche Zahl der Arbeitnehmer in den zwölf Monaten vor dem Abschlussstichtag übersteigt 5000.

Die erweiterten Rechnungslegungsvorschriften nach PublG entsprechen mit gewissen Einschränkungen denen von großen Kapitalgesellschaften. So wird gefordert,

Erweiterte Vorschriften

- die Erstellung der Finanzberichte innerhalb von drei Monaten (§ 5 Absatz 1 PublG) vorzunehmen,

- die Finanzberichte um einen Anhang und einen Lagebericht (§ 5 Absatz 2 PublG) zu erweitern,

- die detaillierten Regeln für die Gliederung von Bilanz und Einkommensrechnung weitgehend (§ 5 Absatz 1 PublG) einzuhalten,

- die Finanzberichte mit dem Lagebericht von einem unabhängigen, öffentlich bestellten Dritten (§ 6 Absatz 1 PublG) prüfen zu lassen,

- die Finanzberichte, mit gewissen Beschränkungen, offenzulegen (§ 9 PublG).

Für personenbezogene Unternehmen sowie Personengesellschaften gelten gewisse Erleichterungen. Beispielsweise sind solche Unternehmen nach § 5 Absatz 2 PublG von der Pflicht zur Erstellung eines Anhangs und eines Lageberichts befreit.

Erleichterungen

2.4.2 Zusätzliche Regelungen für Konzerne

2.4.2.1 Buchführungspflicht

Die bisher dargestellten Vorschriften zur Rechnungslegung von Unternehmen, die ihre Geschäfte in mehreren rechtlich selbstständigen Einheiten betreiben, galten nur für Kapitalgesellschaften (AG, GmbH, eG) und entsprechende Mischformen (z.B. KGaA). Obergesellschaften in der Rechtsform einer Personengesellschaft fielen nicht hierunter. Seit dem Inkrafttreten des KapCoRiLiG im Jahre 2000 gelten nach § 264a Absatz 1 dHGB die maßgebenden Vorschriften der §§ 290–330 dHGB auch für bestimmte haftungsbeschränkte Personengesellschaften: und zwar für solche, bei denen – direkt oder indirekt – nicht mindestens ein persönlich haftender Gesellschafter eine natürliche Person ist. Dies gilt beispielsweise für Unternehmen mit der Rechtsform einer GmbH & Co. KG. Für den genannten Kreis von Unternehmen sind wiederum im Rahmen einer Buchführung Aufzeichnungen über die Vorgänge vorzunehmen, die für die Konsolidierung der zusammengefassten Finanzberichte erforderlich sind.

Buchführung über Konsolidierungsvorgänge auch für Nicht-Kapitalgesellschaften

2.4.2.2 Berichtspflicht

Das oben vorgestellte Publizitätsgesetz macht die Pflicht zur Berichterstattung von Obergesellschaften für Nicht-Kapitalgesellschaften davon abhängig, dass bestimmte Größenmerkmale erfüllt sind. Ein Unternehmen in der Rolle einer Obereinheit hat nach § 11 Absatz 1 PublG Finanzberichte mit einem entsprechenden Lagebericht unter zwei Bedingungen zu erstellen. Erstens muss die betreffende Obereinheit auf mindestens eine andere Einheit unmittelbar oder mittelbar einen be-

Erstellungspflicht nach PublG

herrschenden Einfluss ausüben können und zweitens muss die ökonomische Unternehmenseinheit an drei aufeinanderfolgenden Bilanzstichtagen jeweils mindestens zwei der folgenden Größenmerkmale erfüllen.

1 Die Bilanzsumme am Abschlussstichtag muss 65 Mio. Euro übersteigen.

2 Die Umsatzerlöse in den zwölf Monaten vor dem Bilanzstichtag müssen 130 Mio. Euro übertreffen.

3 Die durchschnittliche Zahl der Arbeitnehmer inländischer, zur ökonomischen Unternehmenseinheit gehöriger Gesellschaften in den zwölf Monaten vor dem Bilanzstichtag muss 5000 übersteigen.

Unterschiede in der Aufstellungspflicht nach dHGB und PublG

In Übereinstimmung mit dem dHGB wird in §11 PublG ein Konzern mit der Möglichkeit zur Ausübung eines beherrschenden Einflusses einer Obergesellschaft auf mindestens eine andere Einheit nach §290 Absatz 2 dHGB begründet. Da im Publizitätsgesetz weitgehend auf die handelsrechtlichen Konsolidierungsvorschriften verwiesen wird, gelten grundsätzlich die gleichen Konsolidierungsvorschriften wie nach dHGB. §§11-15 PublG fassen die Vorschriften zur Aufstellung, Prüfung und Offenlegung konsolidierter Finanzberichte für nach dem PublG verpflichtete Unternehmen zusammen.

Gesunkene Bedeutung der Erstellungspflicht nach PublG

Vor dem Inkrafttreten des KapCoRiLiG diente allein das Publizitätsgesetz dazu, die Pflicht zur Berichterstattung für Nicht-Kapitalgesellschaften zu regeln. Seitdem das KapCoRiLiG Eingang ins dHGB gefunden hat, richtet sich die Pflicht zur Rechnungslegung einer GmbH & Co. KG und vergleichbarer Unternehmensformen typischerweise nach den §§290-330 dHGB und nicht mehr nach den §§11-15 PublG. Zweifellos ist eine Folge des KapCoRiLiG, dass sich der Kreis von rechnungslegungspflichtigen Obereinheiten erheblich erweitert hat.

2.5 Buchführungs- und Berichtspflicht nach den International Financial Reporting Standards

Unlogisch, aber wahr: IFRS bestehen aus IFRS, IAS und entsprechenden Interpretationen

Die vom IASB verabschiedeten *International Financial Reporting Standards*, kurz IFRS genannt, setzen sich aus den *International Financial Reporting Standards* (IFRS), den *International Accounting Standards* (IAS) und den Interpretationen des *International Financial Reporting Interpretations Committee* (IFRIC) sowie früher des *Standing Interpretations Committee* (SIC) zusammen. Der Name „IAS" bezeichnet solche Rechnungslegungsstandards, die bis März des Jahres 2001 etabliert wurden, selbst wenn diese noch heutzutage einen Überarbeitungsprozess durchlaufen. IFRS heißen die seit April des Jahres 2001 neu entwickelten Standards. Zur Sprachverkürzung beziehungsweise Sprachvereinfachung sei auch nachfolgend von den IFRS die Rede, wenn die Gesamtheit der angeführten Standards und Interpretationen gemeint ist. Für europäische Unternehmen sind nicht alle IFRS gültig, sondern nur diejenigen, die von der EU anerkannt wurden. Im Zuge dieser Anerkennung hat es weitreichende Änderungen der IFRS gegeben.

Der Zweck der Finanzberichterstellung nach IFRS liegt vorrangig in der Entscheidungsnützlichkeit (*decision usefulness*) der vermittelten Informationen, also in der Brauchbarkeit solcher Informationen zur Fundierung von Anlageentscheidungen von Investoren am Kapitalmarkt. Dies geht unmissverständlich aus den Abschnitten 12 und 13 des IFRS-Rahmenkonzepts (*framework*) hervor, welches das theoretische Fundament für die Rechnungslegung nach IFRS bildet. Zur Erfüllung des Zwecks der Entscheidungsnützlichkeit werden qualitativ hochwertige, aussagefähige und vergleichbare Informationen der Finanzberichte nach IFRS notwendig. Dies setzt wiederum qualitativ hochwertige, klare und durchsetzbare IFRS zur Generierung solcher Informationen voraus. Von Seiten des IASB wird von qualitativer Hochwertigkeit der Regeln gesprochen, weil Entwürfe der Standards von der Öffentlichkeit diskutiert werden können.

IFRS als qualitativ hochwertig intendierte Rechnungslegungsregeln zur Entscheidungsunterstützung von Investoren

Die IFRS stellen alles andere als ein abgeschlossenes, in sich konsistentes Regelwerk dar. Am 30.4.2009 existierten 37 Standards: von den ursprünglich 41 IAS waren noch 29 IAS – wenn auch mit Modifikationen – in Kraft. Hinzuzurechnen sind bislang acht in Kraft getretene neue IFRS, wobei in der Nummerierung der IAS sowie der IFRS im engen Sinne keine Systematik zu erkennen ist. Offensichtlich fehlen noch viele der vom IASB als erforderlich erachteten Standards, auch wenn diese zum Teil schon von Arbeitsgruppen des IASB bearbeitet werden. Typischerweise befinden sich verschiedene Standards in unterschiedlichen Entwicklungsstadien. Das IASB berichtet hierüber ausführlich auf seiner Internetseite (*www.iasb.org*). Darüber hinaus sind zahlreiche schon existierende IFRS einem steten Veränderungsprozess unterworfen. Dies erklärt sich beispielsweise mit dem kontinuierlichen Streben von IASB und FASB nach einer Konvergenz von U.S. GAAP und IFRS. Darüber hinaus fehlt es den IFRS an Widerspruchsfreiheit. So sind die IFRS nicht immer mit dem im Jahre 1989 veröffentlichten Rahmenkonzept vereinbar. Schon gar nicht lässt sich eine logisch nachvollziehbare Herleitbarkeit der IFRS-Regelsetzungen aus den allgemeinen Grundsätzen des Rahmenkonzepts konstatieren. Auch sind die IFRS untereinander nicht kompatibel. Zum Teil existieren sogar Inkonsistenzen innerhalb eines einzigen IFRS.[5]

IFRS sind kein abgeschlossenes, in sich konsistentes Regelwerk!

Hinsichtlich ihrer rechtlichen Bindungswirkung sind die vom IASB in London verabschiedeten IFRS von solchen IFRS zu unterscheiden, welche das Anerkennungsverfahren (*endorsement*) der EU-Kommission in Brüssel durchlaufen haben. Erstgenannte IFRS haben lediglich den Charakter privater Regelsetzung. Die durch die EU-Kommission akzeptierten und im EU-Amtsblatt veröffentlichten IFRS stellen hinge-

Unterschiede hinsichtlich der rechtlichen Bindungswirkung von IFRS

---

5 Zu diesbezüglichen Beispielen und weiteren konzeptionellen Problemen sowie zu Akzeptanzproblemen, Durchsetzungsproblemen und Entwicklungsproblemen der IFRS vgl. ausführlich Ballwieser (2006), S. 223–235.

gen EU-Recht dar. Sie tragen den Charakter EU-weit rechtsverbindlicher Rechnungslegungsregeln und wirken so unmittelbar in das nationale Recht der EU-Mitgliedstaaten und damit auch in das deutsche Recht hinein.

Relevanz der IFRS für deutsche Unternehmen durch EU-Verordnung Nr. 1606/2002

Relevant sind die IFRS für deutsche Unternehmen aufgrund der EU-Verordnung Nr. 1606/2002, die am 14. September 2002 in Kraft trat. Hiernach sind kapitalmarktorientierte Konzerne grundsätzlich ab dem Geschäftsjahr 2005 verpflichtet, ihre Konzernfinanzberichte nach den IFRS aufzustellen. Eine Übergangsfrist bis zum Geschäftsjahr 2007 galt für solche Konzerne, die noch wegen einer Notierung ihrer Aktien am U.S.-amerikanischen Kapitalmarkt den U.S.-amerikanischen Rechnungslegungsstandards (U.S. GAAP) folgen. Dasselbe wird nach Artikel 9 der EU-Verordnung Konzernen eingeräumt, die nur aufgrund emittierter Fremdkapitaltitel unter den Anwendungsbereich der EU-Verordnung fallen.

Relevanz der IFRS für deutsche Unternehmen durch Ergänzung des deutschen Handelsgesetzbuchs

Die angesprochene EU-Verordnung stellt es in die Regelungshoheit der EU-Mitgliedstaaten, den nationalen Anwendungsbereich der IFRS weiter zu fassen. So wird den EU-Mitgliedstaaten in Art. 5 der Verordnung eingeräumt, die Anwendung der IFRS als Wahlrecht oder verpflichtende Vorschrift für die Konzernrechnungslegung nicht-kapitalmarktorientierter Konzerne sowie für die Rechnungslegung der rechtlichen Unternehmenseinheit von kapitalmarkt- sowie nicht-kapitalmarktorientierten Unternehmen vorzugeben. Der deutsche Gesetzgeber hat hierauf im Jahr 2004 mit der Verabschiedung des Bilanzrechtsreformgesetzes reagiert und das dHGB um die Vorschriften § 315a dHGB sowie § 325 Absatz 2a dHGB ergänzt.

Wahlrechte nach dHGB zur Erstellung beziehungsweise Offenlegung von (Konzern-)Finanzberichten nach IFRS

Nach § 315a Absatz 3 dHGB haben nicht-kapitalmarktorientierte Konzerne die Möglichkeit, befreiende Konzernfinanzberichte nach IFRS aufzustellen anstelle von Konzernfinanzberichten nach dHGB. Wenn sie das tun, sind sie allerdings zur vollständigen Befolgung der von der EU-Kommission akzeptierten IFRS verpflichtet. Nach § 325 Absatz 2a dHGB ist es ferner Unternehmen erlaubt, ihre Rechnungslegung für die rechtliche Einheit nach den IFRS offenzulegen. Die befreiende Wirkung hinsichtlich einer dHGB-Rechnungslegung entfaltet sich allerdings nur hinsichtlich der Offenlegung, nicht hinsichtlich der Erstellung. Folglich haben solche Unternehmen neben ihrer freiwillig publizierten IFRS-Rechnungslegung noch eine dHGB-Rechnungslegung für ihre rechtliche Einheit anzufertigen. Die letztgenannte Wahlmöglichkeit betrifft sämtliche Unternehmen, welche verpflichtet sind, die Rechnungslegung für ihre rechtliche Einheit zu publizieren. *De facto* bedeutet dies, dass neben den Kapitalgesellschaften auch Nicht-Kapitalgesellschaften betroffen sind, die insbesondere unter die KapCoRiLiG-bedingten Regelungen von § 264a dHGB sowie unter § 9 PublG fallen.

2.5.1 Regelungen für Unternehmen in einer einzigen rechtlichen Einheit

2.5.1.1 Buchführungspflicht

Innerhalb der IFRS gibt es keine expliziten Regeln zu Buchführungs- und Aufzeichnungspflichten von Unternehmen. Unterstellt man allerdings, die IFRS seien als Regelwerk der Rechnungslegung für Unternehmen eines Landes verpflichtend vorgeschrieben, dann folgt hieraus implizit eine Pflicht für solche Unternehmen, Buchführung zu betreiben; denn ohne Buchführung lassen sich die geforderten Finanzberichte nach IFRS nicht erstellen.

Implizite Buchführungspflicht für Unternehmen, die Finanzberichte nach IFRS erstellen müssen

Allerdings werden deutsche Unternehmen weder vom europäischen noch vom deutschen Gesetzgeber gezwungen – dies gilt nicht einmal für kapitalmarktorientierte Unternehmen –, die IFRS im Rahmen ihrer Rechnungslegung für die rechtliche Einheit ihres Unternehmens zu befolgen. Demnach kann selbst von einer solchen impliziten Buchführungspflicht nach IFRS für Finanzberichte der rechtlichen Einheit eines deutschen Unternehmens keine Rede sein. Gleichwohl bedürfen Unternehmen, die vom Wahlrecht des § 325 Absatz 2a dHGB Gebrauch machen, besonderer Aufzeichnungen und Buchführungsunterlagen, die eine Herleitung erwünschter Finanzberichte nach IFRS erlauben.

Keine implizite Buchführungspflicht für deutsche Unternehmen

2.5.1.2 Berichtspflicht

Wie gerade erwähnt, sind die IFRS keinesfalls verpflichtend für die Erstellung von Finanzberichten der rechtlichen Einheit deutscher Unternehmen anzuwenden. Es gibt daher keine diesbezügliche Berichtspflicht. Wenn allerdings deutsche Unternehmen die freiwillige Offenlegung solcher Finanzberichte intendieren, haben sie die IFRS vollständig zu befolgen (§ 325 Absatz 2a Satz 2 dHGB).

Keine Pflicht deutscher Unternehmen zu IFRS-Finanzberichten für die rechtliche Einheit des Unternehmens!

Gemäß IAS 1.8 gehören zu einem vollständigen Satz von Finanzberichten nach IFRS eine Bilanz, eine Einkommensrechnung, eine Eigenkapitalveränderungsrechnung, eine Kapitalflussrechnung, Angaben zu Bilanzierungs- und Bewertungsmethoden sowie erläuternde Angaben. Kapitalmarktorientierte Unternehmen sind darüber hinaus nach IFRS 8.1-4 dazu verpflichtet, ihren Satz von Finanzberichten um eine Segmentberichterstattung (*segment reporting*) zu erweitern sowie nach IAS 33.1-2 zusätzlich Angaben zum Einkommen je Aktie (*earnings per share*) zu machen.

Nach IFRS zu erstellende Finanzberichte eines Unternehmens

2.5.2 Zusätzliche Regelungen für Konzerne

2.5.2.1 Buchführungspflicht

Implizite Buchführungs-
pflicht für kapitalmarkt-
orientierte deutsche
Konzerne

Nach §315a Absatz 1 und 2 dHGB sind kapitalmarktorientierte deutsche Konzerne grundsätzlich ab dem Geschäftsjahr 2005 beziehungsweise 2007 verpflichtet, ihre Konzernfinanzberichte nach den IFRS zu erstellen. Implizit folgt hieraus eine Pflicht für solche Unternehmen, auf geeignete Weise Handelsbücher zu führen und Konsolidierungsmaßnahmen zu dokumentieren, um eine zweckentsprechende Erstellung solcher Konzernfinanzberichte erst zu ermöglichen.

Kapitalmarktorientierung
als Voraussetzung für die
Berichtspflicht nach IFRS

Voraussetzung für die obligatorische Erstellung und Veröffentlichung von Konzernfinanzberichten nach IFRS gemäß §315a dHGB ist es, dass deutsche Unternehmen sowohl das Kriterium der Kapitalmarktorientierung erfüllen als auch grundsätzlich verpflichtet sind, eine Konzernrechnungslegung zu erstellen. Unternehmen gelten unter Verweis auf die besagte EU-Verordnung als kapitalmarktorientiert, wenn deren Wertpapiere – seien es Eigenkapitaltitel oder Fremdkapitaltitel – am jeweiligen Bilanzstichtag in zumindest einem EU-Mitgliedstaat zum Handel auf einem geregelten Markt zugelassen sind.

Konzernrechnungslegungs-
pflicht nach §§290-293
dHGB als Voraussetzung
für die Berichtspflicht
nach IFRS

Ob kapitalmarktorientierte deutsche Unternehmen zur Aufstellung von Konzernfinanzberichten verpflichtet sind, wird in §315a dHGB unter Verweis auf die bereits in Abschnitt 2.3.2.2 dargestellten handelsrechtlichen Bestimmungen der §§ 290-293 dHGB geregelt; diese konkretisieren den Anwendungsbereich der Konzernrechnungslegung mit Vorschriften zur Aufstellungspflicht von Konzernfinanzberichten. Die Regelungshoheit über die Erstellungspflicht solcher Konzernfinanzberichte verbleibt so beim deutschen Gesetzgeber, während die im Rahmen einer potenziellen Erstellung heranzuziehenden Regeln vollständig den von der EU-Kommission akzeptierten IFRS folgen müssen.

2.5.2.2 Berichtspflicht

Aufstellungspflicht konsolidierter Finanzberichte
nach den IFRS

Sofern die IFRS – entgegen dem Fall in Deutschland – als zwingendes Regelsystem für die Rechnungslegung eines Landes vorgegeben sind, ergibt sich die Konzernrechnungslegungspflicht aus IAS 27. Voraussetzung für die Verpflichtung, eine Konzernrechnungslegung zu erstellen, ist nach IAS 27.9 die rechtlich abgesicherte Möglichkeit einer Obergesellschaft zur Beherrschung (*control*) einer Untergesellschaft. Ein *control*-Verhältnis liegt nach IAS 27.4 in Verbindung mit IAS 27.13 vor, wenn einer der nachfolgenden Beherrschungstatbestände vorliegt.

■ Die Obergesellschaft besitzt über direktes oder indirektes Eigentum die Mehrheit der Stimmrechte der Untergesellschaft.

■ Die Obergesellschaft besitzt das Recht, in der Untergesellschaft die Mehrheit der Mitglieder der Geschäftsführungs- oder Aufsichtsorgane zu besetzen oder abzuberufen.

- Die Obergesellschaft verfügt über die Stimmrechtsmehrheit im Geschäftsführungs- oder Aufsichtsorgan der Untergesellschaft.

- Der Obergesellschaft steht die rechtlich abgesicherte Möglichkeit zu, durch Satzungsbestimmungen oder einen Beherrschungsvertrag einen beherrschenden Einfluss auf die Untergesellschaft auszuüben.

Grundsätzlich haben nach IAS 27 alle Obergesellschaften bei Vorliegen eines *control*-Verhältnisses eine Konzernrechnungslegung zu erstellen. Gegenüber den Regelungen nach dHGB existiert keine größenabhängige Befreiung von der Konzernrechnungslegungspflicht. Allerdings gilt eine Befreiungsmöglichkeit nach IAS 27.10 für solche Obergesellschaften, die ihrerseits Untergesellschaften in einem größeren Konzernzusammenhang sind. Dann wird angenommen, dass nicht die sogenannten Teilkonzernfinanzberichte jener Obergesellschaften das für Außenstehende interessierende Informationswerk darstellen, sondern die auf den gesamten Konzern bezogenen Finanzberichte, weisen doch jene Teilkonzernfinanzberichte gegebenenfalls ähnliche Informationsmängel auf wie die Finanzberichte für eine einzelne rechtlich selbstständige Einheit, wenn ein Konzernzusammenhang vorliegt. Voraussetzung für die Befreiung einer Einheit von der Erstellung von Teilkonzernfinanzberichten ist die Erstellung und Veröffentlichung von Konzernfinanzberichten durch die ihr jeweils übergeordnete Obereinheit, sofern es sich bei dieser nicht um eine kapitalmarktorientierte Kapitalgesellschaft handelt. Sollten Minderheitsgesellschafter an der zu befreienden Gesellschaft beteiligt sein, ist nach IAS 27.10 die Befreiung an deren Zustimmung gebunden.

Befreiungsmöglichkeiten von konsolidierter Finanzberichtspflicht nach IFRS

Konsolidierungsspezifische IFRS finden sich beispielsweise in IAS 27, der sich grundsätzlich mit der Erstellung von Konzernfinanzberichten, hierzu notwendigen Begriffen und Konzepten, mit dem Konsolidierungskreis sowie mit ausgewählten Konsolidierungsverfahren auf Grundlage der sogenannten Vollkonsolidierung beschäftigt. Andere „Konsolidierungsvarianten" finden sich in anderen IFRS, beispielsweise ist die sogenannte Bewertung nach der *equity*-Methode Gegenstand von IAS 28, während in IAS 31 die sogenannte Quotenkonsolidierung behandelt wird. IFRS 3 beschäftigt sich wiederum mit Unternehmenszusammenschlüssen und geht so detailliert auf die Kapitalkonsolidierung ein.

Auswahl spezifischer IFRS zur Erstellung konsolidierter Finanzberichte

2.6   Literaturhinweise

Baetge, J., Kirsch, H.-J., Thiele, S. (2004), Konzernbilanzen, 7., aktuali-sierte Auflage, Düsseldorf (Institut der Wirtschaftsprüfer).

Ballwieser, W. (2006), IFRS-Rechnungslegung – Konzept, Regeln und Wirkungen, München (Vahlen).

Busse von Colbe, W., Ordelheide, D., Gebhardt, G., Pellens, B. (2006), Konzernabschlüsse – Rechnungslegung nach betriebswirtschaftlichen Grundsätzen sowie nach Vorschriften des HGB und der IAS/IFRS, 8., überarbeitete Auflage, Wiesbaden (Gabler).

International Financial Reporting Standards [Hrsg.] (2008), *International Financial Reporting Standards* 2008, London (Lexisnexis).

Als Rechtsquellen wurden aus dem deutschen Rechtskreis herangezogen:

- Abgabenordnung
- Einkommensteuergesetz
- Handelsgesetzbuch
- Publizitätsgesetz
- Umsatzsteuergesetz

2.7   Übungsmaterial

2.7.1   Fragen mit Antworten

Fragen	Antworten
An welche Eigenschaft knüpft die handelsrechtliche Buchführungspflicht an?	An die Kaufmannseigenschaft im Rechtssinne nach §§ 1-7 dHGB.
Wer gilt nach deutschem Handelsrecht als Kaufmann?	(1) Derjenige, der ein Handelsgewerbe betreibt (Ist-Kaufmann), (2) derjenige, der ein Unternehmen betreibt, das nach Art und Umfang einen in kaufmännischer Weise eingerichteten Geschäftsbetrieb erfordert, und sich freiwillig ins Handelsregister eintragen lässt (Kann-Kaufmann), und (3) Handelsgesellschaften und Vereine, denen das Gesetz die Eigenschaft eines Kaufmanns beilegt (Form-Kaufmann).
Was versteht man unter derivativer und originärer Buchführungspflicht nach deutschem Steuerrecht?	Die derivative Buchführungspflicht nach § 140 AO bedeutet, die Buchführungs- und Aufzeichnungspflichten nach anderen Gesetzen zu beachten, wenn dies für Zwecke der Besteuerung bedeutsam ist. Die originäre Buchführungspflicht nach § 141 AO begründet Buchführungs- und Aufzeichnungspflichten ohne Verweis auf andere Gesetze.
Zieht das deutsche Handelsrecht den Kreis der zur Buchführung Verpflichteten weiter als das deutsche Steuerrecht?	Nein, es ist umgekehrt. Nach deutschem Steuerrecht werden zusätzlich Gewerbetreibende ohne Kaufmannseigenschaft sowie Land- oder Forstwirte ab einer bestimmten Unternehmensgröße zur Buchführung verpflichtet.

Fragen	Antworten
Um welche Informationswerke sind die Finanzberichte von Kapitalgesellschaften und haftungsbeschränkten Personengesellschaften im Vergleich zu den Finanzberichten von anderen Unternehmens zu erweitern?	(1) Um einen Anhang, der aus Erläuterungen zu den Finanzberichten und aus ergänzenden Angaben besteht, und (2) um einen Lagebericht, der Geschäftsverlauf, Lage und voraussichtliche Entwicklung des Unternehmens beschreibt.
Wie äußern sich die strengen Rechnungslegungsanforderungen für Kapitalgesellschaften und besondere haftungsbeschränkte Personengesellschaften gegenüber herkömmlichen Kaufleuten?	(1) In kürzeren Aufstellungsfristen für die Finanzberichte, (2) in detaillierteren Regeln für die Gliederung von Bilanz und Einkommensrechnung, (3) in zum Teil weniger ermessensabhängigen Bewertungsregeln, (4) in der Pflicht zur Prüfung der Finanzberichte durch unabhängige, öffentlich bestellte Dritte und (5) in der Pflicht zur Offenlegung der Finanzberichte.
Gelten gleiche Rechnungslegungsvorschriften für alle Kapitalgesellschaften und haftungsbeschränkten Personengesellschaften?	Nein, mit zunehmender Größe der Gesellschaften (gemessen in Bilanzsumme, Umsatzerlösen, Anzahl der Arbeitnehmer) werden strengere Rechnungslegungsvorschriften wirksam. In voller Strenge gelten sie nur für sogenannte „große" Gesellschaften, zu denen alle börsennotierten Gesellschaften zählen.
Gibt es neben Handelsrecht und Steuerrecht andere Gesetze, die Rechnungslegungsaspekte regeln?	Ja, rechtsformspezifische Vorschriften zur Rechnungslegung ergeben sich aus Spezialgesetzen, wie dem Aktiengesetz für Aktiengesellschaften, dem GmbH-Gesetz für GmbHs sowie dem Genossenschaftsgesetz für Genossenschaften.
An welche Voraussetzungen ist die Pflicht von Obergesellschaften zur Erstellung von Finanzberichten nach deutschem Handelsrecht geknüpft?	(1) Gesellschaftsverbund steht unter ökonomisch einheitlicher Leitung einer Obergesellschaft oder (2) eine Obergesellschaft kontrolliert eine Untergesellschaft.
Welche Unternehmen sind nach deutschem Handelsrecht zur Aufstellung einer Kapitalflussrechnung und einer Segmentberichterstattung verpflichtet?	Nur börsennotierte deutsche Obergesellschaften. Dies gilt seit Inkrafttreten des KonTraG im Jahre 1998.
Woraus setzen sich die sogenannten *International Financial Reporting Standards*, kurz IFRS genannt, zusammen?	Aus Rechnungslegungsstandards, die zum Teil *International Accounting Standards* (IAS) und zum Teil auch IFRS heißen, sowie den vom IASB herausgegebenen Interpretationen solcher Standards.
Handelt es sich bei den IFRS um ein abgeschlossenes und in sich konsistentes Regewerk zur finanziellen Berichterstattung von Unternehmen?	Nein. Zum einen fehlen noch zahlreiche der vom IASB in Angriff genommenen Rechnungslegungsstandards; zum anderen sind Konsistenzprobleme zwischen einzelnen Standards, zwischen Standards und Rahmenkonzept und sogar innerhalb einzelner Standards festzustellen.
Welche Unternehmen sind nach deutschem Handelsrecht zur Aufstellung von Konzernfinanzberichten nach den IFRS verpflichtet?	Nach §315a dHGB sind kapitalmarktorientierte Konzerne grundsätzlich ab dem Geschäftsjahr 2005 verpflichtet, ihre Konzernfinanzberichte nach den IFRS aufzustellen. Die grundsätzliche Pflicht zur Konzernrechnungslegung ergibt sich aus den Vorschriften der §§290-293 dHGB.

2.7.2 Verständniskontrolle

1 Welchen Zwecken dient die Buchführungspflicht aus Sicht des Gesetzgebers?

2 Welchen Zweck verfolgt die Buchführungspflicht nach deutschem Steuerrecht?

3 Wie ist die steuerrechtliche Buchführungspflicht nach der Abgabenordnung geregelt?

4 Wann beginnt und wann endet die originäre Buchführungspflicht nach deutschem Steuerrecht?

5 Welchen Zweck verfolgt die Aufzeichnungspflicht des Wareneingangs und Warenausgangs für gewerbliche Unternehmer nach deutschem Steuerrecht? Wie ist sie geregelt?

6 An welche Eigenschaft knüpft die Aufzeichnungspflicht für die Umsatzbesteuerung an und wozu dient diese Pflicht?

7 Wie wird der Kaufmannsbegriff nach deutschem Handelsrecht konkretisiert?

8 Nennen Sie Beispiele natürlicher oder juristischer Personen, die nach deutschem Handelsrecht als Kaufleute gelten!

9 Wann beginnt und wann endet die Buchführungspflicht nach deutschem Handelsrecht?

10 Welchen grundlegenden Anforderungen muss die Buchführung nach deutschem Handelsrecht genügen?

11 Wozu dienen die Aufbewahrungspflichten von Buchführungsunterlagen nach deutschem Handelsrecht und wie sind sie geregelt?

12 Welche allgemeinen Vorschriften gelten für alle Kaufleute zur Aufstellung von Finanzberichten nach deutschem Handelsrecht?

13 Was ist der Zweck der ergänzenden Vorschriften für Kapitalgesellschaften und haftungsbeschränkte Personengesellschaften?

14 Warum erscheint eine Pflicht zur Erstellung von Konzernfinanzberichten für Obergesellschaften sinnvoll?

15 Erklären Sie Unterschiede bei der Erstellung finanzieller Berichte für Unternehmen, die aus einer einzigen rechtlichen Einheit bestehen, und Unternehmen, die sich aus mehreren rechtlich selbstständigen Einheiten zusammensetzen!

16 Gibt es nach deutschem Handelsrecht Befreiungsmöglichkeiten für Unternehmen, die eigentlich Konzernfinanzberichte nach dHGB erstellen sollten? Wenn ja, welche?

17 Was ist der Zweck des Publizitätsgesetzes?

18 Mit welchen Rechnungslegungsvorschriften sind die Vorschriften nach Publizitätsgesetz hinsichtlich ihrer Regelungsschärfe am ehesten zu vergleichen?

19 Inwiefern sind die *International Financial Reporting Standards*, kurz IFRS genannt, für die Erstellung von Finanzberichten deutscher Unternehmen relevant?

20 Sind die vom IASB veröffentlichten IFRS hinsichtlich ihrer rechtlichen Bindungswirkung mit den IFRS identisch, die das Anerkennungsverfahren der EU-Kommission in Brüssel passiert haben?

21 Gibt es nach IFRS Befreiungsmöglichkeiten für Unternehmen, die eigentlich Konzernfinanzberichte nach IFRS erstellen sollten? Wenn ja, welche?

22 Was ist der Zweck der IFRS?

23 Knüpft die obligatorische Erstellung von Konzernfinanzberichten nach IFRS gemäß § 315a dHGB an den Kriterien zur Aufstellungspflicht nach IFRS oder nach dHGB an?

2.7.3 Aufgaben zum Selbststudium

Buchführungspflicht nach deutschem Handelsrecht   **Aufgabe 2.1**

Sachverhalt

Eva Schmitz führt ein kleines forstwirtschaftliches Unternehmen. Sie verfügt bisher nicht über eine Buchführung im handelsrechtlichen Sinne. Sie ist davon überzeugt, dass sie keine Buchführung benötigt. Ihr Unternehmen ist deswegen nicht im Handelsregister eingetragen.

Fragen und Teilaufgaben

1. Ist Eva Schmitz buchführungspflichtig, wenn ihr Unternehmen nach Art und Umfang einen in kaufmännischer Weise eingerichteten Geschäftsbetrieb erfordert?

2. Aufgrund der Ausweitung ihrer Geschäftstätigkeit in den letzten Jahren ist Eva Schmitz seit Anfang des Jahres 20X1 fest der Meinung, ihr Unternehmen erfordere nach Art und Umfang einen in kaufmännischer Weise eingerichteten Geschäftsbetrieb. Aus diesem Grunde trägt sie ihre Firma Anfang 20X2 freiwillig ins Handelsregister ein. Ab wann ist Eva Schmitz buchführungspflichtig?

3. Eva Schmitz wird ihr Gewerbe am Jahresende 20X4 einstellen. Mitte 20X3 stellt sie einen Antrag, ihre Firma im Handelsregister zu löschen. Dem Antrag wird kurz danach stattgegeben. Ihr Unternehmen wird im August 20X3 im Handelsregister gelöscht. Wann endet die Buchführungspflicht von Eva Schmitz?

Lösungshinweise zu den Fragen und Teilaufgaben

1. Eva Schmitz ist nicht buchführungspflichtig. Die Begründung ergibt sich aus § 3 dHGB.

2. Die Buchführungspflicht beginnt mit der Eintragung ins Handelsregister.

3. Die Buchführungspflicht endet zum Zeitpunkt, an dem der Eintrag im Handelsregister gelöscht wird.

Aufgabe 2.2 **Originäre Buchführungspflicht nach deutschem Steuerrecht**

Sachverhalt

Adam Müller ist ein selbstständiger Handwerker. Er sieht sich als Kleingewerbetreibender, keineswegs aber als Kaufmann im handelsrechtlichen Sinne, der Handelsbücher führen muss. Seine Geschäfte laufen gut. Im abgelaufenen Geschäftsjahr 20X0 hat er Umsätze in Höhe von 150 000 Euro sowie ein Einkommen in Höhe von 28 000 Euro erzielt. Mit einem ähnlichen Einkommen rechnet Müller auch in Zukunft. Am 20. Juli 20X1 erhält er einen Brief vom Finanzamt mit der Aufforderung, rückwirkend vom 01. Januar 20X1 an Handelsbücher zu führen. Adam Müller ist über diese Mitteilung überrascht. Er möchte keine Buchführung einrichten.

Fragen und Teilaufgaben

1. Fällt Adam Müller unter den Kreis derer, die nach deutschem Steuerecht originär zur Buchführung verpflichtet sind?

2. Ist die Forderung des Finanzamts rechtmäßig, die Buchführungspflicht ab dem 1. Januar 20X1 zu verlangen?

Lösungshinweise zu den Fragen und Teilaufgaben

1. Adam Müller ist wegen § 141 Absatz 1 AO (Gewinn kleiner als 30 000 Euro) nicht buchführungspflichtig.

2. Die Forderung des Finanzamts ist wegen der Vorschriften zu Beginn und Ende der Buchführungspflicht nicht rechtmäßig.

Aufgabe 2.3 **Aufbewahrungspflicht nach deutschem Handelsrecht und deutschem Steuerrecht**

Sachverhalt

Josef Maier erstellt am 15. Mai 20X1 die Bilanz seines Unternehmens zum 31. Dezember 20X0. Er schließt damit die Buchführung des Geschäftsjahres 20X0 ab. Neben den Buchführungsunterlagen verfügt er über Geschäftsbriefe, die sich auf das Unternehmensgeschehen in 20X0 beziehen.

Fragen und Teilaufgaben

1. Wie lange sind die Handelsbücher des Jahres 20X0 einschließlich der Bilanz, der Einkommensrechnung und des Inventars aufzubewahren?

2. Wie lange sind die Geschäftsbriefe des Jahres 20X0 aufzubewahren?

3. Beginnt die Aufbewahrungsfrist zum Bilanzerstellungszeitpunkt?

Lösungshinweise zu den Fragen und Teilaufgaben

1. Nach § 257 dHGB sowie nach § 147 AO sind Handelsbücher, Inventare, Bilanzen, Lageberichte 10 Jahre aufzuheben.

2. Geschäftsbriefe gehören nicht zu den Buchführungsunterlagen, sondern zu den sonstigen Unterlagen. Sie sind daher sechs Jahre aufzubewahren.

3. Die Aufbewahrungsfrist beginnt mit dem Ende desjenigen Kalenderjahres, in dem die Bilanz aufgestellt beziehungsweise die letzte Eintragung in Handelsbücher für das Geschäftsjahr 20X0 gemacht wird. Also beginnt die Frist am 31.12.20X1.

Vorschriften nach dem Publizitätsgesetz **Aufgabe 2.4**

Sachverhalt

Die Y-GmbH & Co. KG hat in den letzten drei Geschäftsjahren vor dem Geschäftsjahr 20X0 in ihrer Bilanz eine Bilanzsumme zwischen 80 Million Euro und 100 Million Euro augewiesen. Die Umsatzerlöse beliefen sich in den zugehörigen Einkommensrechnungen auf einen Wert zwischen 200 Millionen Euro und 250 Millionen Euro. Die durchschnittliche Zahl der Arbeitnehmer pro Geschäftsjahr schwankte in dem entsprechenden Dreijahreszeitraum zwischen 1500 und 1700. Für das Geschäftsjahr 20X0 hat die Y-GmbH & Co. KG einen Finanzbericht nach dem deutschen Handelsrecht aufzustellen.

Fragen und Teilaufgaben

1. Die gesetzlichen Vertreter der Y-GmbH & Co. KG sind der Meinung, dass die Finanzberichte ihres Unternehmens erst sechs Monate nach Ablauf des Geschäftsjahres 20X0 zu erstellen sind. Ist die Einschätzung der gesetzlichen Vertreter richtig?

2. Hat die Y-GmbH & Co. KG für 20X0 neben ihrer Bilanz und Einkommensrechnung noch weitere Finanzberichte zu erstellen?

3. Nachdem die gesetzlichen Vertreter der Y-GmbH & Co. KG davon erfahren haben, dass ihr Unternehmen unter das Publizitätsgesetz fällt, gehen sie davon aus, dass sie ihre Bilanz und ihre Einkommensrechnung so wie kleine Kapitalgesellschaften im Sinne des § 267 HGB gliedern können. Entspricht diese Annahme den gesetzlichen Vorschriften?

Lösungshinweise zu den Fragen und Teilaufgaben

1. Es gilt das Publizitätsgesetz (PublG). Nach § 5 Absatz 1 PublG sind die Finanzberichte für 20X0 in den ersten drei Monaten des Wirtschaftsjahres 20X1 aufzustellen.

2. Nach § 5 Absatz 2 PublG ist die Gesellschaft von der Publikation eines Anhangs und eines Lageberichts befreit.

3. Die Bilanz und die Einkommensrechnung sind nach §§ 265, 266 dHGB entsprechend der Vorschriften für große Kapitalgesellschaften zu gliedern.

Aufgabe 2.5 **Vorschriften nach den International Financial Reporting Standards (IFRS)**

Sachverhalt

Die X-AG mit Sitz in München, die Obergesellschaft zweier ebenfalls in Deutschland ansässiger Untergesellschaften ist und deren Aktien an der Münchner Börse gehandelt werden, hat für das Geschäftsjahr 2005 gemäß §§ 290-293 HGB einen Konzernfinanzbericht zu erstellen. Da die Bilanzsumme in 2004 lediglich 1 000 000 Euro betrug und sich die Umsatzerlöse in 2004 auf 1 500 000 Euro beliefen, gehen die gesetzlichen Vertreter der X-AG davon aus, dass die Gesellschaft ihre Konzernfinanzberichte – wie bisher – in Übereinstimmung mit dem deutschen Handelsrecht erstellen kann.

Fragen und Teilaufgaben

1. Ist die Einschätzung der gesetzlichen Vertreter richtig, dass die X-AG ihren Konzernfinanzbericht weiterhin in Übereinstimmung mit dem HGB erstellen kann?

2. Nachdem die gesetzlichen Vertreter der X-AG erfahren haben, dass sie zur Aufstellung eines Konzernfinanzberichts verpflichtet sind, entscheiden sie, aus Vereinfachungsgründen auch die Finanzberichte der in Deutschland ansässigen Tochtergesellschaften in Übereinstimmung mit den IFRS zu erstellen und auf eine Aufstellung der Finanzberichte nach dHGB gänzlich zu verzichten. Ist dieses Vorgehen rechtmäßig?

3. Die gesetzlichen Vertreter der X-AG sind zudem der Ansicht, dass nach den IFRS zwar ein vollständiger Satz von Finanzberichten gemäß IAS 1 aufzustellen sei, auf eine Segmentberichterstattung indes verzichtet werden kann. Teilen Sie diese Ansicht mit den gesetzlichen Vertretern der X-AG?

Lösungshinweise zu den Fragen und Teilaufgaben

1. Nach § 315a Absatz 1 und 2 dHGB haben kapitalmarktorientierte Unternehmen ihre Finanzberichte nach den IFRS zu erstellen.

2. Gemäß § 325 Absatz 2a dHGB dürfen Unternehmen die Finanzberichte für die rechtlich selbstständigen Einheiten nach den IFRS publizieren. Für die Erstellung gilt diese Befreiungsvorschrift aber nicht.

3. Bei Anwendung der IFRS ist auch eine Segmentberichterstattung vorzunehmen.

Regelungskreise zur Messung von Eigenkapital und Eigenkapitalveränderungen

3

ÜBERBLICK

Lernziele

Nach dem Studium dieses Kapitels sollten Sie in der Lage sein,

- Eigenkapital und Eigenkapitalveränderungen als zentrale Größen des Rechnungswesens zu begreifen und ermitteln zu können,

- die zwei Formen von Bilanzgleichungen als Hilfsmittel zur Beschreibung der finanziellen Konsequenzen von Ereignissen zu benutzen,

- die intratemporale Bilanzgleichung als Analysewerkzeug zur Abbildung relevanter Ereignisse heranzuziehen,

- die Begriffe „Aktivtausch", „Passivtausch", „Bilanzverlängerung" und „Bilanzverkürzung" in ihren Konsequenzen für die intratemporale Bilanzgleichung zu unterscheiden,

- zu verstehen, wie sich die Regelsysteme des dHGB und der IFRS grundlegend hinsichtlich ihrer Einkommens- und Eigenkapitalmessung unterscheiden,

- im konkreten Beispiel relevante Ereignisse hinsichtlich ihrer Konsequenzen für die intratemporale Bilanzgleichung zu analysieren.

Überblick

Der Inhalt des Kapitels dient einer ersten Erklärung des Vorgehens der Buchführung unter besonderer Betrachtung des Eigenkapitals und seiner Veränderungen. Dazu ist es nötig, kurz auf einige Regelungssysteme einzugehen, mit denen in der Praxis das Eigenkapital und insbesondere das Einkommen gemessen werden. An einem einfachen Beispiel wird gezeigt, wie man bei der Abbildung der Eigenkapitalsituation vorgehen kann. Dabei wird zugleich der Zusammenhang zwischen den finanziellen Konsequenzen von Ereignissen und den Finanzberichten verdeutlicht. Der Hauptzweck dieses Kapitels besteht darin, Sie mit der Messung von Eigenkapital und Eigenkapitalveränderungen vertraut zu machen. Dabei lernen Sie die in der Praxis relevanten beiden Arten von Eigenkapitalveränderungen kennen, das Einkommen und Eigenkapitaltransfers. Das Eigenkapital und seine beiden Veränderungsarten bilden einen Schlüssel zum Verständnis der folgenden Kapitel.

3.1 Definitionen von Eigenkapital und Eigenkapitalveränderungen

3.1.1 Definitionen des Eigenkapitals

Das Eigenkapital zu einem Zeitpunkt und die Eigenkapitalveränderung während eines Zeitraums stellen diejenigen Größen dar, zu deren Ermittlung der Unternehmer Buchführung betreibt und Finanzberichte anfertigt. In der Bilanz wird das Eigenkapital zum Bilanzstichtag errechnet. Die Einkommensrechnung ermittelt diejenige Veränderung des Eigenkapitals während eines Zeitraums, die nicht aus Transfers zwischen dem Unternehmen und dem Unternehmer herrührt. Die Eigenkapitaltransferrechnung lässt diejenige Entwicklung des Eigenkapitals im Zeitablauf erkennen, die aus Transfers zwischen dem Unternehmen und dem Unternehmer hervorgehen. Einkommen und Eigenkapitaltransfers werden in der Eigenkapitalveränderungsrechnung zur Fortschreibung des Eigenkapitals herangezogen. Die Kapitalflussrechnung zeigt, welche Zahlungsströme die Veränderung der Zahlungsmittel bewirkt haben.

Eigenkapital und Eigenkapitalveränderungen als Zielgrößen

3.1.1.1 Allgemeine Definitionen

Wir beschreiben hier eine allgemeine Definition des Eigenkapitals und die speziellen Definitionen, die sich im deutschen Handelsgesetzbuch sowie in den *International Financial Reporting Standards* befinden.

Unterschiedlichkeit von Definitionen

Das Eigenkapital ergibt sich, indem man den Wert der ökonomischen Ressourcen eines Unternehmens dem Wert derjenigen Ansprüche gegenüberstellt, den Fremde auf diese Ressourcen besitzen. Es gilt die Formel

Konzept des Eigenkapitals

> Eigenkapital eines Unternehmens
> = ökonomische Ressourcen des Unternehmens (Vermögensgüter)
> − Ansprüche Fremder auf diese Ressourcen (Fremdkapitalposten).

Unter den Ressourcen kann man sich Vermögensgüter, Rechte und andere Vorteile vorstellen, die sich in der Verfügungsmacht des Unternehmens befinden, unter den Ansprüchen zukünftige Belastungen dieser Ressourcen durch andere Personen als den Unternehmer beziehungsweise die Eigenkapitalgeber. Diese Ansprüche Fremder auf die Unternehmensressourcen und das Eigenkapital sind sich untereinander ähnlich. Denn beide Größen beziehen sich auf die Ressourcen des Unternehmens; allerdings unterscheiden sie sich fundamental von diesen. Die Ressourcen stellen die Mittel dar, die der Unternehmer einsetzt (Mittelverwendung); die beiden anderen Posten zeigen, von wem das Kapital für diese Mittel stammt (Mittelherkunft). Die obengenannte Formel lässt sich entsprechend umstellen.

Ressourcen als Mittelverwendung und Ansprüche als Mittelherkunft

Zur Ermittlung des Eigenkapitals ist es erforderlich, den Umfang und die Höhe der ökonomischen Ressourcen des Unternehmens sowie die Höhe der Ansprüche Fremder auf diese Ressourcen zu bestimmen. Eine Aufstellung, die diesen Zusammenhang zum Ausdruck bringt und zugleich die Unterschiedlichkeit von Mittelverwendung und Mittelher-

Bilanz als Mittel zur Eigenkapitalmessung

kunft berücksichtigt, wird im betriebswirtschaftlichen Rechnungswesen als Bilanz bezeichnet. Das Wort wird aus dem Italienischen beziehungsweise Vulgärlatein hergeleitet und bedeutete ursprünglich so etwas wie eine zweischalige Waage beziehungsweise das Abwägen, das man bei einer zweischaligen Waage durchführen muss, um beide Schalen „in die Waage" zu bringen. Man kann sich vorstellen, in der einen Schale lägen die Ressourcen des Unternehmens und in der anderen die Ansprüche Fremder. Dann entspricht das Eigenkapital dem Betrag, welcher der Schale mit den Ansprüchen hinzuzufügen ist, damit beide Schalen „in die Waage" kommen.

In Zusammenhang mit einer Bilanz spricht man nicht mehr von Ressourcen und Ansprüchen Fremder. Man benutzt andere Begriffe dafür. So verwendet man anstatt des Worts „Ressource" im deutschen Handelsrecht den Ausdruck „Vermögensgegenstand", im deutschen Einkommensteuerrecht steht dafür „(positives) Wirtschaftsgut". Bei der Übersetzung des englischen Worts *asset* aus den Regelungskreisen der U.S. GAAP oder der IFRS ins Deutsche hat man sich für den Ausdruck „Vermögenswert" entschieden. Hinter jedem dieser Wörter verbergen sich andere Definitionen. Viele Ressourcen erfüllen die Kriterien aller Definitionen, einige nur diejenigen spezieller Definitionen. Wir verwenden hier das Wort „Vermögensgut" synonym zu Ressource und zugleich als Oberbegriff. Vermögensgüter werden im externen Rechnungswesen von Land zu Land und teilweise auch von Rechenzweck zu Rechenzweck unterschiedlich definiert.

3.1.1.2 Spezielle Definitionen

Im deutschen Handelsrecht heißt ein Vermögensgut „Vermögensgegenstand". Als Vermögensgegenstand gelten alle einzeln veräußerbaren Vermögensgüter, über die das Unternehmen verfügen kann. Als „(positive) Wirtschaftsgüter" gelten nach deutschem Einkommensteuerrecht alle selbstständig bewertbaren Vermögensgüter in der Verfügungsmacht des Unternehmens. Die Definitionen ähneln sich zwar, führen aber dazu, dass es – wenn auch nur wenige – Vermögensgüter gibt, die unter die eine Definition fallen, unter die andere dagegen nicht. Im englischen Sprachraum heißt ein Vermögensgut *asset*. Darunter wird regelmäßig eine in der Verfügungsmacht eines Unternehmens stehende ökonomische Ressource verstanden, für die man in der Vergangenheit etwas eingesetzt hat und von der man sich in der Zukunft einen finanziellen Nutzen verspricht. Trotz der unterschiedlichen Definitionen sind es weitgehend die gleichen Vermögensgüter, die in den verschiedenen Regelungskreisen als Vermögensgüter gelten. Auf Unterschiede wird später noch hingewiesen.

Zu den Vermögensgütern gehören Bargeld sowie materielle und immaterielle Vermögensgüter, z.B. Forderungen gegenüber Kunden, Sachgüter, Lizenzen. Zu den Sachgütern zählen unter anderem Vorräte an Roh-, Hilfs- und Betriebsstoffen, Erzeugnisse, eingekaufte Handelsware, Maschinen, Büro- und Geschäftsausstattung, Gebäude und Grundstücke. Die Überlegungen, die erforderlich sind, ein Vermögensgut im Rahmen der unterschiedlichen Definitionen zu identifizieren, seien am Beispiel der Forderungen eines Unternehmens gegenüber einem Kunden skizziert. Forderungen entstehen, wenn ein Kunde verspricht, dem Unternehmen innerhalb einer bestimmten Frist einen Geldbetrag zukommen zu lassen. Damit liegt ein Anspruch des Unternehmens auf die Ressourcen des Kunden vor. Eine Forderung auf zukünftige Zahlung ist veräußerbar, z.B. an eine Bank. Sie erfüllt mit der Veräußerbarkeit das Kriterium des deutschen Handelsrechts für einen „Vermögensgegenstand". Sie ist auch bewertbar und erfüllt damit zugleich die Anforderung des deutschen Einkommensteuerrechts an ein „positives Wirtschaftsgut". Weil für die Forderung eines Unternehmens auf zukünftige Zahlung in der Vergangenheit etwas eingesetzt wurde und auch ein in der Verfügungsmacht des Unternehmens stehender zukünftiger finanzieller Nutzen zu erwarten ist, entspricht sie auch dem *asset*-Begriff.

Die Ansprüche Fremder sind durch Verpflichtungen des Unternehmens gegenüber diesen Fremden begründet. Die Fremden heißen Gläubiger des Unternehmens. Ihre Ansprüche und die Verpflichtungen des Unternehmens diesen gegenüber bestehen so lange, bis das Unternehmen seinen Verpflichtungen nachgekommen ist. Man unterscheidet Verpflichtungen, die „gewiss" sind und nach Höhe und Zeitpunkt der Fälligkeit feststehen von solchen, deren Höhe oder Fälligkeit „ungewiss" sind. Schließt ein Unternehmen etwa mit seinen Beschäftigten einen Pensionsvertrag ab, so verpflichtet es sich zu zukünftigen Pensionszahlungen, deren gesamte Höhe jedoch meist unsicher ist. Die Unsicherheit rührt daher, dass man bei Abschluss des Vertrages nicht weiß, ob man später tatsächlich zur Zahlung herangezogen wird, und gegebenenfalls, wie lange man später Zahlungen zu erbringen hat. Handelt es sich um finanzielle Verpflichtungen, so nennt man die sicheren Ansprüche im deutschen Handelsrecht „Verbindlichkeiten" und die in irgendeiner Art ungewissen Verpflichtungen „Rückstellungen". Beide Arten von Verpflichtungen werden üblicherweise unter dem Begriff „Fremdkapital" zusammengefasst. Das Einkommensteuerrecht verwendet für Verpflichtungen den Begriff „negatives Wirtschaftsgut". Im Englischen heißen sichere und unsichere Ansprüche Fremder *liabilities* und *provisions*. In allen genannten Regelungskreisen gehören Zahlungsverpflichtungen an Dritte in genau bekannter Höhe zum Fremdkapital. Etwas anders verhält es sich mit ungewissen finanziellen Verpflichtungen gegenüber Dritten. So sind beispielsweise nach dem deutschen Steuerrecht und nach den IFRS ungewisse Zahlungsverpflichtungen nur unter bestimmten Bedingungen als Fremdkapital anzusehen. Zur Vermeidung von Willkür bei der Einkommensermittlung müssen für den Ansatz von ungewissen Verpflichtungen in einer Bilanz einige, wenn auch objektiv nicht nachprüfbare Bedingungen vorliegen. Das deutsche Handelsrecht, das derartiges Fremdkapital als Rückstellungen bezeichnet, verwendet an dieser Stelle ebenfalls unscharfe Objektivierungskriterien. Die Entscheidung über den Ansatz bleibt in beiden Regelungskreisen weitgehend dem Unternehmer überlassen.

Begriffe und Definitionen für Ansprüche Fremder in verschiedenen Regelungskreisen

Eigenkapital als Saldo von bewerteten Vermögensgütern und bewerteten Fremdkapitalposten

Aus der Gegenüberstellung von Vermögensgütern und Fremdkapital lässt sich das Eigenkapital (*owners' equity*) ermitteln. Das Eigenkapital bezeichnet den Teil der Unternehmensressourcen, der nach Abzug der Ansprüche von Fremden übrig bleibt. Das Eigenkapital misst damit die Höhe des Kapitals, das dem Unternehmer beziehungsweise den Eigenkapitalgebern zuzurechnen ist. Es verkörpert den Wert des Kapitals, das der Unternehmer beziehungsweise die Eigenkapitalgeber in ihrem Unternehmen gebunden haben. Im Gegensatz zu den Vermögensgütern und dem Fremdkapital ist das Eigenkapital nicht beobachtbar. Seine Höhe hängt wesentlich davon ab, was man in den einzelnen Regelungskreisen alles den Vermögensgütern und dem Fremdkapital zurechnet und wie man die einzelnen Posten bewertet. Die Bewertung ist notwendigerweise subjektiv. Eine Objektivierung erfolgt zur Vermeidung von Ermessensspielräumen in den Regelungen, die der jeweilige Regelungskreis dafür vorsieht.

Intratemporale Bilanzgleichung

Eine Bilanz beschreibt unabhängig vom jeweiligen Regelungskreis die Tatsache, dass der Wert der Vermögensgüter definitionsgemäß der Summe der Werte des Fremd- und Eigenkapitals entsprechen muss. Bei einer zweispaltigen Darstellung stehen die Vermögensgüter üblicherweise auf der linken Seite, das Fremd- und das Eigenkapital auf der rechten Seite. Im Rahmen einer einspaltigen Darstellung werden zunächst die Vermögensgüter angegeben, danach die Kapitalbeträge. In beiden Fällen geht es nach der Formel:

Vermögensgüter eines Unternehmens = Fremdkapital + Eigenkapital

Diese Formel wird in der Fachliteratur unabhängig vom jeweiligen Regelungskreis als „intratemporale Bilanzgleichung" bezeichnet. Sie wird intratemporal genannt, weil es sich um einen Zusammenhang handelt, der zu jedem Zeitpunkt zwischen den Posten besteht. Einen guten Überblick über die verschiedenen Arten der Messung von Eigenkapital und Eigenkapitalveränderungen findet man in der Fachliteratur zur Bilanzierung.[1]

3.1.2 Definitionen von Eigenkapitalveränderungen

3.1.2.1 Allgemeine Definitionen

Beispiele für Ursachen von Eigenkapitalveränderungen

Das Eigenkapital eines Unternehmens resultiert aus Investitionen und Desinvestitionen des Unternehmers beziehungsweise der Eigenkapitalgeber in das Unternehmen sowie aus der Tätigkeit des Unternehmers. Es verändert sich durch finanzielle Transaktionen zwischen dem Unternehmen und den Eigenkapitalgebern, durch die Tätigkeit des Unternehmers mit Außenstehenden und unter bestimmten Bedingungen auch durch Veränderungen in der Umwelt des Unternehmens. Viele Ereignisse können dabei eine Rolle spielen, z.B. (1) die volkswirtschaftlich

---

1   Vgl. beispielsweise für Deutschland Eisele, W. (2002) und für die IFRS die entsprechenden Standards.

konjunkturelle Situation, (2) der Ausgang von politischen Wahlen, (3) Verkaufsaktivitäten des Unternehmers, (4) die Entwicklung der Preise von Rohstoffen, (5) die Belastung des Unternehmens mit Steuern, (6) der Ausfall der Zahlungsfähigkeit von Schuldnern, (7) Naturkatastrophen wie Überschwemmungen und Erdbeben oder (8) andere nachteilige Ereignisse. Im Rechnungswesen werden nicht alle Ereignisse berücksichtigt, sondern nur diejenigen, deren finanzielle Konsequenzen verlässlich gemessen werden können. So werden beispielsweise die Einkommenskonsequenzen der wirtschaftlich konjunkturellen Situation genauso wenig gesondert ermittelt wie die Konsequenzen von politischen Wahlen.

Die Veränderung des Eigenkapitals während eines Zeitraums lässt sich auf zwei Arten ermitteln. Eine Art besteht darin, zu Beginn und zu Ende des Zeitraums eine Bilanz zu erstellen und die jeweiligen Werte des Eigenkapitals miteinander zu vergleichen. Eine andere Art besteht darin, während dieses Zeitraums jede einzelne Eigenkapitalveränderung zu erfassen und dann alle Eigenkapitalveränderungen des Zeitraums zusammenzufassen. Beide Vorgehensweisen führen zum gleichen Resultat; denn es gilt ja auch für das Eigenkapital

Möglichkeiten zur Messung von Eigenkapitalveränderungen

$$\text{Anfangsbestand} + \text{Zugang} - \text{Abgang} = \text{Endbestand}$$

Dieser Zusammenhang wird vereinzelt als „intertemporale" Bilanzgleichung bezeichnet, weil er auf die Bestandsveränderung zwischen zwei Zeitpunkten abstellt. Insbesondere bei vielen Eigenkapitalveränderungen während eines Zeitraums dürfte es einfacher sein, die Veränderung des Eigenkapitals durch Vergleich der Werte zweier Bilanzen zu ermitteln. Man beraubt sich dann allerdings der Möglichkeit, die errechnete Eigenkapitalveränderung nach unterschiedlichen Ursachen aufspalten zu können.

Intertemporale Bilanzgleichung

Eine Aufspaltung von Eigenkapitalveränderungen wird allgemein als wichtig angesehen: Man möchte all diejenigen Eigenkapitalveränderungen, die Investitionen oder Desinvestitionen der Eigenkapitalgeber in das oder aus dem Unternehmen darstellen, getrennt von all denjenigen Eigenkapitalveränderungen sehen, die als Rückflüsse aus der Geschäftstätigkeit auf Grundlage der Investitionen betrachtet werden können. Darüber hinaus möchte man erkennen können, aus welchen Komponenten sich solche Eigenkapitalveränderungen zusammensetzen. Abbildung 3.1 zeigt die mit Eigenkapitalveränderungen zusammenhängenden Begriffe und ihre Beziehungen zum Eigenkapital. Die bisherigen Darstellungen und die Abbildung machen deutlich, dass man normalerweise immer nur zwei Arton von Eigenkapitalveränderungen unterscheidet: Eigenkapitaltransfers und Einkommen. Im U.S.-amerikanischen Rechnungswesen bezeichnet man den Sachverhalt, dass die gesamte Eigenkapitalveränderung sich aus Einlagen abzüglich Entnahmen plus Erträgen abzüglich Aufwendungen ergibt, als *clean surplus* Annahme.

Arten von Eigenkapitalveränderungen

Abbildung 3.1:
Eigenkapital-
veränderungsarten

Die Investitionen oder Desinvestitionen des Unternehmers beziehungsweise der Eigenkapitalgeber in das oder aus dem Unternehmen bezeichnen wir als Eigenkapitaltransfers. Zahlungen von den Eigenkapitalgebern
in das Unternehmen werden bei personenbezogenen Unternehmen und
Personengesellschaften als „Einlagen" bezeichnet, bei Kapitalgesellschaften als „Kapitalerhöhungen". Zahlungen vom Unternehmen an den
beziehungsweise die Eigenkapitalgeber nennt man bei personenbezogenen Unternehmen und Personengesellschaften „Entnahmen"; bei Kapitalgesellschaften spricht man von „Dividenden" und „Kapitalrückzah-
lungen" oder „Kapitalherabsetzungen". Wir verwenden im Folgenden
nur die Begriffe „Einlage" und „Entnahme" unabhängig von der Rechtsform eines Unternehmens.

Eigenkapitaltransfers:
Einlagen und Kapital-
erhöhungen sowie Entnah-
men, Dividenden und
Kapitalherabsetzungen

Soweit die Veränderung des Eigenkapitals nicht aus Eigenkapitaltransfers besteht, bezeichnen wir sie als Einkommen. Das Einkommen
erhält man, indem man alle derartigen Einkommensmehrungen – sie
werden als Erträge bezeichnet – so weit wie möglich den zugehörigen
Minderungen, den Aufwendungen, gegenüberstellt. Saldierungen
bestimmter Erträge mit bestimmten Aufwendungen sind verpönt. Sie
werden in einigen Regelungskreisen sogar verboten. Mit der Gegenüberstellung ist gemeint, dass insbesondere bei Verkäufen die Erträge aus
dem Verkauf getrennt von den Aufwendungen aus dem Verkauf anzugeben sind. Für die übrigen Sachverhalte ist es wichtig, genau zu definieren, wann eine Einkommenswirkung entstehen soll. Dies bedeutet primär, die Zeitpunkte festzulegen, zu denen man Einnahmen und
Ausgaben als Erträge und Aufwendungen berücksichtigen möchte.

Einkommensrechnung:
Erträge minus
Aufwendungen

Das Streben des Unternehmers geht meist dahin, das Eigenkapital
durch die Erzielung von Einkommen zu steigern. Das Einkommen erhält
man durch Abzug der Aufwendungen von den Erträgen. Ein Ertrag entsteht beispielsweise beim Verkauf eines Vermögensguts am Markt in Höhe
des Marktpreises. Eine Eigenkapitalmehrung im Sinne des Einkommens
entsteht aber erst, wenn der Ertrag (Verkaufspreis) über demjenigen Betrag
liegt, mit dem das verkaufte Vermögensgut ehemals in den Büchern des
Unternehmens stand. Im umgekehrten Fall ergibt sich eine Einkommensminderung. Ein Ertrag entsteht aber auch, soweit dem Unternehmen
Schulden erlassen werden. Erträge erhöhen den Wert der Vermögensgüter
oder sie mindern das Fremdkapital. Sie wirken sich dadurch positiv auf
die Höhe des Einkommens und damit des Eigenkapitals aus.

Erträge

Aufwendungen entstehen beim Verkauf und möglicherweise bei der Nutzung von Vermögensgütern sowie bei bestimmten Erhöhungen von bestehendem Fremdkapital. Mit ihnen ist eine Reduzierung (des Werts) der Vermögensgüter beziehungsweise eine Erhöhung des Fremdkapitals verbunden. Daher wirken sie sich negativ auf die Höhe des Eigenkapitals aus. Aufwendungen entstehen – wie oben bereits erwähnt – beim Verkauf eines Vermögensguts durch dessen Hingabe an den Marktpartner. Aufwendungen entstehen aber auch durch andere isolierte Abnahmen von Vermögensgütern oder durch andere isolierte Fremdkapitalzunahmen. Als isoliert betrachten wir eine Abnahme von Vermögensgütern (Zunahme von Fremdkapital), die nicht von einer gleich hohen Zunahme anderer Vermögensgüter (Abnahme von Fremdkapital) begleitet wird.

Aufwendungen

Unternehmer streben im Allgemeinen an, dass die Erträge die Aufwendungen übersteigen. Ein Überschuss der Erträge über die Aufwendungen heißt nach dHGB „Jahresüberschuss", ein Überschuss der Aufwendungen über die Erträge „Jahresfehlbetrag". Das Einkommensteuerrecht spricht von „Gewinn" und „Verlust". Im Englischen haben sich die Begriffe *net income*, *net earnings*, *net profit* sowie *net loss* eingebürgert. Soweit wir in unseren Ausführungen nicht auf einen speziellen Begriff zurückgreifen, verwenden wir als Oberbegriff die Bezeichnung „Einkommen" und lassen dafür positive wie negative Beträge zu.

Einkommen als Saldo von Erträgen und Aufwendungen

Zur Aufstellung einer Einkommensrechnung muss man wissen, ob ein Ereignis das Eigenkapital betrifft oder nicht und ob die Eigenkapitalveränderung aus Transfers herrührt oder nicht. Ob ein Ereignis, welches die Vermögensgüter oder das Fremdkapital betrifft, sich auch auf die Veränderung des Eigenkapitals auswirkt, kann man nicht direkt herausfinden. Es gibt nämlich auch Ereignisse, die sich auf die Vermögensgüter oder das Fremdkapital auswirken, ohne Eigenkapitalveränderungen zu bewirken.

Bestimmung von Eigenkapitalveränderungen durch Ausschluss anderer Vorgänge

Man kann Eigenkapitalveränderungen nur dadurch bestimmen, dass man einige Arten von Veränderungen ausschließt, von denen man weiß, dass sie keine Eigenkapitalveränderungen bedeuten. Dieser Prozess lässt sich in vier Schritte zerlegen.

Vier Schritte zum Ausschluss von Eigenkapitalveränderungen

- **Schritt 1**, bei Zunahme des Werts eines Vermögensguts A

  - Prüfung, ob der Bestand eines anderen Vermögensguts wegen dieser Zunahme in gleicher Höhe abnimmt, und

  - Prüfung, ob der Bestand eines Fremdkapitalpostens wegen dieser Zunahme in gleicher Höhe zunimmt.

  Ist eine der Bedingungen erfüllt, ist die Zunahme des Werts eines Vermögensguts A nicht mit einer Eigenkapitalveränderung verbunden.

- **Schritt 2**, bei Abnahme des Werts eines Vermögensguts A

  - Prüfung, ob der Bestand eines anderen Vermögensguts wegen dieser Abnahme in gleicher Höhe zunimmt, und

  - Prüfung, ob der Bestand eines Fremdkapitalpostens wegen dieser Abnahme in gleicher Höhe abnimmt.

Ist eine der Bedingungen erfüllt, ist die Abnahme des Werts eines Vermögensguts A nicht mit einer Eigenkapitalveränderung verbunden.

■ **Schritt 3**, bei Zunahme des Werts eines Fremdkapitalpostens B

– Prüfung, ob der Bestand eines anderen Fremdkapitalpostens wegen dieser Zunahme in gleicher Höhe abnimmt, und

– Prüfung, ob der Bestand eines Vermögensguts wegen dieser Zunahme in gleicher Höhe zunimmt.

Ist eine der Bedingungen erfüllt, ist die Zunahme des Werts eines Fremdkapitalpostens B nicht mit einer Eigenkapitalveränderung verbunden.

■ **Schritt 4**, bei Abnahme des Werts eines Fremdkapitalpostens B

– Prüfung, ob der Bestand eines anderen Fremdkapitalpostens wegen dieser Abnahme in gleicher Höhe zunimmt, und

– Prüfung, ob der Bestand eines Vermögensguts wegen dieser Abnahme in gleicher Höhe abnimmt.

Ist eine der Bedingungen erfüllt, ist die Abnahme des Werts eines Fremdkapitalpostens B nicht mit einer Eigenkapitalveränderung verbunden.

Konsequenz   Eine Veränderung des Eigenkapitals ist also auszuschließen, wenn eine der Prüfungsbedingungen erfüllt ist. Andernfalls haben wir es mit einer Eigenkapitalveränderung zu tun. Diese kann entweder aus einem Eigenkapitaltransfer herrühren oder Einkommen darstellen.

3.1.2.2 Spezielle Definitionen

Klassifikationsschema   Die Einkommensermittlungsregeln sehen weltweit vor, dass zunächst der auf einen Abrechnungszeitraum entfallende Betrag von Einnahmen und Ausgaben ermittelt wird. In einem zweiten Schritt werden dann drei Kategorien dieser Einnahmen und Ausgaben des Zeitraums unterschieden. Diese Kategorien behandelt man zur Einkommensermittlung zu unterschiedlichen Zeitpunkten als Erträge oder Aufwendungen. Realisierte Einnahmen und diesen zugerechnete realisierte Ausgaben, die mit dem Verkauf von Vermögensgütern und Dienstleistungen zusammenhängen, betrachtet man als Einnahmen und Ausgaben, die mit der Abgabe von Leistungen an Marktpartner zusammenhängen. Sie werden in demjenigen Zeitpunkt zu Erträgen und Aufwendungen, zu dem der Verkäufer seine Pflichten erfüllt hat. Die planmäßige Abschreibung eines Vermögensguts beispielsweise, die man gedanklich mit der Herstellung der verkauften Erzeugnisse in Verbindung bringt, wird zu dem Zeitpunkt zu Aufwand, an dem diese Erzeugnisse verkauft werden. Bis dahin stellt sie einen Teil der Herstellungsausgaben für diese Erzeugnisse dar. Andere realisierte Einnahmen und realisierte Ausgaben, die nichts mit dem Verkauf von Vermögensgütern und Dienstleistungen zu tun haben, werden mit dem Teil, der auf den laufenden Abrechnungszeitraum entfällt, im laufenden Abrechnungszeitraum zu Erträgen und

Aufwendungen. Man spricht deswegen auch von der Periodisierung solcher Einnahmen und Ausgaben. Die planmäßige Abschreibung eines Vermögensguts beispielsweise, die man gedanklich nicht mit der Herstellung der verkauften Erzeugnisse in Verbindung bringt, wird zu dem Zeitpunkt zum Aufwand, an dem sie angefallen ist. Schließlich sind in jedem Rechtskreis einige unrealisierte Einnahmen und unrealisierte Ausgaben zu nennen, die bereits im laufenden Abrechnungszeitraum zu Ertrag oder Aufwand werden können. Man spricht daher von dem Prinzip, zukünftige Einnahmen oder Ausgaben bereits heute als Erträge oder Aufwendungen vorwegzunehmen. Diese drei Prinzipien bezeichnet Schneider als eine Einkommensdefinition. Gewinn entsteht dabei primär, aber nicht vollständig aus einer Leistungsabgabe an Marktpartner.[2]

Unterschiede zwischen den Einkommensmessungen verschiedener Regelungskreise entstehen hauptsächlich aus drei Gründen. Erstens sehen die verschiedenen Regelungskreise unterschiedliche Dinge als Vermögensgüter an. Dementsprechend können sich unterschiedliche Arten von Wertveränderungen als Aufwendungen ergeben. Zweitens gehen die unterschiedlichen Regelungskreise mit zukünftigen, noch unrealisierten Einnahmen und Ausgaben unterschiedlich um. Im dHGB dürfen nur bestimmte zukünftige Verluste vorweggenommen werden. (§ 253 Absatz 4 dHGB). Die IFRS gestatten dagegen die Berücksichtigung vieler Arten zukünftiger Gewinne und Verluste. Als Beispiel sei auf die in beiden Regelungskreisen unterschiedliche Behandlung von Aufträgen verwiesen, deren Fertigung das Geschäftsjahr überdauert. Nach dHGB bleiben die hergestellten Vermögensgüter so lange als unfertige Erzeugnisse in der Bilanz stehen, bis der Verkäufer allen seinen Verpflichtungen nachgekommen ist. Nach IFRS verhält man sich unter speziellen Bedingungen am Ende jeden Geschäftsjahres in Bilanz und Einkommensrechnung so, wie wenn man einen Teil verkauft hätte, obwohl man noch gar nicht geliefert hat. Ein dritter Grund mag in den unterschiedlichen Wertansätzen gesehen werden, die in die Buchwerte von Vermögensgütern eingegangen sind. Während das dHGB bei Vermögensgütern nur Wertansätze zulässt, die den Buchwerten entsprechen oder niederiger als diese sind, und beim Fremdkapital nur solche, die den Buchwerten entsprechen oder höher als diese sind, erlauben die IFRS auch höhere Werte für Vermögensgüter und niedrigere Werte für Fremdkapital, woraus *ceteris paribus* andere Aufwendungen resultieren können.

Gründe für Einkommensunterschiede in verschiedenen Regelungskreisen

---

2 Vgl. Schneider, D. (1997), S. 119–140, insbesondere S. 119–129.

3.2 Die Regelungen des deutschen Handelsgesetzbuchs (dHGB) und der International Financial Reporting Standards (IFRS)

In den folgenden Abschnitten werden die Begriffe der jeweiligen Regelungskreise verwendet.

3.2.1 Wichtige Regelungen des dHGB

Grobe Übersicht über die Bilanzierungsregeln des dHGB

Wie wir im zweiten Kapitel bereits gelesen haben, bestimmt das deutsche Handelsrecht, dass nur die dort aufgeführten Rechtsformen von Unternehmen deren Buchführungspflicht begründen. Viele dieser rechtlich definierten Wirtschaftseinheiten arbeiten aber in einem wirtschaftlichen Sinn jeweils als eine einzige ökonomisch definierte Wirtschaftseinheit zusammen. Für solche Konzerne gelten zusätzliche Bilanzierungsregeln. Deutsche Unternehmen im Sinne rechtlich definierter Einheiten haben Buchführung zu betreiben und Finanzberichte aufzustellen. Im Sinne ökonomischer Wirtschaftseinheiten haben zudem diejenigen rechtlich definierten Wirtschaftseinheiten, welche die Spitze eines Konzerns darstellen, sogenannte Konzernfinanzberichte zu erstellen. Wir sind uns darüber im Klaren, dass die Finanzberichte von lediglich als rechtliche Einheiten verstandenen Untergesellschaften aus Konzernen durch Maßnahmen innerhalb des Konzerns verzerrt sein können. Aussagefähiger erscheinen bei solchen Gesellschaften die Konzernfinanzberichte. Die folgenden Darstellungen gehen nicht ins Detail, sondern stellen die Bilanzierungsregeln recht grob dar. Dabei vernachlässigen wir die Besonderheiten der Konzernrechnungslegung.

3.2.1.1 Herkunft, Zweck und Aufbau des dHGB

Herkunft

Vor mehr als 110 Jahren wurde nach über zwanzigjähriger Diskussion und Erarbeitung das deutsche Handelsgesetzbuch vom Parlament in einem demokratischen Prozess beschlossen. Das Gesetzeswerk hat seither einige Veränderungen erfahren. Im Zeitablauf wurde es von allen parlamentarischen Gesetzgebern im Rahmen demokratischer Prozesse beraten und beschlossen.

Zweck des dHGB

Das dHGB definiert Regeln für alle an Unternehmen interessierten Personen. Es versucht dabei, einen Interessenausgleich unter diesen Gruppen herbeizuführen. Es stellt also nicht nur auf die Interessen der Unternehmer und Eigenkapitalgeber ab. In diesem Zusammenhang nehmen die Regeln zur Bilanzierung eine wichtige Stellung ein. Darüber hinaus können viele Regelungen zum Interessenausgleich, jedoch nicht die zur Bilanzierung, durch vertragliche Vereinbarungen zwischen den betroffenen Personen verändert werden.

Aufbau des dHGB

Das dHGB ist weitgehend systematisch aufgebaut. Die Regelungen ergänzen sich. Sie sind zudem überschneidungsfrei und schließen sich gegenseitig aus.

3.2.1.2 Zahlungen als Grundlage der Buchführung nach dHGB

Während eines Abrechnungszeitraums erhalten Unternehmen viele Einzahlungen, und sie tätigen viele Auszahlungen. Sie tun dies, um sich mit Vermögensgegenständen auszustatten, die sie für die Einrichtung und den Betrieb ihres Unternehmens benötigen: (1) für die Erstellung von Dienstleistungen, die sie erbringen und verkaufen, (2) für den Ein- und Verkauf der Vermögensgegenstände, mit denen sie handeln (Handelsware), oder (3) für die Herstellung von Erzeugnissen, die sie verkaufen möchten. Dabei kann es vorkommen, dass sie Zahlungsmittel ausleihen, die sie gerade nicht benötigen. Üblich ist es auch, dass sie Zahlungsmittel beschaffen, wenn ihre Liquiditätslage dies erfordert. Dabei kann es sich sowohl um Zahlungsmittel von dem Unternehmer als Privatmann handeln als auch um Zahlungsmittel von unternehmensfremden Personen oder Institutionen. Im Gegensatz zu den Zahlungsmitteln vom Unternehmer als Privatmann müssen die Zahlungsmittel von Fremden irgendwann zurückgezahlt werden. Den Fremden ist normalerweise eine Entschädigung für die zeitliche Überlassung der Zahlungsmittel zu zahlen. Viele der Ein- und Auszahlungen entfalten ihre Wirkung über einen einzigen Abrechnungszeitraum hinaus in andere Zeiträume.

Ein- und Auszahlungen eines Unternehmens

Hinsichtlich der Wirkung auf eine Bilanz unterscheiden wir verschiedene Arten von Ereignissen – solche, die sich auf das Eigenkapital auswirken, und solche, die das nicht tun. Um die Behandlung in der Buchführung zu bestimmen, muss man die jeweils geltenden Regeln zur Messung des Eigenkapitals und seiner Veränderungen kennen.

Behandlung abhängig von Bilanzierungsregeln

Üblicherweise werden die gegenwärtigen oder zukünftigen Zahlungen um entstandene Forderungen und Verbindlichkeiten zu Einnahmen und Ausgaben ergänzt. Eine nur teilweise erbrachte Auszahlung für die Beschaffung eines Vermögensguts wird um die Zunahme der Verbindlichkeit ergänzt, um so die durch die Beschaffung verursachte Ausgabe zu ermitteln. Aus den so ergänzten Zahlungen erwachsen dann Posten, die wir in einer Bilanz als Aktiva oder als Passiva aufführen.

Aktiva und Passiva

Es gibt einige Arten von Einnahmen und Ausgaben, die sich eindeutig auf mehrere Abrechnungszeiträume erstrecken, z. B. Mieteinnahmen für einen Zeitraum, der teilweise den laufenden Abrechnungszeitraum umfasst und teilweise nachfolgende Abrechnungszeiträume. Solche streng zeitraumbezogenen Einnahmen und Ausgaben kann man eindeutig auf diejenigen Abrechnungszeiträume aufteilen, die von ihnen betroffen werden. Wenn wir im Folgenden die Ausdrücke „Einnahmon" und „Ausgabon" verwenden, meinen wir bei solchen streng zeitraumbezogenen Zahlungen immer nur denjenigen Teil, der auf den laufenden Abrechnungszeitraum entfällt.

Bestimmung desjenigen Teils von Einnahmen und Ausgaben, der den laufenden Abrechnungszeitraum betrifft

3.2.1.3 Realisierte Zahlungen im Zusammenhang mit der Beschaffung von Vermögensgegenständen oder Fremdkapital im dHGB

Definition von Aktiva und Passiva

Es entspricht der herrschenden Lehre in Deutschland, dass beschaffte Vermögensgüter dann als Vermögensgegenstände bezeichnet werden, wenn sie veräußerbar sind. Das dHGB erwähnt in § 246 Vermögensgegenstände und führt die vorgesehenen Kategorien von Vermögensgegenständen in einer Bilanz auf (Vgl. §§ 247, 266 dHGB). Wenn Vorgänge eine künftige Belastung der Vermögensgegenstände bedeuten, werden sie als Fremdkapital bezeichnet. In den Bilanzschemata werden die vorgesehenen Kategorien von Fremdkapitalposten erwähnt (§§ 247, 266 dHGB). Eine solche Bilanz aus Vermögensgegenständen und Fremdkapitalposten stellt mit dem Eigenkapital gewissermaßen das Potenzial eines Unternehmens zur Deckung von Fremdkapital dar.

Auswirkung der Zahlungen auf die Finanzberichte

Realisierte Zahlungen, die das Unternehmen für die Anschaffung von Vermögensgegenständen tätigt oder aus der Aufnahme von Fremdkapital erhält, beeinflussen bei ihrer Entstehung weder das Eigenkapital noch das Einkommen, wenn man die erworbenen Vermögensgegenstände oder Fremdkapitalposten mit den Werten ansetzt, die man für sie ausgegeben oder erhalten hat. Insofern wird die Einkommensrechnung durch die Anschaffung von Vermögensgegenständen oder die Aufnahme von Fremdkapital nicht berührt. Einkommenswirkungen können sich erst danach ergeben. Die Prüfung auf eine eventuelle Eigenkapitalwirkung ist schwierig, weil man das Eigenkapital und seine Veränderungen nicht direkt messen oder beobachten kann. Das Eigenkapital und seine Veränderungen lassen sich nur unter Beachtung spezieller Bilanzierungsregeln errechnen. Dabei müssen wir jede Einnahme oder Ausgabe auf zwei Sachverhalte hin prüfen: (1) in welcher Höhe sie den laufenden und nicht eventuell einen anderen zukünftigen Abrechnungszeitraum angehen und ob sich (2) daraus keine Konsequenzen für die Höhe der Vermögensgegenstände oder des Fremdkapitals ergeben. Diese beiden Prüfungen zerfallen in vier Schritte.

3.2.1.4 Zahlungen, die mit der Verwertung oder Nutzung von Vermögensgegenständen und Fremdkapitalposten zu tun haben

Typen von Ein- und Auszahlungen

Hinsichtlich der Auswirkungen auf die Einkommensrechnung kann man mit Schneider[3] drei Typen von Ein- und Auszahlungen und von Einnahmen und Ausgaben unterscheiden. Der eine Typ deckt diejenigen tatsächlichen Beiträge ab, die mit dem Verkauf von Vermögensgegenständen und Dienstleistungen zusammenhängen. Der zweite Typ besteht aus denjenigen tatsächlichen Ein- und Auszahlungen, die nicht mit verkauften Vermögensgegenständen in Verbindung gebracht werden. Der dritte Typ enthält im Gegensatz zu den beiden vorhergenannten Typen fiktive Grö-

---

3 Vgl. Schneider, D. (1997), S. 119–140.

ßen, sogenannte vorweggenommene Einkommenskomponenten, die im deutschen Handelsgesetzbuch zum Schutz von Gläubigern vorgeschrieben, aber auf erwartete zukünftige Verluste beschränkt sind.

Realisierte Zahlungen aus der Abgabe von Vermögensgegenständen und Dienstleistungen an Marktpartner

Der auf einen Abrechnungszeitraum entfallende Teil von realisierten Zahlungen wird zunächst um die zugehörigen Forderungen und Verbindlichkeiten ergänzt, um die Einnahmen und Ausgaben zu erhalten. Diese Einnahmen und Ausgaben, die mit dem tatsächlichen Verkauf von Vermögensgegenständen und Dienstleistungen (Dienstleistungen, Handelsware und Erzeugnisse ebenso wie andere Vermögensgegenstände, die man nicht mehr benötigt) zusammenhängen, werden in der Buchführung weltweit anders behandelt als derjenige Teil, der nichts damit zu tun hat. Schneider spricht von der Marktleistungsabgabe.[4] Einnahmen und Ausgaben im Zusammenhang mit einem Verkauf bestehen aus dem Verkaufserlös (Einnahmen) und aus den bei dem Verkauf hingegebenen Vermögensgegenständen (Ausgaben). Der Verkaufszeitpunkt kann in anderen Abrechnungszeiträumen liegen als der eventuelle Herstellungs- oder Anschaffungszeitpunkt der Vermögensgegenstände.

Definition einer Marktleistungsabgabe

Der Verkaufszeitpunkt wird als Realisationszeitpunkt bezeichnet (§252 Absatz 2 dHGB). Er ist derjenige Augenblick, in dem der Verkäufer allen seinen Pflichten nachgekommen ist. Die sogenannten *terms of trade*, eine Liste mit unterschiedlichen Handelsvereinbarungen, helfen dem Unternehmer bei Verkaufsverhandlungen, den Realisationszeitpunkt eines Geschäfts festzulegen. Vor diesem Zeitpunkt ist eine Bewertung zu Anschaffungs- oder Herstellungsausgaben vorgesehen (§253 Absatz 1 und 2 dHGB), danach eine Gewinnrealisierung (§252 Absatz 1 Nr. 4 dHGB). Komplizierter, aber im Prinzip genauso, sieht es aus, wenn man Einnahmen für den Verkauf eines Bündels von Vermögensgegenständen (Dienstleistungen, Handelsware und Erzeugnisse) erhält, dessen Elemente man in unterschiedlichen Abrechnungszeiträumen liefert. Man denke beispielsweise an den Verkauf eines Theaterabonnements mit einigen Theatervorstellungen im laufenden und anderen Vorstellungen im folgenden Abrechnungszeitraum. Wir betrachten diesen letztgenannten Fall hier nicht weiter. Zu bemerken ist auch, dass die Berücksichtigung von Einnahmen aus dem Verkauf von Vermögensgegenständen in einer Einkommensrechnung immer gleichzeitig mit der Berücksichtigung der zugehörigen Ausgaben zu erfolgen hat. Das Problem liegt darin, zu bestimmen, welche Ausgaben etwas mit dem Verkauf von Vermögensgegenständen oder Dienstleitungen zu tun haben und welche nicht. Wir kümmern uns später um dieses Problem.

Behandlung von Einnahmen und Ausgaben, die keine Eigenkapitaltransfers darstellen und einen Bezug zum Verkauf von Vermögensgegenständen aufweisen

Bei Ausgaben für nicht abnutzbare Vermögensgegenstände, die mit der Abgabe von Vermögensgegenständen oder Dienstleistungen zusammenhängen, müsste sich der Bilanzierer überlegen, wie er die Anschaffungsausgabe auf die zu verkaufenden Vermögensgegenstände oder Dienstleis-

Zuordnung der Ausgaben zu Erzeugnissen und Verbuchung als Aufwand bei Verkauf der Erzeugnisse

---

4 Vgl. Schneider, D. (1997), S. 119–129.

tungen verteilen will. Das dHGB sieht das aber nicht vor. Die Anschaffungsausgabe für derartige abnutzbare Vermögensgegenstände wird er zunächst auf die betroffenen Abrechnungszeiträume verteilen und anschließend auf alle in einem Abrechnungszeitraum verkauften Vermögensgegenstände (Dienstleistungen, Handelsware und Erzeugnisse). Dies dient dazu, diese Beträge im gleichen Zeitpunkt als Aufwand zu verrechnen, in dem die Einnahmen aus dem Verkauf als realisiert gelten. Erst im Zeitpunkt des Verkaufs von Vermögensgegenständen (Dienstleistungen, Handelsware und Erzeugnisse) ist eine Buchung vorzunehmen, in der die Wertminderung des abnutzbaren Vermögengegenstands als Aufwand zum Ausdruck kommt, weil sie einen Bezug zum zu verkaufenden Vermögengegenstand aufweist. Man verbucht die Abschreibung also nicht direkt als Aufwand, sondern betrachtet sie im Herstellungszeitraum als Herstellungsausgabe der Erzeugnisse. Zum Verkaufszeitpunkt des Erzeugnisses geht diese Wertminderung dann teilweise als Aufwand in die Einkommensrechnung ein, in dem Erzeugnisse verkauft werden.

Periodisierung von realisierten Zahlungen, die nichts mit Marktleistungsabgaben zu tun haben

Einnahmen und Ausgaben, die keine Eigenkapitaltransfers darstellen und keinen Bezug zu Erzeugnissen oder Handelswaren aufweisen

Realisierte Ein- und Auszahlungen, die nichts mit Eigenkapitaltransfers zu tun haben und für die vom Bilanzierer kein Bezug zu Erzeugnissen oder Handelswaren hergestellt wird, werden um zugehörige Forderungen und Verbindlichkeiten zu Einnahmen und Ausgaben ergänzt. Sie gehen in demjenigen Abrechnungszeitraum als Ertrag oder Aufwand in die Einkommensrechnung ein, in dem sie entstanden sind (§ 252 Absatz 1 Nr. 5 dHGB). Schneider spricht hier vom Prinzip der Periodisierung.[5] Ausgaben fallen hauptsächlich für die Anschaffung oder Nutzung von Vermögensgegenständen (auf die Nutzungszeiträume verteilte Anschaffungsausgaben) an, für die Beschäftigung von Personal sowie für die Zahlung des Zinses und für die Rückzahlung von Verbindlichkeiten. Sie sind hier relevant, wenn sie nichts mit zu verkaufenden Vermögensgegenständen oder Dienstleistungen zu tun haben. Andernfalls werden sie als Ausgaben im Zusammenhang mit der Marktleistungsabgabe behandelt.

Verkauf von Vermögensgegenständen, die man nicht zum Verkauf beschafft hatte

Auch bei solchen Vermögensgegenständen, die man eigentlich nicht verkaufen wollte, ist ein Verkauf denkbar. Dann gelten die oben beschriebenen Regeln der Berücksichtigung von Einnahmen und Ausgaben zum Verkaufszeitpunkt. Nicht abnutzbare Vermögensgegenstände bleiben nach ihrer Anschaffung so lange mit ihrer Anschaffungsausgabe in der Bilanz, bis sie verkauft werden (§ 253 Absatz 1 Satz 1 dHGB). Erst dann erscheinen Ertrag und Aufwand in einer Einkommensrechnung. Auch abnutzbare Vermögensgegenstände bleiben so lange in der Bilanz, bis sie verkauft werden. Auch bei ihnen entsteht aus dem Verkauf ein Ertrag in Höhe des Verkaufserlöses und ein Aufwand in Höhe ihres restlichen Buchwerts. Entgegen dieser Darstellung ist es bei solchen Vermögensgegenständen üblich und gesetzlich vorgesehen, den Ertrag gegen den Abgang zu verbuchen und nur die Differenz zwischen dem Buchwert und dem Verkaufserlös als Ertrag oder als Aufwand auszuweisen.

---

5 Vgl. Schneider, D. (1997), S. 129–137.

Bei abnutzbaren Vermögensgegenständen entstehen zusätzlich Wertminderungen als Folge der Abnutzung (§ 253 Absatz 3 dHGB). Die Wertminderungen führen zu einer Abnahme der Buchwerte und zu Abschreibungen in der Einkommensrechnung. Diese werden bei denjenigen Vermögensgegenständen, die nichts mit dem Verkauf von Vermögensgegenständen zu tun haben, in denjenigen Abrechnungszeiträumen als Aufwand verrechnet, in denen die Wertminderung stattgefunden hat.

Wertminderungen abnutzbarer Vermögensgegenstände

Vorwegnahme der Einkommenskonsequenzen unrealisierter zukünftiger Zahlungen

Bilanzierungsregeln sehen aus verschiedenen Gründen neben den beiden genannten Typen der Behandlung tatsächlicher Ein- und Auszahlungen auch die Behandlung fiktiver Einkommenskomponenten vor.[6]

Fiktive anstatt tatsächlicher Ein- und Auszahlungen

Das dHGB bestimmt, dass zukünftige Verluste nicht erst in demjenigen Abrechnungszeitraum zu erfassen sind, in dem sie entstehen, sondern bereits in demjenigen, in dem man sie erkennt (§ 252 Absatz 1 Nr. 4 dHGB). Solche zukünftigen Verluste können beispielsweise entstehen, wenn der Marktpreis eines Vermögensgegenstands unter seinen Buchwert sinkt (§ 252 Absatz 3 dHGB) oder wenn man einen Verkaufsvertrag zu Konditionen abgeschlossen hat, die sich später als verlustträchtig erweisen (§ 249 Absatz 1 dHGB).

Nur Berücksichtigung zukünftiger Verluste

3.2.1.5 Probleme im Zusammenhang mit den unterschiedlichen Typen von Ein- und Auszahlungen

Wir weisen auf drei Probleme hin, die bei der oben beschriebenen Typisierung von Ein- und Auszahlungen sowie Einnahmen und Ausgaben zu lösen sind. Es geht dabei erstens um die Frage, wie man die Wertminderung abnutzbarer Vermögensgegenstände bestimmen kann, zweitens darum, wie man den Verkaufsbezug begründen kann, und drittens darum, ob die Einkommensrechnung alle Eigenkapitalveränderungen erfassen soll, die keine Eigenkapitaltransfers darstellen.

Übersicht

Unabhängig von der Behandlung in der Buchführung ergibt sich bei der Ermittlung der Wertminderungen abnutzbarer Vermögensgegenstände das Problem, dass man nicht mit physikalischen Mitteln herausfinden kann, in welcher Höhe in einem bestimmten Abrechnungszeitraum Wertminderungen entstanden sind. Man kann die Wertminderungen nur unter bestimmten Annahmen errechnen, z.B. unter der Annahme, man wolle die Anschaffungsausgabe gleichmäßig auf alle genutzten Abrechnungszeiträume verteilen. Dann dividiert man die Anschaffungsausgabe abzüglich eines eventuellen Restwerts durch die geschätzte Zahl von Abrechnungszeiträumen der Nutzung, um den auf jeden Abrechnungszeitraum durchschnittlich entfallenden Betrag zu ermitteln. Eine andere Annahme unterstellt, man wolle die Anschaffungsausgabe degressiv mit einem bestimmten Prozentsatz und einmaliger Abschreibung eines Restbuchwerts auf die betroffenen Abrechnungszeiträume verteilen. Dann ermittelt man beispielsweise bei einer geometrisch-degressiven Ermittlung

Wertminderung von abnutzbaren Vermögensgegenständen

---

6 Vgl. Schneider, D. (1997), S. 137–140.

die Wertminderung eines Abrechnungszeitraums, indem man den Wert zu Beginn des Abrechnungszeitraums mit einem bestimmten Prozentsatz multipliziert. Der Wert zum Ende des Abrechnungszeitraums ergibt sich auch hier, indem man den Wert zu Anfang des Abrechnungszeitraums um die Wertminderung kürzt. Da man bei diesem Verfahren niemals auf eine Restbuchwert von null kommt und oft extrem hohe, allgemein als unrealistisch betrachtete Prozentsätze unterstellen müsste, um nach der Nutzungszeit auf einen vorgegebenen Restbuchwert zu kommen, rechnet man üblicherweise mit niedrigeren Prozentsätzen und wechselt nach einer bestimmten Nutzungszeit auf ein anderes Ermittlungsverfahren. Ob die auf einen Abrechnungszeitraum entfallende Wertminderung als Abschreibung in der Einkommensrechnung des Zeitraums erscheint, in dem die Wertminderung stattfindet, oder ob sie in der Einkommensrechnung desjenigen Abrechnungszeitraums berücksichtigt wird, in dem der Verkauf zugehöriger Vermögensgegenstände stattfindet, hängt vom Ausgang der nachfolgend dargestellten Überlegungen über den Verkaufsbezug ab.

Zuordnung zu Marktleistungsabgabe oder zu Periodisierung ist abhängig von der Argumentationskette

Ob Wertminderungen von Vermögensgegenständen mit dem Verkauf von Vermögensgegenständen zusammenhängen oder nicht, bestimmt letztlich der Bilanzierer mit seiner Argumentation. Er muss entscheiden, ob er eine bestimmte Ausgabe mit zu verkaufenden Vermögensgegenständen (Dienstleistungen, Handelsware und Erzeugnisse) in Verbindung bringt oder nicht. Zwei Argumentationsketten bieten sich ihm an. Bei einer unterstellt er einen Zusammenhang der Ausgabe mit zu verkaufenden Vermögensgegenständen (Dienstleistungen, Handelsware und Erzeugnisse), wenn die Höhe der Ausgabe mit der Menge verkaufter Vermögensgegenstände zusammenhängt. Andernfalls sieht er keinen Zusammenhang. Diese Argumentationskette wird in der Betriebs- und Volkswirtschaftslehre als Grenz- oder Marginalprinzip bezeichnet. Bei der anderen Argumentationskette prüft er, ob der Verkauf eines Vermögenguts ohne die Ausgabe überhaupt möglich gewesen wäre. Erweist sich bei seiner Argumentation der Verkauf ohne die Ausgabe als unmöglich, so unterstellt er einen Zusammenhang, andernfalls nicht. Diese Argumentationskette bezeichnen wir als Finalprinzip. Die Entscheidung für das eine oder andere Zurechnungsprinzip kann sich auf die Höhe des errechneten Einkommens auswirken, weil es einige Ausgabenarten gibt, die sich nur nach dem Finalprinzip zu verkaufenden Vermögensgegenständen (Dienstleistungen, Handelsware und Erzeugnisse) zurechnen lassen (§ 255 Absatz 2 dHGB).

clean surplus

Schließlich sei noch erwähnt, dass die Bilanzierungsregeln neben Eigenkapitaltransfers und Einkommensgrößen weitere Eigenkapitalveränderungen zulassen können. Gibt es in einem Regelungskreis keine weiteren Eigenkapitalveränderungen, dann können alle Auswertungen innerhalb des Regelungskreises auf den Eigenkapitaltransfers und dem Einkommen aufbauen. In solchen Regelungskreisen wird die sogenannte *clean surplus*-Relation eingehalten. Gibt es in einem Regelungskreis weitere Eigenkapitalveränderungen, wird gegen die Relation verstoßen. Für Unternehmen im Sinne rechtlich definierter Einheiten kennt das dHGB keine Verstöße gegen die *clean surplus*-Relation. Im Zusammenhang mit Konzernfinanzberichten gelten nach dHGB nur drei Verstöße als zulässig.

3.2.2   Wichtige Regelungen der IFRS

Die IFRS unterscheiden sich vom dHGB in vielfacher Hinsicht. Das Ziel der Ausführungen besteht darin, dem Leser in Form eines Überblicks über die IFRS die wesentlichen Unterschiede zum dHGB zu vermitteln. Die Darstellung der IFRS selbst würde den Rahmen dieses Buchs sprengen. Die IFRS verstehen sich als Regelungen für ökonomisch selbstständige Wirtschaftseinheiten. Insofern stellen sie nicht auf bestimmte Rechtsformen ab. Sie betreffen Unternehmen, die sich in nur einer einzigen Rechtsform aufgestellt haben ebenso wie Unternehmen, die als Konzerne organisiert sind.

Zweck der Darstellung

3.2.2.1 Herkunft, Zweck und Aufbau der IFRS

Die IFRS werden von einem privaten Verein erarbeitet und herausgegeben. Das *International Accounting Standards Board* (IASB) ist ein Organ dieses Vereins. Es befasst sich mit der Standardsetzung. Im IASB arbeiten insgesamt 14 Personen als Vertreter von Unternehmen, Vertreter von Finanzberichtsprüfern und als Vertreter der Hochschule. Im Zuge der Entwicklung von Standards wird der Öffentlichkeit die Möglichkeit zu Stellungnahmen gegeben.

Herkunft

Der Zweck der Regelungen besteht nach dem sogenannten *Framework* der IFRS in der Information der wesentlichen an einem Unternehmen interessierten Personengruppen. Das IASB glaubt allerdings, dass diese Information durch die Lieferung der für Anteilseigner relevanten Informationen vermittelt wird. Insofern besteht der Zweck letztlich in der Versorgung der Teilnehmer des Aktienmarktes mit Informationen.

Zweck der Regelungen

Die IFRS bestanden am 30.04.2009 – wie bereits erwähnt – aus 37 umfangreichen Standards zu einzelnen Teilgebieten der Bilanzierung mit vielen Beispielen. Der Aufbau ist nicht systematisch. Von diesen Standards wurden 29 von einer Vorgängerorganisation übernommen (und später mehrfach modifiziert), acht wurden vom IASB erarbeitet (und ebenfalls inzwischen mehrfach modifiziert). Die übernommenen Standards heißen *International Accounting Standards* (IAS), die neuen *International Financial Reporting Standards* (IFRS). Die Standards sind in der Reihenfolge ihrer Entstehung nummeriert. Die Standards stellen sämtlich auf die Lieferung von umfangreichen Informationen an die Aktienmarktteilnehmer ab.

Aufbau der IFRS

Die meisten Unternehmen mit Sitz in der Europäischen Union und Kapitalmarktbezug müssen diese Standards seit 2005, eine kleinere Gruppe seit 2007 anwenden, soweit die EU die Standards akzeptiert hat. Die meisten Standards wurden inzwischen nach vielen Modifikationen von der EU anerkannt.

Anerkennung durch die EU nötig

3.2.2.2 Zahlungen als Grundlage der Buchführung nach IFRS

Wie im dHGB stützen sich die Regelungen der IFRS auf Zahlungen, die im Rahmen der Buchführung in Bestands- und Bewegungsgrößen umgewandelt werden. Die Umwandlungsregeln der IFRS unterscheiden sich allerdings von denen des dHGB, hauptsächlich in Bezug auf die Definition der Vermögensgüter und Fremdkapitalposten sowie in Bezug auf die Vorwegnahme der Einkommenskonsequenzen zukünftiger Ereignisse.

Gegenüber dem dHGB andere Umwandlungsregeln

3.2.2.3 Realisierte Zahlungen im Zusammenhang mit der Beschaffung von assets (Vermögenswerten) oder Fremdkapital

Definition von Vermögenswerten und Fremdkapital

Nach den IFRS werden die Vermögensgüter – anders als im dHGB – nicht als veräußerbare Vermögensgegenstände und das Fremdkapital nicht als zukünftige Belastungen der Vermögensgüter definiert. Vermögensgüter werden in der deutschen Übersetzung der IFRS als Vermögenswerte bezeichnet. Unter einem Vermögenswert versteht man bei den IFRS eine Ressource, über die man verfügen kann, wenn sie aus einem Ereignis der Vergangenheit resultiert und man aus ihr einen künftigen wirtschaftlichen Nutzen erwartet. Die IFRS sprechen von *assets*. Die Definition eines *asset* ist weiter als die des dHGB für Vermögensgegenstände. Daher kann man erwarten, dass Unternehmen bei sonst gleichen Bedingungen ihre Vermögenswerte nach den IFRS bestands- oder wertmäßig in einem größeren Umfang ausweisen als Vermögensgegenstände nach dHGB. Die Definition des Fremdkapitals verlangt nach den IFRS eine gegenwärtige Verpflichtung, wenn sie aus einem vergangenen Ereignis resultiert und ihre Erfüllung einen Abfluss von Ressourcen erwarten lässt, die einen wirtschaftlichen Nutzen beinhalten. Diese Definition erscheint enger als die des dHGB. Bei sonst gleichen Bedingungen kann man erwarten, dass Unternehmen nach IFRS ein geringeres Fremdkapital ausweisen als nach dHGB.

Auswirkung der Zahlungen auf die Finanzberichte

Für die Finanzberichte ergeben sich daraus kurzfristige und langfristige Konsequenzen. Kurzfristig dürfte das Eigenkapital nach IFRS höher ausgewiesen werden als nach dHGB. Langfristig ergeben sich bei Nutzung oder Verkauf der Vermögenswerte nach IFRS andere Erträge und Aufwendungen als nach dHGB.

3.2.2.4 Zahlungen, die mit der Verwertung oder Nutzung von Vermögenswerten und Fremdkapitalposten zu tun haben

Zahlungen aus der realisierten Abgabe von Vermögenswerten und Dienstleistungen an Marktpartner

Kaum Unterschiede zum dHGB

Die Behandlung von Zahlungen, die mit dem realisierten Verkauf von Vermögenswerten und Dienstleistungen an Marktpartner zusammenhängen, stimmt nach IFRS weitgehend mit derjenigen nach dHGB überein. Unterschiede können lediglich aus der unterschiedlichen Definition von Vermögensgütern und Fremdkapitalposten in den beiden Regelungskreisen resultieren. Hinzuweisen ist auf die aus den unterschiedlichen Definitionen erwachsende Folgerung für die Herstellungsausgaben von Vermögensgütern.

Periodisierung von realisierten Zahlungen, die nichts mit Marktleistungsabgaben zu tun haben

Kaum Unterschiede zum dHGB

Mit der Periodisierung von realisierten Zahlungen, die nichts mit Marktleistungsabgaben zu tun haben, verhält es sich nach IFRS fast genauso wie nach dHGB. Lediglich beim erworbenen Firmenwert, einem Posten, der sich im Zusammenhang mit der Rechnungslegung von Konzernen ergibt, haben sich Unterschiede eingestellt. Dieser Posten gilt seit 2002 nach den IFRS nicht mehr als abnutzbar. Unterschiede können auch daraus erwachsen, dass das dHGB die Herstellungsausgaben von Vermögensgütern anders definiert als die IFRS.

Vorwegnahme der Einkommenskonsequenzen unrealisierter zukünftiger Zahlungen

Unterschiede zwischen dem dHGB und den IFRS ergeben sich aus der Vorwegnahme der Einkommenskonsequenzen zukünftiger Ereignisse. Die IFRS gestatten nicht nur – wie im dHGB üblich – die Vorwegnahme zukünftiger Verluste, sondern auch die zukünftiger Gewinne.

Übersicht

Die von den IFRS geforderte Berücksichtigung von gegenüber dem Anschaffungspreis gestiegenen Marktpreisen von Wertpapieren erscheint sinnvoll, weil der Unterschied zur Behandlung nach dHGB (Ansatz zu Anschaffungsausgaben) durch ein kurzes Telefongespräch mit dem Börsenhändler über einen Verkauf und unmittelbaren Rückkauf der Wertpapiere verhindert werden kann. Die Möglichkeit, gestiegene Marktpreise auch für andere Vermögenswerte ansetzen zu dürfen, eröffnet dem Bilanzierenden dagegen große Ermessensspielräume, selbst dann, wenn ein Bewertungsgutachter eingeschaltet wird. Andere Möglichkeiten, beispielsweise die der Berücksichtigung zukünftiger Erträge und zukünftiger Aufwendungen aus dem zukünftigen Verkauf bestimmter Güter und Dienstleistungen verstärken diesen Eindruck. Das sei an einer kurzen Darstellung der sogenannten *percentage of completion*-Methode erläutert.

Möglichkeiten zur Vorwegnahme der Einkommenskonsequenzen zukünftiger Ereignisse

Die *percentage of completion*-Methode besteht darin, dass man einen Teil der Aufträge, deren Fertigstellung den Abrechnungszeitraum überschreitet, bereits im laufenden Abrechnungszeitraum so behandelt, wie wenn ein Verkauf bereits stattgefunden hätte. Die Konsequenz besteht darin, dass man einen fiktiven Zugang von Forderungen und einen fiktiven Ertrag aus einem Verkauf ebenso verbucht wie den zugehörigen fiktiven Aufwand und den fiktiven Abgang von Vermögenswerten. Der Verkauf wird verbucht, obwohl der Verkäufer seinen Verpflichtungen noch nicht nachgekommen ist. Zwar werden viele der genannten Posten gesondert ausgewiesen und es wird sichergestellt, dass man Schätzfehler im Zeitablauf korrigiert; es bleibt aber die Vorwegnahme eines unrealisierten Ereignisses.

percentage of completion-**Methode als Beispiel**

3.2.2.5 Probleme im Zusammenhang mit den unterschiedlichen Typen von Ein- und Auszahlungen

Über die im Zusammenhang mit dem dHGB gemachten Ausführungen hinaus sei erwähnt, dass es dem Leser von Finanzberichten schwergemacht wird, die unrealisierten Vorgänge vollständig zu durchschauen. Er kann in den Finanzberichten nicht mehr zwischen realisierten und unrealisierten Komponenten unterscheiden. Zudem gibt es viele Vorgänge, bei denen die IFRS eine Verrechnung direkt gegen das Eigenkapital anstatt über die Einkommensrechnung erlauben. Auch solche Verstöße gegen die Forderung nach Darstellung eines *clean surplus* tragen nicht zur Erhöhung der Aussagefähigkeit bei.

Mehr Interpretationsprobleme als beim dHGB

3.3   Beispiel für die Abbildung von Ereignissen in Übersichten und in Finanzberichten

3.3.1   Abbildung in Übersichten

Unterstellte Regeln für Ansatz, Bewertung und Einkommensermittlung

Wir unterstellen für unser Beispiel Ereignisse, die in den verschiedenen Regelungskreisen auf die gleiche Art und Weise behandelt werden. Bei der Argumentation stellen wir allerdings auf das dHGB ab. Anfangs erwähnen wir auch die Argumentationen anderer Regelungskreise. Wir ersparen es uns in diesem Kontext aber, die unterschiedlichen Begriffe des dHGB und der IFRS zu verwenden.

Als Vermögensgüter seien nur veräußerbare Gegenstände und als Fremdkapitalposten nur künftige Belastungen des Unternehmensvermögens angesetzt. Die Vermögensgüter seien mit ihren fortgeführten Anschaffungsausgaben und die Verpflichtungen aus Fremdkapitalposten mit ihren Erfüllungsbeträgen anzusetzen. Die Eigenkapitalveränderungen unterscheiden wir zunächst nachrichtlich in Eigenkapitaltransfers und Einkommen. Einkommenskonsequenzen entstehen primär bei Abgabe einer Leistung an einen Marktpartner. Dann entsteht Ertrag in Höhe des Verkaufspreises und Aufwand in Höhe des Buchwerts der hingegebenen Leistung. Sekundäre Einkommenskonsequenzen ergeben sich darüber hinaus durch Berücksichtigung derjenigen Einnahmen und Ausgaben, die nicht mit zu verkaufenden Vermögensgütern zusammenhängen. Diese Posten werden zum Zeitpunkt ihrer Entstehung als Ertrag oder Aufwand verrechnet. Von der Berücksichtigung einer Vorwegnahme von Erträgen und Aufwendungen sehen wir hier ab.

Sachverhalt des Beispiels

Es sei angenommen, der „frisch gebackene" Bachelor Karl Gross mache sich als Unternehmenberater selbstständig und eröffne die „Unternehmensberatung Karl Gross". Weil er alleiniger Unternehmer ist, handelt es sich um ein personenbezogenes Unternehmen. Im Folgenden werden die Ereignisse im Gründungsmonat April 20X1 mit ihrer Wirkung auf die Bilanz, und insbesondere auf das Eigenkapital, betrachtet. Bei den Eigenkapitalkonsequenzen vermerken wir jeweils, ob die Einkommensrechnung oder die Eigenkapitaltransferrechnung berührt wird.

Struktur der Angaben

Bei den folgenden Darstellungen machen wir von den Möglichkeiten Gebrauch, die uns die intratemporale und die intertemporale Bilanzgleichung jeweils einräumen. Formale Schemata oder Vorgehensweisen wenden wir hier bewusst nicht an, weil es uns zunächst darum geht, dass Sie diese zwei für das Rechnungswesen wesentlichen Zusammenhänge verinnerlichen. Das Beispiel besteht aus 13 Ereignissen. Dabei handelt es sich um die gängigen Typen von Ereignissen, die für die Buchführung relevant sein können. Bei jedem Ereignis prüfen wir, welche Konsequenzen sich aus Sicht der intratemporalen Bilanzgleichung ergeben. Diese Konsequenzen zeichnen wir dann im Sinne der intertemporalen Bilanzgleichung auf. Dazu werden jeweils in der ersten Spalte der Übersichten der Anfangsbestand mit „AB", die Nummer des Ereignisses sowie der Endbestand mit „EB" angegeben. Im Anschluss daran fassen wir alle Ereignisse in einer einzigen Darstellung zusammen und entwickeln daraus die Finanzberichte.

Ereignis 1: Gründung des Unternehmens

Karl Gross beabsichtigt, seine privaten Ersparnisse in Höhe von 100000 GE in seine Unternehmensberatung einzulegen. Unmittelbar nach Gründung seines Unternehmens am 1. April des Jahres 20X1 bringt er seine Ersparnisse auf eine Bank. Diese richtet dafür am 2. April des Jahres 20X1 ein Konto auf den Namen „Unternehmensberatung Karl Gross" ein.

Sachverhalt

Wenn wir das Guthaben auf dem Bankkonto den Vermögensgütern in der Form von Zahlungsmitteln zurechnen (das Guthaben könnte verkauft werden) und prüfen, ob eine Eigenkapitalveränderung vorliegt, stellen wir fest, dass es sich nur um eine Eigenkapitalveränderung handeln kann, weil keine der vier oben genannten Bedingungen für diejenigen Veränderungen vorliegt, die das Eigenkapital nicht berühren. Die Eigenkapitalveränderung stellt einen Eigenkapitaltransfer dar, weil es um eine Zahlung vom Unternehmer in das Unternehmen geht. Die Bilanzgleichungen des Unternehmens stellen sich unter Berücksichtigung dieses Ereignisses (1) für die Unternehmensberatung Karl Gross folgendermaßen dar:

Lösung des Sachverhalts

	Vermögensgüter		Fremdkapital	+	Eigenkapital	Typ der
	Zahlungsmittel	=	Fremdkapital	+	Kapital Karl Gross	Eigenkapitalveränderung
AB	0				0	
(1)	+100000				+100000	Einlage
EB	=100000				=100000	

Für jedes abgebildete Ereignis muss die Summe der Veränderungen auf der linken Seite der intratemporalen Bilanzgleichung der Summe der Veränderungen auf der rechten Seite entsprechen. Das erste Ereignis erhöht den Wert der Vermögensgüter des Unternehmens durch die Zunahme der Zahlungsmittel und den Wert des Eigenkapitals.

Die Zahlungsmittel werden in allen oben erwähnten Regelungskreisen als Vermögensgut angesetzt, weil sich daraus zukünftig Nutzen erwarten lässt (*asset*) beziehungsweise weil sich das Bankkonto („positives Wirtschaftsgut") bewerten lässt. Das Eigenkapital wird berührt, weil das Ereignis (1) keinen Tausch innerhalb der Vermögensgüter darstellt und weil es (2) keine Zahlungsverpflichtung gegenüber einem fremden Anspruchsberechtigten begründet oder aufhebt. Es handelt sich also um einen Eigenkapitalvorgang, konkret um eine Einlage, weil Karl Gross in seine Unternehmensberatung investiert.

Beurteilung aus Sicht der anderen Regelungssysteme

Ereignis 2: Kauf eines unbebauten Grundstücks

Gross kauft am 2.4. für 60000 GE ein unbebautes Grundstück, auf dem er in Zukunft ein Bürogebäude errichten will. Er zahlt den Kaufpreis sofort durch Überweisung vom Bankkonto.

Sachverhalt

Wenn wir das Bankkonto den Zahlungsmitteln zurechnen und das unbebaute Grundstück als veräußerbares Vermögensgut betrachten, ergibt die Prüfung des Sachverhalts auf eine der vier oben genannten

Lösung des Sachverhalts

Bedingungen hin, dass keine Eigenkapitalveränderung vorliegen kann. Das Vermögensgut „Zahlungsmittel" nimmt um den gleichen Betrag ab, um den das Vermögensgut „unbebautes Grundstück" zunimmt. In Bezug auf die Bilanzgleichungen stellen wir für dieses Ereignis (2) das Folgende fest.

Vermögensgüter				Fremdkapital	+	Eigenkapital
Zahlungsmittel	+	Grundstück		Fremdkapital	+	Kapital Karl Gross
AB	100000	0	=			100000
(2)	−60000	+60000				
EB	=40000	=60000				100000
	100000				100000	

Beurteilung aus Sicht der anderen Regelungssysteme

Durch den Kauf des unbebauten Grundstücks nimmt der Wert des Vermögensguts „unbebautes Grundstück" nach den Definitionen aller Regelungskreise zu, denn Gross hat eine Ausgabe getätigt, von der er sich zukünftig einen Nutzen erwartet (*asset*); er kann es bewerten („Wirtschaftsgut"). Zugleich nimmt durch die Entrichtung des Kaufpreises der Wert des Vermögensguts „Zahlungsmittel" ab. Der zukünftige Nutzen der Zahlungsmittel nimmt ab (*asset*); schließlich kann, was nicht mehr da ist, auch nicht bewertet werden („Wirtschaftsgut"). Weder Fremd- noch Eigenkapital haben sich folglich geändert.

Ereignis 3: Kauf von Büromaterial auf Kredit

Sachverhalt

Gross kauft am 3.4. Schreib- und anderes Material für sein Büro im Wert von 3000 GE. Er vereinbart mit dem Lieferanten die Bezahlung innerhalb von 30 Tagen.

Lösung des Sachverhalts

Wenn wir das Material für das Büro als veräußerbares Vermögensgut und die Zahlungsverpflichtung als eine ebenfalls veräußerbare Verpflichtung betrachten, ergibt die Prüfung auf einen Sachverhalt, der keine Eigenkapitalveränderung bedeutet, ein positives Ergebnis. Eine Eigenkapitalveränderung liegt folglich nicht vor. Die Konsequenz für die Bilanzgleichungen von Karl Gross lautet:

Vermögensgüter						Fremdkapital	+	Eigenkapital
Zahlungs-mittel	+	Material	+	Grundstück		Fremdkapital	+	Kapital Karl Gross
AB	40000	0	60000		=	0		100000
(3)		+3000				+3000		
EB	40000	=3000	60000			=3000		100000
	103000					103000		

Das Büromaterial wird gekauft, weil Gross sich davon in der Zukunft Vorteile verspricht (*asset*). Er kann es einzeln bewerten („Wirtschaftsgut"). Daher ist es unabhängig vom zu Grunde liegenden Regelungskreis als Vermögensgut anzusetzen. Zugleich ist Gross eine Zahlungsverpflichtung eingegangen. Diese ist als Fremdkapital anzusetzen, weil sie eine künftige Belastung der Unternehmensberatung Karl Gross durch den Büromaterialhändler bedeutet.

Beurteilung aus Sicht der anderen Regelungssysteme

Ereignis 4: Ablieferung eines Gutachtens gegen Barzahlung

Gross verdient sein erstes Geld. Von einem Mandanten erhält er am 4.4. einen Betrag von 12 000 GE in bar für ein Gutachten. Zur Erstellung des Gutachtens hat er seine Arbeitskraft – er verlangt 5 000 GE – sowie Büromaterial im Umfang von 600 GE eingesetzt.

Sachverhalt

Betrachten wir wiederum die Zunahme der Zahlungsmittel als eine Zunahme veräußerbarer Vermögensgüter und prüfen, ob irgendein Vorgang vorliegt, bei dem das Eigenkapital nicht betroffen ist, so ergibt sich, dass es sich nur um eine Eigenkapitalveränderung handeln kann. Offensichtlich handelt es sich um eine Eigenkapitalzunahme durch die Ablieferung einer Leistung an einen Marktpartner. Bei solchen Erträgen ist darauf zu achten, dass gleichzeitig der zugehörige Aufwand berücksichtigt wird. Dabei handelt es sich um die Abnahme von Büromaterial im Wert von 600 GE. Dass er für seine eigene Arbeitskraft 5 000 GE einsetzt, ist belanglos, weil Karl Gross ja errechnen will, wie viel ihm aus dem Verkauf verbleibt und nicht, wie viel ihm nach dem Verkauf über die 5 000 GE hinaus verbleibt. Aus beiden Sachverhalten gemeinsam ergibt sich eine Einkommensmehrung. Auf seine Bilanzgleichungen wirkt sich das durch eine Zunahme der Zahlungsmittel und eine Zunahme seines eingesetzten Kapitals aus.

Lösung des Sachverhalts

	Vermögensgüter				Fremdkapital + Eigenkapital		Typ der Eigenkapital-veränderung
	Zahlungs-mittel +	Material +	Grund-stück		Fremdkapital +	Kapital Karl Gross	
AB	40 000	3 000	60 000	=	3 000	100 000	
(4a)	+12 000					+12 000	Ertrag (Dienstl.)
(4b)		−600				−600	Aufwand (Dienstl.)
EB	=52 000	=2 400	60 000		3 000	=111 400	
	114 400				114 400		

Das Büromaterial, das Gross eingesetzt hat, befindet sich nun nicht mehr in seinem Unternehmen. Es hat nicht direkt im Tausch gegen andere Vermögensgüter in gleicher Höhe abgenommen und wurde auch nicht zur Minderung von Fremdkapital abgegeben. Es muss sich also um eine Minderung des Eigenkapitals handeln, und zwar um eine, die nichts mit Eigenkapitaltransfers zu tun hat, sondern mit der Erbringung der Dienstleistung zusammenhängt. Es handelt sich daher um einen Aufwand. Der Ertrag aus der Dienstleistung, die er erbracht hat, entspricht bei einem Handelsunternehmen dem Ertrag aus dem Verkauf von Handelsware. Der Aufwand für das Büromaterial entspräche bei einem Handelsunternehmen dem Aufwand für die verkauften Waren. Durch das Ereignis ist das Unternehmen gewachsen, wie die Summe der Werte der Vermögensgüter sowie die Summe aus Fremd- und Eigenkapital zeigen.

Verzicht auf Darstellung in anderen Regelungskreisen

Auf eine Darstellung der möglichen Konsequenzen im Rahmen der anderen Regelungskreise verzichten wir ab jetzt, weil wir davon überzeugt sind, dass der Leser die Unterschiede jetzt kennt.

Ereignis 5: Ablieferung eines Gutachtens mit Vereinbarung späterer Zahlung

Sachverhalt

Gross vereinbart mit einem weiteren Mandanten für ein am 5.4. erbrachtes Gutachten ein Honorar von 10000 GE, zahlbar innerhalb eines Monats. Für das Gutachten setzt er Büromaterial im Wert von 400 GE ein.

Lösung des Sachverhalts

Der Sachverhalt entspricht bis auf das Zahlungsziel, das Gross dem Mandanten einräumt, dem vorhergenannten. Durch die Erbringung des Gutachtens entsteht eine Forderung in Höhe von 10000 GE, die er veräußern könnte. Da die Prüfungen auf einen der vier Sachverhalte alle negativ verlaufen, handelt es sich wiederum um eine Eigenkapitalmehrung. Da es sich nicht um einen Eigenkapitaltransfer handelt, kann nur ein Ertrag vorliegen. Gleichzeitig nimmt sein Büromaterial um 400 GE durch das Gutachten ab. Wegen des Zusammenhangs mit dem Gutachten ist die Abnahme zum gleichen Zeitpunkt als Aufwand zu berücksichtigen wie der Ertrag. Die Bilanzgleichungen lauten:

	Vermögensgüter					Fremd-kapital	+	Eigen-kapital		Typ der Eigenkapital-veränderung
	Zahlungs-mittel	+ Forderung +	Material +	Grund-stück		Fremd-kapital	+	Kapital Karl Gross		
AB	52000	0	2400	60000	=	3000		111400		
(5a)		+10000						+10000		Ertrag (Dienstl.)
(5b)			−400					−400		Aufwand (Dienstl.)
EB	52000	=10000	=2000	60000		3000		=121000		
		124000					124000			

Ereignis 6: Kauf von Erzeugnissen zum Weiterverkauf

Sachverhalt

Am 6.4 kauft Gross bei einem Verlag 1000 Bücher über Unternehmensberatung für 5000 GE und 500 „Programmpakete für den Unternehmensberater" zu 5000 GE gegen Barzahlung ein. Die Hälfte davon verkauft er noch am gleichen Tag zu insgesamt 7500 GE.

Lösung des Sachverhalts

Beim Einkauf ändert sich durch den Kauf die Zusammensetzung seines Vermögens. Er besitzt jetzt 10000 GE weniger Zahlungsmittel und dafür 10000 GE mehr an Bücher und Programmpaketen. Aus Platzgründen der grafischen Darstellung unserer Tabellen führen wir die Bücher und die Programmpakete in der gleichen Rubrik wie das Büromaterial.

Es handelt sich jeweils um veräußerbare Vermögensgüter, die anzusetzen sind. Dadurch wird das Eigenkapital nicht berührt. Beim Verkauf nimmt der Zahlungsmittelbestand um 7 500 GE zu, und der Wert der Bücher und Programmpakete vermindert sich um 5 000 GE. In Höhe der Zunahme hat das Eigenkapital von Karl Gross zugenommen. Er hat einen Ertrag in Höhe von 7 500 GE erzielt. In Höhe der 5 000 GE hat sein Eigenkapital abgenommen. In dieser Höhe hat er einen Aufwand zu verzeichnen.

	Vermögensgüter					Fremd-kapital + Eigen-kapital			
	Zahlungs-mittel	+ Forderung +	Material, Bücher, Software	+ Grund-stück		Fremd-kapital	+ Kapital Karl Gross		Typ der Eigenkapital-veränderung
AB	52 000	10 000	2 000	60 000	=	3 000	121 000		
(6a)	−10 000		+10 000						
(6b)	+7 500						+7 500		Ertrag (Verkauf)
(6c)			−5 000				−5 000		Aufwand (Verkauf)
EB	=49 500	=10 000	=7 000	=60 000		=3 000	=123 500		
	126 500					126 500			

Ereignis 7: Zahlung von Miete, Gehalt und Sonstigem

Für den ersten Monat zahlt Gross am 7.4. einen Betrag von 4 000 GE Miete für die Büroräume, 3 000 GE Gehalt an einen Mitarbeiter und 2 000 GE für Sonstiges in bar. Die Posten bringt er nicht in Verbindung mit verkaufbaren Vermögensgütern oder Dienstleistungen. **Sachverhalt**

Betrachtet man – wie oben – die Zahlungsmittel als veräußerbar und nimmt die vier Prüfungen auf Nicht-Eigenkapitalveränderung vor, so zeigt sich, dass offensichtlich eine Eigenkapitalveränderung vorliegen muss. Da es nicht um Zahlungen zwischen dem Unternehmer und dem Unternehmen geht, handelt es sich um Einkommenskonsequenzen mit einem Aufwand in Höhe von 9 000 GE. Seine Bilanzgleichungen sehen nun folgendermaßen aus: **Lösung des Sachverhalts**

	Vermögensgüter					Fremd-kapital + Eigen-kapital			
	Zahlungs-mittel	+ Forderung +	Material, Bücher, Software	+ Grund-stück		Fremd-kapital	+ Kapital Karl Gross		Typ der Eigenkapital-veränderung
AB	49 500	10 000	7 000	60 000	=	3 000	123 500		
(7a)	−4 000						−4 000		Aufwand (Miete)
(7b)	−3 000						−3 000		Aufwand (Gehalt)
(7c)	−2 000						−2 000		Aufwand (Sonst.)
EB	=40 500	10 000	7 000	60 000		3 000	=114 500		
	117 500					117 500			

Ereignis 8: Rückzahlung von Verbindlichkeiten

Sachverhalt Am 8.4. zahlt Gross 1000 GE seiner Zahlungsverpflichtung gegenüber dem Büromaterialhändler (Ereignis 3) in Höhe von anfänglich 3000 GE zurück.

Lösung des Sachverhalts Aus dem Sachverhalt ergibt sich eine Abnahme der Zahlungsmittel in Höhe von 1000 GE (prinzipiell veräußerbar) und in gleicher Höhe des Fremdkapitals (prinzipiell veräußerbar). Eine Eigenkapitalveränderung liegt nicht vor.

	Vermögensgüter					Fremdkapital	+	Eigenkapital
	Zahlungs-mittel	+ Forderung +	Material, Bücher, Software	+ Grundstück		Fremdkapital	+	Kapital Karl Gross
AB	40500	10000	7000	60000	=	3000		114500
(8)	−1000					−1000		
EB	=39500	10000	7000	60000		=2000		114500
	116500						116500	

Ereignis 9: Renovierung der Wohnung von Karl Gross

Sachverhalt Gross lässt am 9.4. seine private Wohnung für 50000 GE renovieren. Die Rechnung begleicht er aus seinen Ersparnissen.

Lösung des Sachverhalts Die Transaktion betrifft die Wirtschaftseinheit „Karl Gross privat" und nicht die Wirtschaftseinheit „Unternehmensberatung Karl Gross". Sie hat deswegen in den Aufzeichnungen der „Unternehmensberatung Karl Gross" nichts zu suchen. Das Ereignis ist für das Unternehmen belanglos. Hätte er den Betrag vom Konto seines Unternehmens überwiesen, hätte es sich um eine Entnahme gehandelt, die entsprechend zu verbuchen gewesen wäre.

Ereignis 10: Eingang von Geld für gestundete Rechnungen

Sachverhalt Aus dem fünften Ereignis war eine Forderung über 10000 GE entstanden. Der Mandant zahlt nun am 10.4. einen Betrag in Höhe von 5000 GE als erste Rate.

Lösung des Sachverhalts Durch die Zahlung nimmt der Bestand an Zahlungsmitteln zu. Da diese veräußerbar sind, stellen sie ein Vermögensgut dar. Bewirkt die Zahlung auch eine Zunahme des Eigenkapitals? Nein, die Eigenkapitalzunahme war bereits bei der Erbringung der Leistung im Zusammenhang mit dem fünften Ereignis berücksichtigt worden. Es verringern sich jedoch die Forderungen.

	Vermögensgüter					Fremdkapital	+	Eigenkapital
	Zahlungs-mittel	+ Forderung +	Material, Bücher, Software	+ Grundstück		Fremdkapital	+	Kapital Karl Gross
AB	39500	10000	7000	60000	=	2000		114500
(10)	+5000	−5000						
EB	=44500	=5000	7000	60000		2000		114500
	116500						116500	

Ereignis 11: Verkauf eines Teils des Grundstücks

Gross wird darauf angesprochen, eine Parzelle seines Grundstücks zu verkaufen. Er einigt sich mit dem Interessenten und vereinbart einen Preis von 40 000 GE, der nach Abschluss des Verkaufs am 11.4. sofort überwiesen wird. Für die Parzelle hatte Gross bei der Anschaffung 30 000 GE bezahlt.

Sachverhalt

Der Zunahme des Vermögensguts „Zahlungsmittel" in Höhe von 40 000 GE steht die Abnahme des Vermögensguts „Grundstück" mit 30 000 GE gegenüber. Das Fremdkapital wird durch das Ereignis nicht berührt. Also handelt es sich um einen Vermögensgütertausch. Da der Wert des Erlangten den des Hingegebenen übersteigt, geht es um eine Eigenkapitalmehrung. Weil dabei kein Eigenkapitaltransfer stattfindet, handelt es sich um Einkommen. Die 40 000 GE stellen Ertrag dar. Die Abnahme des Postens „Grundstück" findet kein Pendant bei einem anderen Vermögensgut oder Fremdkapitalposten in gleicher Höhe. Das Fremdkapital wird nicht berührt. Also handelt es sich um die Abnahme von Eigenkapital und, weil kein Eigenkapitaltransfer dahintersteckt, um Aufwand. Dieser Aufwand ist nach den Einkommensermittlungsregeln zum gleichen Zeitpunkt zu berücksichtigen wie der zugehörige Ertrag. Als Auswirkung auf die Bilanzgleichungen erhält Gross:

Lösung des Sachverhalts

| | Vermögensgüter | | | | | Fremd-kapital + Eigen-kapital | | | Typ der Eigenkapital-veränderung |
	Zahlungs-mittel	+ Forderung +	Material, Bücher, Software	+ Grund-stück	=	Fremd-kapital	+	Kapital Karl Gross	
AB	44 500	5 000	7 000	60 000		2 000		114 500	
(11a)	+40 000							+40 000	Ertrag (Verkauf)
(11b)				−30 000				−30 000	Aufwand (Verkauf)
EB	=84 500	5 000	7 000	=30 000		2 000		=124 500	
	126 500					126 500			

Ereignis 12: Aufnahme eines Darlehens bei der Erbtante

Gross nimmt für sein Unternehmen am 12.4. bei seiner Erbtante ein Darlehen in Höhe von 50 000 GE auf.

Sachverhalt

Durch die Darlehensaufnahme erhöhen sich die Zahlungsmittel und das Fremdkapital. Da beides veräußerbar ist, geht es um ein Vermögensgut und einen Fremdkapitalposten. Das Eigenkapital verändert sich nicht. Folgende Auswirkungen auf die Bilanzgleichungen zeigen sich:

Lösung des Sachverhalts

	Vermögensgüter					Fremdkapital	+	Eigenkapital
	Zahlungs-mittel	+ Forderung +	Material, Bücher, Software	+ Grundstück		Fremdkapital	+	Kapital Karl Gross
AB	84500	5000	7000	30000	=	2000		124500
(12)	+50000					+50000		
EB	=134500	5000	7000	30000		=52000		124500
	176500					176500		

Ereignis 13: Aufnahme der Erbtante als stille Teilhaberin und gleichzeitig Entnahme von Bargeld

Sachverhalt
Gross überzeugt seine Tante davon, dass es für sie und vor allem für ihn besser sei, wenn sie auf die Rückzahlung des Darlehens verzichtet und als stille Teilhaberin „einsteigt". Aus Freude darüber, dass seine Tante dies am 13. April akzeptiert, entnimmt er der Unternehmenskasse Bargeld für einen Urlaub in Höhe von 15 000 GE.

Andere Darstellung des gleichen Sachverhalts
Das Ereignis setzt sich aus mehreren Ereignissen zusammen. Man behandelt es am besten, indem man so tut, wie wenn jeder Teil einzeln stattgefunden hätte. Die Tante erhält zunächst fiktiv die 50000 GE zurück. Anschließend zahlt sie den Betrag von 50000 GE an Gross, der ihn wegen der „stillen Gesellschaft" unter seinem eigenen Namen in das Unternehmen einlegt. Schließlich entnimmt Gross die 15000 GE für seinen Urlaub als für eine private Angelegenheit.

Lösung des Sachverhalts
Durch die Aufnahme seiner Erbtante als stille Teilhaberin ändert sich der Betrag, den Gross nach außen hin in seiner Bilanz als Eigenkapital ausweist um den gleichen Betrag, um den das Fremdkapital abnimmt. Es handelt sich somit um einen Eigenkapitaltransfer (Einlage) zu Lasten des Fremdkapitals. Durch die Entnahme von Bargeld für eine Urlaubsreise nimmt nicht nur der Kassenbestand ab, auch das auf Gross entfallende Eigenkapital wird reduziert. Es handelt sich nicht um einen Aufwand, weil das entnommene Geld nicht für das Unternehmen ausgegeben wird, sondern um eine Entnahme von Eigenkapital in Form von Bargeld.

	Vermögensgüter					Fremd-kapital	+	Eigen-kapital	Typ der Eigenkapital-veränderung
	Zahlungs-mittel	+ Forderung +	Material, Bücher, Software	+ Grund-stück	=	Fremd-kapital	+	Kapital Karl Gross	
AB	134500	5000	7000	30000	=	52000		124500	
(13a)	−50000					−50000			
(13b)	+50000							+50000	Einlage
(13c)	−15000							−15000	Entnahme
EB	=119500	5000	7000	30000		=2000		=159500	
	161500					161500			

Eine Zusammenfassung der Ereignisse findet man in Abbildung 3.2. Mit Ausnahme des achten Ereignisses betreffen alle Ereignisse die „Unternehmensberatung Karl Gross" und stellen so Ereignisse des Unternehmens im April dar. Abbildung 3.3, Seite 108 enthält nochmals, jetzt jedoch in einer einzigen Übersicht, die jeweiligen Konsequenzen für die Bilanzgleichungen.

Zusammenfassung der Ergebnisse

Ereignisse im Monat April 20X1	
(1) Gross investiert 100 000 GE in sein Unternehmen.	(7) Er zahlt 4 000 GE Miete, 3 000 GE Lohn und 2 000 GE für Sonstiges in bar und rechnet diese Beträge keinen Vermögensgütern oder Dienstleistungen zu.
(2) Er zahlt 60 000 GE für ein Grundstück.	
(3) Er kauft Büromaterial für 3 000 GE auf Rechnung.	
(4a) Er erhält 12 000 GE in bar von einem Mandanten für Dienstleistungen.	(8) Er zahlt 1 000 GE an den Büromateriallieferanten zurück.
	(9) Er zahlt 50 000 GE von seinem privatem Sparkonto für die Renovierung seiner privaten Wohnung.
(4b) Zur Erbringung der Dienstleistung verbraucht er Büromaterial mit einem Anschaffungswert von 600 GE.	
	(10) Er erhält 5 000 GE Bargeld vom Mandanten aus Transaktion 5.
(5a) Er liefert eine weitere Dienstleistung mit einem Rechnungsbetrag in Höhe von 10 000 GE gegen Zahlungsversprechen an einen Mandanten.	(11a) Er verkauft einen Teil seines Grundstücks zu einem Preis von 40 000 GE.
	(11b) Der Anschaffungswert des verkauften Teils beläuft sich auf 30 000 GE.
(5b) Zur Erbringung der Dienstleistung verbraucht er Büromaterial mit einem Anschaffungswert von 400 GE.	(12) Er nimmt von seiner Erbtante ein Darlehen in Höhe von 50 000 GE auf.
	(13a) Die Erbtante verzichtet auf die Rückzahlung des Darlehens und entschließt sich, stille Teilhaberin zu werden.
(6a) Er kauft Bücher und Software für 10 000 GE ein.	
(6b) Für 7 500 GE verkauft er Bücher und Software.	(13b) Gross entnimmt 15 000 GE Bargeld für private Zwecke.
(6c) Für die verkauften Bücher hat er beim Einkauf 5 000 GE ausgegeben.	

Abbildung 3.2:
Übersicht über die 13 Ereignisse der Unternehmensberatung Karl Gross

Beachten Sie, dass die Gleichheit beider Seiten der intratemporalen Bilanzgleichung bei jedem Ereignis erhalten bleibt. Zudem kann man die Ereignisse hinsichtlich ihrer Wirkungen auf die intratemporale Bilanzgleichung analysieren. Man unterscheidet üblicherweise vier wichtige Arten von Konsequenzen, und zwar

1 den Tausch von Vermögensgütern untereinander (Aktivtausch),

2 den Tausch von Kapitalposten untereinander (Passivtausch),

3 eine gleich hohe Zunahme der Vermögensgüter und des Kapitals (Bilanzverlängerung) sowie

4 eine gleich hohe Abnahme der Vermögensgüter und des Kapitals (Bilanzverkürzung).

Die drei letztgenannten Konsequenzen lassen sich jeweils weiterhin danach unterteilen, ob das Eigenkapital betroffen ist oder nicht.

	Vermögensgüter				Fremdkapital + Eigenkapital		Typ der Eigenkapitalveränderung
	Zahlungs-mittel	+ Forderung	+ Material, Bücher, Software	+ Grund-stück	Fremd-kapital	+ Kapital Karl Gross	
AB	0	0	0	0	0	0	
(1)	+100000					+100000	Einlage
EB	=100000	0	0	0	0	=100000	
AB	100000	0	0	0	0	100000	
(2)	−60000			+60000			
EB	=40000	0	0	=60000	0	100000	
AB	40000	0	0	60000	0	100000	
(3)			+3000		+3000		
EB	40000	0	=3000	60000	=3000	100000	
AB	40000	0	3000	60000	3000	100000	
(4a)	+12000					+12000	Ertrag (Dienstl.)
(4b)			−600			−600	Aufwand (Dienstl.)
EB	=52000	0	2400	60000	3000	=111400	
AB	52000	0	2400	60000	3000	111400	
(5a)		+10000				+10000	Ertrag (Dienstl.)
(5b)			−400			−400	Aufwand (Dienstl.)
EB	52000	=10000	=2000	60000	3000	=121000	
AB	52000	10000	2000	60000	3000	121000	
(6a)	−10000		+10000				
(6b)	+7500					+7500	Ertrag (Verkauf)
(6c)			−5000		=	−5000	Aufwand (Verkauf)
EB	=49500	10000	=7000	60000	3000	=123500	
AB	49500	10000	7000	60000	3000	123500	
(7a)	−4000					−4000	Aufwand (Miete)
(7b)	−3000					−3000	Aufwand (Gehalt)
(7c)	−2000					−2000	Aufwand (Sonst.)
EB	=40500	10000	7000	60000	3000	=114500	
AB	40500	10000	7000	60000	3000	114500	
(8)	−1000				−1000		
EB	=39500	10000	7000	60000	=2000	114500	
(9)	Kein Ereignis, welches das Unternehmen betrifft						
AB	39500	10000	7000	60000	2000	114500	
(10)	+5000	−5000					
EB	=44500	=5000	7000	60000	2000	114500	
AB	44500	5000	7000	60000	2000	114500	
(11a)	+40000					+40000	Ertrag (Verkauf)
(11b)				−30000		−30000	Aufwand (Verkauf)
EB	=84500	5000	7000	=30000	2000	=124500	
AB	84500	5000	7000	30000	2000	124500	
(12)	+50000				+50000		
EB	=134500	5000	7000	30000	=52000	124500	
AB	134500	5000	7000	30000	52000	124500	
(13a)					−50000	+50000	Einlage
(13b)	−15000					−15000	Entnahme
EB	=119500	5000	7000	30000	2000	=159500	
			161500			161500	

Abbildung 3.3: Konsequenzen der Ereignisse, dargestellt als tabellarische Bilanzgleichung

3.3.2 Abbildung in Finanzberichten

In Deutschland war es bis vor kurzem im Rahmen des externen Rechnungswesens üblich, die finanziellen Konsequenzen von Ereignissen in drei Übersichten zusammenzufassen, in einer Einkommensrechnung, einer Bilanz und in einem sogenannten Anlagespiegel. Börsennotierte deutsche Obergesellschaften haben seit Inkrafttreten des KonTraG im Jahre 1998 auch noch eine Kapitalflussrechnung zu publizieren und die wichtigen Daten für Geschäftssegmente getrennt zu zeigen. Kapitalmarktorientierte Unternehmen, die ihre Finanzberichte entsprechend den IFRS oder nach U.S. GAAP anfertigen, haben fünf Übersichten zu geben: eine Einkommensrechnung (*income statement*), eine Eigenkapitalveränderungsrechnung (*statement of owners' equity*), eine Bilanz (*balance sheet*), eine Kapitalflussrechnung (*statement of cash flows*) sowie eine Segmentberichterstattung (*segment reporting*). Alle Finanzberichte zusammen werden als *Financial Statements* bezeichnet. Da die Rechnungslegung in Deutschland sich hin zu derjenigen nach IFRS bewegt, werden diese Arten von Finanzberichten für das Beispiel angegeben. Wir verzichten allerdings auf die Segmentberichterstattung, weil diese unternehmensindividuell auszugestalten ist.

Arten zu erstellender Finanzberichte

Die Einkommensrechnung sollte alle Erträge und Aufwendungen des Unternehmens enthalten, die während eines bestimmten Abrechnungszeitraums angefallen sind. Mit ihr ermittelt man eine sehr wichtige Information über die finanzielle Vorteilhaftigkeit der Unternehmenstätigkeit, das Einkommen. Es ergibt sich, indem man die Aufwendungen von den Erträgen abzieht. Die Einkommensrechnung wird, wie bereits erwähnt, im dHGB als „Gewinn- und Verlustrechnung" bezeichnet. In den USA finden sich neben dem Begriff *income statement* auch die Namen *statement of operations* und *statement of earnings*, in England die Bezeichnung *profit and loss account*.

Einkommensrechnung

Die Eigenkapitalveränderungsrechnung zeigt für den Abrechnungszeitraum auf, wie sich das Eigenkapital vom Anfang des Zeitraums an bis zu dessen Ende entwickelt hat. Dabei werden zunächst die Zunahmen des Eigenkapitals durch Einlagen oder Kapitalerhöhungen, dann die Veränderung durch Gewinn oder Verlust und schließlich die Abnahmen durch Entnahmen, Dividenden oder Kapitalherabsetzungen getrennt voneinander ausgewiesen. In anderen Regelungskreisen, z.B. nach den U.S. GAAP und nach den IFRS, ist es nötig, ein *statement of owners' equity* zu liefern.

Eigenkapitalveränderungsrechnung

Die Bilanz listet zu einem Zeitpunkt die Werte der Vermögensgüter, das Fremdkapital und – als Saldo – das Eigenkapital auf. Sie stellt die einzige Bestandsrechnung unter den Finanzberichten dar.

Bilanz

Die Zahlungsstrom- oder Kapitalflussrechnung berichtet über die Zahlungsmittel, die dem Unternehmen zugeflossen sind, und diejenigen, die aus ihm hinausgeflossen sind.

Kapitalflussrechnung

Jeder Bericht beginnt mit dem Namen des Unternehmens und der Angabe der Art des Berichts, um den es sich handelt. Er enthält ferner den Zeitraum beziehungsweise den Zeitpunkt, auf den sich der Bericht bezieht. Die Bilanz ist eine Zeitpunktrechnung, die anderen Berichte

Allgemeine Angaben zu jedem Finanzbericht

sind dagegen Zeitraumrechnungen. Die Rechnungen verlieren ihre Aussagekraft, wenn der zu Grunde liegende Zeitpunkt beziehungsweise Zeitraum nicht genannt wird.

Vernachlässigung von inhaltlichen Vorgaben der Regulierer

Die Finanzberichte stellen spezielle Auswertungen der finanziellen Konsequenzen von Ereignissen dar. Jeder Bericht repräsentiert eine Teilmenge der Informationen aus den Ereignissen. Zudem bestehen zwischen den Berichten Zusammenhänge über die abgebildeten Rechengrößen. In Finanzberichten der Realität wird man so viele Ereignisse vorfinden, dass eine Zusammenfassung der finanziellen Konsequenzen von Ereignissen erforderlich wird. Dafür gibt es Vorgaben von den Regulierern, welche Kategorien von Posten in den Finanzberichten mindestens aufzuführen sind. In unserem Beispiel setzen wir uns über solche Vorgaben hinweg, um besser aufzeigen zu können, wie die Berichte mit den finanziellen Konsequenzen von Ereignissen zusammenhängen. Der Sachverhalt ist sogar so übersichtlich, dass wir die Finanzberichte direkt aus den Daten der Abbildung 3.3 zusammenstellen können.

Eigenkapitaltransferrechnung

Die Eigenkapitaltransfers lassen sich in ihrer Summe leicht ermitteln, indem man die Einlagen und die Entnahmen aus der Übersicht gesondert zusammenstellt. Eine solche Darstellung ergibt sich aus Abbildung 3.4.

Abbildung 3.4:
Eigenkapitaltransferrechnung der Unternehmensberatung Karl Gross

Unternehmensberatung Karl Gross Eigenkapitaltransferrechnung für den Monat April 20X1		
Einlagen		
Einlage aus Ereignis 1	100 000 GE	
Einlage aus Ereignis 13a	50 000 GE	
Summe Einlagen		150 000 GE
Entnahmen		
Entnahme aus Ereignis 13b	−15 000 GE	
Summe Entnahmen		−15 000 GE
Eigenkapitaltransfers		135 000 GE

Einkommensrechnung

Eine Einkommensrechnung für unser Beispiel ergibt sich aus Abbildung 3.5. Zur Ermittlung des Einkommens wurden lediglich die Erträge und Aufwendungen der Ereignisse aufgelistet und jeweils addiert. Das Einkommen erhält man, indem man die Aufwendungen von den Erträgen abzieht. Dies kann in einer zweispaltigen oder in einer einspaltigen Darstellung erfolgen. Die abgebildete Einkommensrechnung stellt eine einspaltige Darstellung dar. Eine andere, sicherlich auch aufschlussreiche Darstellung hätte sich ergeben, wenn man die jeweils zusammengehörigen Erträge und Aufwendungen gesondert gegenübergestellt hätte. Dann wäre offensichtlich gewesen, welches Einkommen die Dienstleistungen erbracht haben und welches der Grundstücksverkauf.

Abbildung 3.5:
Einkommensrechnung der
Unternehmensberatung
Karl Gross

Unternehmensberatung Karl Gross Einkommensrechnung für den Monat April 20X1		
Erträge		
Ertrag (Dienstleistungen)	22 000 GE	
Ertrag (Bücher- und Softwareverkauf)	7 500 GE	
Ertrag (Grundstücksverkauf)	40 000 GE	
Summe Erträge		69 500 GE
Aufwendungen		
Aufwand (Dienstleistungen: Büromaterial)	−1 000 GE	
Aufwand (Bücherverkauf)	−5 000 GE	
Aufwand (Grundstücksverkauf)	−30 000 GE	
Aufwand (Miete)	−4 000 GE	
Aufwand (Gehalt)	−3 000 GE	
Aufwand (Sonstiges)	−2 000 GE	
Summe Aufwendungen		−45 000 GE
Einkommen		24 500 GE

Die Eigenkapitalveränderungsrechnung der Unternehmensberatung Karl Gross bildet die Entwicklung des Eigenkapitals ab. Es handelt sich um eine Bilanzgleichung der intertemporalen Art für alle Ereignisse, die das Eigenkapital verändert haben. Wir finden sie in Abbildung 3.6. Bei der Aufstellung der Eigenkapitalveränderungsrechnung ist es hilfreich, zuvor die Einkommensrechnung aufgestellt zu haben, weil man dann das Einkommen daraus übernehmen kann. Auch eine Eigenkapitalveränderungsrechnung kann ein- oder mehrspaltig aufgebaut sein.

Eigenkapitalveränderungsrechnung

Abbildung 3.6:
Eigenkapitalveränderungsrechnung der Unternehmensberatung Karl Gross

Unternehmensberatung Karl Gross Eigenkapitalveränderungsrechnung für den Monat April 20X1	
Kapital Karl Gross, 1. April 20X1	0 GE
Zugänge:	
Einlage Karl Gross (inklusive stille Teilhabe) am 2. April 20X1	+150 000 GE
Einkommen im Monat April 20X1	+ 24 500 GE
	=174 500 GE
Abgang:	
Entnahme Karl Gross im April 20X1	−15 000 GE
Kapital Karl Gross, 30. April 20X1	159 500 GE

Die Bilanz lässt sich einfach aus den Endbeständen der Vermögensgüter und Kapitalbeträge nach dem letzten Ereignis aufstellen. Abbildung 3.7 enthält die Bilanz der Unternehmensberatung Karl Gross in der traditionellen zweispaltigen Darstellungsart.

Bilanz

Die Kapitalflussrechnung belegt, durch welche Ein- und Auszahlungen sich der Zahlungsmittelbestand während des Monats April von 0 GE auf 119 500 GE entwickelt hat. Die Gliederung orientiert sich an der allgemein üblichen Darstellung, Zahlungen aus dem operativen Bereich getrennt von den Zahlungen aus dem Investitionsbereich und von denen des Finanzierungsbereichs auszuweisen. Im vorliegenden

Kapitalflussrechnung

Fall wurden der Kauf und Verkauf des Grundstücks dem Investitionsbereich zugeordnet. Abbildung 3.8 enthält die entsprechenden Angaben für unser Beispiel.

Abbildung 3.7:
Bilanz der Unternehmensberatung Karl Gross

Unternehmensberatung Karl Gross Bilanz zum 30. April 20X1			
Aktiva			**Passiva**
Zahlungsmittel	119500 GE	Fremdkapital	
Forderungen	5000 GE	Verbindlichkeiten	2000 GE
Material, Bücher, Software	7000 GE		
Grundstücke	30000 GE	Eigenkapital	
		Kapital Karl Gross	159500 GE
Vermögensgüter	161500 GE	Fremd- und Eigenkapital	161500 GE

Abbildung 3.8:
Kapitalflussrechnung der Unternehmensberatung Karl Gross

Unternehmensberatung Karl Gross Kapitalflussrechnung für den Monat April 20X1		
Zahlungen aus operativen Maßnahmen		
Zufluss:		
von Kunden (12000 GE+7500 GE+5000 GE)	24500 GE	
Abfluss:		
an Lieferanten –(10000 GE+4000 GE+2000 GE+1000 GE)	–17000 GE	
an Beschäftigte	–3000 GE	
Zahlungsstrom aus operativen Maßnahmen		4500 GE
Zahlungen aus Investitionsmaßnahmen		
Zufluss:		
Verkauf von Grundstücken	40000 GE	
Abfluss:		
Kauf von Grundstücken	–60000 GE	
Zahlungsstrom aus Investitionsmaßnahmen		–20000 GE
Zahlungen aus Finanzierungsmaßnahmen		
Zufluss:		
Einlagen Karl Gross (2. April 20X1)	100000 GE	
Darlehen der Erbtante	50000 GE	
Einlagen Karl Gross (30. April 20X1)	50000 GE	
Abfluss:		
Entnahmen Karl Gross	–15000 GE	
Darlehen der Erbtante	–50000 GE	
Zahlungsstrom aus Finanzierungsmaßnahmen		135000 GE
Zunahme der Zahlungsmittel		119500 GE
Anfangsbestand an Zahlungsmitteln am 1. April 20X1		0 GE
Endbestand an Zahlungsmitteln am 30. April 20X1		119500 GE

Der Gewinn aus der Einkommensrechnung fließt in die Eigenkapitalveränderungsrechnung (Abbildung 3.6) ein. Der Endbestand des Eigenkapitals aus dieser Rechnung erscheint in der Bilanz (Abbildung 3.7). Der Kassenbestand aus der Bilanz wird für die Kapitalflussrechnung (Abbildung 3.8) benötigt.

3.4 Literaturhinweise

Eisele, W. (2002), Technik des betrieblichen Rechnungswesens, 7. Auflage, München (Vahlen).

International Financial Reporting Standards [Hrsg.] (2008), *International Financial Reporting Standards* 2008, London (Lexisnexis).

Schneider, D. (1997), Betriebswirtschaftslehre, Band 2: Rechnungswesen, München und Wien (Oldenbourg).

3.5 Übungsmaterial

3.5.1 Fragen mit Antworten

Fragen	Antworten
Was soll im Rahmen der Buchführung und des betriebswirtschaftlichen Rechnungswesens abgebildet werden?	Finanzielle Konsequenzen von Ereignissen, die ein Unternehmen betreffen und objektiv gemessen werden können. Ein Unternehmen stellt eine ökonomisch selbstständige Einheit dar, deren Finanzen getrennt von den privaten Finanzen der Eigenkapitalgeber zu sehen sind. Die Finanzberichte von Unternehmen, die in mehreren Rechtsformen agieren, können verzerrt sein. Ihre Erstellung wird in diesem Buch nicht behandelt.
Wie soll man Vermögensgüter und Fremdkapitalverpflichtungen ansetzen, um möglichst verlässliche Zahlen zu erhalten?	Ein Ansatz mit den tatsächlichen historischen Anschaffungsausgaben beziehungsweise mit den Erfüllungsbeträgen ist verlässlich. Er ist aber irrelevant, wenn sich die tatsächlichen Werte gegenüber den Anschaffungswerten verändert haben.
Wie verdeutlicht man sich die verschiedenen Effekte eines für die Buchführung relevanten Ereignisses?	Mit der intratemporalen Bilanzgleichung: Vermögensgüter – Fremdkapital = Eigenkapital.
Wie kann man prüfen, ob eine Eigenkapitalveränderung vorliegt?	Indem man ausschließt, dass einer der nachprüfbaren Vorgänge vorliegt.
Wie ermittelt man das Einkommen?	Mit der Einkommensrechnung: Erträge – Aufwendungen = Einkommen.
Wie ermittelt man, ob das Eigenkapital zu- oder abgenommen hat?	Mit einer Eigenkapitalveränderungsrechnung: Anfangsbestand des Eigenkapitals + Einlagen – Entnahmen + positives Einkommen (Gewinn) – negatives Einkommen (Verlust) = Endbestand des Eigenkapitals.
Wie ermittelt man, wie das Unternehmen finanziell dasteht?	Mit dem Eigenkapital aus der Bilanz: Eigenkapital = Vermögensgüter – Fremdkapital.
Wie ermittelt man, wo die Zahlungsmittel des Unternehmens herkommen und wo sie hinfließen?	Mit einer ausführlichen Kapitalflussrechnung: Zuflüsse aus operativen Maßnahmen – Abflüsse aus operativen Maßnahmen + Zuflüsse aus Investitionsmaßnahmen – Abflüsse aus Investitionsmaßnahmen + Zuflüsse aus Finanzierungsmaßnahmen – Abflüsse aus Finanzierungsmaßnahmen = Veränderung der Zahlungsmittel.

3.5.2 Verständniskontrolle

1 Wenn *Wert der Vermögensgüter = Fremdkapital + Eigenkapital* gilt, wie kann man dann Fremdkapital ausdrücken?

2 Worin besteht der Unterschied zwischen Forderungen und Fremdkapitalposten?

3 Welche Rolle spielen Ereignisse im Rechnungswesen?

4 Finden Sie eine aussagefähigere Bezeichnung für „Bilanz"!

5 Welche Eigenschaft einer Bilanz ist für die Bezeichnung dieses Finanzberichts maßgebend?

6 Finden Sie andere Bezeichnungen für „Einkommensrechnung"!

7 Welcher Finanzbericht ähnelt einem „Schnappschuss" des Unternehmens zu einem Zeitpunkt, welcher einer „Videoaufnahme" der Handlungen des Unternehmers während eines Zeitraums?

8 Welche Informationen enthält die Eigenkapitalveränderungsrechnung?

9 Welcher Bestandteil der Einkommensrechnung geht in die Eigenkapitalveränderungsrechnung ein?

10 Welcher Bestandteil der Eigenkapitalveränderungsrechnung findet sich in der Bilanz?

11 Welcher Bestandteil zweier zeitlich aufeinanderfolgender Bilanzen wird von einer Kapitalflussrechnung erklärt?

12 Skizzieren Sie die drei Konzepte, die zur Einkommensdefinition ausreichen!

13 Wie wird das Marktleistungsabgabekonzept nach dHGB und nach IFRS konkretisiert?

14 Was versteht man unter dem Periodisierungskonzept?

15 Inwieweit enthält das Einkommensvorwegnahmekonzept nach dHGB andere Details als nach IFRS?

3.5.3   Aufgaben zum Selbststudium

Analyse der Konsequenzen von Ereignissen auf die Bilanzgleichung,   **Aufgabe 3.1**
Erstellung von Einkommensrechnung, Eigenkapitalveränderungsrech-
nung und Bilanz

Sachverhalt

Eva Schmitz eröffnet einen Zimmervermietungsservice nahe der Hochschule. Sie führt das Einzelunternehmen alleine unter der Firma „Immobilien Schmitz". Während des ersten Monats ihrer Unternehmenstätigkeit, im Juli 20X1, engagiert sie sich in ihrem Unternehmen. Folgendes ereignet sich:

a. Schmitz investiert 70 000 GE an privaten Barmittel als anfängliches Eigenkapital in ihr Unternehmen.

b. Sie kauft Büromaterial für 700 GE auf Rechnung.

c. Sie zahlt 60 000 GE in bar für den Kauf eines Grundstücks neben der Hochschule, auf dem sie dereinst ihr Büro errichten möchte.

d. Schmitz vermittelt Apartments für Studierende und erhält dafür Provisionen in bar in Höhe von 3 800 GE.

e. Sie leistet eine Teilzahlung in Höhe von 200 GE für das (unter Buchstabe b erwähnte) gekaufte Büromaterial.

f. Sie zahlt 4 000 GE für ihre Urlaubsreise aus der Kasse ihres Unternehmens.

g. Sie zahlt 800 GE für Büromiete und 200 GE für andere Dienstleistungen, die ihr Unternehmen in Anspruch genommen hat.

h. Sie verkauft Büromaterial gegen bar an ein befreundetes Unternehmen zum Preis von 300 GE: Ihr Einkaufspreis hatte 200 GE betragen.

i. Schmitz entnimmt der Unternehmenskasse 2 400 GE für private Zwecke.

Fragen und Teilaufgaben

1. Analysieren Sie die Ereignisse hinsichtlich ihrer Wirkung auf die Bilanzgleichungen von „Immobilien Schmitz"! Zeigen Sie die Salden erst nach dem letzten Ereignis!

2. Ordnen Sie diejenigen Ereignisse, die aus Sicht von „Immobilien Schmitz" Ertrag bzw. Aufwand darstellen der Einkommensermittlung entsprechend dem „Marktleistungsabgabekonzept" und anderen Konzepten zu!

3. Erstellen Sie eine Einkommensrechnung, eine Eigenkapitaltransferrechnung, eine Eigenkapitalveränderungsrechnung sowie eine Bilanz nach Berücksichtigung der Ereignisse!

Lösungshinweise zu den Fragen und Teilaufgaben

1. Auswirkungen auf die intratemporale Bilanzgleichung ergeben sich aus der folgenden Übersicht:

	Vermögensgüter					Fremd-kapital + Eigen-kapital		EK-Ver-änderung
	Zahlungs-mittel	+ Forde-rung	+ Büro-material	+ Grund-stück		Fremd-kapital	+ Kapital Schmitz	
(a)	+70000						+70000	Einlage
(b)			+700			+700		
(c)	−60000			+60000				
(d)	+3800						+3800	Ertrag
(e)	−200				=	−200		
(f)	−4000						−4000	Entnahme
(ga)	−800						−800	Aufwand
(gb)	−200						−200	Aufwand
(ha)	+300						+300	Ertrag
(hb)			−200				−200	Aufwand
(i)	−2400						−2400	Entnahme
EB	6500		500	60000		500	66500	
		67000					67000	

2. Aus Sicht von „Immobilien Schmitz" resultiert Einkommen (Ertrag bzw. Aufwand) aus den Ereignissen *d, g* und *h*. Das Einkommen aus den Ereignissen *d* und *h* entstammt jeweils einem Verkauf, also einer Marktleistungsabgabe. Somit sind dafür die Regeln für Marktleistungsabgaben anzuwenden. Das Einkommen aus dem Ereignis *g* hat nichts mit einer Abgabe einer Leistung an den Markt zu tun. Es handelt sich vielmehr um eine Ausgabe, die infolge des Periodisierungskonzepts zu dem Zeitpunkt zu Aufwand wird, zu dem sie anfällt.

3. Die gewünschten Finanzberichte können leicht aus der Antwort auf Frage 1 hergeleitet werden. Die Einkommensrechnung führt zu einem Gewinn in Höhe von 2 900 GE. Die Eigenkapitaltransferrechnung ergibt, dass *per Saldo* ein Einlagenüberschuss in Höhe von 63 600 GE getätigt wurden. Die Eigenkapitalveränderungsrechnung zeigt, wie sich das Eigenkapital durch diesen Überschuss um 63 600 GE und den Gewinn um 2 900 GE, also insgesamt um 66 500 GE erhöht hat. Die Bilanz zeigt die Zusammensetzung der Vermögensgüter sowie des Fremdkapitals. Als Saldo erhält man ein Eigenkapital in Höhe von 66 500 GE. Aus der Kapitalflussrechnung ergeben sich drei Zahlungsmittelzuflüsse, deren Höhe insgesamt der Zahlungsmittelveränderung entspricht.

Konsequenzen von Ereignissen für die intratemporale Bilanzgleichung   **Aufgabe 3.2**

Sachverhalt

Hinsichtlich der Wirkungen auf die intratemporale Bilanzgleichung werden üblicherweise vier Arten von Ereignissen unterschieden, und zwar

a. der Tausch von Vermögensgütern innerhalb der Vermögensseite (Aktivtausch),

b. der Tausch von Kapitalposten innerhalb der Kapitalseite (Passivtausch),

c. die gleich hohe Zunahme der Vermögens- und der Kapitalseite (Bilanzverlängerung) und

d. die gleich hohe Abnahme der Vermögens- und Kapitalseite (Bilanzverkürzung)

Fragen und Teilaufgaben

1. Finden Sie beispielhaft Sachverhalte für jeden der vier Typen von Ereignissen!

2. Welche Erweiterungen sind bei der oben angegebenen Kategorisierung von Ereignissen vorzunehmen, wenn man die unterschiedlichen Arten von Eigenkapitalveränderungen explizit berücksichtigen möchte?

Lösungshinweise zu den Fragen und Teilaufgaben

Der Text des Kapitels enthält die Lösung.

Analyse der Konsequenzen von Ereignissen für die Zahlungsmittel und die Vermögensgüter eines Unternehmens   **Aufgabe 3.3**

Sachverhalt

In einem Unternehmen haben sich während eines Abrechnungszeitraums die in Abbildung 3.9 dargestellten Ereignisse ergeben.

Ereignisse		
Anfangsbestand an Barmitteln		3000
von Fremden geliehen	1500	
vom Unternehmer eingelegt	1500	
Aufnahme eines Darlehens		600
Barmitteleinlage vom Unternehmer		3000
Kauf eines Grundstücks gegen Barzahlung		2500
Kauf einer Aktie gegen Barzahlung		500
Verkauf der Aktie gegen Barzahlung		100
Wertsteigerung des Grundstücks auf		3000
Endbestand an Barmitteln		3700

Abbildung 3.9:
Ereignisse während eines Zeitraums

Fragen und Teilaufgaben

1. Ermitteln Sie für den Zeitraum die Veränderung der Zahlungsmittel durch Gegenüberstellung der Zahlungsmittelbestände am Anfang und am Ende des Zeitraums!

2. Ermitteln Sie für den Zeitraum die Veränderung der Zahlungsmittel durch Gegenüberstellung der Einzahlungen und Auszahlungen!

3. Wie könnte für einen Zeitpunkt (Anfang oder Ende) eine Bestandsrechnung der Zahlungsmittel aussehen, in welcher nur die Sichtweise aller Kapitalgeber (Fremde und Unternehmer gemeinsam) zum Ausdruck kommt?

4. Wie könnte für einen Zeitpunkt (Anfang oder Ende) eine Bestandsrechnung der Zahlungsmittel aussehen, in welcher die Sichtweise des Unternehmers beziehungsweise der Eigenkapitalgeber gesondert zum Ausdruck kommt?

5. Ermitteln Sie für den Zeitraum die Wertveränderung der Vermögensgüter durch Gegenüberstellung der Werte der Vermögensgüterbestände am Anfang und am Ende des Zeitraums!

6. Wie könnte für das Ende des Zeitraums eine Bestandsrechnung der Vermögensgüter und für den Zeitraum die zugehörige Veränderungsrechnung der Vermögensgüter aussehen, in welcher die Sichtweise aller Kapitalgeber (Fremde und Eigenkapitalgeber gemeinsam) zum Ausdruck kommt?

7. Wie könnte für den Endzeitpunkt eine Bestandsrechnung der Vermögensgüter mit der zugehörigen Veränderungsrechnung der Vermögensgüter und Fremdkapitalposten für den Zeitraum aussehen, in welcher die Sichtweise der Eigenkapitalgeber gesondert zum Ausdruck kommt?

Lösungshinweise zu den Fragen und Teilaufgaben

1. Als Beispiel kann man die Zahlungsmittelveränderung durch Vergleich von Zahlungsmittelbeständen ermitteln.

2. Die Zahlungsmittelveränderung lässt sich auch aus einem Vergleich von Einzahlungen und Auszahlungen ermitteln. Dabei kann man die Einzahlungen getrennt von den Auszahlungen aufführen oder chronologisch sortiert mit drei Zahlenspalten arbeiten, einer für Zugänge, einer für Abgänge und einer für den jeweiligen Bestand.

3. Aus Sicht aller Kapitalgeber lässt sich die Veränderung des Zahlungsmittelbestands leicht ermitteln: durch Vergleich von Schluss- und Anfangsbestand.

4. Aus Sicht der Eigenkapitalgeber ist es erforderlich, jeweils anzugeben, wie viel von Eignern und wie viel von Fremden stammt.

5. Bei der Ermittlung der Vermögensgüterveränderung erweist sich die Bewertung der Vermögensgüter als Problem. Je nach Bewertung des Grundstücks erhält man eine Vermögensgüterveränderung von 3 200 GE oder 3 700 GE.

6. Aus Sicht aller Kapitalgeber entspricht eine Bestandsrechnung der Vermögens- und Kapitalgüter einer Bilanz, in der nicht zwischen Eigen- und Fremdkapital unterschieden wird.

7. Aus Sicht der Eigenkapitalgeber entspricht eine Bestandsrechnung der Vermögens- und Kapitalgüter, bei denen zwischen Eigenkapital und Fremdkapital unterschieden wird, einer traditionellen Bilanz.

Gegenüberstellung von zusammengehörigen Zahlungen, die zu verschiedenen Zeitpunkten anfallen   **Aufgabe 3.4**

Sachverhalt

Ein Unternehmen schafft zu Beginn des Jahres 20X1 eine Maschine an. Der Preis der Maschine beträgt 60000 GE. Sie wird über die Dauer von vier Wirtschaftsjahren gleichmäßig benutzt. Der Betrieb der Maschine, deren Kaufpreis zur einen Hälfte im ersten Nutzungsjahr und zur anderen Hälfte im zweiten Nutzungsjahr zu entrichten ist, führt in den vier Jahren der Nutzung zu einem zahlungswirksamen Umsatz von 100000 GE jährlich. Für Material und Löhne der Erzeugnisse fallen Zahlungen von jährlich 70000 GE an. Außer einer einmaligen Zahlung für Werbung im ersten Jahr in Höhe von 10000 GE fallen keine weiteren Zahlungen an. Von der Werbung verspricht man sich eine vierjährige Wirkung. Es sei unterstellt, dass alle Zahlungen erst zu den jeweiligen Jahresenden stattfinden.

Fragen und Teilaufgaben

1. In welcher Höhe fallen in den Jahren der Nutzung Überschüsse beziehungsweise Defizite der Einzahlungen über die Auszahlungen an?

2. Besagen die Zahlungssalden der einzelnen Jahre etwas über das Einkommen?

3. Welche Modifikationen wären an der Rechnung vorzunehmen, wenn man mit dem Saldo der Rechengrößen etwas über die finanzielle Vorteilhaftigkeit der Unternehmenstätigkeit erfahren möchte?

Lösungshinweise zu den Fragen und Teilaufgaben

1. Die jährlichen Zahlungssalden ergeben sich aus der folgenden Tabelle:

Ein- und Auszahlungen	Jahr 20X1	Jahr 20X2	Jahr 20X3	Jahr 20X4
Kaufpreis	−30000 GE	−30000 GE		
Umsatz	100000 GE	100000 GE	100000 GE	100000 GE
Lohn und Material	−70000 GE	−70000 GE	−70000 GE	−70000 GE
Werbung	−10000 GE			
Summe	−10000 GE	0 GE	30000 GE	30000 GE

2. Die Interpretation der Zahlungssalden hat zu berücksichtigen, dass die Zahlungen in anderen Abrechnungszeiträumen anfallen als der Nutzen und dass der Zahlungssaldo daher eine schlechte Messgröße für das Einkommen darstellt.

3. Eine Modifikation für die Einkommensanalyse könnte darin bestehen, die einmalig anfallende Zahlung anteilig auf die Jahre zu verteilen, in denen die Erträge aus dem Absatz und die Aufwendungen für die Produktion der abgesetzten Erzeugnisse anfallen.

Das System der doppelten Buchführung

4

ÜBERBLICK

Lernziele

Nach dem Studium dieses Kapitels sollten Sie in der Lage sein,

- Kernbegriffe des Rechnungswesens zu definieren und zu erklären: „Konto", „Buch", „Soll" und „Haben",
- die Normen der doppelten Buchführung zu verstehen,
- Ereignisse hinsichtlich ihrer finanziellen Konsequenzen zu analysieren,
- Geschäftsvorfälle in einem „Journal" aufzuzeichnen,
- Journaleinträge auf Konten zu übernehmen sowie
- eine Saldenaufstellung zu erstellen und zu benutzen.

Überblick

Im vorigen Kapitel wurde die Analyse von Geschäftsvorfällen zusammen mit den finanziellen Berichten vorgestellt. Unklar blieb darin, wie die finanziellen Berichte aus den Geschäftsvorfällen hergeleitet wurden. Dieser Prozess wird im vorliegenden Kapitel mit dem System der Buchführung beschrieben.

Im Vordergrund dieses Kapitels steht die Verarbeitung der für das Rechnungswesen relevanten Informationen. Wir beschreiben zunächst die Elemente dieses Systems und anschließend die Zusammenhänge zwischen diesen Elementen.

Wenn Sie das System der doppelten Buchführung durchschaut haben, werden Sie verstehen, wie es aufgrund der relevanten Ereignisse zu den in Finanzberichten angegebenen Zahlen kommt. Sie werden Vertrauen zu den Zahlen schöpfen und viele Ihrer Entscheidungen im Berufsleben darauf stützen.

4.1 Elemente des Systems

Die Buchführung verfolgt – wie bereits erwähnt – den Zweck, die finanziellen Konsequenzen relevanter Ereignisse zu den Posten einer Bilanz- und Einkommensrechnung zusammenzufassen. Dazu bedient man sich sogenannter Konten. Diese Elemente beschreiben wir, bevor wir auf die Zusammenhänge eingehen.

4.1.1 Bilanz- und Einkommensrechnungsposten

Die finanziellen Konsequenzen von Ereignissen sind in der Praxis meist so zahlreich, dass eine Zusammenfassung erforderlich wird. Da es letztlich um die Erstellung von Finanzberichten geht, sollten die finanziellen Konsequenzen so zusammengefasst werden, wie es diese Berichte erfordern. Es genügt dazu, die Posten der Bilanz und der Einkommensrechnung zu unterscheiden. Denn die inhaltlichen Anforderungen einer Eigenkapitalrechnung sind darin enthalten. Auch eine Kapitalflussrechnung kann man aus diesen Informationen zusammenstellen.

Mindestunterscheidung: Posten der Bilanz und der Einkommensrechnung

Die Posten der Bilanz werden üblicherweise in drei große Gruppen eingeteilt, die den Kategorien der intratemporalen Bilanzgleichung entsprechen

Bilanzposten

- Vermögensposten,
- Fremdkapitalposten und
- Eigenkapitalposten.

Die Posten der Einkommensrechnung kann man als Unterposten der Eigenkapitalposten auffassen. Mindestens zu unterscheiden sind darin

Einkommensrechnungsposten

- Ertragsposten und
- Aufwandsposten.

Die Posten der Eigenkapitaltransferrechnung bestehen aus den

Posten der Eigenkapitaltransferrechnung

- Einlagenposten und
- Entnahmeposten.

Die Posten der Eigenkapitalveränderungsrechnung stellen die Angaben der Einkommensrechnung, der Eigenkapitaltransferrechnung und der Bilanz zum Eigenkapital zusammen. Dadurch wird die intertemporale Bilanzgleichung für jeden Eigenkapitalposten ersichtlich.

Eigenkapitalrechnungsposten

Je größer ein Unternehmen ist, desto mehr Vermögensgüter unterschiedlicher Art und desto mehr Fremdkapitalposten wird es aufweisen. Je mehr unterschiedliche Arten von Geschäften ein Unternehmen abwickelt, desto mehr Arten von Erträgen und Aufwendungen werden sich ergeben. Die Untergliederung der Posten, nach der in der Praxis die finanziellen Konsequenzen von Ereignissen zusammengefasst werden, geht weit über das hinaus, was für die oben genannten finanziellen Berichte erforderlich ist. Dadurch eröffnet sich die Möglichkeit zur Erstellung zusätzlicher finanzieller Berichte im Zusammenhang mit Spezialfragen. Zudem wird im Falle von Fehlern deren Suche erleichtert. Wir beschränken uns in diesem Buch auf diejenigen Posten, die aus didaktischen Gründen mindestens zu unterscheiden sind, um alle

Untergliederung von Posten der Bilanz und Einkommensrechnung

Formen der Behandlung von Ereignissen im Rechnungswesen zeigen zu können. Über die in der Praxis gebräuchlichen Postenunterscheidungen – Kontenrahmen bzw. Kontenpläne genannt – geben wir nur einen groben Überblick.

4.1.1.1 Wichtige Postenarten

Vermögensposten Zu den wichtigen Vermögensposten gehören diejenigen, die im geschäftlichen Alltag oft berührt werden. Geordnet nach abnehmender Liquiditätsnähe kann man unterscheiden:

- *Zahlungsmittel* Der Posten „Zahlungsmittel" bildet die Zahlungswirkungen von Geschäftsvorfällen ab. Die Zahlungsmittel umfassen üblicherweise Bargeld, jederzeit verfügbare Guthaben bei Banken, darüber hinaus Wechsel und Schecks. Einkommensstarke Unternehmen besitzen oft viele unterschiedliche Arten von Zahlungsmitteln. Ein Mangel an Zahlungsmitteln führt meist zu einem Unternehmenszusammenbruch.

- *Forderungen aus Verkauf* Der Posten enthält die Beträge all jener Erträge aus der Abgabe von Leistungen an den Markt, für die noch keine Zahlungsmittel zugeflossen sind. Der Posten umfasst damit auch die in Kapitel 3 beschriebenen Dienstleistungen von Karl Gross, die dieser im Rahmen von Beratungstätigkeiten erbracht hat, ohne dafür eine Zahlung erhalten zu haben. Die meisten Geschäfte zwischen Unternehmen werden nicht sofort bar bezahlt, so dass Forderungen aus dem Verkauf entstehen. Der Posten wird in der Bilanzgliederung des dHGB als „Forderungen aus Lieferungen und Leistungen" bezeichnet. Wir verwenden in diesem Buch die kürzere Bezeichnung, weil dies die Darstellung verkürzt und erleichtert.

- *Sonstige Forderungen* Der Posten enthält all diejenigen Forderungen, die nichts mit dem Verkauf von Gütern und Dienstleistungen zu tun haben.

- *Geleistete Vorauszahlungen* Unternehmen leisten im Rahmen der Beschaffung von Gütern und Dienstleistungen häufig Vorauszahlungen. Sie begründen damit eine bedingte Forderung. Falls das Geschäft aus irgendeinem Grunde nicht zu Ende geführt wird, entsteht ein Anspruch auf Rückzahlung der Vorauszahlung.

- *Aktive Rechnungsabgrenzungsposten* Wenn Unternehmen Vorauszahlungen für die künftige Inanspruchnahme von Dienstleistungen oder Gütern erbringen, dann ist es im Rahmen eines leistungsabgabeorientierten Rechnungswesens erforderlich, einen Posten für diejenigen Beträge einzurichten, die zwar schon bezahlt, aber noch nicht als Aufwand verrechnet wurden. Dieser Posten wird im deutschen Rechtskreis als „Aktive Rechnungsabgrenzungsposten" bezeichnet, wenn es um eine künftig zu empfangende Dienstleistung geht. Ein aktiver Rechnungsabgrenzungsposten ist beispielsweise für den Teil der Vorauszahlung einer Miete durch das Unternehmen zu bilden, der nicht den laufenden, sondern zukünftige Abrechnungszeiträume betrifft. Ein anderes Bespiel liegt bei der Vorauszahlung eines Versicherungsbeitrags vor, soweit sich die Vorauszahlung auf zukünftige Abrechnungszeiträume bezieht. Der Teil der Vorauszahlungen, der jeweils den laufenden Abrechnungszeitraum betrifft, wird als Aufwand verrechnet, der Teil, der den folgenden betrifft, verbleibt auf dem Konto „Aktive Rechnungsabgrenzungsposten". Im Folgejahr wird dann der Rechnungsabgrenzungsposten um den Teil gemindert, der im Folgejahr als Aufwand verrechnet wird. Die englische Bezeichnung *prepaid expense* kommt dem Inhalt des Postens deutlich näher als die deutsche Bezeichnung.

■ *Betriebs- und Geschäftsausstattung* Der Posten „Betriebs- und Geschäftsausstattung" wird für Sachanlagen verwendet, die mit der Einrichtung eines Unternehmens zusammenhängen. In der Regel besteht für jede Art von Betriebs- und Geschäftsausstattung ein eigener Posten, etwa für Möbel und Inneneinrichtungen, für Computer und Schreibmaschinen etc.

■ *Grundstücke* Der Posten „Grundstücke" nimmt alle Grundstücke eines Unternehmens auf. Üblicherweise fasst man die Grundstücke, die vom Unternehmen genutzt werden, getrennt von jenen zusammen, die zur Weiterveräußerung gehalten werden. Häufig unterscheidet man bebaute von unbebauten Grundstücken.

■ *Gebäude* Der Posten „Gebäude" enthält die Gebäude, die vom Unternehmen genutzt werden, getrennt von jenen, die der Weiterveräußerung dienen. Gebäude werden in Deutschland zusammen mit dem Grundstück bilanziert, auf dem sie sich befinden.

Hat man es – anders als bei Karl Gross in Kapitel 3 – nicht nur mit einem Dienstleistungsunternehmen zu tun, so kommen noch andere Posten hinzu. Im Handelsunternehmen sind es mindestens die „Handelswaren". Im industriellen Produktionsunternehmen ist an Posten für Maschinen, für Roh-, Hilfs- und Betriebsstoffe sowie für unfertige und fertige Erzeugnisse zu denken. Darüber hinaus sind i.d.R. auch Posten für finanzielle Vermögensgüter, wie Aktien oder Anleihen, notwendig. Diese Postenarten werden eingeführt, wenn sie benötigt werden.

Notwendigkeit zur Ergänzung des Postenkataloges

Fremdkapital umfasst Posten für die Ansprüche von Gläubigern des Unternehmens, vor allem Verbindlichkeiten und Rückstellungen. Für das Fremdkapital werden im Allgemeinen weniger Posten benötigt als für Vermögensgüter, weil es in den meisten Unternehmen weniger Arten von Fremdkapitalposten als Arten von Vermögensgütern gibt. Wichtige Arten werden im Folgenden skizziert, gegliedert nach abnehmender Liquiditätsnähe:

Fremdkapitalposten

■ *Verbindlichkeiten aus Kauf von Gütern und Dienstleistungen* Verbindlichkeiten umfassen solche aus Lieferungen und Leistungen sowie andere Verbindlichkeiten. Diejenigen aus Lieferungen und Leistungen können beim Kauf von Gütern und Dienstleistungen entstehen. Dann wird das Versprechen des Unternehmens, aufgrund der Beschaffung von Gütern künftig Zahlungen an den Lieferanten zu leisten, unter dem Posten erfasst. Erfolgt ein Kauf von Gütern oder Dienstleistungen nicht gegen Zahlung von Barmitteln, so spricht man auch von einer Beschaffung „auf Ziel". Nahezu alle Unternehmen gehen solche Verpflichtungen ein.

- *Sonstige Verbindlichkeiten*   Der Posten steht für diejenigen Verbindlichkeiten, die sich nicht aus dem Kauf von Gütern und Dienstleistungen ergeben.

- *Erhaltene Vorauszahlungen*   Hinter erhaltenen Vorauszahlungen verbergen sich Geldeingänge, die im Zusammenhang mit Verkaufsgeschäf-
ten stehen und eintreffen, bevor das Unternehmen seine Leistungsverpflichtung erfüllt hat. Bis zur Leistungsabgabe sind die erhaltenen
Anzahlungen mit einer Rückzahlungsverpflichtung für den Fall verbunden, dass die Lieferung doch nicht erfolgt. Erhaltene Vorauszahlungen stehen in engem Zusammenhang mit zukünftigen Erträgen aus
dem Verkauf von Lieferungen oder Leistungen, weil das Unternehmen
sie dafür erhält, dass es in Zukunft seine Verpflichtung aus einem
Verkaufsgeschäft erfüllt.

- *Passive Rechnungsabgrenzungsposten*   Wenn Unternehmen Vorauszahlungen für eine künftige von ihnen zu erbringende Lieferung oder
Leistung erhalten, die anteilig in mehrere Einkommensrechnungen als
Ertrag einfließen sollen, dann ist es sinnvoll, einen Posten für diejenigen Beträge einzurichten, die man zwar erhalten hat, die jedoch noch
nicht als Ertrag verrechnet wurden. Dieses Konto wird im deutschen
Rechtskreis als „Passive Rechnungsabgrenzungsposten" bezeichnet,
wenn eine Dienstleistungsverpflichtung entsteht. Als Beispiel kann
eine Mietzahlung herhalten, die das Unternehmen im laufenden
Abrechnungszeitraum mit Einkommenswirkung für den folgenden
Abrechnungszeitraum erhält. Der Anteil der Zahlungen, der jeweils
den laufenden Abrechnungszeitraum betrifft, wird als Ertrag verrechnet, der Teil, der dem folgenden Abrechnungszeitraum zuzuordnen
ist, verbleibt im laufenden Abrechnungszeitraum unter dem Posten
„Passive Rechnungsabgrenzungsposten". Im folgenden Abrechnungszeitraum wird der auf diesen Zeitraum entfallende Teil als Ertrag
erfasst. Die englische Bezeichnung *unearned revenue* kommt dem
Inhalt des Postens intuitiv näher als die deutsche Bezeichnung.

- *Verbindlichkeiten aus Darlehen*   Unter diesem Posten sind alle Zahlungsverpflichtungen zu vermerken, die aus Darlehen herrühren.

- *Sonstige Verbindlichkeiten*   Über die genannten Verbindlichkeiten
hinaus sind noch weitere Verbindlichkeiten zu nennen, die im Rahmen der Unternehmenstätigkeit entstehen, beispielsweise für Steuern,
Zinsen usw.

- *Rückstellungen*   Bei den Rückstellungen handelt es sich traditionell um
rechtliche oder wirtschaftliche Verpflichtungen des Unternehmens
gegenüber Dritten. Gegenüber den Verbindlichkeiten ist bei Rückstellungen nicht sicher, ob eine Verpflichtung tatsächlich besteht oder welche
betragsmäßige Höhe sie annimmt. Erstgenanntes gilt etwa für Gewähr-
leistungszusagen, von denen man nicht weiß, ob sie in Anspruch
genommen werden, Letztgenanntes für Pensionsverpflichtungen und
drohende Verluste aus schwebenden Geschäften, weil – wegen der
Ungewissheit – nicht klar ist, in welcher Höhe künftig Zahlungen zu entrichten sind. Die Problematik von Rückstellungen ergibt sich aus dem

Ungewissheitsgrad der Verpflichtung. Um „Schummeln" des Managements bei der Einkommensermittlung zu vermeiden, sind an den Ansatz von Rückstellungen gewisse Objektivierungsanforderungen zu stellen. Dazu zählt, dass sich die entsprechende Verpflichtung mit einer gewissen, nicht zu niedrigen Eintrittwahrscheinlichkeit abzeichnet.

Mit dem Eigenkapital wird der Teil des Werts der Vermögensgüter gemessen, der nach Begleichung der Ansprüche Fremder für den Unternehmer bzw. für die Eigenkapitalgeber übrig bleibt. In Personen- und Kapitalgesellschaften entfällt das Eigenkapital auf mehrere Personen. In Personengesellschaften werden für jeden Gesellschafter gesonderte Eigenkapitalposten eingerichtet, und zwar für das jeweilige Eigenkapital und für die jeweiligen Einlagen und Entnahmen, Gewinne und Verluste.

Eigenkapitalposten

- *Eigenkapital* Unter den Eigenkapitalposten erscheint die Differenz, auch der Saldo genannt, aus Vermögensgütern und Fremdkapital. Der Bestand des Eigenkapitals zum Ende eines Abrechnungszeitraumes ergibt sich aus dem Bestand dieses Postens zu Beginn des Abrechnungszeitraumes zuzüglich des positiven Einkommens und der Einlagen des abgelaufenen Abrechnungszeitraumes abzüglich eines negativen Einkommens und der Entnahmen.

- *Einlagen* Einzahlungen der Eigenkapitalgeber in das Unternehmen, sogenannte Einlagen, werden oft direkt beim Eigenkapitalposten erfasst, sollten jedoch zur Erhöhung der Übersichtlichkeit unter einem gesonderten Posten der Eigenkapitaltransferrechnung erfasst werden.

- *Entnahmen* Entnahmen stellen Minderungen des Eigenkapitals durch die Eigenkapitalgeber dar. Sie sollten unter einem gesonderten Posten der Eigenkapitaltransferrechnung gesammelt werden, um die Veränderung des Eigenkapitals durch die Entscheidungen der Eigenkapitalgeber herauszustellen.

- *Erträge* Die Steigerung des Eigenkapitals durch einen Vorgang, der keine Einlage darstellt, wird Ertrag genannt. Erträge entstehen hauptsächlich aus dem Verkauf von Gütern und Dienstleistungen, aber auch aus Investitions- und unter Umständen auch aus Finanzierungsmaßnahmen. Unternehmen unterscheiden viele Ertragsposten, um leicht nachvollziehen zu können, welche Lieferungen oder Leistungen wie viel Ertrag gebracht haben. Ein wichtiger Ertragsposten besteht in den Erträgen aus dem Verkauf, wofür wir synonym den Ausdruck Umsatzertrag verwenden. Für Karl Gross bietet es sich beispielsweise im ersten Monat seiner Selbstständigkeit an, für jeden Mandanten einen eigenen Ertragsposten zu führen.

- *Aufwendungen* Minderungen des Eigenkapitals durch einen Vorgang, der keine Entnahme darstellt, werden Aufwand genannt. Aufwendungen entstehen, wenn Vermögensgüter abnehmen oder Fremdkapital zunimmt, ohne dass diese Abnahme bzw. Zunahme durch eine gegenläufige Zunahme bzw. Abnahme der Vermögensgüter oder des Fremdkapitals kompensiert wird. Aufwendungen kommen hauptsächlich im Zuge des Abschlusses von Geschäften zustande. Unternehmen führen oft für jede Aufwandsart einen gesonderten Posten.

Der wichtige Posten Aufwand für verkaufte Vermögensgüter wird von uns auch Umsatzaufwand genannt. Man bemüht sich, die Höhe der Aufwendungen bei sonst gleichen Bedingungen so gering wie möglich zu halten, um ein möglichst hohes Einkommen zu erzielen.

4.1.1.2 Kontenplan und Kontenrahmen

Notwendigkeit von Übersichten über die verwendeten Posten

Wenn man die finanziellen Konsequenzen relevanter Ereignisse zusammenfasst, muss man entscheiden, für welche Vermögensgüter, Fremdkapital- und Eigenkapitalposten man separate Posten unterscheidet und wie man diese bezeichnet. Viele Vermögensgüter, Fremd- und Eigenkapitalposten sind sich so ähnlich, dass keine wichtige Information verloren geht, wenn man mehrere Posten zu einem einzigen Posten zusammenfasst. Manche sind aber auch so verschieden voneinander, dass eine Zusammenfassung zu einem einzigen Posten den Einblick in den Inhalt des Postens erschwert. Karl Gross hatte beispielsweise Bargeld und sein jederzeit verfügbares Guthaben bei der Bank ohne nennenswerten Informationsverlust zum Vermögensgut „Zahlungsmittel" zusammengefasst. In großen Unternehmen kann die Vielfalt der Vermögensgüter und Fremdkapitalposten jedoch so groß sein, dass man leicht die Übersicht verliert. Es ist daher unumgänglich, zunächst viele einzelne (Unter-)Posten vorzusehen, sich eine Aufstellung über die letztlich in den finanziellen Übersichten zu verwendenden (Ober-)Posten zu verschaffen, und schließlich die vielen einzelnen Unterposten zu ihrem jeweiligen Oberposten zusammenzufassen, bevor man mit der Analyse der Ereignisse beginnt.

Kontenvielfalt

In der Praxis werden die finanziellen Konsequenzen von Ereignissen, die den gleichen Posten betreffen, jeweils auf einem gesonderten Datenträger erfasst, der als „Konto" bezeichnet wird. So wird für jedes einzelne Vermögensgut und für jedes Fremdkapitalelement zunächst ein eigenes Konto eingerichtet. Wenn beispielsweise Forderungen entstehen, wird für jeden einzelnen Schuldner, manchmal sogar für jede einzelne Geschäftsart mit diesem Schuldner, ein eigenes Konto eingerichtet. Die Salden der Konten der einzelnen Schuldner werden zur Erstellung der finanziellen Berichte auf dem Oberkonto „Forderungen aus Verkauf" zusammengefasst. Bei anderen Konten sieht es ähnlich aus.

Kontenpläne und Kontenrahmen

Um den Überblick über die große Zahl möglicher Konten zu behalten, legen Unternehmen sich ein Verzeichnis an, in dem alle zulässigen Konten mit ihren Beziehungen zu anderen Konten aufgeführt sind. Die Übersicht eines Unternehmens über die bei ihm verwendeten Konten und die jeweiligen Erweiterungsmöglichkeiten um zusätzliche Konten wird „Kontenplan" genannt. Kontenpläne stellen darauf ab, eine systematische Übersicht über die Konten und ihre Zusammenhänge zu geben, die für die Abbildung von Ereignissen in einem Unternehmen verwendet werden. Für die Aufstellung von Kontenplänen existieren umfangreiche Empfehlungen von Verbänden, die als „Kontenrahmen" bezeichnet werden.

Kontenplan: in einem Unternehmen verwendete Konten

Kontenpläne enthalten neben den Namen der Konten häufig kontenspezifische Nummern. Durch die Verwendung von Nummern anstatt von Kontennamen verringert sich die mit Aufzeichnungen verbundene Schreibarbeit. Ein Kontenplan, der den Buchungen des Beispiels aus dem dritten Kapitel hätte zugrunde liegen können, mag wie derjenige in Abbildung 4.1 ausgesehen haben. Der Kontenplan des Beispiels wurde so aufgebaut, dass die inhaltliche Zusammengehörigkeit von Konten aus ihrer Position im Plan und aus ihrer Nummer deutlich werden. Anstatt der dargestellten Kontonummern, hätte man auch andere Nummern vergeben können. Die hier gewählte Art der Nummerierung lässt in Verbindung mit dem Plan an der Nummer eines Kontos erkennen, welche Rolle das Konto für die finanziellen Berichte spielt.

Bilanzkonten							
Vermögenskonten		**Fremdkapitalkonten**		**Eigenkapitalkonten**			
101	Zahlungsmittel	201	Verbindlichkeiten	301	Kapital K. Gross		
111	Forderungen (Verkauf)		(Einkauf)				
141	Büromaterial						
151	Büromöbel						
191	Grundstücke						
Eigenkapitaltransferrechnungskonten				**Einkommensrechnungskonten**			
Entnahmen		**Einlagen**		**Aufwendungen**		**Erträge**	
311	Entnahme K. Gross	316	Einlage K. Gross	321	Aufwand (Miete)	331	Ertrag (Verkauf)
				322	Aufwand (Gehalt)		
				323	Aufwand (Sonstiges)		

Abbildung 4.1: Möglicher Kontenplan der „Unternehmensberatung Karl Gross"

Benötigt man eine detailliertere Untergliederung von Konten als im Kontenrahmen oder Kontenplan angegeben, so kann man zu jedem der angeführten Konten sogenannte Unterkonten bilden. Im Beispiel könnte man ihnen dann eine vierstellige Nummer geben, die sich nur in der letzten Stelle von der Nummer des jeweiligen Oberkontos unterschiede. Hätte Karl Gross beispielsweise zwei Grundstücke gekauft, eines auf der Hauptstsraße 31 zu 20000 GE und eines auf der Hauptstraße 33 zu 10000 GE, so hätte es sich angeboten, zum Oberkonto „191 Grundstücke" ein Unterkonto „1911 Grundstück Hauptstraße 31" und ein weiteres Unterkonto „1912 Grundstück Hauptstraße 33" anzulegen. Selbstverständlich könnte man den Unterkonten auch andere als die hier gewählten Nummern zuweisen. Soll in den Finanzberichten nur das Oberkonto „191 Grundstücke" erscheinen, dann sind vor Erstellung der Finanzberichte die Salden oder die Soll- und Haben-Seiten der Unterkonten auf das Oberkonto zu übertragen. Wir beschränken uns im Folgenden auf die Übertragung der Salden.

Ober- und Unterkonten

Die Übertragung der Salden von Unterkonten auf Oberkonten erfordert es erstens, die Höhe des jeweiligen Saldos festzustellen, und zweitens die Bestände des Ober- und Unterkontos in Höhe dieses Saldos so zu verändern, dass sich danach auf dem Unterkonto ein Saldo von 0 GE ergibt. Im Beispiel hätte man dann auf dem Oberkonto Zugänge von 20000 GE

Übertragung des Saldos eines Unterkontos auf ein Oberkonto

und 10000 GE stehen und auf den Unterkonten die entsprechenden Abgänge. Erfasst man die finanziellen Konsequenzen von Ereignissen auf Unter- anstatt auf Oberkonten, so muss man zur Erstellung der Finanzberichte die Information von den Unterkonten auf die Oberkonten übertragen. Diese Übertragung ist einfach. Man überträgt den Endbestand eines Unterkontos so auf das zugehörige Oberkonto, wie wenn der Endbestand auf dem Oberkonto entstanden wäre. Dabei unterstellt man, die Vermögensgüter, das Fremdkapital oder das Eigenkapital nähmen auf dem Oberkonto im gleichen Maße zu wie die Beträge auf den jeweiligen Unterkonten abnähmen.

Bildung und Nummerierung von Unterkonten

Der Kontenplan von Karl Gross enthält nur Konten für Posten, die in seiner Bilanz und Einkommensrechnung vorkommen. Aus dem Kontenplan von Karl Gross ist ersichtlich, dass die Konten der Einkommensrechnung als Unterkonten des Eigenkapitalkontos betrachtet werden. In der Praxis arbeitet man mit wesentlich umfangreicheren Kontenplänen als dem des Beispiels. In Unternehmen mit sehr vielen Vermögens- und Fremdkapitalarten genügt es normalerweise nicht, nur – wie bei Karl Gross – Konten für die Posten der Bilanz- und Einkommensrechnung vorzusehen. Konteninhalte wären dann meist zu heterogen. Deswegen sehen Kontenpläne zu den Bilanz- und Einkommensrechnungskonten noch viele Unterkonten vor. Das hat zur Folge, dass in Unternehmen mit vielen Vermögens-, Fremdkapital-, Ertrags- und Aufwandsarten das vorgestellte System der dekadischen Kontonummern schnell zu Problemen führt. So ist es möglich, dass man mehr als zehn Unterkonten zu einem Oberkonto bilden möchte. Es kann auch vorkommen, dass man aus systematischen Gründen eine neue dekadische Ebene eröffnet, obwohl man deutlich weniger als zehn Unterkonten benötigt. Um das Nummernsystem nicht unnötig aufzublähen, haben sich große Unternehmen seit Langem von einem System inhaltlich aussagefähiger Kontonummern verabschiedet. Stattdessen werden bei ihnen Inhalt und Funktion von Konten in Listen ähnlich einem Telefonbuch dokumentiert.

Im deutschen Sprachraum häufig verwendete Kontenrahmen

In Deutschland gibt es einige Vorschläge für Kontenrahmen: den Gemeinschaftskontenrahmen der Industrie (GKR), den Industriekontenrahmen (IKR), die verschiedenen Kontenrahmen der „Datenverarbeitungsorganisation des steuerberatenden Berufs in der Bundesrepublik Deutschland eG" (DATEV) sowie Kontenrahmen für Handelsbetriebe, um nur einige zu nennen. Die Kontenrahmen unterscheiden sich durch die Art der Gruppierung von Konten zu sogenannten Kontenklassen. Abbildung 4.2 vermittelt eine Vorstellung von den Aufbauunterschieden der genannten Kontenrahmen.

Kontenplan und Berichtsschemata für Übungsaufgaben

Zum Verständnis der Buchführungstechnik ist es nicht erforderlich, Kontenrahmen oder Kontenpläne zu kennen, zur Abbildung der finanziellen Konsequenzen von Ereignissen in konkreten Aufgaben hingegen kann es sehr hilfreich sein. Für unsere Übungsaufgaben sollten wir uns daher zunächst einen eigenen Kontenplan erstellen. In die Bilanz und Einkommensrechnung übernehmen wir bei Bedarf die Kontenbezeichnungen dieses Planes. Erst in späteren Kapiteln werden wir uns mit Standardisierungen der in Finanzberichten aufgeführten Posten beschäftigen.

Klasse	Gemeinschaftskontenrahmen der Industrie (GKR)	Industriekontenrahmen (IKR)	DATEV-Spezialkontenrahmen 03 (SKR 03)	DATEV-Spezialkontenrahmen 04 (SKR 04)	Kontenrahmen für Handelsbetriebe
0	Anlagevermögen und langfristiges Kapital	Vermögensbestand: Sach- und immaterielle Anlagen	Anlage- und Kapitalkonten, Rechnungsabgrenzung	Vermögensbestände: Anlagevermögen	Anlage- und Kapitalkonten
1	Finanzumlaufvermögen und kurzfristiges Fremdkapital	Vermögensbestand: Finanzanlagen	Finanz- und Privatkonten	Vermögensbestand: Umlaufvermögen, aktive Rechnungsabgrenzung	Finanzkonten
2	Abgrenzungskonten (neutrale Erträge und Aufwendungen)	Vermögensbestand: Umlaufvermögen, aktive Rechnungsabgrenzung	Abgrenzungskonten (neutrale, finanzielle und sonstiger Ertrag/Aufwand)	Kapitalbestand: Eigenkapital, Sonderposten mit Rücklageanteil	Abgrenzungskonten (neutrale Erträge und Aufwendungen)
3	Roh-, Hilfs-, Betriebsstoffe	Kapitalbestand: Eigenkapital und Rückstellungen	Wareneingangs- und Warenbestandskonten	Kapitalbestand: Rückstellungen, Verbindlichkeiten, passive Rechnungsabgrenzung	Wareneinkaufskonten
4	Kostenarten	Kapitalbestand: Fremdkapital und passive Rechnungsabgrenzung	betriebliche Aufwendungen	Einkommensrechnung: betriebliche Erträge	Großhandel: Boni und Skonti, Einzelhandel: Kostenarten
5	frei (für Kostenstellenrechnung)	Einkommensrechnung: Erträge	frei	Einkommensrechnung: betriebliche Aufwendung (Material)	Großhandel: Kostenarten, Einzelhandel: frei
6	frei (für Kostenstellenrechnung)	Einkommensrechnung: betriebliche Aufwendungen	frei	Einkommensrechnung: betriebliche Aufwendung (Personalaufwand, Abschreibungen, Sonstiges)	frei
7	fertige und unfertige Erzeugnisse	Einkommensrechnung: weitere Aufwendungen	Erzeugnisbestände	weitere Aufwendungen und Erträge, Einstellungen und Entnahmen aus Rücklagen	frei
8	betriebliche Erträge	Ergebnisrechnung	Erlöskonten	frei	Wareneinkaufskonten
9	Abschlusskonten	frei (für Kosten- und Leistungsrechnung)	Vortragskonten, statistische Konten	Vortragskonten, statistische Konten	Abschlusskonten

Abbildung 4.2: Kontenklassifizierung in gebräuchlichen deutschen Kontenrahmen

4.1.2 Relevante Ereignisse

Erfassung von Ereignissen im Rechnungswesen abhängig vom Rechnungslegungssystem

Ein weiteres Element des Systems der doppelten Buchführung stellen die Ereignisse dar, deren finanzielle Konsequenzen zu erfassen sind. Man muss festlegen, welche Ereignisse in der Buchführung zu berücksichtigen sind und welche nicht. Es wurde oben bereits erwähnt, dass es Ereignisse gibt, deren finanzielle Konsequenzen im Rechnungswesen nicht abgebildet werden, weil sie nicht konkret genug zu erfassen sind. Wir haben uns aber bisher nicht näher damit befasst, wie sich die zu erfassenden und die nicht zu erfassenden Arten von Ereignissen voneinander unterscheiden. Grundsätzlich richtet sich die Erfassung nach den Bilanzierungs- und Bewertungsregeln des jeweils verwendeten Rechnungslegungskreises. Wir sehen hier von den Feinheiten ab, durch die sich die Definitionen und Bewertungen von Vermögensgütern und Fremdkapitalposten in den verschiedenen Rechtskreisen voneinander unterscheiden. Wir beschränken unsere Darstellung auf das, was allen Regelungskreisen gemeinsam sein dürfte.

Beschränkung auf Ereignisse mit Wirkung auf die Finanzberichte

Man kann Ereignisse zunächst grob danach unterteilen, ob sie sich auf die Finanzberichte eines Unternehmens auswirken oder nicht. Diejenigen, die sich nicht auf Finanzberichte eines Unternehmens auswirken, z.B. weil sie eine ganze Volkswirtschaft betreffen oder sich ihre Auswirkungen nicht vernünftig quantifizieren lassen, werden hier nicht weiter betrachtet. Wir unterscheiden die für das betriebswirtschaftliche Rechnungswesen irrelevanten Ereignisse von den relevanten Ereignissen mit Auswirkungen auf Finanzberichte. Relevante Ereignisse lassen sich wiederum in solche untergliedern, die mit physischen oder rechtlichen Vorgängen im Unternehmen oder zwischen dem Unternehmen und seiner Umwelt in Verbindung stehen, und in solche, bei denen das nicht der Fall ist.

Geschäftsvorfälle

Relevante Ereignisse, die immer Auswirkungen auf Finanzberichte besitzen, können mit physischen oder rechtlichen Vorgängen im Unternehmen zusammenhängen. Wir bezeichnen sie dann als Geschäftsvorfälle. Geschäftsvorfälle lassen sich meistens zu dem Zeitpunkt im Rechnungswesen erfassen, zu dem die Ereignisse stattfinden. Beispielsweise stellt der Einkauf von Material gegen Barzahlung eine physische Veränderung des Materialbestandes und der Zahlungsmittel dar. Die dazugehörenden finanziellen Konsequenzen können in engem zeitlichen Zusammenhang zu den physischen Vorgängen im Rechnungswesen erfasst werden. Ähnlich verhält es sich beim Verkauf einer Ware auf Ziel. Der physische Abgang von Waren und der Zugang der Forderungsrechts können zum Anlass für die Erfassung des gesamten Vorganges im Rechnungswesen genommen werden.

Andere zu berücksichtigende Ereignisse

Die Bilanzierungsregeln sehen regelmäßig auch vor, die finanziellen Konsequenzen einiger Ereignisse im Rechnungswesen zu erfassen, bei denen im Unternehmen keine physischen oder rechtlichen, sondern nur wertmäßige Veränderungen stattfinden. So ist beispielsweise der Wertansatz eines Vermögensguts regelmäßig zu verändern, wenn das Vermögensgut im Unternehmen genutzt wird oder wenn der Marktwert des Guts unter dessen Anschaffungsausgaben sinkt. Ob solche Ereignisse eingetreten und zu berücksichtigen sind, lässt sich nicht so einfach wie bei Geschäftsvorfällen feststellen. Es bedarf sorgfältiger Analysen und Beurteilungen des Bilanzierenden, nicht zuletzt auch, weil der Zeitpunkt, zu dem solche Ereignisse stattfinden, oft nur schwierig zu ermitteln ist. Wir bezeichnen derartige Ereignisse nicht als Geschäftsvorfälle, weil sie nicht an einen physischen Vorgang in Unternehmen anknüpfen. Sie werden nicht zu dem Zeitpunkt aufgezeichnet, zu dem sie stattfinden, sondern erst zu dem Zeitpunkt, zu dem der Finanzbericht aufgestellt wird. Bilanzierende erhalten dann zunächst einen vorläufigen Finanzbericht, der sämtliche Geschäftsvorfälle enthält. Auf dieser Basis müssen sie sich um die Berücksichtigung der anderen relevanten Ereignisse kümmern.

4.1.3 Kontenformen

Eine häufig verwendete Art, die finanziellen Konsequenzen von Geschäftsvorfällen aufzuzeichnen, besteht in der Benutzung eines sogenannten T-Kontos. Der Name kommt von den für dieses Konto verwendeten Linien, welche die Form des Großbuchstabens „T" annehmen. Die horizontale Linie trennt den „Kopf" des Kontos vom Rest, die senkrechte Linie die linke Seite, die auch Soll(-Seite) oder Debit(-Seite) genannt wird, von der rechten Seite, für die sich die Bezeichnungen Haben(-Seite) oder Credit(-Seite) eingebürgert haben. Das Zahlungsmittelkonto eines Unternehmens besitzt beispielsweise die folgende T-Form:

T-Konto

Zahlungsmittel	
Soll-Seite (Debit)	Haben-Seite (Credit)

Tatsächlich besitzen sogenannte T-Konten mehr als zwei Spalten. Sie enthalten nicht nur Wertangaben, sondern auch Verweise darüber, wann und warum ein Eintrag erfolgte, beispielsweise die Angabe des Datums und des der Eintragung zu Grunde liegenden Geschäftsvorfalls bzw. Ereignisses mit Hinweis darauf, welches andere Konto noch betroffen wurde. Darüber hinaus erscheint es sinnvoll zu erwähnen, welche Seite als Soll-Seite und welche als Haben-Seite verstanden wird. Üblicherweise stellt die linke Seite jedes Kontos die Soll-Seite dar und die rechte die Haben-Seite. Ein Konto kann man sich dann ungefähr wie folgt vorstellen:

Soll		Zahlungsmittel		Haben
Verweistext (Ereignis X)	Betrag (X)	Verweistext (Ereignis Y)		Betrag (Y)
Verweistext (Ereignis Z)	Betrag (Z)			

Inhaltlich gleichwertig – länger, aber dafür transparenter – ist eine Form, bei der man alle Verweistexte in einer Spalte untereinander schreibt und nur die jeweiligen Beträge in unterschiedlichen Spalten aufnimmt:

Zahlungsmittel		
Text	Soll	Haben
Verweistext (Ereignis X)	Betrag (X)	
Verweistext (Ereignis Y)		Betrag (Y)
Verweistext (Ereignis Z)	Betrag (Z)	

Laufende Angabe des Kontostands?

Meist interessiert man sich nicht nur für die Eintragung der finanziellen Konsequenzen von Ereignissen auf dem Konto, sondern auch für den Wert, der sich jeweils nach einer Eintragung als neuer Kontostand, als Saldo, ergibt. Dieser Wissenswunsch lässt sich im Sinne einer laufenden Bestandsangabe bei der erstgenannten Form des T-Kontos nicht erfüllen. Man kann nur denjenigen Kontostand zusätzlich zum Konto, gewissermaßen nachrichtlich, angeben, der sich unter Berücksichtigung aller auf dem Konto eingetragenen Buchungen ergibt. Das könnte z.B. dadurch geschehen, dass man ihn jeweils unter das Konto schreibt. Zur Verdeutlichung, dass die Soll-Seite die Haben-Seite übersteigt, könnte man ihn unter die Soll-Seite schreiben, für den umgekehrten Fall bietet sich die Haben-Seite an. Diesbezüglich gibt es keine Normen, weil es sich ja nur um eine freiwillige Zusatzangabe handelt.

Kontostandsangabe auf Zusatzspalten

Bei der zuletzt aufgeführten Kontoform bereitet der Ausweis des Kontostandes im Zeitablauf dagegen keine Probleme: Man ergänzt das Konto einfach um eine oder zwei weitere Spalten zur Aufnahme des jeweiligen Kontostandes. Bei nur einer Spalte gibt man, beispielsweise durch ein Vorzeichen, an, welche Kontoseite um wie viel höher ist als die andere; bei zwei Spalten kann man direkt ausdrücken, um welchen Wert die Soll-Spalte oder die Haben-Spalte höher ist.

Zahlungsmittel				
	Veränderungen		Kontostand	
Text	Soll	Haben	Soll	Haben
Verweistext (Ereignis X)	Betrag (X)			
Verweistext (Ereignis Y)		Betrag (Y)		
Verweistext (Ereignis Z)	Betrag (Z)			

Warum haben wir bisher nur Konten beschrieben, die mindestens zwei Spalten aufweisen? Ein Grund ist darin zu sehen, dass die Rechenarbeit vereinfacht wird. Hat man weder Computer noch Taschenrechner oder Rechenmaschine zur Verfügung, können die auf einem Konto abzubildenden Veränderungen besonders leicht zusammengefasst werden, wenn man alle Zugänge in der einen und alle Abgänge in der anderen Spalte aufschreibt. Die Erleichterung besteht darin, dass man die Posten jeder Seite jeweils durch eine einzige Addition leicht zusammenfassen kann, um dann den Saldo beider Seiten, die gesamte Veränderung, in einer einzigen weiteren Subtraktion ermitteln kann. Wenn man sich hingegen vorstellt, Tausende von Zahlen mit unterschiedlichen Vorzeichen stünden untereinander und sollten addiert werden, wird die Vereinfachung klar, die das T-Konto mit sich bringt. Mit dem Aufkommen von Rechenhilfen hat sich dieses Argument für die Verwendung von T-Konten allerdings überholt. Wir werden aber weiter unten noch sehen, dass auch ein anderer wichtiger Grund für die Verwendung von T-Konten zur Aufzeichnung von Ereignissen spricht.

Es sei ausdrücklich darauf hingewiesen, dass es sich bei der Angabe des Kontostandes nicht um einen Buchungsvorgang handelt. Die Kontostandsangabe hat nichts mit Buchungen zu tun. Allerdings lassen sich Konten durch Buchungen in Höhe des Kontostandes auf null bringen. Viele Konten – in den Übungsaufgaben mancher Lehrbücher fast alle – werden zum Ende des Abrechnungszeitraumes „abgeschlossen", indem man eine Buchung vornimmt, nach der sich ein Kontostand von null ergibt. Der Betrag der letzten Buchung entspricht dann der Höhe des Kontostandes nach der vorletzten Buchung.

Kontostandsangabe und Abschluss eines Kontos sind zwei unterschiedliche Sachverhalte

4.2 Zusammenhang zwischen den Elementen des Systems

4.2.1 Grundlagen

Im dritten Kapitel wurde anhand der intratemporalen Bilanzgleichung gezeigt, dass jedes abzubildende Ereignis mindestens zwei Konten berührt. Zum Beispiel bewirkte die Investition von Karl Gross in sein Unternehmen eine Zunahme der Zahlungsmittel sowie eine Zunahme des Eigenkapitals, jeweils um den gleichen Betrag. Stellen Sie sich den Kauf von Büromaterial gegen Barzahlung vor: Der Wert des Büromaterials nimmt zu, der Wert der Barzahlung vermindert sich. Wäre nicht bar bezahlt worden, hätte der Wert des Büromaterials genauso zugenommen, jedoch hätte anstatt der Bargeldabnahme eine Zunahme von Verbindlichkeiten stattgefunden.

Abbildung von Ereignissen auf mindestens zwei Konten

Sollen die finanziellen Konsequenzen eines Ereignisses auf Konten abgebildet werden, so ist zunächst festzulegen, welche Konten betroffen sind und wie der jeweilige Konteninhalt zu verändern ist. Danach können die Eintragungen auf den Konten vorgenommen werden. Möchte man später einmal nachprüfen können, ob das Ereignis richtig abgebildet wurde, so sind nicht nur Eintragungen auf den Konten vorzunehmen, sondern man hat zusätzlich die Überlegungen zu dokumentieren, aus denen hervorgeht, welche Konten in welcher Höhe zu verändern waren. Verwendet man zweispaltige Konten, so ist für jedes Konto anzugeben, auf welcher Kontenseite der Betrag zu vermerken ist. Eine solche Dokumentation erfolgt in Form von sogenannten Buchungssätzen.

Dokumentation von Veränderungen auf Konten und in Buchungssätzen

Die Dokumentation in Form von Buchungssätzen gestaltet sich besonders kurz und damit effizient, wenn man einige der notwendigen Angaben nicht explizit macht, sondern implizit durch die Struktur des Buchungssatzes ausdrückt. Mit so einer impliziten Struktur haben wir es beispielsweise zu tun, wenn wir immer zuerst dasjenige Konto nen-

Vereinfachung von Buchungssätzen durch Standardisierung

nen, auf dem eine Zunahme zu verzeichnen ist, und erst anschließend dasjenige, auf dem eine Abnahme ansteht. Eine Vereinbarung, die genau das Umgekehrte vorsieht, ist der gerade genannten gleichwertig. Eine solche Vereinbarung würde allerdings diejenigen Fälle nicht abdecken, bei denen Zunahmen oder Abnahmen für jeweils beide Konten zu berücksichtigen wären. Das Problem lässt sich jedoch dadurch lösen, dass man nicht nur die Buchungssätze, sondern auch die Konteninhalte standardisiert. Im System der doppelten Buchführung findet die Standardisierung der Buchungssätze und Konteninhalte so geschickt statt, dass im Normalfall die Angabe einer ersten Art von Konten mit den jeweiligen Beträgen und die einer zweiten Art von Konten mit den jeweiligen Beträgen für alles Weitere ausreicht. Wir unterstellen zunächst, wir hätten es bei jeder Art nur mit einem einzigen Konto zu tun.

Grundbuch, Haupt- und Nebenbücher

Zur Vereinfachung des Zugriffs auf die Informationen wurden die Konten früher zu Gruppen sortiert und in einem gebundenen Buch – bei Bedarf auch in mehreren Büchern – geführt. Diese Bücher nennt man Haupt- und Nebenbücher. Offensichtlich leitet sich der Ausdruck „Buchführung" hiervon ab. Obwohl sich die Technik sehr gewandelt hat – inzwischen dürfte der Computer das bevorzugte Dokumentationsinstrument sein – spricht man noch immer von Buchführung sowie von Haupt- und Nebenbüchern.

Buchführungsorganisation bei Computereinsatz

Heutzutage verarbeiten Unternehmen die Geschäftsvorfälle mit Hilfe der elektronischen Datenverarbeitung. Anwendungsprogramme zur Durchführung von Buchführungen sind zahlreich. Sie dürften überwiegend spezielle Anwendungen von Datenbanksystemen sein. Der Vorteil der Durchführung von Buchführungen mit Hilfe der elektronischen Datenverarbeitung besteht darin, dass die erforderlichen Additionen und Subtraktionen sehr schnell und zudem rechnerisch richtig durchgeführt werden. Der Benutzer hat einmalig nach Installation des Programms die in seiner Buchführung vorzusehenden Konten anzulegen und deren Beziehungen untereinander sowie zu den finanziellen Berichten festzulegen. Anschließend muss er nur noch für jeden Geschäftsvorfall den Buchungssatz angeben. Letztgenannte Tätigkeit vereinfacht sich erheblich, wenn man die abzubildenden Geschäftsvorfälle zunächst nach gleichartigen Buchungssätzen sortiert. Dann reicht es innerhalb der Vorgänge mit gleichartigen Buchungssätzen aus, mit jedem Geschäftsvorfall nur noch diejenigen Informationen einzugeben, um die sich die gleichartigen Buchungssätze voneinander unterscheiden. In vielen Fällen geschieht auch das heute automatisch.

Traditionelle Buchführungsorganisation

Ohne Einsatz des Computers hat man all diese Schritte auf konventionelle Art zu erledigen. Je nach Zahl der verwendeten Konten kann man eine große Tabelle anlegen, in deren Zeilen chronologisch die Geschäftsvorfälle aufgeführt werden und in deren Spalten zunächst die Ereignisbeschreibung und danach die Konten mit jeweils einer Soll-Seite und einer Haben-Seite stehen. Diese Art, die Bücher zu führen ist nur für kleine Unternehmen oder für einfache Übungsaufgaben geeignet. Für Unternehmen, die viele Konten verwenden, hat sich die sogenannte Loseblatt-Buchführung bewährt, bei der man neben einer Ereignisbeschreibung, die als Journal bezeichnet wird, für jedes Konto ein loses Blatt anlegt. Die Arbeit lässt sich erleichtern, wenn man den Teil der Journalinformation, der das Konto betrifft, beim Eintrag in das Journal auf das Konto durchschreibt. Man spricht in diesem Falle von Durchschreibebuchführungen.

4.2.2 Standardisierung des Inhalts von Konten mit getrennten Spalten für „Zugang" und „Abgang"

Das System der doppelten Buchführung zeichnet sich dadurch aus, dass die Art und Weise genormt ist, in der die Aufzeichnungen auf den mindestens zweispaltigen Konten vorgenommen werden. Für jedes Konto werden alle Zugänge auf der einen und alle Abgänge auf der anderen Seite des Kontos aufgezeichnet.

Trennung von Zugängen und Abgängen auf T-Konten

Die spezielle Normung der Konteninhalte im System der doppelten Buchführung besteht in zwei Vorgaben:

Normung der Konteninhalte

1 Die Zugänge von Vermögensgütern sind jeweils auf der linken Kontoseite, der Soll-Seite, zu vermerken und die Abgänge dementsprechend auf der rechten, der Haben-Seite.

2 Die Zugänge auf Kapitalkonten werden auf der Haben-Seite und Abgänge auf der Soll-Seite vermerkt.

Dieses für Vermögens- und Kapitalkonten spiegelbildliche Vorgehen ist der intratemporalen Bilanzgleichung nachempfunden, bei der Vermögensgüter links des Gleichheitszeichens und Fremd- sowie Eigenkapitalposten rechts davon vermerkt sind.

Die Normierung sei kurz am Beispiel der ersten Geschäftsvorfälle des Karl Gross aus dem vorigen Kapitel erläutert. Bei Gründung des Unternehmens investiert Gross 100 000 GE. Das Unternehmen hat also Bargeld in Höhe von 100 000 GE erhalten und dieses Karl Gross als Eigenkapital gutgeschrieben. Welche Konten des Unternehmens werden berührt? Welche Beträge sind auf welcher Kontenseite einzutragen (Soll oder Haben)? Die Antwort ist einfach: Das Vermögenskonto *Zahlungsmittel* und das Eigenkapitalkonto *Kapital K. Gross* haben jeweils um 100 000 GE zugenommen. Die Zunahme wird auf dem Zahlungsmittelkonto entsprechend der Normung auf der Soll-Seite – man sagt auch „im Soll" – und auf dem Eigenkapitalkonto auf der Haben-Seite, „im Haben", erfasst. Hinsichtlich der Spalteninhalte halten wir uns in diesem Buch an die üblichen Vorgaben, verkürzen aber im Folgenden aus Platzgründen Soll zu „S" und Haben zu „H". Die folgende Darstellung zeigt die intratemporale Bilanzgleichung sowie die durch die Einlage berührten Konten. Aus Platzgründen wird hier auf den Konten sowohl auf die Angabe des Ereignisses als auch auf einen Verweistext verzichtet. Nachrichtlich wird zusätzlich unter den Konten jeweils der Kontostand angegeben.

Erläuterung der Normierung am Beispiel

Vermögensgüter	=	Fremdkapital	+	Eigenkapital

S	Zahlungsmittel	H				S	Kapital K. Gross	H
Soll-Seite wegen Zunahme 100000								Haben-Seite wegen Zunahme 100000
Kontostand 100000								Kontostand 100000

Beim Kauf des Grundstücks für 60000 GE entsteht ein Vermögenswert „Grundstück" im Wert von 60000 GE. Die Zunahme von Vermögensgütern wird auf der Soll-Seite berücksichtigt. Die Zahlungsmittel, deren Bestand sich ja vor dem Kauf auf 100000 GE belief, nehmen um 60000 ab. Die Abnahme von Vermögensgütern wird auf der Haben-Seite berücksichtigt. Man erhält das in Abbildung 4.3 wiedergegebene Ergebnis.

Vermögensgüter	=	Fremdkapital	+	Eigenkapital

S	Zahlungsmittel	H				S	Kapital K. Gross	H
Soll-Seite Bestand 100000	Haben-Seite wegen Abnahme 60000							Haben-Seite Bestand 100000
Kontostand 40000								Kontostand 100000

S	Grundstück	H
Soll-Seite wegen Zunahme 60000		
Kontostand 60000		

Abbildung 4.3: Ergebnis des Grundstückskaufs

Bei der Beschaffung des Büromaterials für 3000 GE wird ein Kredit beim Lieferanten aufgenommen; denn K. Gross hatte das Büromaterial ja auf Ziel gekauft. Ein Vermögensgut nimmt zu und wird daher auf der Soll-Seite vermerkt. Bis zur ganzen oder teilweisen Bezahlung der Rechnung bestehen *Verbindlichkeiten*, zunächst in Höhe von 3000 GE. Ein Kapitalposten nimmt damit zu und wird deswegen auf der Haben-Seite modifiziert. Das Ergebnis sehen wir in Abbildung 4.4.

Bei Bedarf eröffnet man für jedes neue Vermögensgut und für jeden neuen Fremdkapitalposten ein neues Konto. Möchte man den Wert aller Vermögensgüter, den des gesamten Fremdkapitals oder den des gesamten Eigenkapitals, ermitteln, so genügt es, die Kontostände der jeweiligen Kontengruppen zu addieren.

Für jeden Vermögens-, Fremdkapital- und Eigenkapitalposten ein neues Konto!

Vermögensgüter	=	Fremdkapital	+	Eigenkapital

S Zahlungsmittel H	S Verbindlichkeiten (Einkauf) H	S Kapital K. Gross H
Soll-Seite Bestand 40 000	Haben-Seite wegen Zunahme 3 000	Haben-Seite Bestand 100 000
Kontostand 40 000	Kontostand 3 000	Kontostand 100 000

S Büromaterial H
Soll-Seite wegen Zunahme 3 000
Kontostand 3 000

S Grundstück H
Soll-Seite Bestand 60 000
Kontostand 60 000

Abbildung 4.4: Ergebnis des Büromaterialkaufs

4.2.3   Standardisierung der Dokumentation im Journal

Die Gesamtheit der Konten befand sich – wie bereits erwähnt – früher in einem Buch oder in Büchern. Die gesamten Aufzeichnungen werden deswegen heute noch als „Buchführung" bezeichnet. Die Aufzeichnung der finanziellen Konsequenzen von Ereignissen auf Konten muss nachvollziehbar sein, um eventuelle Aufzeichnungsfehler nachträglich identifizieren und korrigieren zu können. Um die Nachvollziehbarkeit zu gewährleisten, verwendet man zusätzlich zu Konten ein Journal, auch Grundbuch genannt, in dem zunächst alle Geschäftsvorfälle chronologisch mit Verweisen auf diejenigen Konten aufgezeichnet werden, auf denen die Geschäftsvorfälle abzubilden sind. Zusätzlich wird angegeben, ob die Soll-

Journal, Grundbuch: chronologische Aufzeichnung

oder die Haben-Seite des jeweiligen Kontos berührt wird. Um auch einen Rückverweis von den Konten auf das Journal zu ermöglichen, wird auf den Konten zusätzlich zu den Beträgen ein Hinweis auf den zugehörigen Journaleintrag gegeben. Ein Verweis auf dem Konto auf das durch den Buchungssatz gleichzeitig veränderte andere Konto erhöht die Übersichtlichkeit nochmals.

Arbeitsablauf   Der Arbeitsablauf bei der Erstellung von Buchungssätzen im System der doppelten Buchführung besteht dann aus den folgenden vier Schritten:

1 ANALYSE der Quellbelege: Untersuchung, ob es sich um ein relevantes Ereignis handelt. Als Quellbelege dienen beispielsweise Rechnungen, Zahlungsquittungen, Kontoauszüge, Warenausgangs- und Wareneingangsscheine.

2 KONTENBESTIMMUNG: Zur Vorbereitung des Journaleintrages sind die Konten zu bestimmen, die von dem relevanten Ereignis betroffen sind. Dabei kommt es nicht nur darauf an, die Namen der Konten auszumachen; die Konten müssen auch nach ihrer Art (Vermögensgüter, Fremdkapital, Eigenkapital) klassifiziert werden.

3 Ermittlung der Konsequenzen im Modell der intratemporalen BILANZGLEICHUNG: Bestimmung für jedes identifizierte Konto, ob der Geschäftsvorfall eine Zunahme oder eine Abnahme auf dem Konto auslöst und wie diese Veränderungen gemäß der oben beschriebenen Normierung der Kontenseiten zu behandeln sind (Modifikation der Soll- oder Habenseite jedes Kontos).

4 JOURNALEINTRAG: Eintragung der gewonnenen Erkenntnisse in das Journal nach dem Schema (für nur zwei Konten):

– Datum

– Kurzbeschreibung des Geschäftsvorfalls

– Name des Kontos, dessen Soll-Seite betroffen ist, und Betrag, um den die Soll-Seite zu verändern ist

– Name des Kontos, dessen Haben-Seite betroffen ist, und Betrag, um den die Haben-Seite zu verändern ist

Bei mehr als einem Konto für eine der beiden Kontenarten sind entsprechende Erweiterungen vorzusehen.

Angewandt auf den ersten Geschäftsvorfall des Unternehmens von Karl Gross bedeuten die ersten vier Schritte:

1 ANALYSE: Laut Kontoauszug der Bank für das Girokonto des Unternehmens wurden 100000 GE durch eine Einzahlung von Karl Gross auf dem Girokonto verbucht. Weil das Guthaben des Vermögensguts „Girokonto" sich verändert hat, handelt es sich um ein relevantes Ereignis.

2 KONTENBESTIMMUNG: Durch den Geschäftsvorfall nimmt das Vermögensgut „Zahlungsmittel" zu. Der Zunahme dieses Vermögensguts steht eine gleich hohe Abnahme anderer Vermögensgüter nicht gegenüber. Das Fremdkapital wird von dem Vorgang nicht berührt. Der Geschäftsvorfall betrifft das Eigenkapital. Folglich sind das Vermögenskonto *Zahlungsmittel* und das Eigenkapitalkonto *Kapital K. Gross* zu verändern.

3 BILANZGLEICHUNG: Beide Konten nehmen jeweils um 100 000 GE zu. Zunahmen eines Vermögenskontos sind auf dessen Soll-Seite zu berücksichtigen, Zunahmen eines Eigenkapitalkontos auf dessen Haben-Seite.

4 Der JOURNALEINTRAG müsste mindestens enthalten:

Beleg	Datum	Ereignis und Konten	Soll	Haben
1	2.4.	Einlage von K. Gross		
		Zahlungsmittel	100 000	
		Kapital K. Gross		100 000

Journale können in ihrer Form unterschiedlich aufgebaut sein. Das Wesentliche ist, dass alle Informationen darin enthalten sind, die man für die Übernahme der Informationen auf Konten benötigt. Die Auswertung des Journaleintrags fällt umso leichter, je standardisierter die Aufschreibungen sind. Bei nur zwei Konten ist es üblich, zuerst dasjenige Konto zu nennen, dessen Soll-Seite zu verändern ist und dann dasjenige, dessen Haben-Seite modifiziert werden muss. Bei mehr als einem einzigen Konto in einer oder beiden Arten werden zuerst diejenigen Konten genannt, deren Soll-Seiten zu verändern sind, und dann diejenigen, deren Haben-Seiten berührt werden. Einen in diesem Sinne standardisierten und vollständigen Journaleintrag nennt man auch einen Buchungssatz im Sinne der doppelten Buchführung.

Journalinhalt

Zur Vermeidung von Missverständnissen werden die Kontennennungen (für ein einziges Konto in jeder der beiden Kontenarten) in die Satzstruktur „per Konto 1 an Konto 2" oder „Konto 1 an Konto 2" gepackt, wobei „Konto 1" immer dasjenige ist, dessen Soll-Seite modifiziert wird, und „Konto 2" immer dasjenige, dessen Haben-Seite betroffen ist. Man bucht also immer „(per) Soll an Haben". Wenn beide Konten um den gleichen Betrag verändert werden, vereinfacht man die Schreibweise durch einmalige Betragsnennung. Hieraus folgt z.B. „am 2. April (per) *Zahlungsmittel* an *Kapital K. Gross* 100 000 GE". Obiger Buchungssatz würde im Journal dann lauten:

Formale Gestaltung

Beleg	Datum	Ereignis	Konto, dessen Soll-Seite verändert wird	Betrag	Konto, dessen Haben-Seite verändert wird	Betrag
1	2.4.	Einlage von K. Gross	*Zahlungsmittel*	100 000 an	*Kapital K. Gross*	100 000

Alle Buchungssätze haben im Prinzip die gleiche Struktur, wenn man sich an die Normung hält. Diejenigen relevanten Ereignisse, die sich nicht in Geschäftsvorfällen niederschlagen, sind ebenfalls in das Journal einzutragen. Dabei sind wiederum die vier geschilderten Schritte zu unternehmen. Dies geschieht allerdings erst zu dem Zeitpunkt, zu dem die Buchungen erfolgen. Wie bereits oben erwähnt, wird dieser Zeitpunkt regelmäßig zu Beginn des Zeitraums der Aufstellung der Finanzberichte sein.

4.2.4   Ausführung des Buchungssatzes auf Konten

Arbeitsablauf (Fortsetzung)

Steht der Buchungssatz fest, gibt es keine großen Probleme mehr. Auf den Konten sind die durch den Buchungssatz vorgegebenen Veränderungen der Soll- bzw. der Habenseite vorzunehmen. Der Arbeitsablauf besteht aus einem einzigen (fünften) Schritt:

5   KONTENEINTRAG: Übertragung des Journaleintrages auf die Konten unter Angabe eines Verweises auf den Journaleintrag.

In einer guten EDV-Buchführung genügt bereits die Angabe des Buchungssatzes: der Eintrag auf die Konten erfolgt dann mit einem Programm, das die Buchungssätze auswertet. Bei manuellen Buchführungen in Büchern oder auf losen Blättern sind die entsprechenden Eintragungen mit der Hand oder mit einem „Buchungsautomaten" vorzunehmen. In einigen Unternehmen ist es heutzutage sogar erreicht, dass viele Geschäftsvorfälle automatisch erfasst und ins Journal sowie auf den Konten vermerkt werden. Die Scanner-Kasse macht so etwas beispielsweise für die Verkaufsbuchungen des Einzelhandels möglich.

4.2.5   Stichtagsorientierte Übernahme der Kontostände in Finanzberichte

Inhalt von Konten nach Buchungen

Nach der Buchung der Geschäftsvorfälle lässt sich auf den Konten jeweils die Veränderung der einzelnen Werte der Vermögensgüter, des Fremdkapitals und des Eigenkapitals ermitteln. Subtrahiert man die Abnahmen von den Zunahmen, so erhält man als Saldo die Veränderung des Bestandes, von dem das Konto handelt. Ergänzt man den Kontoinhalt um den Bestand zu Beginn des Abrechnungszeitraumes, so entspricht der Saldo des Kontos zum Ende des Abrechnungszeitraumes dem Endbestand; denn es gilt ja entsprechend der intertemporalen Bilanzgleichung: Endbestand = Anfangsbestand + Zugänge − Abgänge.

4.3   Veranschaulichung des Systems am Beispiel

Beispiel mit sechs Ereignissen

Die Informationsverarbeitung im Rechnungswesen beruht auf den oben beschriebenen Schritten: der Analyse des Ereignisses, der Kontenbestimmung, der Verdeutlichung der intratemporalen Bilanzgleichung, dem Eintrag ins Journal und dem Eintrag auf den Konten. Zur Verdeutlichung werden die oben bereits erwähnten ersten sechs Ereignisse im Unternehmen des Karl Gross ausführlich behandelt. Dabei wird auf die

Angabe eines konkreten Datums zu Gunsten der laufenden Nummer des Ereignisses verzichtet. Aus Platzgründen ist der Verweistext ebenfalls auf die Nummer des Buchungssatzes beschränkt. Kontostandsangaben unterbleiben genauso.

4.3.1 Analyse, Journaleintrag und Konteneintrag von Geschäftsvorfällen

Ereignis 1 (Geschäftsvorfall)

ANALYSE: Das Unternehmen erhält am 2. April 100000 GE Zahlungsmittel von seinem Gründer Karl Gross. Es handelt sich um eine Einlage, also um eine Eigenkapitalmehrung.

KONTENBESTIMMUNG: Das Ereignis berührt die Vermögensgüter und das Eigenkapital. Das Vermögensgüterkonto *Zahlungsmittel* und das Eigenkapitalkonto *Kapital K. Gross* sind zu verändern.

BILANZGLEICHUNG: Die Zahlungsmittel nehmen zu. Daher ist die Soll-Seite des Vermögensgüterkontos *Zahlungsmittel* zu verändern. Das Eigenkapital nimmt ebenfalls zu. Deswegen ist die Haben-Seite des Eigenkapitalkontos *Kapital K. Gross* zu verändern.

Vermögensgüter	=	Fremdkapital	+	Eigenkapital
Zahlungsmittel		*Verbindlichkeiten*		*Kapital K. Gross*
+ 100000	=	0	+	+ 100000

JOURNALEINTRAG: Aufzeichnung des Ereignisses „Kapitaleinlage von K. Gross" mit identifizierendem Verweis auf Kontoangaben (z.B. laufender Nummer und Datum), Art des Ereignisses, Name des Kontos, dessen Soll-Seite berührt wird, Betrag, um den das Konto zu verändern ist, Name des Kontos, dessen Haben-Seite berührt wird, und Betrag, um den das Konto zu verändern ist:

Beleg	Datum	Ereignis und Konten	Soll	Haben
1	2.4.	Einlage von K. Gross		
		Zahlungsmittel	100000	
		Kapital K. Gross		100000

KONTENEINTRAG:

S	Zahlungsmittel	H	S	Kapital K. Gross	H
(1)	100000		(1)	100000	

Ereignis 2 (Geschäftsvorfall)

ANALYSE: Gross zahlt am 2. April 60 000 GE für die Anschaffung eines Grundstücks, auf dem er ein Haus für sein Büro bauen möchte. Es handelt sich um einen Kauf gegen Abnahme der Zahlungsmittel.

KONTENBESTIMMUNG: Durch den Kauf gegen Abnahme der Zahlungsmittel ändert sich die Zusammensetzung der Vermögensgüter des Unternehmens. Das Vermögensgüterkonto *Grundstück* und das Vermögenskonto *Zahlungsmittel* werden berührt.

BILANZGLEICHUNG: Auf dem Vermögensgüterkonto *Grundstück* ist eine Zunahme um 60 000 GE zu berücksichtigen. Deswegen muss man die Soll-Seite verändern. Die Zahlungsmittel verringern sich. Folglich ist auf dem Vermögensgüterkonto *Zahlungsmittel* die Haben-Seite zu modifizieren:

Vermögensgüter		=	Fremdkapital	+	Eigenkapital
Zahlungsmittel	*Grundstück*		*Verbindlichkeiten*		*Kapital K. Gross*
− 60 000	+ 60 000	=	0	+	0

JOURNALEINTRAG: Aufzeichnung des Ereignisses „Grundstückskauf" mit identifizierendem Verweis auf Kontoangaben (z. B. laufender Nummer und Datum), Art des Ereignisses, Name des Kontos, dessen Soll-Seite berührt wird, Betrag, um den das Konto zu verändern ist, Name des Kontos, dessen Haben-Seite berührt wird und Betrag, um den das Konto zu verändern ist:

Beleg	Datum	Ereignis und Konten	Soll	Haben
2	2.4.	Grundstückskauf gegen Abnahme der Zahlungsmittel		
		Grundstück	60 000	
		Zahlungsmittel		60 000

KONTENEINTRAG:

S	Zahlungsmittel	H	S	Grundstück	H
(1)	100 000	(2) 60 000	(2)	60 000	

Ereignis 3 (Geschäftsvorfall)

ANALYSE: Kauf von Büromaterial am 3. April zum Preis von 3 000 GE „auf Rechnung" (synonym: „auf Ziel").

KONTENBESTIMMUNG: Durch den Kauf verändern sich die Vermögensgüter und das Fremdkapital. Das Vermögensgüterkonto *Büromaterial* und das Fremdkapitalkonto *Verbindlichkeiten (Einkauf)* werden berührt.

BILANZGLEICHUNG: Das Vermögensgüterkonto *Büromaterial* ist wegen der Zunahme auf seiner Soll-Seite, das Fremdkapitalkonto *Verbindlichkeiten (Einkauf)* wegen seiner Zunahme auf der Haben-Seite zu verändern:

Vermögensgüter	=	Fremdkapital	+	Eigenkapital
Büromaterial		*Verbindlichkeiten (Einkauf)*		*Kapital K. Gross*
+ 3000	=	+ 3000	+	0

JOURNALEINTRAG: Aufzeichnung des Ereignisses „Kauf von Büromaterial" mit identifizierendem Verweis auf Kontoangaben (z.B. laufender Nummer und Datum), Art des Ereignisses, Name des Kontos, dessen Soll-Seite berührt wird, Betrag, um den das Konto zu verändern ist, Name des Kontos, dessen Haben-Seite berührt wird, und Betrag, um den das Konto zu verändern ist:

Beleg	Datum	Ereignis und Konten	Soll	Haben
3	3.4.	Kauf von Büromaterial auf Ziel		
		Büromaterial	3000	
		Verbindlichkeiten (Einkauf)		3000

KONTENEINTRAG:

S	Büromaterial	H	S	Verbindlichkeiten (Einkauf)	H
(3)	3000			(3)	3000

Ereignis 4 (Geschäftsvorfall)

ANALYSE: Es handelt sich um die Abgabe einer Dienstleistung gegen Barzahlung von 12000 GE am 4. April. Bei der Erstellung der Dienstleistung war Büromaterial mit einem Anschaffungswert von 600 GE verbraucht worden.

KONTENBESTIMMUNG: Durch die Abgabe der Dienstleistung gegen Barzahlung nehmen die Vermögensgüter und das Eigenkapital um den gezahlten Preis der Dienstleistung zu. Zugleich nehmen die Vermögensgüter und das Eigenkapital wegen des Einsatzes des Büromaterials ab. Das Vermögensgüterkonto *Zahlungsmittel* und das Eigenkapitalkonto *Kapital K. Gross* nehmen zu. Gleichzeitig nehmen das Vermögensgüterkonto *Büromaterial* und das Eigenkapitalkonto *Kapital K. Gross* ab. Ihrer Art nach handelt es sich bei der Eigenkapitalmehrung um einen Ertrag, bei der Eigenkapitalminderung und einen Aufwand.

BILANZGLEICHUNG: Die Zunahme des Kontos *Zahlungsmittel* ist auf der Soll-Seite des Kontos, die Zunahme des Kontos *Kapital K. Gross* auf der Haben-Seite zu berücksichtigen:

Vermögensgüter	=	Fremdkapital	+	Eigenkapital
Zahlungsmittel		Verbindlichkeiten		Kapital K. Gross
+ 12 000	=	0	+	+12 000

Die Abnahme des Büromaterials ist auf der Haben-Seite des Kontos, die Abnahme des Eigenkapitals auf der Soll-Seite zu berücksichtigen:

Vermögensgüter	=	Fremdkapital	+	Eigenkapital
Büromaterial		Verbindlichkeiten		Kapital K. Gross
– 600	=	0	+	–600

JOURNALEINTRAG: Aufzeichnung des Ereignisses „Erbringung einer Dienstleistung" mit identifizierendem Verweis auf Kontoangaben (z.B. laufender Nummer und Datum), Art des Ereignisses, Name des Kontos, dessen Soll-Seite berührt wird, Betrag, um den das Konto zu verändern ist, Name des Kontos, dessen Haben-Seite berührt wird, und Betrag, um den das Konto zu verändern ist:

Beleg	Datum	Ereignis und Konten	Soll	Haben
4a	4.4.	Abgabe eines Gutachtens (Ertragsbuchung)		
		Zahlungsmittel	12 000	
		Kapital K. Gross		12 000
4b	4.4.	Abgabe eines Gutachtens (Aufwandsbuchung)		
		Kapital K. Gross	600	
		Büromaterial		600

KONTENEINTRAG:

S	Zahlungsmittel		H	S	Büromaterial		H	S	Kapital K. Gross		H
(1)	100 000	(2)	60 000	(3)	3 000	(4b)	600	(4b)	600	(1)	100 000
(4a)	12 000									(4a)	12 000

Ereignis 5 (Geschäftsvorfall)

ANALYSE: Es handelt sich um die Abgabe einer Dienstleistung am 5. April zu einem Preis von 10 000 GE mit späterer Bezahlung. Bei der Erstellung der Dienstleistung war Büromaterial mit einem Anschaffungswert von 400 GE verbraucht worden.

KONTENBESTIMMUNG: Durch die Abgabe der Dienstleistung gegen spätere Bezahlung werden die Vermögensgüter und das Eigenkapital um den Preis der Dienstleistung erhöht. Zugleich nehmen die Vermögensgüter und das Eigenkapital wegen des Einsatzes des Büromaterials ab. Das Vermögensgüterkonto *Forderungen (Verkauf)* und das Eigenkapitalkonto *Kapital K. Gross* nehmen zu. Gleichzeitig nehmen das Vermögensgüterkonto *Büromaterial* und das Eigenkapitalkonto *Kapital K. Gross* ab.

BILANZGLEICHUNG: Die Zunahme des Kontos *Forderungen (Verkauf)* ist auf der Soll-Seite des Kontos, die Zunahme des Kontos *Kapital K. Gross* auf der Haben-Seite zu berücksichtigen:

Vermögensgüter	=	Fremdkapital	+	Eigenkapital
Forderungen		*Verbindlichkeiten*		*Kapital K. Gross*
+ 10000	=	0	+	+10000

Die Abnahme des Büromaterials ist auf der Haben-Seite des Kontos, die Abnahme des Eigenkapitals auf der Soll-Seite zu berücksichtigen:

Vermögensgüter	=	Fremdkapital	+	Eigenkapital
Büromaterial		*Verbindlichkeiten*		*Kapital K. Gross*
− 400	=	0	+	−400

JOURNALEINTRAG: Aufzeichnung des Ereignisses „Erbringung einer weiteren Dienstleistung" mit identifizierendem Verweis auf Kontoangaben (z.B. laufender Nummer und Datum), Art des Ereignisses, Name des Kontos, dessen Soll-Seite berührt wird, Betrag, um den das Konto zu verändern ist, Name des Kontos, dessen Haben-Seite berührt wird, und Betrag, um den das Konto zu verändern ist:

Beleg	Datum	Ereignis und Konten	Soll	Haben
5a	5.4.	Abgabe eines Gutachtens (Ertragsbuchung)		
		Forderungen (Verkauf)	10000	
		Kapital K. Gross		10000
5b	5.4.	Abgabe eines Gutachtens (Aufwandsbuchung)		
		Kapital K. Gross	400	
		Büromaterial		400

KONTENEINTRAG:

S	Forderungen (Verkauf)	H	S	Büromaterial		H	S	Kapital K. Gross		H
(5a)	10000		(3)	3000	(4b)	600	(4b)	600	(1)	100000
					(5b)	400	(5b)	400	(4a)	12000
									(5a)	10000

Ereignis 6 (Geschäftsvorfall)

ANALYSE: Karl Gross zahlt Miete (4000 GE), Gehalt (3000) und Sonstiges (2000) für den ersten Monat. Die Zahlungen wurden als sofort einkommenswirksam gekennzeichnet.

KONTENBESTIMMUNG: Durch die Zahlung nehmen die Vermögensgüter und das Eigenkapital des Unternehmens ab. Das Vermögensgüterkonto *Zahlungsmittel* und das Eigenkapitalkonto *Kapital K. Gross* werden berührt. Möchte man die Veränderungen des Eigenkapitals als Erträge und Aufwendungen getrennt erfassen, so kann man entsprechende Unterkonten zum Eigenkapitalkonto bilden. Dann wäre anstatt des Eigenkapitalkontos *Kapital K. Gross* das Aufwandskonto zu verändern. Hier wird die erstgenannte Variante dargestellt.

BILANZGLEICHUNG: Weil das Eigenkapital durch den Aufwand abnimmt, ist die Soll-Seite des Eigenkapitalkontos *Kapital K. Gross* zu verändern. Die Abnahme des Vermögensgüterkontos *Zahlungsmittel* ist auf der Haben-Seite zu erfassen.

Vermögensgüter	=	Fremdkapital	+	Eigenkapital
Zahlungsmittel		*Verbindlichkeiten*		*Kapital K. Gross*
− 4000	=	0	+	− 4000
− 3000				− 3000
− 2000				− 2000

JOURNALEINTRAG: Aufzeichnung des Ereignisses „Ausgaben für Miete, Gehalt und Sonstiges" mit identifizierendem Verweis auf Kontoangaben (z.B. laufender Nummer und Datum), Art des Ereignisses, Name des Kontos, dessen Soll-Seite berührt wird, Betrag, um den das Konto zu verändern ist, Name des Kontos, dessen Haben-Seite berührt wird, und Betrag, um den das Konto zu verändern ist:

Beleg	Datum	Ereignis und Konten	Soll	Haben
6	6.4.	Ausgaben für Miete, Gehalt und Sonstiges		
		Kapital K. Gross	9000	
		Zahlungsmittel		9000

KONTENEINTRAG:

S	*Zahlungsmittel*		H	S	*Kapital K. Gross*		H
(1)	100000	(2)	60000	(4b)	600	(1)	100000
(4a)	12000	(6)	9000	(5b)	400	(4a)	12000
				(6)	9000	(5a)	10000

4.3.2 Ermittlung der Kontensalden

Nach der Buchung der Geschäftsvorfälle lässt sich jeweils die Veränderung der einzelnen Werte der Vermögensgüter, des Fremdkapitals und des Eigenkapitals ermitteln. Im Beispiel zeigt das Zahlungsmittelkonto nach den sechs Geschäftsvorfällen die einlagenbedingte Zunahme um 100000 GE, die Abnahme für den Grundstückskauf in Höhe von 60000 GE, die Zunahme durch die Abgabe einer Leistung an den ersten Kunden in Höhe von 12000 GE sowie Ausgaben für Miete, Gehalt und Sonstiges in Höhe von 9000 GE. Subtrahiert man die Abnahmen von den Zunahmen, so erhält man als Saldo die Veränderung der Zahlungsmittel. Weil es zu Beginn der Betrachtung, d.h. vor dem ersten Geschäftsvorfall, keine Zahlungsmittel im Unternehmen gab, entspricht der Saldo von Einzahlungen und Auszahlungen im Beispiel dem Endbestand des Zahlungsmittelkontos. Normalerweise stellt der Saldo der Soll- und der Haben-Seite nur dann den Endbestand der jeweiligen Vermögensgüter-, Fremdkapital- oder Eigenkapitalwerte dar, wenn auch die jeweiligen Anfangsbestände in die Betrachtung einbezogen werden; denn es gilt ja – wie bereits mehrfach erwähnt – entsprechend der intertemporalen Bilanzgleichung: Endbestand = Anfangsbestand + Zugänge – Abgänge.

Im Folgenden wird der Kontostand, der sich nach Berücksichtigung der auf dem Konto angegebenen Werte ergibt, durch das Kürzel „Saldo" angedeutet und nachrichtlich unter das Konto geschrieben, wenn dieser Kontostand ungleich 0 GE ist. Übersteigt die Summe der Werte der Soll-Seite diejenige der Haben-Seite, so tragen wir den Kontostand auf der Soll-Seite unter dem T-Konto ein; im umgekehrten Fall benutzen wir die Haben-Seite. Bei einem Kontostand von 0 GE interessiert uns das Konto nicht mehr, und wir deuten dies durch doppeltes Unterstreichen an. Dies hat den Vorteil, dass wir den Kontostand jeweils auf derjenigen Kontenseite sehen, auf der wir normalerweise die Zugänge abbilden, solange noch ein positiver Bestand vorhanden ist, und dass Konten, die uns nicht mehr interessieren, gleich auffallen. Das Zahlungsmittelkonto sähe nach den Buchungen des obigen Beispiels folgendermaßen aus:

Inhalt von Konten nach Buchungen

Darstellung des Kontostandes

S	Zahlungsmittel		H
(1)	100000	(2)	60000
(4)	12000	(6)	9000
Saldo	43000		

Im Journal müssten sich für die ersten sechs Ereignisse die Buchungssätze der Abbildung 4.5 befinden. Die von den ersten sechs Geschäftsvorfällen angesprochenen Konten sehen unter Berücksichtigung der Information über den Kontostand so wie in Abbildung 4.6 aus.

Ereignis	Konto das „im Soll" verändert wird		Konto das „im Haben" verändert wird	Betrag
1	Zahlungsmittel	an	Kapital K. Gross	100000
2	Grundstück	an	Zahlungsmittel	60000
3	Büromaterial	an	Verbindlichkeiten (Einkauf)	3000
4a	Zahlungsmittel	an	Kapital K. Gross	12000
4b	Kapital K. Gross	an	Büromaterial	600
5a	Forderungen (Verkauf)	an	Kapital K. Gross	10000
5b	Kapital K. Gross	an	Büromaterial	400
6	Kapital K. Gross	an	Zahlungsmittel	9000

Abbildung 4.5: Buchungssätze zu den ersten sechs Ereignissen im Unternehmen Karl Gross

Vermögensgüter			=	Fremdkapital			+	Eigenkapital		
S	Zahlungsmittel	H		S	Verbindlichkeiten (Einkauf)	H		S	Kapital K. Gross	H
(1) 100000		(2) 60000				(3) 3000		(4) 600		(1) 100000
(4) 12000		(6) 9000			Saldo	3000		(5) 400		(4) 12000
Saldo 43000								(6) 9000		(5) 10000
									Saldo	112000

S	Forderungen (Verkauf)	H
(5) 10000		
Saldo 10000		

S	Büromaterial	H
(3) 3000		(4) 600
		(5) 400
Saldo 2000		

S	Grundstück	H
(2) 60000		
Saldo 60000		

Abbildung 4.6: Darstellung der Konten mit nachrichtlicher Angabe von Kontoständen nach den ersten sechs Geschäftsvorfällen des Beispiels

4.4 Vorläufige Saldenaufstellung

4.4.1 Grundlagen

Die vorläufige Saldenaufstellung repräsentiert eine Liste aller Konten mit den jeweiligen Kontoständen nach Berücksichtigung aller Geschäftsvorfälle, jedoch vor Erfassung derjenigen Ereignisse, die zwar berücksichtigt werden müssen, die aber nicht zu den Geschäftsvorfällen zählen. Weil noch nicht alle relevanten Ereignisse berücksichtigt sind, sondern nur die Geschäftsvorfälle, wird sie als vorläufig bezeichnet. Sie dient nicht nur der Übersicht über die Kontostände, sondern auch der Prüfung, bei welchen Konten weitere Ereignisse zu erfassen sind. Sie ist darüber hinaus beim Aufspüren von Buchungsfehlern hilfreich.

> **Vorläufige Saldenaufstellung:** Liste der Kontostände aller Konten nach Buchung der Geschäftsvorfälle

In einer vorläufigen Saldenaufstellung werden die Kontostände getrennt danach aufgeführt, ob sie auf der Soll- oder auf der Haben-Seite eines Kontos entstanden sind. Die Summe der Kontostände der rechten Zahlenspalte der Saldenaufstellung muss der Summe der Kontostände der linken Zahlenspalte entsprechen. Ist dies nicht der Fall, so hat sich ein Fehler eingeschlichen. Trägt man Kontostände, die sich auf den Konten auf der Haben-Seite ergeben, auf der Haben-Seite der Saldenaufstellung ein (Haben-Salden) und entsprechende Soll-Salden der Konten auf der Soll-Seite der Saldenaufstellung, so erscheint diese besonders aussagefähig: Für das Unternehmen stehen Aktivsalden wie in einer Bilanz auf der linken und Passivsalden auf der rechten Seite. Im Englischen wird für die vorläufige Saldenaufstellung der Begriff *trial balance* verwendet. Vielleicht rührt es daher, dass das Instrument in der Literatur vereinzelt als Saldenbilanz bezeichnet wird.

Eine vorläufige Saldenaufstellung kann man jederzeit erstellen, um die Richtigkeit der Journal- und Konteneinträge zu prüfen. Zur Analyse, bei welchen Konten weitere Ereignisse zu buchen sind, wird sie allerdings erst zum Ende eines jeden Abrechnungszeitraumes erstellt.

Für die ersten sechs Geschäftsvorfälle der Unternehmensberatung Karl Gross hat die vorläufige Saldenaufstellung das Aussehen der Abbildung 4.7.

Unternehmensberatung Karl Gross Vorläufige Saldenaufstellung nach den ersten sechs Ereignissen des Monats April 20X1	Kontostand	
	Soll	Haben
Zahlungsmittel	43 000	
Forderungen (Verkauf)	10 000	
Büromaterial	2 000	
Grundstück	60 000	
Verbindlichkeiten (Einkauf)		3 000
Kapital K. Gross		112 000
Summe	115 000	115 000

Abbildung 4.7: Saldenaufstellung des Unternehmens Karl Gross nach den ersten sechs Geschäftsvorfällen

4.4.2   Fehlersuche mit Hilfe der vorläufigen Saldenaufstellung

Rechenfehler bei Computereinsatz unwahrscheinlich

Durch die Verwendung elektronischer Rechenmaschinen werden im Rahmen der Buchführung viele Fehler von vornherein ausgeschlossen. Dennoch kann es durch menschliches Versagen vorkommen, dass die Soll- und die Haben-Seite der vorläufigen Saldenaufstellung nicht übereinstimmen. Eine Möglichkeit, Fehler zu finden, besteht darin, die Abbildung sämtlicher Geschäftsvorfälle nachzuvollziehen. Das wird umso mühsamer, je mehr Geschäftsvorfälle vorliegen.

Fehlerhinweise bei unausgeglichener Saldenaufstellung

Viele Fehler lassen sich bei nicht ausgeglichener Saldenaufstellung schnell finden, wenn man eine oder mehrere der folgenden vier Operationen durchführt:

Übertragung eines Kontos vergessen?

1   Suche danach, ob ein Konto in der Saldenaufstellung vergessen wurde: Wären im Beispiel die Ausgaben für Mieten, Gehälter und Sonstiges vergessen worden, so hätte man in der vorliegenden vorläufigen Saldenaufstellung weniger gefüllte Zeilen als Konten festgestellt. Ferner hätte sich eine Differenz zwischen der Summe der Soll- und der Summe der Haben-Seite der Saldenaufstellung in Höhe von 9000 GE ergeben. Nochmalige Durchsicht aller Konten und Suche nach einem Konto mit einem Endbestand von 9000 GE hätte sicherlich zu dem fehlenden Konto geführt.

Buchungssatz nur teilweise auf Konten übertragen?

2   Suche nach unvollständigen Buchungen: Es kann sein, dass eine Buchung, die im Journal steht, auf einem der Konten vergessen wurde. Dann weist die Saldenaufstellung eine Differenz auf, die dem Betrag eines Geschäftsvorfalls entspricht. Durch Suche nach dem Betrag im Journal identifiziert man den Eintrag und kann auf den Konten den vergessenen Buchungsteil nachholen.

Ein Betrag auf der falschen Seite eines Kontos eingetragen?

3   Suche nach einer Buchung, bei welcher der Betrag irrtümlich auf der falschen Seite eines Kontos verbucht wurde: Dividiere den Saldo der Saldenaufstellung durch zwei und suche im Journal nach dem Betrag! Folgende Begründung lässt sich dafür heranziehen. Hat man eine Soll-Buchung versehentlich auf der Haben-Seite eines Kontos vorgenommen, weist das Konto einen Endbestand auf, der doppelt so hoch ist wie die aus dem Geschäftsvorfall folgende Buchung. Hätte man 300 GE im Soll buchen sollen, hat man sie tatsächlich jedoch im Haben gebucht, dann beträgt die Differenz zwischen der Summe der Soll-Zahlen und der Summe der Haben-Zahlen 600 GE. Die Suche nach 600 GE/2 = 300 GE im Journal könnte den Fehler vielleicht aufdecken.

Kommafehler oder bestimmte Zahlendreher bei Übertragung?

4   Suche nach Buchungen, bei denen auf den Konten Beträge mit unterschiedlichen Dezimalgrößenordnungen verbucht wurden: Dividiere die Differenz durch 9! Ist das Ergebnis eine ganze Zahl, so kann ein Größenordnungsfehler vorliegen (hat man beispielsweise 61 statt 610 geschrieben) oder ein Zahlendreher (man hat z.B. 16 anstatt 61 geschrieben). Im Falle eines Größenordnungsfehlers um eine Dezimalstelle beispielsweise liefert die Division der Differenz durch neun den Betrag, der falsch verbucht wurde. Hat man etwa

61 anstatt 610 gebucht, ergibt sich eine Differenz von 549. Durch Suche im Journal nach 549/9 = 61 lässt sich der fehlerhaft verarbeitete Geschäftsvorfall identifizieren.

Natürlich lassen sich mit Hilfe der Saldenaufstellung nicht alle denkbaren Fehler finden. Selbst wenn die Saldenaufstellung ausgeglichen ist, kann es vorkommen, dass man einen Geschäftsvorfall falsch analysiert hat, dass die Kontenbestimmung fehlerhaft war, dass die Zugänge und Abgänge eines Geschäftsvorfalls jeweils auf der falschen Kontenseite vermerkt wurden oder dass man beim Konteneintrag falsche, jedoch jeweils gleich große Beträge übernommen hat.

Nicht alle Fehler lassen sich finden

4.4.3 „Normale" Salden von Konten

Der Endbestand eines Kontos ergibt sich aus dem Anfangsbestand zuzüglich der Zugänge abzüglich der Abgänge. Für die meisten Vermögensgüter- und Fremdkapitalposten wird der Endbestand der Konten positiv sein. Dem Vorratslager oder der Kasse kann man nicht mehr Güter oder Geld entnehmen, als darin vorhanden sind. Auch Grundstücke und Gebäude lassen sich nur verkaufen, wenn man sie besitzt. Die Soll-Seite solcher Konten wird tendenziell größer sein als die Haben-Seite. Fremdkapital erlischt, sobald es zurückgezahlt ist. Normalerweise wird die Haben-Seite von Kapitalkonten größer als die Soll-Seite sein. Ein negativer Bestand eines Vermögens- oder Fremdkapitalkontos kann sich zwar rechnerisch ergeben, ist aber faktisch unmöglich.

Endbestände von Bestandskonten sollten positiv sein

Der Endbestand des Eigenkapitalkontos (Haben-Seite minus Soll-Seite) wird ebenfalls meist positiv sein. Ergibt sich ein negativer Bestand, so übersteigt der Wert des Fremdkapitals den Wert der Vermögensgüter. Es liegt dann eine Situation vor, in der sich die Gläubiger verstärkt um die Rückführung ihrer Mittel bemühen werden. Viele Rechtsordnungen sehen in solchen Situationen vor, dass der Unternehmer keine Geschäfte mehr tätigen darf. Zu den Unterkonten des Eigenkapitals, die Eigenkapitalmehrungen aufnehmen, gehören die Ertrags- und Einlagekonten. Eine Mehrung solcher Konten zeigt sich in einem Überschuss der Haben-Seite über die Soll-Seite. Bei den Eigenkapitalkonten, welche zur Abbildung von Eigenkapitalminderungen vorgesehen sind, zeigen sich die gesamten Minderungen in einem Überschuss der Soll-Seite über die Haben-Seite. Zu diesen Konten zählen die Entnahmekonten und die Aufwandskonten.

Endbestände von Eigenkapitalkonten

Abbildung 4.8 zeigt grafisch, auf welcher Kontenseite der Endbestand bei verschiedenen Kontentypen normalerweise erscheint.

Abbildung 4.8: Kontenseiten für den Ausweis „normaler" Endbestände

Konten mit Endbeständen, die positiv oder negativ sein können

In der Praxis werden auch Konten geführt, deren Endbestände rechts oder links stehen können. Dies gilt beispielsweise für Girokonten, wenn Banken den Unternehmen auf solchen Konten Anlage- und Kreditbeziehungen einräumen. Übersteigen die Einzahlungen auf ein solches Konto die Auszahlungen, liegt also aus Sicht des Unternehmens ein positiver Endbestand auf der Soll-Seite des Kontos vor, so handelt es sich bei den Unternehmen um ein Vermögenskonto. Ist der Kontostand dagegen negativ bzw. erfolgt der Endbestandsausweis auf der Haben-Seite des Kontos, handelt es sich um eine Rückzahlungsverpflichtung, beispielsweise gegenüber der Bank und damit um ein Fremdkapitalkonto.

4.5 Erstellung der korrigierten Saldenaufstellung: Berücksichtigung von anderen relevanten Ereignissen

Vorläufige Saldenaufstellung als Zusammenfassung von Konteninhalten

Die vorläufige Saldenaufstellung ist weiterhin sehr hilfreich bei der Berücksichtigung von Ereignissen, die zwar im Rechnungswesen abzubilden sind, die aber nicht unter die Geschäftsvorfälle subsumiert werden können. Beispielsweise verlangt das dHGB unter bestimmten Umständen, Vermögensgegenstände abweichend von deren Anschaffungsausgaben anzusetzen, wenn am Bilanzstichtag der Börsen- oder Marktpreis oder der „beizulegende" Wert niedriger ist als die Anschaffungsausgaben. Für das Fremdkapital gilt aus Vorsichtsgründen Entsprechendes in umgekehrter Richtung. Das erfordert vom Bilanzaufsteller, dass er alle Vermögensgüter und alle Fremdkapitalposten zum Bilanzstichtag daraufhin überprüft, ob derartige Wertminderungen eingetreten sind. Gegebenenfalls ist eine Buchung vorzunehmen. Für eine solche Überprüfung genügt es meist nicht, nur auf die Konten zu schauen. Man benötigt auch andere Informationen, im Beispiel solche über die Börsen-, Marktpreise oder über beizulegende Zeitwerte. Wenn man auf die Zusammenfassung der Konteninhalte in Form einer vorläufigen Saldenaufstellung zurückgreifen kann, verfügt man über eine vollständige Checkliste für derartige Arbeiten.

Korrekturbuchungen

Mit der Berücksichtigung anderer Ereignisse als den Geschäftsvorfällen nimmt man Buchungen vor, die als Korrekturbuchungen bezeichnet werden. Denn mit ihnen korrigiert man die vorläufigen Endbestände von Konten (nach Berücksichtigung der Geschäftsvorfälle) so, wie es für eine leistungsabgabeorientierte Einkommensmessung unter Berücksichtigung von Periodisierungen und Einkommensvorwegnahmen erforderlich ist.

Planungsinstrument für ermessensabhängige Buchungen

Oftmals lassen sich die finanziellen Konsequenzen solcher Ereignisse, die nicht zu den Geschäftsvorfällen zählen, nicht zweifelsfrei feststellen. Es ist dann unvermeidlich, dass der Bilanzierende ein gewisses Ermessen ausüben kann oder muss. Durch das Ermessen beeinflusst er das Eigenkapital und das Einkommen positiv oder negativ. Die vorläufige Saldenaufstellung, ergänzt um weitere Spalten für die Korrekturbuchungen, ist das ideale Instrument, sich die Auswirkungen des Ermessens auf Eigenkapital und Einkommen zu verdeutlichen, bevor man Buchungen vornimmt. Hat man sich für eine bestimmte Art der Ermessensausübung entschieden und die Konsequenzen mit Hilfe der Saldenaufstellung verdeutlicht, kann man die entsprechenden Buchungen und Journaleinträge vornehmen.

4.6 Aufspaltung des Eigenkapitals in Unterkonten

4.6.1 Grundlagen

Wir haben gesehen, dass die für das Eigenkapital relevanten Ereignisse aus Sicht des Unternehmers unterschiedliche Eigenschaften aufweisen. Wir haben Eigenkapitaltransaktionen, die zwischen dem Unternehmen und den Kapitalgebern stattfinden, unterschieden von anderen relevanten Ereignissen, die zwischen dem Unternehmen und anderen Wirtschaftseinheiten als den Eigenkapitalgebern stattfinden. Für die Erstellung einer Einkommensrechnung ist es erforderlich, Erträge und Aufwendungen getrennt von den anderen Eigenkapitalveränderungen zu erfassen. Die Aufstellung einer Eigenkapitaltransferrechnung verlangt darüber hinaus die Kenntnis von Einlagen und Entnahmen. Insofern lässt sich die bisherige Darstellungsweise der intratemporalen Bilanzgleichung genauer gestalten. Unterstellt man, dass Eigenkapitalveränderungen während eines Zeitraumes nur als Einlagen, Entnahmen, Erträge und Aufwendungen berücksichtigt werden, so ergibt sich das gesamte Eigenkapital zum Ende des Zeitraumes aus dem Eigenkapital zu Beginn des Zeitraumes zuzüglich der Einlagen, abzüglich der Entnahmen, zuzüglich der Erträge und abzüglich der Aufwendungen.

Für Einkommens- und Eigenkapitaltransferrechnung ist es erforderlich, Unterkonten für das Eigenkapital einzuführen

			+	Eigenkapital zu Beginn
			+	Einlagen
Vermögensgüter	=	Fremdkapital	–	Entnahmen
			+	Erträge
			–	Aufwendungen

Bei Darstellung der Zusammenhänge auf Konten ergibt sich der aus Abbildung 4.9 ersichtliche Zusammenhang. Darin wird zugleich angegeben, auf welcher Seite der Konten jeweils Mehrungen und Minderungen abzubilden sind.

Formale Darstellung der Unterkonten

Vermögensgüter		=	Fremdkapital		+	Eigenkapital	
S Aktiva H			S Verbindlichkeiten H			S Eigenkapital zu Beginn H	
Soll-Seite für Vermögens-mehrungen	Haben-Seite für Vermögens-minderungen		Soll-Seite für Fremdkapital-minderungen	Haben-Seite für Fremdkapital-mehrungen		Soll-Seite für Eigenkapital-minderungen	Haben-Seite für Eigenkapital-mehrungen

	+	S Einlage H	
		Soll-Seite für Minderung von Einlagen	Haben-Seite für Mehrung von Einlagen

	−	S Entnahme H	
		Soll-Seite für Mehrung von Entnahmen	Haben Seite für Minderung von Entnahmen

	+	S Ertrag H	
		Soll-Seite für Minderung von Erträgen	Haben-Seite für Mehrung von Erträgen

	−	S Aufwand H	
		Soll-Seite für Mehrung von Aufwendungen	Haben-Seite für Minderung von Aufwendungen

Abbildung 4.9: In Konten ausgedrückte intratemporale Bilanzgleichung bei detaillierter Darstellung des Eigenkapitals, jeweils mit Angabe der für Mehrungen und für Minderungen zu benutzenden Kontenseiten

4.6.2   Verdeutlichung am Beispiel

Beispiel mit neun Ereignissen Im Folgenden werden wir die Erträge und Aufwendungen der Rechtsanwältin Eva Meier für den Monat Juli 20X1 näher betrachten. Wir führen dazu die Analyseschritte durch, die weiter oben in diesem Kapitel bereits illustriert wurden, und erstellen anschließend eine vorläufige Saldenaufstellung. Hierbei wird auf eine konkrete Datumsangabe zu Gunsten der laufenden Belegnummer verzichtet.

4.6.2.1 Buchung von Geschäftsvorfällen

Ereignis 1 (Geschäftsvorfall)

ANALYSE: Eva Meier investiert am 1. Juli 100 000 GE Bargeld in ihr Unternehmen, um eine Rechtsanwaltskanzlei zu eröffnen. Es handelt sich um eine Einlage.

KONTENBESTIMMUNG: Durch eine Einlage von Bargeld werden das Vermögensgüterkonto *Zahlungsmittel* und das Eigenkapitalkonto *Einlage E. Meier* angesprochen.

BILANZGLEICHUNG: Ein Zugang auf dem Vermögensgüterkonto *Zahlungsmittel* wird auf dessen Soll-Seite, ein Zugang auf dem Eigenkapitalkonto *Einlage E. Meier* auf der Haben-Seite berücksichtigt:

Vermögensgüter	=	Fremdkapital	+	Eigenkapital
Zahlungsmittel		*Verbindlichkeiten*		*Einlage E. Meier*
+ 100 000	=	0	+	+ 100 000

JOURNALEINTRAG: Aufzeichnung des Ereignisses „Einlage von E. Meier" mit identifizierendem Verweis auf Kontoangaben (z.B. laufender Nummer und Datum), Art des Ereignisses, Name des Kontos, dessen Soll-Seite berührt wird, Betrag, um den das Konto zu verändern ist, Name des Kontos, dessen Haben-Seite berührt wird, und Betrag, um den das Konto zu verändern ist:

Beleg	Datum	Ereignis und Konten	Soll	Haben
1	1.7.	Einlage von E. Meier		
		Zahlungsmittel	100 000	
		Einlage E. Meier		100 000

KONTENEINTRAG:

S	Zahlungsmittel	H	S	Einlage E. Meier	H
(1)	100 000			(1)	100 000

Ereignis 2 (Geschäftsvorfall)

ANALYSE: Meier erbringt am 2. Juli eine Beratung für einen Mandaten und erhält dafür 2 000 GE Beratungshonorar in bar. Es handelt sich um die Erbringung einer Dienstleistung, für die sie nur ihr Wissen eingesetzt hat.

KONTENBESTIMMUNG: Bei Erbringung einer Dienstleistung gegen Barzahlung werden die Vermögensgüter des Kontos *Zahlungsmittel* und das Eigenkapital berührt. Da es sich nicht um einen Eigenkapitaltransfer handelt, liegt eine Erhöhung des Kontos *Ertrag (Verkauf)* vor. Bestünde die Dienstleistung nicht nur aus immateriellen, sondern aus Sachgütern, so wären mit dem Verkauf auch noch andere Vermögensgüter berührt, und zwar die Waren und Erzeugnisse, die verkauft wurden.

BILANZGLEICHUNG: Auf dem Vermögensgüterkonto *Zahlungsmittel* ist wegen des Zugangs die Soll-Seite zu verändern, auf dem Eigenkapital-konto *Ertrag (Verkauf)* wegen eines Zugangs die Haben-Seite:

Vermögensgüter	=	Fremdkapital	+	Eigenkapital
Zahlungsmittel		*Verbindlichkeiten*		*Ertrag (Verkauf)*
+ 2 000	=	0	+	+ 20 000

JOURNALEINTRAG: Aufzeichnung des Ereignisses „Barverkauf von Dienst-leistungen" mit identifizierendem Verweis auf Kontoangaben (z. B. lau-fender Nummer und Datum), Art des Ereignisses, Name des Kontos, des-sen Soll-Seite berührt wird, Betrag, um den das Konto zu verändern ist, Name des Kontos, dessen Haben-Seite berührt wird, und Betrag, um den das Konto zu verändern ist:

Beleg	Datum	Ereignis und Konten	Soll	Haben
2	2.7.	Barzahlung des Honoraren		
		Zahlungsmittel	2 000	
		Ertrag (Verkauf)		2 000

KONTENEINTRAG:

S	Zahlungsmittel	H	S	Ertrag (Verkauf)	H
(1)	100 000				
(2)	2 000		(2)		2 000

Ereignis 3 (Geschäftsvorfall)

ANALYSE: Meier erbringt am 3. Juli eine weitere Beratung für einen Man-danten und sendet diesem eine Rechnung über 3 000 GE. Es handelt sich um die Erbringung einer Dienstleistung, die nicht sofort bar bezahlt wird.

KONTENBESTIMMUNG: Bei einem Verkauf ohne Barzahlung werden die Vermögensgüter auf dem Konto *Forderungen (Verkauf)* und das Eigen-kapital auf dem Konto *Ertrag (Verkauf)* berührt.

BILANZGLEICHUNG: Das Vermögensgüterkonto *Forderungen (Verkauf)* nimmt zu und ist deswegen auf seiner Soll-Seite zu modifizieren. Das Eigenkapitalkonto *Ertrag (Verkauf)* nimmt ebenfalls zu und ist daher auf seiner Haben-Seite zu verändern.

Vermögensgüter	=	Fremdkapital	+	Eigenkapital
Forderungen (Verkauf)		Verbindlichkeiten		Ertrag (Verkauf)
+ 3 000	=	0	+	+ 3 000

JOURNALEINTRAG: Aufzeichnung des Ereignisses „Verkauf einer Dienstleistung auf Ziel" mit identifizierendem Verweis auf Kontoangaben (z.B. laufender Nummer und Datum), Art des Ereignisses, Name des Kontos, dessen Soll-Seite berührt wird, Betrag, um den das Konto zu verändern ist, Name des Kontos, dessen Haben-Seite berührt wird, und Betrag, um den das Konto zu verändern ist:

Beleg	Datum	Ereignis und Konten	Soll	Haben
3	3.7.	Versand einer Rechnung über Beratungshonorare		
		Forderungen (Verkauf)	3 000	
		Ertrag (Verkauf)		3 000

KONTENEINTRAG:

S	Forderungen (Verkauf)	H	S	Ertrag (Verkauf)	H
(3)	3 000			(2)	2 000
				(3)	3 000

Ereignis 4 (Geschäftsvorfall)

ANALYSE: Meier berechnet am 4. Juli 4 000 GE für die Vertretung eines Mandanten vor Gericht. Der Mandant zahlt sofort 2 000 GE in bar. Die restlichen 2 000 GE fordert sie per Rechnung ein. Es handelt sich um die Erbringung einer Dienstleistung, teilweise gegen Barzahlung, teilweise „auf Ziel".

KONTENBESTIMMUNG: Es werden die Vermögensgüter *Zahlungsmittel* und *Forderungen (Verkauf)* sowie das Eigenkapital *Ertrag (Verkauf)* berührt.

JOURNALEINTRAG: Aufzeichnung des Ereignisses „Verkauf einer Dienstleistung, teils in bar, teils „auf Ziel" mit identifizierendem Verweis auf Kontoangaben (z.B. laufender Nummer und Datum), Art des Ereignisses, Name des Kontos, dessen Soll-Seite berührt wird, Betrag, um den das Konto zu verändern ist, Name des Kontos, dessen Haben-Seite berührt wird, und Betrag, um den das Konto zu verändern ist:

Beleg	Datum	Ereignis und Konten	Soll	Haben
4	4.7.	Dienstleistungsertrag 4 000 GE, von denen 2 000 GE bar bezahlt wurden		
		Zahlungsmittel	2 000	
		Forderungen (Verkauf)	2 000	
		Ertrag (Verkauf)		4 000

BILANZGLEICHUNG:

Vermögensgüter		=	Fremdkapital	+	Eigenkapital
Zahlungsmittel	Forderungen (Verkauf)		Verbindlichkeiten		Ertrag (Verkauf)
+ 2000	+ 2000	=	0	+	+ 4000

KONTENEINTRAG:

S	Zahlungsmittel	H	S	Forderungen (Verkauf)	H	S	Ertrag (Verkauf)	H
(1)	100000		(3)	3000			(2)	2000
(2)	2000		(4)	2000			(3)	3000
(4)	2000						(4)	4000

Ereignis 5 (Geschäftsvorfall)

ANALYSE: Meier tätigt am 5. Juli die folgenden Barauszahlungen: Büromiete 5100 GE, Angestelltengehalt 5200 GE, Sonstiges 5300 GE. Den Auszahlungen stehen weder Aktivzunahmen in gleicher Höhe noch Passivabnahmen in gleicher Höhe gegenüber. Die Veränderungen berühren das Eigenkapital und sind weder Einlagen noch Entnahmen. Sie stellen daher Aufwand dar.

KONTENBESTIMMUNG: Durch den Geschäftsvorfall nimmt das Vermögensgut *Zahlungsmittel* ab. Zugleich wird das Eigenkapital auf den Konten *Aufwand (Miete)*, *Aufwand (Gehalt)* und *Aufwand (Sonstiges)* berührt.

BILANZGLEICHUNG: Das Eigenkapital nimmt durch das Ereignis ab. Die Aufwandskonten *Aufwand (Miete)*, *Aufwand (Gehalt)* und *Aufwand (Sonstiges)* sind daher jeweils auf ihrer Soll-Seite zu verändern. Weil das Vermögensgut *Zahlungsmittel* abnimmt, ist dessen Haben-Seite zu modifizieren:

Vermögensgüter	=	Fremdkapital	+	Eigenkapital		
Zahlungsmittel		Verbindlichkeiten		Aufwand (Miete)	Aufwand (Gehalt)	Aufwand (Sonst.)
− 15600	=	0	+	− 5100	−5200	−5300

JOURNALEINTRAG: Aufzeichnung des Ereignisses „Auszahlung wegen Aufwendungen" mit identifizierendem Verweis auf Kontoangaben (z.B. laufender Nummer und Datum), Art des Ereignisses, Name des Kontos, dessen Soll-Seite berührt wird, Betrag, um den das Konto zu verändern ist, Name des Kontos, dessen Haben-Seite berührt wird, und Betrag, um den das Konto zu verändern ist:

Beleg	Datum	Ereignis und Konten	Soll	Haben
5	5.7.	Auszahlungen wegen Aufwendungen		
		Aufwand (Miete)	5100	
		Aufwand (Gehalt)	5200	
		Aufwand (Sonstiges)	5300	
		Zahlungsmittel		15600

KONTENEINTRAG:

S	Zahlungsmittel		H		S	Aufwand (Miete)		H
(1)	100000	(5)	15600		(5)	5100		
(2)	2000							
(4)	2000							

S	Aufwand (Gehalt)		H
(5)	5200		

S	Aufwand (Sonstiges)		H
(5)	5300		

Ereignis 6 (Geschäftsvorfall)

ANALYSE: Meier lässt am 6. Juli ein Gutachten erstellen. Der Rechnungsbetrag beläuft sich auf 6000 GE. Frau Meier beschließt, diese Verpflichtung in der nächsten Woche durch Barzahlung zu begleichen. Es handelt sich um den Kauf einer Dienstleistung ohne Barzahlung.

KONTENBESTIMMUNG: Das Ereignis berührt das Fremdkapital auf dem Konto *Verbindlichkeiten (Einkauf)* und das Eigenkapital auf dem Konto *Aufwand (Sonstiges)*.

BILANZGLEICHUNG: Durch das Ereignis nimmt das Fremdkapital auf dem Konto *Verbindlichkeiten (Einkauf)* zu. Die Zunahme ist auf der Haben-Seite zu berücksichtigen. In gleicher Höhe nimmt das Eigenkapital in der Form von *Aufwand (Sonstiges)* ab. Der Eintrag hat auf der Soll-Seite zu erfolgen.

Vermögensgüter	=	Fremdkapital	+	Eigenkapital
Aktiva		Verbindlichkeiten (Einkauf)		Aufwand (Sonstiges)
0	=	+ 6000	+	− 6000

JOURNALEINTRAG: Aufzeichnung des Geschäftsvorfalles „Eingang einer Rechnung für ein Gutachten" mit identifizierendem Verweis auf Kontoangaben (z.B. laufender Nummer und Datum), Art des Geschäftsvorfalls, Name des Kontos, dessen Soll-Seite berührt wird, Betrag, um den das Konto zu verändern ist, Name des Kontos, dessen Haben-Seite berührt wird, und Betrag, um den das Konto zu verändern ist:

Beleg	Datum	Ereignis und Konten	Soll	Haben
6	6.7.	Gutachterbestellung		
		Aufwand (Sonstiges)	6000	
		Verbindlichkeiten (Einkauf)		6000

KONTENEINTRAG:

S	Verbindlichkeiten (Einkauf)	H	S	Aufwand (Sonstiges)	H
	(6) 6000		(5) 5300		
			(6) 6000		

Ereignis 7 (Geschäftsvorfall)

ANALYSE: Meier erhält am 7. Juli 2000 GE Bargeld von dem Mandanten aus Geschäftsvorfall 3. Es handelt sich um die Teilbegleichung der ausstehenden Forderung.

KONTENBESTIMMUNG: Das Ereignis betrifft die Vermögensgüter *Zahlungsmittel* und *Forderungen (Verkauf)*.

BILANZGLEICHUNG: Durch das Ereignis nimmt der Bestand an Zahlungsmitteln zu (Konto *Zahlungsmittel*, Soll-Seite) und der Bestand an Forderungen ab (Konto *Forderungen (Verkauf)*, Haben-Seite):

Vermögensgüter		=	Fremdkapital	+	Eigenkapital
Zahlungsmittel	Forderungen (Verkauf)		Verbindlichkeiten		Kapital E. Meier
+ 2000	− 2000	=	0	+	0

JOURNALEINTRAG: Aufzeichnung des Ereignisses „Bargeldeingang zum Teilausgleich einer Forderung" mit identifizierendem Verweis auf Kontoangaben (z.B. laufender Nummer und Datum), Art des Ereignisses, Name des Kontos, dessen Soll-Seite berührt wird, Betrag, um den das Konto zu verändern ist, Name des Kontos, dessen Haben-Seite berührt wird, und Betrag, um den das Konto zu verändern ist:

Beleg	Datum	Ereignis und Konten	Soll	Haben
7	7.7.	Bargeldeingang zum Teilausgleich der Forderung aus Geschäftsvorfall 3		
		Zahlungsmittel	2000	
		Forderungen (Verkauf)		2000

KONTENEINTRAG:

S	Zahlungsmittel		H	S	Forderungen (Verkauf)		H
(1)	100 000	(5)	15 600	(3)	3 000	(7)	2 000
(2)	2 000			(4)	2 000		
(4)	2 000						
(7)	2 000						

Ereignis 8 (Geschäftsvorfall)

ANALYSE: Meier bezahlt das Gutachten aus Geschäftsvorfall 6 am 8. Juli.

KONTENBESTIMMUNG: Das Ereignis beeinflusst die Vermögensgüter und das Fremdkapital, und zwar die *Verbindlichkeiten (Einkauf)* und die *Zahlungsmittel.*

BILANZGLEICHUNG: Weil das Fremdkapital abnimmt, sind die *Verbindlichkeiten (Einkauf)* auf der Soll-Seite zu verändern. Da das Vermögensgut *Zahlungsmittel* abnimmt, ist die Haben-Seite dieses Kontos zu modifizieren.

Vermögensgüter	=	Fremdkapital	+	Eigenkapital
Zahlungsmittel		*Verbindlichkeiten (Einkauf)*		*Kapital E. Meier*
− 6 000	=	− 6 000	+	0

JOURNALEINTRAG: Aufzeichnung des Ereignisses „Bezahlung eines Gutachtens" mit identifizierendem Verweis auf Kontoangaben (z.B. laufender Nummer und Datum), Art des Ereignisses, Name des Kontos, dessen Soll-Seite berührt wird, Betrag, um den das Konto zu verändern ist, Name des Kontos, dessen Haben-Seite berührt wird und Betrag, um den das Konto zu verändern ist:

Beleg	Datum	Ereignis und Konten	Soll	Haben
8	8.7.	Bezahlung des Gutachtens		
		Verbindlichkeiten (Einkauf)	6 000	
		Zahlungsmittel		6 000

KONTENEINTRAG:

S	Zahlungsmittel		H	S	Verbindlichkeiten (Einkauf)		H
(1)	100 000	(5)	15 600	(8)	6 000	(6)	6 000
(2)	2 000	(8)	6 000				
(4)	2 000						
(7)	2 000						

Ereignis 9 (Geschäftsvorfall)

ANALYSE: Meier entnimmt der Kasse ihres Unternehmens am 9. Juli 9000 GE für private Zwecke. Es handelt sich um eine Entnahme.

KONTENBESTIMMUNG: Durch das Ereignis reduzieren sich das Vermögensgut *Zahlungsmittel* sowie das Eigenkapital in der Form von *Entnahme E. Meier*.

BILANZGLEICHUNG: Die Abnahme von Eigenkapital wird auf der Soll-Seite des Eigenkapitalkontos, hier der *Entnahme E. Meier* berücksichtigt, die Abnahme des Vermögensguts *Zahlungsmittel* auf der Haben-Seite:

Vermögensgüter	=	Fremdkapital	+	Eigenkapital
Zahlungsmittel		*Verbindlichkeiten*		*Entnahme E. Meier*
– 9000	=	0	+	– 9000

JOURNALEINTRAG: Aufzeichnung des Ereignisses „Privatentnahme von Bargeld durch E. Meier" mit identifizierendem Verweis auf Kontoangaben (z.B. laufender Nummer und Datum), Art des Ereignisses, Name des Kontos, dessen Soll-Seite berührt wird, Betrag, um den das Konto zu verändern ist, Name des Kontos, dessen Haben-Seite berührt wird, und Betrag, um den das Konto zu verändern ist:

Beleg	Datum	Ereignis und Konten	Soll	Haben
9	9.7.	Bargeldentnahme von E. Meier für private Zwecke		
		Entnahme E. Meier	9000	
		Zahlungsmittel		9000

KONTENEINTRAG:

S	Zahlungsmittel		H	S	Entnahme E. Meier		H
(1)	100 000	(5)	15 600	(9)	9000		
(2)	2 000	(8)	6 000				
(4)	2 000	(9)	9 000				
(7)	2 000						

4.6.2.2 Konteninhalte und Kontenstände nach den Buchungen

Zusammenfassende Übersicht

Nach den neun Geschäftsvorfällen sehen die angesprochenen Konten so wie in Abbildung 4.10 aus. Zusätzlich zu den Buchungen sind die Kontostände nachrichtlich unter den Konten angegeben. Für den Fall, dass sich ein Kontostand von 0 GE ergibt, interessiert uns das Konto für weitere Rechnungen nicht mehr. Wir vermerken so einen Kontostand, indem wir das Konto doppelt unterstreichen.

	Vermögensgüter		=		Fremdkapital		+		Eigenkapital	
S	Zahlungsmittel	H		S	Verbindlichkeiten (Einkauf)	H		S	Einlage E. Meier	H
(1)	100 000	(5) 15 600		(8)	6 000	(6) 6 000				(1) 100 000
(2)	2 000	(8) 6 000								Saldo 100 000
(4)	2 000	(9) 9 000								
(7)	2 000									
Saldo	75 400									

S	Forderungen (Verkauf)	H
(3)	3 000	(7) 2 000
(4)	2 000	
Saldo	3 000	

S	Entnahme E. Meier	H
(9)	9 000	
Saldo	9 000	

S	Ertrag (Verkauf)	H
		(2) 2 000
		(3) 3 000
		(4) 4 000
		Saldo 9 000

S	Aufwand (Miete)	H
(5)	5 100	
Saldo	5 100	

S	Aufwand (Gehalt)	H
(5)	5 200	
Saldo	5 200	

S	Aufwand (Sonstiges)	H
(5)	5 300	
(6)	6 000	
Saldo	11 300	

Abbildung 4.10: Darstellung der Konten nach den neun Ereignissen

4.6.2.3 Vorläufige Saldenaufstellung

Die vorläufige Saldenaufstellung für das Unternehmen Eva Meier sieht wie in Abbildung 4.11 aus. Da die Summen der Salden von Soll- und Haben-Seite der vorläufigen Saldenaufstellung übereinstimmen, ergibt sich kein Hinweis auf einen Fehler im Rahmen der Verbuchung der Geschäftsvorfälle. Der Sachverhalt ist so einfach „gestrickt", dass nur Geschäftsvorfälle vorliegen. Die vorläufige Saldenaufstellung wird daher hier nicht für weitere Zwecke benötigt.

Abbildung 4.11:
Vorläufige Salden-aufstellung der Kanzlei E. Meier

Kanzlei Eva Meier Vorläufige Saldenaufstellung der Ereignisse des Monats Juli 20X1		
	Endbestand	
	Soll	Haben
Zahlungsmittel	75 400	
Forderungen (Verkauf)	3 000	
Verbindlichkeiten (Einkauf)		0
Einlage E. Meier		100 000
Entnahme E. Meier	9 000	
Ertrag (Verkauf)		9 000
Aufwand (Miete)	5 100	
Aufwand (Gehalt)	5 200	
Aufwand (Sonstiges)	11 300	
Summe	109 000	109 000

4.7   Literaturhinweise

Eisele, W. (2002), Technik des betrieblichen Rechnungswesens, 7. Auflage, München (Vahlen), S. 67–91.

4.8 Übungsmaterial

4.8.1 Fragen mit Antworten

Fragen	Antworten	
Was versteht man unter relevanten Ereignissen?	Relevante Ereignisse stellen Ereignisse dar, deren finanzielle Konsequenzen in der Buchführung abgebildet werden.	
Wie unterscheiden sich Geschäftsvorfälle von anderen relevanten Ereignissen?	Wenn ein relevantes Ereignis physische Vorgänge im Unternehmen auslöst, an welche man Buchungen anknüpft, spricht man von einem Geschäftsvorfall.	
Wo werden relevante Ereignisse aufgezeichnet?	Im Journal, der chronologischen Übersicht über die Ereignisse und auf den Konten.	
Was wird bei jedem relevanten Ereignis aufgezeichnet?	Eine Möglichkeit zur Identifikation des Ereignisses und seiner Konsequenzen für die Konten: Zugänge oder Abgänge auf allen Konten, die von dem Ereignis berührt werden.	
Auf welcher Kontenseite bildet man einen Zugang/Abgang ab auf einem	Zugang	Abgang
Vermögenskonto?	Soll	Haben
Fremdkapitalkonto?	Haben	Soll
Eigenkapitalkonto?	Haben	Soll
Ertragskonto?	Haben	Soll
Aufwandskonto?	Soll	Haben
Entnahmekonto?	Soll	Haben
Einlagenkonto?	Haben	Soll
Wo befindet sich formal die Information über die Konten?	In den Haupt- und Nebenbüchern.	
Wo werden alle Konten mit ihren Endbeständen aufgelistet?	In der Saldenaufstellung.	
Welchem Zweck dient die Saldenaufstellung?	Übersicht über Kontenstände und Plausibilitätsprüfung.	
Wo wird über die Ergebnisse der Geschäftstätigkeit berichtet?	In der Einkommensrechnung.	
Wo wird über die finanzielle Lage des Unternehmens berichtet?	In der Bilanz.	

4.8.2 Verständniskontrolle

1 Welche Posten sind in Bilanzen und Einkommensrechnungen üblich?

2 Wodurch unterscheiden sich Geschäftsvorfälle von anderen relevanten Ereignissen?

3 Wie kann man den klassischen Aufbau von Konten skizzieren?

4 Skizzieren Sie die Bedeutung und Funktion des für das Rechnungswesen grundlegenden T-Kontos!

5 Wie lautet die intratemporale Bilanzgleichung unter Berücksichtigung der Unterkonten des Eigenkapitals?

6 Ist die folgende Aussage richtig oder falsch: „Buchung auf Soll-Seite bedeutet Zunahme, Buchung auf Haben-Seite bedeutet Abnahme"?

7 Unterstellen Sie, dass Sie der Buchhalter des Kurierunternehmens „Rainers Radkurier" sind. Skizzieren Sie den dualen Effekt einer Investition von Rainer Müller in sein Unternehmen im Sinne der doppelten Buchführung!

8 Skizzieren Sie die Schritte der Informationsverarbeitung im Rechnungswesen!

9 Auf was bezieht sich der „normale Endbestand" eines Kontos?

10 Geben Sie für die folgenden Konten an, auf welcher Seite sich normalerweise der Endbestand ergibt:

	Seite des „normalen" Endbestandes
Vermögenskonto	
Fremdkapitalkonto	
Eigenkapitalkonto	
Ertragskonto	
Aufwandskonto	
Einlagenkonto	
Entnahmenkonto	

11 Was beendet man mit dem Eintrag auf einem Konto? Wozu ist der Eintrag wichtig? Erfolgt er vor oder nach dem Eintrag ins Journal?

12 Kennzeichnen Sie die Wirkung jeder der folgenden Geschäftsvorfälle auf das Eigenkapital mit (+) für eine Zunahme, (–) für eine Abnahme und (0), falls das Eigenkapital nicht berührt wird:

Geschäftsvorfall	Kennzeichnung
Investition des Unternehmers	
Ertragswirksamer Geschäftsvorfall	
Kauf von Vorräten auf Ziel	
Aufwandswirksamer Geschäftsvorfall	
Begleichung von Schulden	
Entnahme des Unternehmers	
Aufnahme eines Darlehens	
Verkauf einer Dienstleistung auf Ziel	

13 Was bedeutet die Feststellung „Die Verbindlichkeiten weisen auf der Soll-Seite einen Saldo von 1 700 GE auf" für die finanzielle Lage eines Unternehmens?

14 Warum erstellt man eine Saldenaufstellung?

15 Der Buchhalter von „Rainers Radkurier" verbuchte den Kauf von Verpackungsmaterial im Wert von 500 GE auf Ziel irrtümlich mit einem Betrag von 5 000 GE. Er buchte auf der Soll-Seite des Kontos *Verpackungsmaterial* und auf der Haben-Seite des Kontos *Verbindlichkeiten (Einkauf)* jeweils 5 000 GE. Wird dieser Fehler durch die Saldenaufstellung aufgedeckt? Begründen Sie Ihre Antwort!

16 Welcher Effekt resultiert für die Summe der Vermögensgüter und für das Eigenkapital daraus, dass Kunden ihre Verbindlichkeiten bezahlen?

17 Skizzieren Sie Ähnlichkeiten von und Unterschiede zwischen traditionellen und computerbasierten Buchführungssystemen im Hinblick auf Journaleinträge, Buchung auf Konten und Erstellung der Saldenaufstellung!

4.8.3   Aufgaben zum Selbststudium

Analyse der Konsequenzen von Geschäftsvorfällen für Journal, intratemporale Bilanzgleichung, Konten und Saldenaufstellung ohne explizite Berücksichtigung der Einkommensrechnung   **Aufgabe 4.1**

Vorbemerkung zu Aufgabe 4.1

Die Aufgabe dient hauptsächlich didaktischen Zwecken. Es werden nur Ereignisse analysiert, die sich durch physische Konsequenzen im Unternehmen zeigen. Solche Ereignisse werden nur bezüglich des Eigenkapitals und nicht hinsichtlich der Einkommensrechnung dargestellt.

Sachverhalt

Am 1. Mai des Jahres 20X1 eröffnet Karla Braun ihren „Forschungsdienst". Während der ersten 10 Tage ereignen sich die folgenden Geschäftsvorfälle:

a. Braun zahlt am 1. Mai 100000 GE Bargeld auf ein Konto bei der Bank mit der Bezeichnung „Brauns Forschungsdienst" ein. Welche Konsequenzen ergeben sich daraus für die Bilanz von Brauns Forschungsdienst?

b. Sie kauft am 2. Mai für 50000 GE ein kleines Grundstück, auf dem ein Gebäude steht, in dem sie ihr Büro einrichten möchte. Sie überweist den Betrag sofort vom Konto ihrer Bank.

c. Braun kauft am 3. Mai Büromaterial für 10000 GE auf Ziel.

d. Sie zahlt am 4. Mai für den Kauf von Büromöbeln 9000 GE.

e. Sie überweist am 5. Mai 8000 GE an den Verkäufer des Büromaterials aus Geschäftsvorfall c.

f. Sie entnimmt am 6. Mai der Kasse 7000 GE für private Zwecke.

Fragen und Teilaufgaben

1. Erstellen Sie das Journal für die genannten Geschäftsvorfälle!

2. Übertragen Sie die Journaleinträge auf die Konten!

3. Erstellen Sie eine vorläufige Saldenaufstellung für „Brauns Forschungsdienst" am 10. Mai 20X1!

Lösungshinweise zu den Fragen und Teilaufgaben

1. Das Journal enthält für jeden Geschäftsvorfall die Buchungssätze. Es könnte so wie die folgende Tabelle aussehen.

Beleg	Datum	Geschäftsvorfall und Konten	Soll	Haben
a	1. Mai	Einlage Zahlungsmittel		
		Zahlungsmittel	100000	
		Einlage (EK)		100000
b	2. Mai	Kauf Gebäude		
		Grundstück und Gebäude	50000	
		Zahlungsmittel		50000
c	3. Mai	Kauf Büromaterial auf Ziel		
		Büromaterial	10000	
		Verbindlichkeiten (Einkauf)		10000
d	4. Mai	Kauf Büromöbel		
		Büromöbel	9000	
		Zahlungsmittel		9000
e	5. Mai	Teilrückzahlung Verbindlichkeiten		
		Verbindlichkeiten (Einkauf)	8000	
		Zahlungsmittel		8000
f	6. Mai	Entnahme		
		Entnahme (EK)	7000	
		Zahlungsmittel		7000

2. Die Übertragung der Journaleinträge auf die Konten bereitet keine Schwierigkeiten.

3. Die vorläufige Saldenaufstellung hat das folgende Aussehen:

Brauns Forschungsdienst Vorläufige Saldenaufstellung der ersten sechs Ereignisse (10. Mai 20X1)				
	Summe Soll	Summe Haben	Salden	
			Soll	Haben
Zahlungsmittel	100000	74000	26000	
Grundstück u. Gebäude	50000		50000	
Büromaterial	10000		10000	
Büromöbel	9000		9000	
Verbindlichkeiten (Einkauf)	8000	10000		2000
Kapital K. Braun	0	0		
Einlage K Braun		100000		100000
Entnahme K. Braun	7000		7000	
Summe	184000	184000	102000	102000

Analyse der Konsequenzen von Geschäftsvorfällen hinsichtlich der Art der Bilanzwirkung **Aufgabe 4.2**

Sachverhalt

In einem Unternehmen gibt es die folgenden Ereignisse:

a. Für den Erwerb eines neuen Firmenwagens werden zwei alte Firmenwagen im Wert von insgesamt 25 000 GE in Zahlung gegeben.

b. Kauf eines bebauten Grundstücks für das Unternehmen, Bezahlung durch Hingabe einer Finanzanlage in Höhe von 300 000 GE.

c. Ein Kunde begleicht seine Verbindlichkeiten über 400 GE in bar.

d. Ware im Verkaufswert von 1 500 GE mit einem Einkaufswert von 1 000 GE wird verkauft. Der Kunde zahlt bar.

e. Für das Büro wird ein Computer gekauft. Der Kaufpreis in Höhe von 3 000 GE wird überwiesen.

f. Ein Unternehmensgrundstück, das mit 58 000 GE zu Buche stand, wird für 60 000 GE auf Ziel verkauft.

g. Der Unternehmer und Hauptanteilseigner einer Gesellschaft nimmt seinen Sohn in das Unternehmen auf, indem er ihm einen Teil der Unternehmeranteile im Bilanzwert von 20 000 GE überträgt.

h. Ein Mitunternehmer scheidet unter Verzicht auf seinen Eigenkapitalanteil in Höhe von 50 000 GE aus dem Unternehmen aus.

i. Zur Bezahlung einer Verbindlichkeit aus Lieferungen wird der Überziehungskredit bei der Bank in Höhe von 10000 GE in Anspruch genommen.

j. Um die Zinslast zu vermindern, wird eine in Höhe von 50 000 GE in Anspruch genommene Überziehung des Kontos bei der Bank in ein Darlehen umgewandelt.

k. Eine Verbindlichkeit gegenüber einem Lieferanten in Höhe von 18 000 GE wird durch Überweisung vom Konto des Unternehmens bei der Bank (Girokonto) beglichen.

l. Der Hauptanteilseigner und Geschäftsführer zahlt ein von dem Unternehmen bei einer Bank aufgenommenes Darlehen in Höhe von 40 000 GE aus seinem privaten Vermögen zurück.

m. Ein anderer Anteilseigner kommt mit den übrigen Anteilseignern überein, seinen Eigenkapitalanteil in Höhe von 65 000 GE in Fremdkapital umzuwandeln.

n. Das Unternehmen erwirbt ein unbebautes Grundstück. Zur Bezahlung des Kaufpreises in Höhe von 150 000 GE wird bei der Bank ein Darlehen aufgenommen, das mit einer Hypothek besichert wird.

o. Es werden Rohstoffe im Wert von 800 GE auf Ziel gekauft.

p. Ein Kunde leistet eine Baranzahlung auf noch nicht gelieferte Ware in Höhe von 250 GE.

q. Der Hauptanteilseigner bringt Bargeld in Höhe von 8 000 GE in das Unternehmen ein.

r. Der Hauptanteilseigner bringt ein bisher privat gehaltenes Aktienpaket im Wert von 12 000 GE in das Unternehmen ein.

s. Mangelhafte Ware im Wert von 7 000 GE, deren Zugang noch nicht verbucht wurde, wird an den Lieferanten zurückgegeben.

t. Mangelhafte Ware im Wert von 11 000 GE, welche das Unternehmen noch nicht bezahlt hat, wird an den Lieferanten zurückgegeben.

u. Ein Darlehen, welches das Unternehmen aufgenommen hatte, wird in Höhe von 9 000 GE durch Abbuchung vom privaten Bankkonto des Unternehmers teilweise getilgt.

v. Der Hauptanteilseigner entnimmt der Unternehmenskasse zu Lasten seines Kapitalanteils Bargeld in Höhe von 500 GE für private Zwecke.

w. Durch einen Brand wird ein Gebäude des Unternehmens im Wert von 100 000 GE zerstört.

x. Das Unternehmen beabsichtigt, im folgenden Wirtschaftsjahr ein weiteres Darlehen in Höhe von 50 000 GE bei der Bank aufzunehmen.

Fragen und Teilaufgaben

1. Bestimmen Sie die Konsequenzen der Ereignisse für das Eigenkapital!

2. Ermitteln Sie die Buchungssätze zu sämtlichen Ereignissen!

Lösungshinweise zu den Fragen und Teilaufgaben

1. Die Konsequenzen der Ereignisse für das Eigenkapital lassen sich leicht ermitteln.

2. Das Journal enthält die Buchungssätze der Ereignisse. Bezogen auf die ersten vier Geschäftsvorfälle sieht es folgendermaßen aus:

Beleg	Datum	Geschäftsvorfall und Konten	Soll	Haben
a		Erwerb Firmenwagen (Problem Bewertung) *Fuhrpark*		
		Fuhrpark	25 000	
				25 000
b		Gebäudekauf mit Wertpapieren *Gebäude*	300 000	
		Finanzanlage		300 000
c		Begleichung von Verbindlichkeiten *Zahlungsmittel*	400	
		Forderungen		400
d1		Verkauf von Waren (Zugangs- und Ertrags- buchung) *Zahlungsmittel*	1 500	
		Ertrag (Verkauf)		1 500
d2		Verkauf von Waren (Aufwands- und Abgangsbuchung) *Aufwand (Verkauf)*	1 000	
		Handelswaren		1 000

Buchung von Ereignissen unter Berücksichtigung eines Zuordnungsprinzips **Aufgabe 4.3**

Sachverhalt

In einem Unternehmen werden Fußbälle hergestellt. Der Herstellungsprozess läuft wie folgt ab: Lederstücke werden mit Garn derart maschinell aneinander genäht, dass sich eine Lederkugel ergibt. Damit man in diese Kugel Luft hineinpumpen kann und die Luft auch in der Lederkugel verbleibt, wird in die Lederkugel eine Gummiblase eingebracht, welche die Luft aufnimmt und speichert. Im Laufe des Geschäftjahres 20X1, in dem das Unternehmen 10000 Fußbälle hergestellt hat, fanden folgende Ereignisse statt:

a. Es wurde Leder eingekauft und für die Herstellung verbraucht. Die Rechnung belief sich auf 35000 GE und wurde bar bezahlt.

b. Es wurde Garn eingekauft und für die Herstellung verbraucht. Die Rechnung belief sich auf 10000 GE. Der Betrag wurde mit bestehenden Forderungen des Unternehmens gegenüber dem Lieferanten verrechnet.

c. Es wurden Gummiblasen eingekauft und für die Herstellung verbraucht. Die Rechnung belief sich auf 15 000 GE, und es wurde ein Zahlungsziel im Geschäftsjahr 20X2 vereinbart, das von dem Unternehmen auch eingehalten werden wird.

d. Es fielen Arbeitslöhne in Höhe von 20 000 GE an, die bereits ausgezahlt wurden. Die Arbeitslöhne stehen indirekt mit der Fußballfertigung in Verbindung.

e. Die Stromrechnung für die Beheizung der Fertigungshallen über 22 000 GE ist eingegangen und wird im Geschäftsjahr 20X2 bezahlt werden.

f. Es wurde ein Kredit zur Überbrückung eines finanziellen Engpasses aufgenommen. Dem Unternehmen wurden 280 000 GE ausgezahlt. Der Rückzahlungsbetrag wurde auf 300 000 GE festgelegt. Während der zweijährigen Kreditlaufzeit entrichtet das Unternehmen zusätzlich jeweils 5 % Zinsen auf den Rückzahlungsbetrag an die Bank in bar.

g. Das Gehalt des Leiters der Vertriebsabteilung für 20X1 in Höhe von insgesamt 35 000 GE wurde auf dessen privates Bankkonto überwiesen.

Fragen und Teilaufgaben

1. Skizzieren Sie kurz, was einerseits unter einem Marginalprinzip und andererseits unter einem Finalprinzip im Rahmen der Zuordnung von Ausgaben zu Erzeugnissen zu verstehen ist!

2. Bilden Sie die oben angegebenen Ereignisse des Geschäftsjahres 20X1 durch Buchungssätze ab! Nehmen Sie an, das Unternehmen verwende ein Finalprinzip zur Ermittlung der Herstellungsausgaben der Fußbälle!

3. Bilden Sie die oben angegebenen Ereignisse des Geschäftsjahres 20X1 durch Buchungssätze ab! Nehmen Sie an, das Unternehmen verwende ein Marginalprinzip zur Ermittlung der Herstellungsausgaben der Fußbälle!

Lösungshinweise zu den Fragen und Teilaufgaben

1. Man unterscheidet zwei Gruppen von Zuordnungsprinzipien. Zum einen eine Gruppe, die auf Grenzüberlegungen beruht, und zum anderen eine Gruppe, die dem Zweck dient, eine Zurechnung nach einer bestimmten, in sich einheitlichen Art zu bewirken. Die erste Gruppe steht unter dem Begriff „Marginalprinzip", die zweite trägt den Oberbegriff „Finalprinzip". Bei Verwendung des Marginalprinzips zur Zurechnung von Ausgaben zu Leistungseinheiten werden einem Erzeugnis nur die Ausgaben zugeordnet, die mit diesem direkt in Verbindung stehen. Dagegen werden dem Erzeugnis bei Anwendung eines Finalprinzips über diese direkt zuzuordnenden Ausgaben hinaus auch diejenigen Ausgaben zugeordnet, die nur indirekt mit dem Erzeugnis in Verbindung stehen.

2. Bei Anwendung des Finalprinzips werden sämtliche Ausgaben als Bestandteil der Herstellungsausgaben der Fußbälle angesehen, die direkt und indirekt mit diesen in Verbindung stehen. Deswegen werden diese Ausgaben bis zum Verkauf der Fußbälle als Bestandteil der Herstellungsausgaben in der Bilanzposition „Ware" gespeichert (Marktleistungsabgabekonzept). Die Aufwendungen aus dem Darlehen werden *per definitionem* nicht den Herstellungsausgaben der Fußbälle zugerechnet, da es sich um Finanzierungsausgaben handelt und Finanzierung nichts mit der Herstellung und nichts mit der Verwendung des Geldes zu tun hat.

3. Da die Ausgaben der Ereignisse *d* und *e* mit den Erzeugnissen nur indirekt in Verbindung stehen, ändert sich deren Verbuchung. Im Kontext eines Marginalprinzips haben diese *per definitionem* nichts mit der Herstellung der Fußbälle zu tun. Deswegen werden die Ereignisse auch nicht – wie in der vorherigen Teilaufgabe – aufgrund des Marktleistungsabgabekonzepts solange in der Bilanz gespeichert, bis die Fußbälle verkauft werden. Vielmehr handelt es sich nun um Ausgaben, die gemäß dem Periodisierungskonzept im aktuellen Geschäftsjahr unmittelbar als Aufwand zu erfassen sind. Dabei wird unterstellt, sie hätten nichts mit der Herstellung zu tun. Bezüglich der Verbuchung, die im Zusammenhang mit dem Darlehen und der Gehaltszahlung des Vertriebsleiters entsteht, ändert sich durch den Wechsel des Zuordnungsprinzips nichts.

Analyse der Konsequenzen von Ereignissen für Journal, intratemporale Bilanzgleichung, Konten und Saldenaufstellung ohne explizite Berücksichtigung der Einkommensrechnung   **Aufgabe 4.4**

Sachverhalt

Die Bilanz zum 1.1.20X1 eines Unternehmens hat folgendes Aussehen:

Aktiva		Eröffnungsbilanz zum 1.1.20X1	Passiva
Nicht abnutzbare Sachanlagen	200 000	Eigenkapital	180 000
Abnutzbare Sachanlagen	50 000	Verbindlichkeiten (Einkauf)	70 000
Waren	50 000	davon gegen X: 20 000	
Forderungen (Verkauf)	40 000	davon gegen Y: 20 000	
davon gegen A: 25 000		davon gegen Z: 30 000	
davon gegen B: 15 000		Verbindlichkeiten (Sonstiges)	100 000
Zahlungsmittel	10 000		
Bilanzsumme	350 000	Bilanzsumme	350 000

Während des sich anschließenden Wirtschaftsjahres haben die folgenden Ereignisse stattgefunden:

a. Verkauf eines unbebauten Grundstücks, das mit 35 000 GE „zu Buche steht", für 50 000 GE gegen sofortige Barzahlung.

b. Verkauf von Ware, die für 10 000 GE eingekauft worden war, für 20 000 GE auf Ziel an den Kunden B.

c. Tilgung der Verbindlichkeiten gegenüber dem Lieferanten Y durch Barmittel.

d. Erhalt einer Lieferung von Ware im Wert von 20 000 GE vom Lieferanten X; die Hälfte des Rechnungsbetrages wird bar bezahlt.

e. Kauf eines Computers für 5 000 GE gegen Barzahlung. Man schätzt, der Computer könne fünf Jahre lang genutzt werden.

f. Kunde B begleicht seine Verbindlichkeit in Höhe von 15 000 GE in bar.

g. Verkauf von Ware, die für 12 000 GE eingekauft worden war, an A für 10 000 GE gegen Barzahlung.

h. Zahlung von 500 GE Zinsen an Z und Tilgung der Verbindlichkeiten gegenüber Z.

i. Zahlung von 18 000 GE Dividende an die Anteilseigner.

Fragen und Teilaufgaben

1. Erstellen Sie das Journal für die Ereignisse des Wirtschaftsjahres 20X1!

2. Legen Sie T-Konten für die Ereignisse des Wirtschaftsjahres 20X1 an!

3. Buchen Sie die Ereignisse des Wirtschaftsjahres 20X1 auf den Konten!

4. Erstellen Sie eine vorläufige Saldenaufstellung zum Ende des Wirtschaftsjahres!

Lösungshinweise zu den Fragen und Teilaufgaben

1. Die Darstellung im Journal umfasst alle Buchungsätze.

2. Die anzulegenden T-Konten ergeben sich aus den Buchungssätzen. Neben denen für die Bilanz sind diejenigen einer Einkommensrechnung anzulegen.

3. Die Buchung der Ereignisse folgt den Buchungssätzen.

4. Die vorläufige Saldenaufstellung hat das folgende Aussehen:

Vorläufige Saldenaufstellung	Salden	
	Soll	Haben
Nicht abnutzbare Sachanlagen	165 000	
Abnutzbare Sachanlagen	55 000	
Ware	48 000	
Forderungen (Verkauf) gegenüber A	25 000	
Forderungen (Verkauf) gegenüber B	20 000	
Zahlungsmittel	1 500	
Verbindlichkeiten (Einkauf) gegenüber X		30 000
Verbindlichkeiten (Einkauf) gegenüber Y		0
Verbindlichkeiten (Einkauf) gegenüber Z		0
Verbindlichkeiten (Sonstiges)		100 000
Eigenkapital		180 000
Ertrag		80 000
Aufwand	57 500	
Entnahme	18 000	
Summe	390 000	390 000

Behandlung von relevanten Ereignissen während des Abrechnungszeitraums

5

ÜBERBLICK

Lernziele

Nach dem Studium dieses Kapitels sollten Sie in der Lage sein,

- Vorgänge, die während des Abrechnungszeitraums stattfinden, nach ihren unterschiedlichen Wirkungen auf Bilanz und Einkommensrechnung zu klassifizieren,

- die unterschiedliche Behandlung von solchen Einnahmen und Ausgaben zu beschreiben, die mit verkauften Vermögensgütern und verkauften lagerfähigen Dienstleistungen in Zusammenhang gebracht werden, und von solchen, die nicht damit in Verbindung gebracht werden,

- die Besonderheiten zu erklären, die mit der Beschäftigung von Personal in Deutschland zusammenhängen,

- die Konsequenzen der Umsatzsteuer für die Buchführung zu durchschauen.

Überblick

Das Kapitel dient der detaillierten Beschreibung, welche relevanten Ereignisse während des Abrechnungszeitraums behandelt werden. Dies werden hauptsächlich Geschäftsvorfälle sein, die mit physischen oder rechtlichen Vorgängen zusammenhängen. Sie werden erfahren, welche Konzepte und Prinzipien bei den Buchungen während des Abrechnungszeitraums angewendet werden. Dazu stellen wir die Ereignisse in Unternehmen, die lagerfähige Vermögensgüter veräußern, besonders deutlich dar. Die Umsatzsteuer wird in ihren Grundzügen beschrieben. Ereignisse, die nur teilweise den laufenden Abrechnungszeitraum betreffen, oder die erst am Ende eines Abrechnungszeitraums berücksichtigt werden, zählen zum Stoff des nachfolgenden Kapitels.

Nach der Lektüre des fünften Kapitels werden Sie in der Lage sein, die Wirkung von Geschäftsvorfällen auf das Einkommen vor Berücksichtigung anderer relevanter Ereignisse (vorläufiges Einkommen) von Unternehmen sinnvoll zu interpretieren. Zugleich wird Ihnen klar werden, welche Bedeutung das Einkommen eines Unternehmens für die Motivation der Eigenkapitalgeber und der Unternehmensleitung besitzt.

5.1 Behandlung von Vorgängen während des Abrechnungszeitraums nach deutschem Handelsgesetzbuch

5.1.1 Grundlagen

Die Grundlagen der Bilanzierung nach deutschem Handelsgesetzbuch wurden bereits im dritten Kapitel dargelegt. Wir können uns daher hier auf die Konsequenzen für die Buchführung konzentrieren, die in der Behandlung von Ein- und Auszahlungen besteht. Wir beschränken uns im vorliegenden Kapitel auf diejenigen für die Buchführung relevanten Ereignisse, die als Geschäftsvorfälle bezeichnet werden. Geschäftsvorfälle sind relevante Ereignisse, die mit physischen oder rechtlichen Vorgängen zusammenhängen, an die man die Verpflichtung zur Aufstellung eines Buchungssatzes knüpft. Es gibt einige Arten von Ereignissen, die wie Geschäftsvorfälle beginnen, aber weitere Konsequenzen in anderen Abrechnungszeiträumen nach sich ziehen. Derartige Ereignisse betrachten wir nicht im vorliegenden, sondern im nachfolgenden Kapitel.

Ein- und Auszahlungen eines Unternehmens

Im Zusammenhang mit den Arten von Ereignissen haben wir gelernt, dass wir eine Zahlung zunächst auf einige Eigenschaften hin prüfen müssen, bevor wir die Buchungssätze angeben können. Mit solchen Ereignissen kann ein Aktivtausch, eine Bilanzverlängerung oder -verkürzung oder ein Passivtausch verbunden sein. Ferner ist zu fragen, ob dabei das Eigenkapital berührt wird oder nicht. Den auf einen Abrechnungszeitraum entfallenden Teil von Einnahmen und Ausgaben, der mit dem Verkauf von Vermögensgütern und Dienstleistungen zusammengebracht wird, behandelt man weltweit – und damit auch nach dHGB – anders als denjenigen Teil, der nichts damit zu tun hat.

Behandlung abhängig von Bilanzierungsregeln

Der Einkauf eines Vermögensguts, beispielsweise der eines unbebauten Grundstücks, löst im Unternehmen den physischen Vorfall des Zugangs eines Grundstücks aus. Diesen Vorfall kann man zum Anlass nehmen, einen Buchungssatz aufzustellen und auszuführen. Daher sprechen wir bei dem Ereignis von einem Geschäftsvorfall. Er wirkt sich nicht auf die Einkommensrechnung aus. Der Bestand an Vermögensgütern nimmt durch den Einkauf zu; gleichzeitig nehmen die Zahlungsmittel ab oder die Verbindlichkeiten zu. Bei unterstellter Barzahlung von 10000 GE lautet die Struktur des Buchungssatzes

Ausgaben für die Beschaffung von Vermögensgütern und die Erstellung von Dienstleistungen

Beleg	Datum	Geschäftsvorfall und Konten	Soll	Haben
	Einkaufs-zeitpunkt	Zugang zu unbebauten Grundstücken und Abgang von Zahlungsmitteln		
		Unbebaute Grundstücke	10000	
		Zahlungsmittel		10000

Wird eine Dienstleistung erstellt, die erst später fertiggestellt und geliefert wird, dann sind die dafür angefallenen oder anfallenden Ausgaben bis zur Lieferung ebenfalls in Bestandsposten zu sammeln, soweit dies möglich ist. Für eine Dienstleistung, die beispielsweise in der Repara-

Besonderheiten bei Dienstleistungen

tur eines Wasserrohrbruchs besteht, kann man vor der Erbringung nichts sammeln. Es kann höchstens vorkommen, dass man bereits in einem Abrechnungszeitraum Geld erhalten hat, die Leistung aber erst in einem Folgezeitraum erbracht wird. Dann weisen wir diesen Betrag unter den Rechnungsabgrenzungsposten aus. Bei einer Dienstleistung wie der Erbringung von Gutachten ist es dagegen durchaus denkbar, dass man ein bereits erstelltes, aber noch nicht geliefertes Gutachten mit den dafür angefallenen Ausgaben auf der Aktivseite ansetzt.

Aufnahme von Fremdkapital

Ähnlich verhält es sich bei der Aufnahme von Fremdkapital. Das Fremdkapital nimmt zu und normalerweise nehmen auch die Vermögensgüter zu. Hat man beispielsweise ein Darlehen in Höhe von 20000 GE aufgenommen und wurde zu Beginn der Laufzeit ein Betrag von 20000 GE ausgezahlt, so ergibt sich zum Aufnahmezeitpunkt ein Buchungssatz der folgenden Struktur:

Beleg	Datum	Geschäftsvorfall und Konten	Soll	Haben
	Aufnahmezeitpunkt	Aufnahme eines Darlehens		
		Zahlungsmittel	20000	
		Fremdkapital		20000

Behandlung von Einnahmen und Ausgaben, die keine Eigenkapitaltransfers darstellen und sich auf zu verkaufende Vermögensgüter beziehen

Einnahmen (Ausgaben) aus dem Verkauf (Kauf) von Vermögensgütern und Dienstleistungen gelten in demjenigen Augenblick als Ertrag (Aufwand), in dem das Verkaufsgeschäft als realisiert gilt. Die entsprechenden Buchungssätze lauten unter der Annahme eines Verkaufs von Erzeugnissen oder Handelsware, die man für 15000 GE eingekauft hat, gegen Barzahlung von 30000 GE beispielsweise

Beleg	Datum	Geschäftsvorfall und Konten	Soll	Haben
	Verkaufszeitpunkt	Zugang von Zahlungsmitteln, die zu Ertrag aus dem Verkauf von Vermögensgütern (Dienstleistungen, Handelsware, Erzeugnisse) führen		
		Zahlungsmittel	30000	
		Ertrag (Verkauf)		30000
	Verkaufszeitpunkt	Abgang von Vermögensgütern (Dienstleistungen, Handelsware, Erzeugnisse), der zu Aufwand aus dem Verkauf führt		
		Umsatzaufwand	15000	
		Erzeugnisse, Handelsware		15000

Auf die Abgangs- und Aufwandsbuchung kann man niemals verzichten. Man kann sie allerdings bis zum Ende des Abrechnungszeitraums hinausschieben, wenn man den Betrag erst dann ermittelt und bis dahin auf die Aussagefähigkeit der Buchführung verzichtet.

Ausgaben fallen hauptsächlich für die Anschaffung von Vermögensgütern, für die Beschäftigung von Personal sowie für die Zahlung des Zinses für Fremdkapital und dessen Rückzahlung an. Soweit solche Ausgaben mit verkauften Vermögensgütern oder Dienstleistungen zusammenhängen, gehen sie nicht bei ihrer Entstehung in die Einkommensrechnung ein, sondern zu dem Zeitpunkt, zu dem der Verkauf der Vermögensgüter und Dienstleistungen stattfindet. Bis zu diesem Zeitpunkt werden sie dem Konto *Erzeugnisse, Handelsware* als Herstellungsausgaben zugerechnet.

Arten von Ausgaben

Zeitpunktbezogene Einnahmen oder Ausgaben, die nichts mit Eigenkapitaltransfers zu tun haben und die sich nicht auf zu verkaufende Vermögensgüter beziehen, gehen in demjenigen Abrechnungszeitraum als Ertrag oder Aufwand in die Einkommensrechnung ein, in dem sie entstanden sind. Für den Beispielfall, dass eine solche zeitpunktbezogene Einzahlung in Höhe von 40000 GE entsteht, die nichts mit zu verkaufenden Vermögensgütern oder Dienstleistungen zu tun hat, behandeln wir sie als Ertrag. Wir bauen einen Buchungssatz der folgenden Art auf:

Einnahmen und Ausgaben, die keine Eigenkapitaltransfers darstellen und sich nicht auf zu verkaufende Vermögensgüter beziehen

Beleg	Datum	Geschäftsvorfall und Konten	Soll	Haben
	Zugangs-zeitpunkt	Zugang von Zahlungsmitteln, die zu Ertrag führen, der nichts mit zu verkaufenden Vermögensgütern zu tun hat		
		Zahlungsmittel	40000	
		Ertrag (Nicht-Verkauf)		40000

Im Fall einer zeitpunktbezogenen Barauszahlung in Höhe von 50000 GE, die nichts mit zu verkaufenden Vermögensgütern oder Dienstleistungen zu tun hat, berücksichtigen wir diese als Aufwand. Als zeitpunktbezogen bezeichnen wir alle Einnahmen oder Ausgaben, die sich nicht *pro rata temporis* berechnen, die also zu einem Zeitpunkt entstehen und nicht für einen Zeitraum gelten. Der Buchungssatz lautet folgendermaßen:

Beleg	Datum	Geschäftsvorfall und Konten	Soll	Haben
	Abgangs-zeitpunkt	Abgang von Zahlungsmitteln, die zu Aufwand führen, der nichts mit zu verkaufenden Vermögensgütern zu tun hat		
		Aufwand (Nicht-Verkauf)	50000	
		Zahlungsmittel		50000

Die Aussagen gelten gleichermaßen für alle Arten von zeitpunktbezogenen Einnahmen und Ausgaben. Solche Ausgaben für Vermögensgüter werden beispielsweise genauso behandelt wie solche Ausgaben für die Beschäftigung von Personal oder Zinsen für die Nutzung von Fremdkapital. Lediglich die Entscheidung, ob man eine Ausgabenart zunächst den Erzeugnissen zurechnet oder ob man sie direkt in demjenigen Abrechnungszeitraum als Aufwand behandelt, in dem sie entstanden ist, kann unterschiedlich ausfallen.

Gültigkeit der Aussagen

5.1.1.1 Handhabung bei Unternehmen, die nur nicht-lagerfähige Dienstleistungen herstellen und verkaufen

Verzicht auf Darstellung

Den Sachverhalt bei Unternehmen, die nur nicht-lagerfähige Dienstleistungen erbringen, haben wir bereits im vorangehenden Kapitel kennengelernt. Wir verzichten hier auf eine nochmalige Darstellung.

5.1.1.2 Handhabung bei Unternehmen, die lagerfähige Vermögensgüter herstellen und verkaufen

Relevanz lagerfähiger Vermögensgüter hauptsächlich bei Handels- und Produktionsunternehmen

Für die Buchführung relevante Ereignisse mit lagerfähigen Vermögensgütern kommen in nahezu allen Unternehmen vor. Auch Karl Gross hält und verbraucht in seinem Dienstleistungsunternehmen lagerfähige Vermögensgüter, z.B. in Form des Büromaterials. Transaktionen mit solchen Vermögensgütern entstehen bei ihm zum Zeitpunkt des Einkaufs sowie zu den Zeitpunkten, zu denen er diese Vermögensgüter verbraucht oder verkauft. In Unternehmen, die mit lagerfähigen Vermögensgütern handeln – in sogenannten Handelsunternehmen – und in Unternehmen, die solche Vermögensgüter im Rahmen eines Produktionsprozesses zu Erzeugnissen umwandeln – in sogenannten Produktionsunternehmen – kommen sehr viele Ereignisse mit lagerfähigen Vermögensgütern vor. Sie betreffen bei einem Handelsunternehmen hauptsächlich den Einkauf und den Verkauf, bei einem Produktionsunternehmen zusätzlich den Fertigungsprozess. Wir befassen uns im Folgenden zunächst mit der Abbildung von Einkaufs- und Verkaufsvorgängen, die ja für Handels- wie für Produktionsunternehmen gleichermaßen relevant sind. Erst anschließend betrachten wir den Produktionsprozess mit anschließendem Verkauf.

Ein Handelsunternehmen als Beispiel

Unternehmen, die mit lagerfähigen Vermögensgütern handeln, zeichnen sich gegenüber Dienstleistungsunternehmen unter anderem dadurch aus, dass ihre Einkommensrechnungen andere Posten enthalten als diejenigen von Dienstleistungsunternehmen. Abbildung 5.1 enthält die Einkommensrechnungen der *Metro AG* für das Geschäftsjahr 2008 und das Vorjahr. Dabei handelt es sich um ein Handelsunternehmen, zu dem beispielsweise die Läden von *Real*, *Extra*, *Media Markt*, *Saturn* und *Praktiker* gehören. Für die im vorliegenden Abschnitt zu erläuternden Sachverhalte des Einkaufs und Verkaufs von lagerfähigen Vermögensgütern spielt es keine Rolle, ob das Unternehmen die Vermögensgüter von anderen Unternehmen eingekauft hat oder ob es diese selbst gefertigt hat. Lediglich im Schwierigkeitsgrad des Verständnisses gibt es Unterschiede.

Unterschiedliche Bezeichnungen für den Umsatzaufwand

Für Unternehmen, die lagerfähige Vermögensgüter verkaufen, haben sich unterschiedliche Bezeichnungen für die jeweiligen Warenvorräte und Aufwendungen aus dem Verkauf von Waren herausgebildet. Bei einem Handelsunternehmen bezeichnet man den Warenvorrat in der Praxis als „Handelsware" und den Aufwand aus dem Verkauf von Waren als „Einstandsausgaben" oder als „Anschaffungsausgaben" der verkauften Waren. Bei einem produzierenden Unternehmen unterscheidet man „Handelsware" von solcher, die zur Fertigung verwendet wird, von den „Roh-, Hilfs- und Betriebsstoffen", und von solcher, die im Unternehmen gefertigt wird, kurz „unfertige und fertige Erzeugnisse" genannt. Die Aufwendungen aus dem Verkauf von Ware werden bei produzierenden Unternehmen im dHGB als „Herstellungskosten der verkauften Erzeugnisse" bezeichnet.

Metro-Konzern Gewinn- und Verlustrechnung für das Geschäftsjahr vom 1. Januar bis 31. Dezember 2008 (Vorjahreswerte angepasst, Werte in Mio. Euro)	2008	2007
Umsatzerlöse	67956	64210
Einstandskosten der verkauften Waren	−53636	−50810
Bruttoergebnis vom Umsatz	14320	13400
Sonstige betriebliche Erträge	1518	1554
Vertriebskosten	−12332	−11443
Allgemeine Verwaltungskosten	−1426	−1352
Sonstige betriebliche Aufwendungen	−92	−80
Betriebliches Ergebnis EBIT	1988	2078
Ergebnis aus assoziierten Unternehmen	0	0
Sonstiges Beteiligungsergebnis	14	11
Zinsertrag	196	185
Zinsaufwand	−682	−676
Übriges Finanzergebnis	−101	−37
Finanzergebnis	−573	−517
Ergebnis vor Steuern EBT	1415	1561
Steuern vom Einkommen und vom Ertrag	−426	−560
Ergebnis aus fortgeführten Aktivitäten	989	1011
Ergebnis aus nicht fortgeführten Aktivitäten	−429	−18
Periodenergebnis	560	983
Den Minderheitenanteilen zuzurechnender Gewinn	157	158
davon aus fortgeführten Aktivitäten	(157)	(158)
davon aus nicht fortgeführten Aktivitäten	(0)	(0)
Den Anteilseignern der Metro AG zuzurechnender Gewinn	403	825
davon aus fortgeführten Aktivitäten	(832)	(843)
davon aus nicht fortgeführten Aktivitäten	(−429)	(−18)
Ergebnis je Aktie	1,23	2.52
davon aus fortgeführten Aktivitäten	(2,54)	(2,58)
davon aus nicht fortgeführten Aktivitäten	(−1,31)	(−0.06)

Abbildung 5.1:
Einkommensrechnung der Metro AG für das Geschäftsjahr 2008 sowie für das Vorjahr (Quelle Geschäftsbericht Metro-Gruppe, S. 126)

Wirtschaftskreislauf von Unternehmen, die Waren verkaufen

Der Wirtschaftskreislauf von Unternehmen, die nur Ware verkaufen, besteht (1) im Einkauf von Ware, (2) im Lagern der Ware, (3) im Verkauf der Ware oder der Erzeugnisse an Kunden und (4) in der Verwendung der Verkaufserlöse zum wiederholten Einkauf von Ware und so weiter. Die im Rechnungswesen berührten Posten hängen davon ab, ob die Geschäfte in bar oder unter Inanspruchnahme oder Gewährung einer Zahlungsfrist getätigt werden.

Wirtschaftskreislauf ohne und mit Forderungen und Verbindlichkeiten

Bei Geschäften in bar findet ein Kreislauf zwischen Warenvorräten und Bargeld statt: Mit Bargeld werden Warenvorräte beschafft, durch deren Verkauf fließt Bargeld zu. Wird bei Geschäften die Entstehung von Forderungen und Verbindlichkeiten zugelassen, so findet der Kreislauf unter Einbezug der Forderungen und Verbindlichkeiten statt. Warenvorräte werden auf Ziel beschafft und es entstehen zunächst Verbindlichkeiten aus diesem Einkauf. Später werden die Verbindlichkeiten mit Bargeld beglichen, schließlich werden die Warenvorräte auf Ziel verkauft und es entstehen Forderungen aus dem Verkauf. Danach gehen die Forderungen als Bargeld ein, und es können neue Warenvorräte beschafft werden. In der englischsprachigen Literatur werden einheitlich die Begriffe *inventory* für „Vorrat an Handelsware" und *costs of goods sold* für „Aufwendungen aus dem Verkauf von Waren" verwendet.

Umsatzertrag und Umsatzaufwand als wesentliche Posten der Einkommensrechnung

Der Ertrag, den ein Unternehmen aus dem Verkauf von Ware erzielt, wird Umsatzerlös, Umsatzertrag oder kurz Umsatz genannt. Er stellt den wesentlichen Teil des Ertrags von Handels- und Produktionsunternehmen dar. Der Umsatzertrag wird üblicherweise als Netto-Umsatzertrag definiert und umfasst die Verkaufserlöse nach Abzug von Preisnachlässen, Warenrücknahmen und ähnlichen Korrekturen. Die beim Verkauf von Ware erhobene Umsatzsteuer zählt normalerweise nicht zum Umsatz. Die beim Einkauf entrichtete Umsatzsteuer gehört im Normalfall nicht zu den Anschaffungsausgaben der eingekauften Ware. Umsatzertrag entsteht, wenn Ware oder Erzeugnisse an den Kunden übergehen. Zur Einkommensermittlung wird dem Umsatzertrag der Aufwand für verkaufte Waren gegenübergestellt. Dieser Aufwand wird auch als „Umsatzaufwand" bezeichnet. Das kann entweder bei jeder einzelnen Buchung geschehen oder – wenn man bis zum Ende des Abrechnungszeitraums auf den Aussagegehalt der Buchführung verzichtet – einmalig zum Ende des Abrechnungszeitraums.

Umsatzaufwand

Umsatzaufwand stellt einen bedeutenden Aufwandsposten eines Unternehmens dar, das mit Waren handelt. In der Einkommensrechnung der *Metro AG* wird er als „Einstandskosten der verkauften Waren" bezeichnet. Bei einem Dienstleistungsunternehmen gibt es einen solchen Posten nicht oder er spielt eine untergeordnete Rolle. Die Einkommensrechnung der *Metro AG* enthält neben dem Umsatzertrag und dem Umsatzaufwand weitere Posten, die bisher noch nicht näher erläutert wurden. Weil diese Posten für die Lernziele des vorliegenden Kapitels unbedeutend sind, wird nicht näher darauf eingegangen. Die Einkommensrechnung der *Deutsche Telekom AG*, die wir aus dem ersten Kapitel kennen, war genauso aufgebaut, verwendet aber andere Begriffe.

Die Einkommensrechnung der *Metro AG* ist mit „Konzern-Gewinn- und Verlustrechnung" überschrieben. Wir kennen diese Bezeichnung bereits aus dem ersten Kapitel. Damit die folgenden Ausführungen klarer werden, sei an dieser Stelle nochmals darauf hingewiesen, dass es inhaltliche Unterschiede zwischen den Einkommensrechnungen von Konzernen und anderen Unternehmen gibt. Darauf gehen wir hier aber nicht näher ein. Das deutsche Handelsgesetzbuch verlangt die obige Bezeichnung „Konzern-Gewinn- und Verlustrechnung" für die Einkommensrechnung von Konzernen. Finanzberichte, denen diese ökonomische Sichtweise einer Unternehmenseinheit zu Grunde liegt, werden als Konzernfinanzberichte bezeichnet. Die Einkommensrechnung der *Metro AG,* als Konzern verstanden, umfasst also neben der Einkommensrechnung der Konzernobergesellschaft die Einkommensrechnungen der einzelnen Tochtergesellschaften *Real, Extra* und so weiter, korrigiert um sogenannte Konsolidierungen.

Konzern- und Einzelsicht

Vorräte an Ware werden in der Bilanz ausgewiesen. Ein Verkauf von Ware mindert den Vorrat. Diese Warenvorratsminderung stellt Aufwand dar, weil die Hingabe der Ware in sachlichem Zusammenhang mit dem Umsatzertrag aus dem Verkauf steht. Wenn Sie z.B. bei *Saturn* eine Compact Disk (CD) kaufen, mindert dies nicht nur den tatsächlichen Bestand an CDs bei *Saturn*, sondern auch die Angaben darüber „in den Büchern" von *Saturn* und letztlich auch in den Berichten der *Metro AG*. Die wertmäßige Bestandsabnahme erscheint letztlich in der konsolidierten Einkommensrechnung der *Metro AG* als „Einstandskosten der verkauften Waren".

Warenvorratsminderung beim Verkauf stellt Aufwand dar

Die Differenz zwischen dem Umsatzertrag und dem Umsatzaufwand bildet den „Rohertrag".

Rohertrag

$$\text{Umsatzertrag} - \text{Umsatzaufwand} = \text{Rohertrag}$$

In der Einkommensrechnung der *Metro AG* heißt der Rohertrag „Bruttoergebnis vom Umsatz". Die Kennzahl misst das Einkommen aus der Handelstätigkeit. Eine ausreichende Höhe des Rohertrags ist überlebenswichtig für ein Handelsunternehmen.

Das Beispiel einer Compact Disc (CD), die *Saturn* für 10 GE ein- und für 20 GE verkauft habe, veranschauliche den Rohertrag:

Beispiel

	Netto-Umsatzertrag: Einnahme aus Verkauf einer CD	20 GE
−	Umsatzaufwand: Ausgabe für Beschaffung der CD	10 GE
=	Rohertrag aus dem Verkauf der CD	10 GE

Das in der Einkommensrechnung der *Metro AG* für das Geschäftsjahr 2008 angegebene Bruttoergebnis vom Umsatz enthält die Summe der Roherträge aller im Geschäftsjahr 2008 zu Gunsten der *Metro AG* verkauften Waren. Die *Metro AG* wies im Geschäftsjahr 2008 einen hohen Rohertrag aus, gegenüber dem Vorjahr eine beachtliche Steigerung.

Produzierende Unternehmen tätigen den Einkauf von Ware nicht nur, um diese Ware anschließend zu verkaufen, sondern auch, um sich für die Fertigung von Erzeugnissen mit Rohstoffen und allem Übrigen zu versorgen, das für die Fertigung benötigt wird. Man denke etwa an Schmiermittel für Maschinen oder Mittel zur Reinigung von Erzeugnis-

Einkauf von Waren nicht nur zum Handel, sondern auch für Produktion sen nach deren Fertigstellung. Dementsprechend gibt es in produzierenden Unternehmen neben der Ware, die zum Verkauf gedacht ist, auch Ware, die nicht zum Verkauf, sondern zur Fertigung vorgesehen ist. Häufig wird solche Ware in Rohstoffe, Hilfsstoffe und Betriebsstoffe unterteilt.

Zum Verkauf anstehende Handelsware und Erzeugnisse

Bei der Ware, die zum Verkauf ansteht, unterscheidet man (eingekaufte) Handelsware von (im Unternehmen selbst gefertigten) Erzeugnissen. Wurden bei der Fertigung während des Abrechnungszeitraums nicht alle Schritte beendet, so kommt es vor, dass man neben fertigen auch unfertige Erzeugnisse vorfindet.

Herstellungsausgaben von Erzeugnissen entsprechen anteiligen Anschaffungsausgaben aller an der Herstellung beteiligten Produktionsfaktoren

Für die Einkommensrechnung produzierender Unternehmen werden – wie bei Handelsunternehmen – die Aufwendungen für verkaufte Waren beziehungsweise Erzeugnisse benötigt. Die Erstellung einer Bilanz erfordert es, neben dem Anschaffungswert der Handelsware den Anschaffungs- oder Herstellungswert der Vermögensgüter „unfertige Erzeugnisse" und „fertige Erzeugnisse" zu bestimmen. Unter dem Anschaffungswertprinzip ergeben sich die Aufwendungen für verkaufte Handelsware aus den Anschaffungs- und Anschaffungsnebenausgaben der Vermögensgüter, die dem Lager entnommen und verkauft wurden. Man findet die Anschaffungswerte auf den Einkaufsrechnungen sowie auf dem Warenvorratskonto für Handelsware. Sie bilden die Grundlage für die Bewertung der Vorräte an Handelsware. Dagegen ist die Bestimmung der „Anschaffungsausgaben verkaufter Erzeugnisse" kompliziert: Die Anwendung des Anschaffungswertprinzips erfordert es, in einem ersten Schritt die anteiligen Anschaffungsausgaben all derjenigen Waren, Dienstleistungen und anderen Vermögensgüter zu ermitteln, die bei der Herstellung von Erzeugnissen eingesetzt wurden. Anschließend sind die Ausgaben für diejenigen Arbeitsleistungen festzustellen, die bei der Herstellung von Erzeugnissen eingesetzt wurden. Die Summe dieser anteiligen Ausgaben der Herstellung von Erzeugnissen wird als „Herstellungsausgaben" oder im dHGB als „Herstellungskosten" der Erzeugnisse bezeichnet. Die Herstellungsausgaben von Erzeugnissen bilden die Grundlage für die Bewertung des Vorrats an Erzeugnissen sowie für die Herstellungsausgaben der verkauften Erzeugnisse in der Einkommensrechnung.

Ermittlung der Herstellungsausgaben von Erzeugnissen: Leitgedanken

Die Ermittlung der Herstellungsausgaben von Erzeugnissen steckt voller Probleme und ist in hohem Maße ermessensabhängig. Denn in Unternehmen werden viele Ausgaben getätigt, für die sich nicht eindeutig bestimmen lässt, ob sie der Fertigung eines Erzeugnisses gedient haben oder nicht. In Literatur und Praxis haben sich einige Leitgedanken herausgebildet, um die Ausgaben für die Herstellung von Erzeugnissen zu identifizieren. Ein Leitgedanke besteht darin, diejenigen Ausgaben zu den Herstellungsausgaben von Erzeugnissen zu zählen, ohne die das Erzeugnis nicht hätte hergestellt werden können. Nach einer anderen Überlegung werden der Herstellung eines Erzeugnisses nur diejenigen Ausgaben zugerechnet, die zunehmen würden, wenn man eine Erzeugniseinheit mehr fertigen würde und die abnähmen, wenn man eine Erzeugniseinheit weniger herstellte.

Die Herstellung von Erzeugnissen wirkt sich normalerweise nur auf die Vermögensseite der intratemporalen Bilanzgleichung aus. Die entsprechenden Vermögensgüter Roh-, Hilfs-, und Betriebsstoffe sowie Bargeld für Lohnzahlungen nehmen ebenso ab wie die Werte von Gebäuden und Maschinen; der Vorrat an Erzeugnissen nimmt hingegen zu. Durch den Herstellungsvorgang werden weder das Fremd- noch das Eigenkapital angesprochen. Das Fremdkapital wird nicht berührt, weil unterstellt wird, die Vorräte, das Bargeld, die Gebäude und Maschinen seien vorhanden. Waren sie allerdings vor der Herstellung nicht vorhanden und wurden sie auf Ziel beschafft, so wurde zwar das Fremdkapital berührt, dies geschah aber in Verbindung mit der Beschaffung oder der Einstellung von Personal und nicht in Verbindung mit der Herstellung. Das Eigenkapital wurde nicht berührt, weil die Herstellung keine Leistungsabgabe an den Markt bedeutet. Die Konsequenz dessen, dass wegen der Herstellung kein Aufwand zu verrechnen ist, besteht darin, dass die bei der Herstellung entstandenen Erzeugnisse mit dem Wert der zu ihrer Herstellung eingesetzten Vermögensgüter und Dienstleistungen bewertet werden. Wird etwa bei der Herstellung eines Vermögensguts eine Maschine eingesetzt und die Wertminderung der Maschine dem hergestellten Vermögensgut angelastet (‚was nicht zwingend geschehen muss), so wird die Wertminderung der Maschine in genau demjenigen Abrechnungszeitraum einkommensmindernd angesetzt, in dem das Vermögensgut verkauft wird. Insofern ist die Herstellung ein einkommensneutraler Vorgang. Einkommenswirkungen ergeben sich erst beim Verkauf der Erzeugnisse.

Herstellung als einkommensneutraler Vorgang

Aus der Einkommensneutralität der Herstellung folgt, dass man genau die für die Herstellung angefallenen Ausgaben den hergestellten Erzeugnissen zurechnet. In der Einkommensrechnung erscheinen sie erst, wenn die Erzeugnisse verkauft werden. Dies kann im Abrechnungszeitraum der Herstellung, aber auch in einem späteren Zeitraum geschehen.

Ausgaben für die Herstellung von Erzeugnissen, „inventarisierbare" Ausgaben

So wie man Veränderungen des Vorrats an Handelsware, insbesondere beim Verkauf, kontinuierlich erfassen kann, ist es auch möglich, Veränderungen des Warenvorrats, des Bargelds und anderer Anlagegüter, die der Herstellung von Erzeugnissen zugerechnet werden, kontinuierlich zu erfassen und diese den hergestellten Erzeugnissen zuzurechnen. Dafür ist lediglich festzustellen, welche Veränderungen von Erzeugnissen stattgefunden haben. Während bei der kontinuierlichen Erfassung der Veränderungen des Vorrats an Handelsware im Falle von verkaufsbedingten Abnahmen quasi automatisch die Aufwandsbuchung *Aufwand (Verkauf)* an *Erzeugnisse, Handelsware* vorgenommen wird, kann im Falle von Bestandsabnahmen für Herstellungszwecke quasi automatisch die Buchung erfolgen, die zum Ausweis von Erzeugnissen führt.

Behandlung der Herstellung bei kontinuierlicher Erfassung von Bestandsänderungen

5.1.2   Umsatzaufwendungen laufend erfassen oder einmalig je Abrechnungszeitraum?

Warenvorratsveränderungen lassen sich kontinuierlich oder für einen Zeitraum gebündelt (nicht-kontinuierlich) erfassen

Für die Ermittlung des Einkommens ist es erforderlich, neben dem Verkaufsertrag (Umsatzertrag) den Aufwand für die verkauften Waren (Umsatzaufwand) zu erfassen. Dies geschieht durch die Erfassung der aus dem Verkauf resultierenden Abnahme des Warenvorrats. Die Erfassung des Umsatzaufwands sollte kontinuierlich für jeden einzelnen Umsatz erfolgen. Geschieht die Erfassung dagegen nicht-kontinuierlich, sondern damit in regelmäßigen, z.B. täglichen, wöchentlichen oder jährlichen Zeitabständen, so lässt sich für die Zeiträume zwischen den Zeitpunkten keine Aussage über das Einkommen machen. In der Vergangenheit haben viele Unternehmen ihren Umsatzaufwand nur summarisch für bestimmte Zeiträume erfasst, z.B. einmal monatlich oder einmal jährlich.

Nicht-kontinuierliche Erfassung umsatzbezogener Veränderungen des Warenvorrats

Die nicht-kontinuierliche Erfassung des Umsatzaufwands dürfte hauptsächlich von kleinen Unternehmen angewendet werden, die niedrigpreisige Vermögensgüter verkaufen. So wird der Lebensmittel- und Gemüsehändler, der nicht über eine „Scanner-Kasse" mit elektronischer Buchführungsunterstützung verfügt, wohl kaum den Umsatzaufwand für jeden einzelnen Verkauf ermitteln. Er wird auch nicht zu jedem Zeitpunkt genau wissen, wie groß sein Warenvorrat ist. Stattdessen wird er in regelmäßigen Abständen den Bestand an Ware zählen und unter Berücksichtigung der neu eingekauften Ware sowie der intertemporalen Bilanzgleichung den Wert der verkauften Ware feststellen:

$$\text{Abgang Ware} = \text{Anfangsbestand Ware} - \text{Endbestand Ware} + \text{Zugang Ware}$$

Mit der zunehmenden Verbreitung von „Scanner-Kassen" und elektronisch unterstützter Buchführung wird eine solche nicht-kontinuierliche Erfassung umsatzbezogener Veränderungen des Warenvorrats allerdings zurückgedrängt.

Kontinuierliche Erfassung umsatzbezogener Veränderungen des Warenvorrats

Bei kontinuierlicher Erfassung von Veränderungen des Warenvorrats wird jede Entnahme von Ware aus dem Lager unmittelbar erfasst, insbesondere diejenige, welche im Zusammenhang mit dem Verkauf steht. Der Umsatzaufwand wird so einzeln und zeitgleich mit dem Umsatzertrag ermittelt. Der Warenvorrat ist jederzeit aus den Büchern ersichtlich, wenn es keinen Diebstahl, Schwund oder anderen Verlust gegeben hat. Ohne Zweifel ist ein solches System der kontinuierlichen Vorratsbuchführung und Erfassung des Umsatzaufwands viel arbeitsintensiver als ein System, in dem die Vorratsveränderungen und Umsatzaufwendungen nicht-kontinuierlich erfasst werden. Die höheren Kosten erscheinen aber gerechtfertigt, wenn es sich um wertvolle Waren handelt, deren Bestand man jederzeit zu überprüfen imstande sein möchte; man denke etwa an Schmuckstücke, große Elektrogeräte, Autos oder Motorräder. Die für die Lagerbuchführung und Umsatzaufwandsermittlung benötigte Zeit kann durch Computerunterstützung verringert werden. Darüber hinaus eröffnet die Computerbuchführung vielfache Möglichkeiten für eine bessere Vorratssteuerung. Mindestens einmal jährlich ist allerdings auch bei Computereinsatz eine physische Bestandsaufnahme (Inventur) vorzunehmen, um den exakten Endbestand des Warenvorrats zu ermitteln und die kontinuierlichen Aufzeichnungen über Veränderungen des Warenvorrats auf ihre Richtigkeit hin zu prüfen; denn selbst Scannerkassen erfassen weder Diebstahl noch Schwund.

Abbildung 5.2 stellt die Eigenschaften beider Systeme gegenüber. In der Abbildung wird von Synergien mit Bilanzierungsvorschriften abgesehen. Tatsächlich werden die Unterschiede geringer, wenn man bedenkt, dass Unternehmen durch die rechtlichen Vorschriften zur Buchführung und zur Berichterstellung gezwungen sind, jährlich eine Inventur vorzunehmen.

Gegenüberstellung

Kontinuierliche Erfassung von Veränderungen des Warenvorrats	Nicht-kontinuierliche Erfassung von Veränderungen des Warenvorrats
Liefert eine laufende Aufzeichnung über Einkauf, Bestand und Abgang.	Liefert keine laufende Aufzeichnung über Einkauf, Bestand oder Abgang.
Erlaubt laufende Ermittlung des Umsatzaufwands und des Warenvorrats. Das Einkommen und Eigenkapital vor Berücksichtigung der anderen relevanten Ereignisse kann jederzeit ermittelt werden.	Erfordert mindestens eine Inventur im Abrechnungszeitraum zur Ermittlung des Umsatzaufwands. Das Einkommen und Eigenkapital vor Berücksichtigung der anderen relevanten Ereignisse kann nur am Ende und nicht während des Abrechnungszeitraums ermittelt werden.

Abbildung 5.2:
Gegenüberstellung kontinuierlicher und nicht-kontinuierlicher Erfassung von Veränderungen des Vorrats an Handelsware

Eine computerbasierte kontinuierliche Erfassung von Veränderungen des Warenvorrats stellt aktuelle Informationen über Menge und Wert eingekaufter, verkaufter und vorrätiger Ware zur Verfügung. Diese Informationen werden häufig mit dem Forderungs- sowie dem Umsatzkonto verknüpft. Wenn Sie beispielsweise formell über *Saturn,* informell bei der *Metro AG,* eine nicht vorrätige CD bestellen, wendet sich *Saturn* eventuell an den Hersteller *Erato Disques S.A.* Dieses Unternehmen ermittelt per Computer aus seiner Vorratsbuchführung, ob die gewünschte CD vorhanden ist. Ist dies der Fall, wird *Erato Disques S.A.* per Computer eine an *Saturn* gerichtete Rechnung erstellen, den Versand veranlassen und ebenfalls per Computer den Warenabgang auf dem Warenvorratskonto und auf dem Umsatzaufwandskonto berücksichtigen sowie die Buchung auf dem Umsatzertragskonto und dem Forderungskonto vornehmen. *Saturn* bucht dann bei Erhalt der CD einen Warenzugang. Bei Abgabe der CD an den Besteller wird – ebenfalls per Computer – neben dem Zahlungsmittelzugang und Ertrag der Umsatzaufwand und CD-Abgang verbucht und letztlich an die *Metro AG* weitergeleitet. Weil sehr viele Unternehmen ein Computersystem zur kontinuierlichen Erfassung der Veränderungen von Warenvorräten verwenden, wird der Schwerpunkt der Betrachtungen auf eine kontinuierliche Ermittlung der Umsatzaufwendungen gelegt.

Nutzen computerbasierter Systeme zur Erfassung von Veränderungen des Warenvorrats

In der Einkommensrechnung der *Metro AG* nach Abbildung 5.1, Seite 185, wird – wie bei den meisten Unternehmen – nur über den Netto-Umsatzertrag berichtet. Über eingeräumte Barzahlungsrabatte, Warenrücknahmen oder Preisnachlässe erfährt der außenstehende Leser nichts.

Informationsmangel publizierter Finanzberichte

Ermittlung des Umsatz-aufwands: kontinuierliche versus nicht-kontinuier-liche Erfassung

Man unterscheidet die kontinuierliche Erfassung des Umsatzaufwandes von der nicht-kontinuierlichen Erfassung. Die bisherigen Ausführungen zur Behandlung von Einkauf und Verkauf beruhen auf der kontinuierlichen Erfassung von Veränderungen der Warenvorräte. In der Praxis wird der Umsatzaufwand zur Einkommensermittlung häufig nicht für jeden Umsatz einzeln, sondern zum Ende des Abrechnungszeitraums summarisch für alle Umsätze des Abrechnungszeitraums festgestellt.

Besonderheiten bei nicht-kontinuierlicher Erfassung des Umsatzaufwands

Bei nicht-kontinuierlicher Bestimmung der Umsatzaufwendungen eines Unternehmens, das Handelswaren verkauft, geht man davon aus, dass weder die Verringerung des Warenvorrats durch Verkäufe noch die entsprechenden Aufwendungen während des Abrechnungszeitraums verbucht wurden, alle anderen Veränderungen des Vorrats an Handelswaren jedoch bereits berücksichtigt wurden. Ermittelt man den End-bestand des Warenvorrats durch Inventur, den Anfangsbestand aus dem Endbestand des vorangegangenen Abrechnungszeitraums und zeichnet man die Zugänge beim Einkauf auf, so lässt sich die Abnahme des Warenvorrats durch Auflösen der intertemporalen Bilanzgleichung:

$$\text{Endbestand} = \text{Anfangsbestand} + \text{Zugang} - \text{Abgang}$$

nach „Abgang" ermitteln. Wenn man Diebstahl, Verlust und ähnliche Vorkommnisse während eines Abrechnungszeitraums dem Umsatzauf-wand zurechnen will, gibt die so ermittelte Abnahme des Warenvorrats den Umsatzaufwand wieder.

Die nicht-kontinuierliche Ermittlung des Umsatzaufwands eines Unter-nehmens kann wie in Abbildung 5.3 aussehen. Für die Abbildung wurde unterstellt, dass alle Größen außer dem Umsatzaufwand aus der Buchfüh-rung ersichtlich sind.

Abbildung 5.3:
Mögliches Aussehen einer Rechnung zur nicht-konti-nuierlichen Ermittlung des Umsatzaufwandes

Ermittlung des Umsatzaufwandes	
Anfangsbestand Handelsware	38 600 GE
+ Einkauf (netto)	158 200 GE
+ Fracht	5 200 GE
= Ausgaben für verkaufsfähige Handelsware	202 000 GE
− Endbestand Handelsware	−54 100 GE
= Umsatzaufwand	147 900 GE
Errechnung des Einkaufs (netto)	
Einkauf (brutto)	164 800 GE
− Barzahlungsrabatte	−5 400 GE
− Warenrücksendungen und Preisnachlässe	−1 200 GE
= Einkauf (netto)	158 200 GE

5.2 Exkurs: Institutionelle Besonderheit in Deutschland bei Ausgaben für Personal

Im Zusammenhang mit der Beschäftigung von Personal wird in Deutschland nicht vom Unternehmer und den Beschäftigten, sondern vom „Arbeitgeber" und vom „Arbeitnehmer" gesprochen. Als Arbeitgeber gilt jede rechtlich selbstständige Wirtschaftseinheit, als Arbeitnehmer jede Person, die vom Arbeitgeber für nicht-selbstständige Tätigkeiten eingestellt wird. Wir schließen uns im vorliegenden Kapitel dieser Terminologie an.

Begriffliches: Arbeitnehmer und Arbeitgeber

Wer Personal beschäftigt, wird es bezahlen müssen. In Deutschland werden durch den Arbeitgeber vom Lohn oder Gehalt eines Arbeitnehmers für den Fiskus die Einkommensteuer auf den Arbeitslohn (Lohnsteuer und Solidaritätszuschlag) sowie für die Sozialversicherungen die Sozialversicherungsbeiträge einbehalten, die der Arbeitnehmer zu zahlen hat. Zu den Sozialversicherungen gehören Kranken-, Pflege-, Renten- und Arbeitslosenversicherung. Zusätzlich kann ein Arbeitnehmer mit nicht zu hohem Einkommen vom Arbeitgeber zu Lasten des Fiskus eine sogenannte Arbeitnehmer-Sparzulage erhalten, eine steuerliche Vergünstigung, wenn er Teile des Lohns oder Gehalts „vermögenswirksam" anlegt.

Belastung des Arbeitnehmers: Abzüge vom Arbeitslohn

Der Arbeitgeber hat darüber hinaus bei Beschäftigung von Personal zusätzlich ebenfalls Sozialversicherungsbeiträge (für den Arbeitnehmer) sowie Beiträge für die Unfallversicherung an die Berufsgenossenschaft zu entrichten. Die Beitragsstruktur der deutschen Sozialversicherungen erfordert es, dass der Arbeitgeber für den Arbeitnehmer einen Beitrag zu den Sozialversicherungen entrichtet, dessen Höhe bis vor kurzem der des Arbeitnehmerbeitrags entsprochen hat. Es heißt, der (gesamte) Sozialversicherungsbeitrag wird jeweils zur Hälfte vom Arbeitnehmer und zur anderen Hälfte vom Arbeitgeber getragen.[1] Da der Arbeitgeber die Sozialversicherungsbeiträge nicht für sich, sondern für seinen Arbeitnehmer zahlt, stellt der Arbeitgeberanteil zur Sozialversicherung Personalausgaben dar.

Zusätzliche Belastung des Arbeitgebers: Arbeitgeberanteile zur Sozialversicherung und Unfallversicherung

Die Beträge, die der Arbeitgeber für den Arbeitnehmer einbehält, sind zusammen mit den von ihm selbst direkt für den Arbeitnehmer zu entrichtenden Beträgen an den Fiskus und an die diversen Versicherungsträger abzuführen. Hieraus ist ersichtlich, dass die Beschäftigung von Personal etliche Buchungsvorgänge auslöst. Eine verwalterische Zusatzbelastung des Arbeitgebers, die jedoch keine Buchungen auslöst, bedeutet es, Teile des Arbeitslohns oder -gehalts einbehalten und an Fiskus sowie an Versicherungsträger weiterleiten zu müssen.

Pflicht des Arbeitgebers zur Abführung von Arbeitnehmer- und von Arbeitgeberanteilen

Der Arbeitslohn oder das Gehalt eines Arbeitnehmers umfasst in Deutschland alle Vermögensgüter, die dem Arbeitnehmer in Geld oder Geldwert aus seinem gegenwärtigen oder aus früheren Arbeits- oder Dienstverhältnissen zufließen. Ob dies laufend oder einmalig geschieht, ist unerheblich. Aus Vereinfachungsgründen werde im Folgenden nur vom Lohn als Arbeitsentgelt gesprochen. Wegen bereits oben erwähnter gesetz-

Umfang des Arbeitslohns oder Arbeitsgehalts

---

1 Ausnahme hierzu bildet seit 1. Juli 2005 der Beitrag zur Krankenversicherung. Von Arbeitnehmern wird seitdem – über den Beitrag, den die Arbeitgeber entrichten – ein zusätzlicher Beitragssatz in Höhe von 0,9 % auf den Bruttolohn erhoben.

licher Vorschriften entspricht der vereinbarte Arbeitslohn (Bruttolohn) nicht dem Betrag, den der Arbeitgeber an den Arbeitnehmer auszahlt (Nettolohn). Er entspricht auch nicht dem Betrag, den der Arbeitgeber insgesamt infolge der Beschäftigung eines Arbeitnehmers aufzubringen hat. Dies sei im Folgenden kurz an einem Beispiel erläutert.

Bruttolohn – Abzüge = Nettolohn

Der an den Arbeitnehmer auszuzahlende Betrag ergibt sich aus dem tarifvertraglichen Grundlohn oder Grundgehalt und den darüber hinausgehenden Zuschüssen. Man spricht auch vom Bruttoarbeitsentgelt. Hiervon werden die Zahlungen abgezogen, die der Arbeitgeber zu Lasten des Arbeitnehmers an den Fiskus (Lohnsteuer, Solidaritätszuschlag und eventuell Kirchensteuer) und an Sozialversicherungsträger (Kranken-, Pflege-, Renten- und Arbeitslosenversicherung) vorzunehmen hat. Abzuziehen sind ebenfalls Zahlungen, die der Arbeitgeber für den Arbeitnehmer an dessen Anlageinstitut überweist. Eine Lohn- und Gehaltsabrechnung könnte das Aussehen der Abbildung 5.4, Seite 230, annehmen.

Abbildung 5.4: Beispiel einer monatlichen Lohnabrechnung aus Sicht des Arbeitnehmers

Bestandteile einer Lohn- oder Gehaltsabrechnung		Betrag in Euro
= Bruttolohn, Bruttogehalt		2817,00
– Zahlungen für den Arbeitnehmer an den Fiskus		
Lohnsteuer (Klasse I)	–496,83	
Solidaritätszuschlag	–27,32	
Kirchensteuer (römisch-katholisch)	–44,71	–568,86
– Zahlungen für den Arbeitnehmer an den Sozialversicherungsträger		
Krankenversicherung (Teil der Sozialversicherung), 561,91 + 0,09*2817	–223,01	
Pflegeversicherung (Teil der Sozialversicherung)	–24,00	
Rentenversicherung (Teil der Sozialversicherung)	–280,95	
Arbeitslosenversicherung (Teil der Sozialversicherung)	–59,30	–587,26
= Nettolohn, Nettogehalt		1660,88
– Vermögensanlage für den Arbeitnehmer		–33,33
= Vom Arbeitgeber an den Arbeitnehmer auszuzahlender Betrag		1627,55

Höhe der Abzüge vom Bruttolohn

Die Höhe der Abzüge, die der Arbeitgeber vornimmt, richtet sich nach der Höhe des Bruttoarbeitsentgelts. Darüber hinaus spielt bei der Lohnsteuer sowie bei der Kranken- und Pflegeversicherung der Familienstand eine Rolle. Der prozentuale Anteil der Abzüge vom Bruttolohn ändert sich ab und zu, meist infolge politischer Entscheidungen. Auf die genaue Berechnung wird deswegen hier nicht eingegangen. Die im Schema enthaltenen Zahlen beziehen sich auf einen alleinstehenden katholischen Arbeitnehmer, der im öffentlichen Dienst arbeitet und nach dem Tarifvertrag für die Beschäftigten der bundesdeutschen Länder (TV-L) nach Entgeltgruppe 13, Stufe 1 (Stand: 30.4.2007) vergütet wird.

Die Beschäftigung von Personal belastet Unternehmen nicht nur mit dem Bruttolohn oder Bruttogehalt, sondern noch mit weiteren Beträgen, aus denen sich zusammen die Personalausgaben ergeben. Der Arbeitgeber hat Beträge gemäß dem Schema der Abbildung 5.5, Seite 195, aufzubringen. Für die Arbeitnehmer-Sparzulage sei unterstellt, sie fließe vom Fiskus an den Arbeitgeber. Die Zahlen wurden in Fortführung des vorgenannten Beispiels gewählt.

Personalausgaben = Bruttolohn + Arbeitgeberanteile zur Sozialversicherung + Unfallversicherung

Bestandteile	Betrag in Euro
Bruttolohn, Bruttogehalt	2817,00
+ Arbeitgeberanteil zur Sozialversicherung	561,91
+ tarifvertragliche Sozialleistungen	0,00
+ freiwillige Sozialleistungen	0,00
+ Beiträge zur Berufsgenossenschaft (Unfallversicherung)	20,00
= Personalausgaben	3398,91

Abbildung 5.5:
Beispiel der aus Sicht des Arbeitgebers zusätzlich zum Bruttolohn anfallenden Arbeitsentgeltbestandteile

Aus dem Schema wird ersichtlich, dass die Sozialversicherungsbeiträge des Arbeitgebers für den Arbeitnehmer den Personalausgaben zugerechnet werden. Ökonomisch ist allerdings nicht einzusehen, warum man den Arbeitgeberanteil zur Sozialversicherung nicht dem Bruttolohn oder Bruttogehalt hinzurechnet und in der Lohnabrechnung diesen Bruttolohn beziehungsweise das Bruttogehalt und den gesamten Beitrag zur Sozialversicherung ausweist.

Ökonomisch zweifelhafte Behandlung der Sozialversicherungsbeiträge des Arbeitgebers

Für geringfügig Beschäftigte, Aushilfen und Vielverdiener sieht das deutsche Recht andere Regelungen vor, die hier jedoch nicht erläutert werden.

Sonderregelungen

Wie man Personalausgaben verbucht, hängt damit zusammen, ob ein Zusammenhang mit zu verkaufenden Vermögensgütern oder Dienstleistungen unterstellt wird oder nicht. Gegebenenfalls muss der Bilanzierer festlegen, nach welchem Prinzip er die Personalausgaben den Erzeugnissen zurechnen möchte oder nicht. Es gibt in Unternehmen viele Beschäftigte, für die Ausgaben sowohl nach dem Marginalprinzip als auch nach dem Finalprinzip den gleichen Erzeugnissen zugerechnet werden. Unterschiedlich kann allerdings die Verteilung auf die einzelnen Erzeugnisarten sein. Es gibt aber auch Ausgaben für viele Beschäftigte, die sich je nach angewendeter Argumentationskette den Erzeugnissen zurechnen lassen oder nicht. Wir verzichten hier auf die Angabe von Buchungssätzen, weil sich bis auf die Bezeichnung nichts anderes ergibt als bei den Ausgaben für Vermögensgüter.

Behandlung in Buchführung abhängig von Zurechnung zu Erzeugnissen

5.3 Konsequenzen der Umsatzsteuer für die Buchführung

Die folgenden Ausführungen folgen bis auf den Steuersatz den Regeln, die in Deutschland gelten.

Anwendungsbereich und Steuersätze

Bei allen Lieferungen und sonstigen Leistungen, die ein Unternehmen im Inland gegen Entgelt ausführt, bei Eigenverbrauch und bei der Einfuhr von Gegenständen in das Zollgebiet der Bundesrepublik Deutschland unterliegen die Umsätze bis auf wenige Ausnahmen der Umsatzsteuer (§1 UStG). Der Regelsatz der Umsatzsteuer beträgt derzeit in Deutschland 19% auf den Nettowert der Transaktion. Neben dem Regelsatz gibt es einen reduzierten Satz in Höhe von 7%, der auf Geschäfte mit bestimmten Arten von Waren, z.B. Lebensmittel, angewendet wird. Einige wenige Arten von Umsätzen sind von der Umsatzsteuer befreit. Auf Probleme, die mit der Einfuhr zusammenhängen, gehen wir hier nicht weiter ein. In den folgenden Beispielen wird zur Vereinfachung immer von einem Umsatzsteuersatz von 10 % ausgegangen.

Funktionsweise der Umsatzsteuer in Form der Mehrwertsteuer

Die Umsatzsteuer soll nur vom Endverbraucher getragen werden. Das erreicht der Gesetzgeber dadurch, dass er, abgesehen von den steuerbefreiten Umsätzen, zunächst jeden Umsatz der Besteuerung unterwirft, die Steuer jedoch erstattet, soweit der Umsatz nicht mit Endverbrauchern getätigt wurde. Wegen der generellen Abgabepflicht der Umsatzsteuer und des Erstattungsanspruchs hinsichtlich eines Umsatzes, der nicht an Endverbraucher geht, kommt es in einem Unternehmen jeweils nur zu einer Steuererhebung auf den im Unternehmen erzielten „Mehrwert". Man spricht deswegen bei dieser Erhebungsform der Umsatzsteuer von einer Mehrwertsteuer.

Einkauf mit Mehrwertsteuer

Die Funktionsweise der Mehrwertsteuer wird klar, wenn man sich die Vorgänge an einem Beispiel verdeutlicht, bei dem ein Unternehmen Ware einkauft, um diese anschließend weiterzuverkaufen. Beim Einkauf der Ware hat das kaufende Unternehmen nicht nur den Nettoverkaufspreis der Ware zu entrichten, sondern auch die darauf vom Verkäufer erhobene Mehrwertsteuer. Wenn das Unternehmen nicht Endverbraucher der Ware ist, entsteht ein Erstattungsanspruch in Höhe der gezahlten Mehrwertsteuer gegenüber dem Fiskus. Die vom Unternehmen beim Einkauf gezahlte Mehrwertsteuer wird als „Vorsteuer" bezeichnet. Ein Unternehmen mit einem entsprechenden Erstattungsanspruch heißt „vorsteuerabzugsberechtigt". Die von einem vorsteuerabzugsberechtigten Unternehmen gezahlte Vorsteuer stellt eine Forderung des Unternehmens gegenüber dem Fiskus dar.

Verkauf mit Mehrwertsteuer

Wird die Ware verkauft, so hat das Unternehmen dem Käufer neben dem Nettoverkaufspreis die Mehrwertsteuer auf den Nettoverkaufspreis zu berechnen. Dieser aufgeschlagene Mehrwertsteuerbetrag ist an den Fiskus abzuführen. Er wird fälschlicherweise als „Mehrwertsteuer" bezeichnet und stellt zunächst eine Verbindlichkeit gegenüber dem Fiskus dar. In der Regel bestehen in einem Unternehmen gleichzeitig Erstattungsansprüche aus *Vorsteuer* und Zahlungsverpflichtungen aus *Mehrwertsteuer*, die faktisch miteinander verrechnet werden. Übersteigen die Zahlungsverpflichtungen die Erstattungsansprüche, so entsteht eine sogenannte „Zahllast".

Bei Lieferung oder Erbringung einer Dienstleistung ins Ausland wird der Mehrwertsteuerbetrag erstattet, mit dem die Lieferung oder Leistung belastet ist. Bei Import aus dem Ausland wird vom inländischen Empfänger eine sogenannte Umsatzausgleichsabgabe erhoben, die im Weiteren wie Mehrwertsteuer behandelt wird.

Export und Import

Die Konsequenzen für die Mehrwertsteuer, die durch Einkauf, Verkauf, Eigenverbrauch und Import beziehungsweise Export von Waren ausgelöst werden, sind im Rechnungswesen zu berücksichtigen. Dabei ist es unerheblich, ob es sich letztlich um eine Dienstleistung oder um eine Warenlieferung handelt. Die Mehrwertsteuerverbindlichkeiten gegenüber dem Fiskus werden auf einem Fremdkapitalkonto, die Erstattungsansprüche auf einem Vermögensgüterkonto gebucht. Das Fremdkapitalkonto wird in den folgenden Beispielen als „Verbindlichkeiten (Mehrwertsteuer)" bezeichnet. Das Vermögenskonto nennen wir im Folgenden „Forderungen (Vorsteuer)". Beide Konten werden schließlich zusammengefasst, um zu ermitteln, ob *per Saldo* ein Erstattungsanspruch oder eine Zahlungsverpflichtung gegenüber dem Fiskus besteht. Es wurde schon darauf hingewiesen, dass das Umsatzsteuerrecht neben den mit dem Regelsteuersatz belasteten Umsätzen geringer belastete und befreite Umsätze kennt. Weil der Fiskus anstrebt, die Höhe von Forderungen oder Verbindlichkeiten leicht nachprüfen zu können, werden für jeden Steuersatz gesonderte Umsatz-, Vorsteuer- und Mehrwertsteuerunterkonten verlangt.

Berücksichtigung der Mehrwertsteuer-konsequenzen in der Buchführung

Den Umsatzsteuervorschriften entsprechend hat ein Verkäufer vom Käufer Mehrwertsteuer für den Fiskus zu erheben. Zu buchen ist für den Zeitpunkt der Leistungsabgabe, bei Vorauszahlungen zum Zeitpunkt der Vorauszahlung. Zum Umsatzertrag zählt beim Verkäufer alles das, was er dem Käufer berechnet, mit Ausnahme der Mehrwertsteuer. Ein Verkäufer, der beispielsweise einem Käufer am 1. März Digital Versatile Discs (DVDs) zu 90 GE zuzüglich Verpackung zu 2 GE und Fracht zu 8 GE, jeweils vor Mehrwertsteuer, in Rechnung stellt, hat bei einem unterstellten Mehrwertsteuersatz von 10 % und Abwicklung über Forderungen zu buchen:

Beispiel

Beleg	Datum	Geschäftsvorfall und Konten	Soll	Haben
	1.3.	Verkauf auf Ziel (Zugangs- und Ertragsbuchung)		
		Forderungen (Verkauf)	110	
		Umsatzertrag		100
		Verbindlichkeiten (Mehrwertsteuer)		10

Zeitgleich hat er – wie oben bereits dargestellt – die Minderung des Warenvorrats, die Verpackung und die Fracht als Aufwand zu berücksichtigen. Hatte die dem Lager entnommene Ware beispielsweise vor Mehrwertsteuer einen Buchwert von 50 GE, die Verpackung einen von 1 GE und wurden für die Fracht bei einem unterstellten Mehrwertsteuersatz von 10 % am 2. März 5,50 GE in bar entrichtet, so wäre zusätzlich zu buchen:

Beleg	Datum	Geschäftsvorfall und Konten	Soll	Haben
	1.3.	Umsatzaufwand (Material)		
		Umsatzaufwand	50,0	
		Erzeugnisse, Handelsware		50,0
	1.3.	Umsatzaufwand (Verpackung)		
		Umsatzaufwand (Verpackung)	1,0	
		Roh-, Hilfs- und Betriebsstoffe		1,0
	1.3.	Umsatzaufwand (Fracht)		
		Umsatzaufwand (Fracht)	5,0	
		Forderungen (Vorsteuer)	0,5	
		Verbindlichkeiten (Spediteur)		5,5
	2.3.	Begleichung der Verbindlichkeit aus der Fracht		
		Verbindlichkeiten (Spediteur)	5,5	
		Zahlungsmittel		5,5

Die beim Einkauf der DVDs und des Verpackungsmaterials entrichtete Mehrwertsteuer wurde bereits zum Zeitpunkt des Einkaufs als *Forderungen (Vorsteuer)* verbucht.

Nachträgliche Änderungen an den Geschäftsgrundlagen

Kommen Käufer und Verkäufer nach Abschluss ihres Geschäfts und dessen Buchung überein, am Geschäft Änderungen vorzunehmen, welche die Bemessungsgrundlage der Vorsteuer oder der Mehrwertsteuer berühren, so sind neben diesen Änderungen die Vorsteuer- oder Mehrwertsteuerkonten zu ändern. Typische Fälle solcher Änderungen sind nachträglich vereinbarte Preisnachlässe, Boni, Skonti, andere Rabatte und Warenrücksendungen.

Vorläufige Saldenaufstellung und Finanzberichte

Im vorliegenden Kapitel haben wir uns bisher nur mit Ereignissen befasst, deren Abbildung im Laufe des Abrechnungszeitraums stattfindet. Insofern verweisen wir auf die Ausführungen des vorangegangenen Kapitels über die Aufstellung einer vorläufigen Saldenaufstellung und über die Erstellung vorläufiger Finanzberichte.

5.4 Beispiele für die Behandlung von Einnahmen und Ausgaben während des Abrechnungszeitraums

5.4.1 Beispiel für den Einkauf und Verkauf von Handelsware (ohne Umsatzsteuer)

5.4.1.1 Einkauf mit Rabatt und teilweiser Warenrücksendung

Der Wirtschaftskreislauf beginne mit der Beschaffung von Warenvorräten und der Verbuchung dieser Beschaffung. Von der Umsatzsteuer sehen wir zunächst ab. Wenn beispielsweise das *Music Equipment Center Aachen (MECA)* am 14. Juni zwei CD-Abspielgeräte im Wert von je 200 GE zum Weiterverkauf bei seinem Großhändler einkauft, mehren sich bei *MECA* die Warenvorräte und die Verbindlichkeiten nehmen zu oder die Zahlungsmittel nehmen ab. Für den Fall der Zunahme von Verbindlichkeiten lautet der Buchungssatz:

Sachverhalt

Beleg	Datum	Geschäftsvorfall und Konten	Soll	Haben
	14.6.	Kauf von Handelsware		
		Erzeugnisse, Handelsware	400	
		Verbindlichkeiten (Einkauf)		400

Der Erhalt der Geräte und die Rechnung des Lieferanten bestimmen diese Buchung. Für das *Music Equipment Center Aachen (MECA)* eignet sich die Rechnung als Beleg für den Geschäftsvorfall.

Geschäftsdokumente eignen sich sehr oft als Belege im Rechnungswesen. Das wird deutlich, wenn wir die Schritte verfolgen, welche von *MECA* bei der Bestellung, Lieferung und Bezahlung der CD-Abspielgeräte unternommen werden.

Geschäftsdokumente als Belege

1 *MECA* setzt ein *Schreiben zur Bestellung* auf und sendet dieses an den Großhändler.

2 Beim Empfang der *Bestellung* schaut der Großhändler nach, ob die gewünschte Ware vorrätig ist. Ist dies der Fall, wird die gewünschte Ware ausgeliefert und zugleich eine *Rechnung* an *MECA* versandt. Mit der Rechnung macht der Verkäufer seine Forderung auf Bezahlung der Lieferung geltend.

3 Oftmals trifft die Rechnung beim Käufer vor der Ware ein, so auch in unserem Beispiel. *MECA* zahlt nicht sofort, sondern wartet bis zur Ankunft der Ware, um prüfen zu können, ob die richtigen Artikel in der gewünschten Menge und Qualität angekommen sind. Nach Durchsicht und Annahme der Warenlieferung zahlt *MECA* die Ware.

Eine Rechnung enthält (1) den Namen des Verkäufers, (2) das Rechnungsdatum (zur Ermittlung der Zahlungsfrist), (3) den Namen des Rechnungsempfängers und die Lieferanschrift, (4) das Datum der Bestellung, (5) die Zahlungsbedingungen, (6) die bestellten Artikel, (7) die gelieferten

Rechnungsbestandteile

Artikel, (8) den Rechnungsbetrag. Darüber hinaus kann die Rechnung die Angabe enthalten, welcher Betrag bis zu welchem Datum zu zahlen ist. Der deutsche Fiskus verlangt zudem aus Kontrollgründen, dass die Rechnungen nummeriert sind und eine Steuernummer enthalten. Eventuell wird der Verkäufer auf seiner Kopie der Rechnung vermerken, wann der Käufer welchen Betrag gezahlt hat. Für *MECA* stellt die Rechnung einen Einkaufsbeleg dar, für den Großhändler deren Kopie einen Verkaufsbeleg. In beiden Fällen dient die Rechnung für den Buchhalter als Beleg dafür, dass tatsächlich ein Geschäftsvorfall stattgefunden hat, an den Buchungen geknüpft sind.

Rabatte   Wir unterstellen weiterhin in unserem Beispiel, es gäbe einen Rabatt. Man unterscheidet zwei Arten von Rabatten: Mengenrabatte und Barzahlungsrabatte.

Mengenrabatt   Ein Mengenrabatt wird in Abhängigkeit von der Menge der gekauften Waren gewährt. Je größer die gekaufte Menge ist, desto niedriger wird in der Regel der Preis je Stück sein. Mengenrabatte dienen der Verkaufsförderung. Sie bestehen oftmals darin, auf den Listenpreis je nach gekaufter Menge unterschiedlich hohe Rabattsätze zu gewähren. Der Großhändler unseres Beispiels könnte für CD-Abspielgeräte mit einem Listenpreis von 200 GE die folgende Rabattstaffel vorgesehen haben:

Menge	Mengenrabatt	Nettopreis je Stück
ab 2 CD-Abspielgeräte	5 %	190 GE (200 GE – 0,05 x 200 GE)
5–9 CD-Abspielgeräte	10 %	180 GE (200 GE – 0,10 x 200 GE)
mehr als neun CD-Abspielgeräte	20 %	160 GE (200 GE – 0,20 x 200 GE)

Beispiel   Angenommen, *MECA* kaufe am 27. Mai fünf CD-Abspielgeräte, dann läge der Preis für jedes Abspielgerät bei 180 GE. Der Kauf der fünf Geräte erhöhte den Warenvorrat und die Verbindlichkeiten aus dem Einkauf um (5*180 =) 900 GE. Sinnvollerweise gibt es kein Mengenrabattkonto und keinen speziellen Buchungssatz zur Berücksichtigung des Mengenrabatts. Alle Buchungen, beim Verkäufer wie beim Käufer, beziehen sich auf den Nettopreis, der sich nach Abzug des Mengenrabatts vom Listenpreis ergibt. Bei Gültigkeit der Rabattstaffel hätte ein Kauf in Höhe von 380 GE stattgefunden.

Barzahlungsrabatt   Viele Unternehmen räumen ihren Kunden einen Barzahlungsrabatt (Skonto) ein. Barzahlungsrabatte stellen eine Belohnung für prompte Zahlung dar. Wird ein Mengenrabatt und ein Barzahlungsrabatt eingeräumt, so berechnet sich der Barzahlungsrabatt von dem Betrag, der nach Abzug des Mengenrabatts verbleibt. Wenn der Großhändler beispielsweise bei einer Lieferung an *MECA* am 27. Mai die Zahlung innerhalb von 30 Tagen erwartet, bei Zahlung innerhalb von 15 Tagen jedoch 3 % Skonto einräumt, kann *MECA* bei einem Rechnungsbetrag in Höhe von 900 GE entscheiden, bis zum 11. Juni einen Betrag von (900 GE × 0,97 =) 873 GE oder bis zum 26. Juni 900 GE zu überweisen. MECA bucht bei Erhalt der Ware am 27. Mai:

Beleg	Datum	Geschäftsvorfall und Konten	Soll	Haben
	27.5.	Kauf von Handelsware		
		Erzeugnisse, Handelsware	900	
		Verbindlichkeiten (Einkauf)		900

MECA zahlt innerhalb der Skontofrist am 10. Juni und korrigiert gleichzeitig den Warenbestand wegen des in Anspruch genommenen Skontos. Es bucht:

Beleg	Datum	Geschäftsvorfall und Konten	Soll	Haben
	10.6.	Zahlung Rechnung v. 27. Mai mit Skonto		
		Verbindlichkeiten (Einkauf)	900	
		Zahlungsmittel		873
		Erzeugnisse, Handelsware		27

Vermögensgüter im Rechnungswesen sind zum Zeitpunkt ihrer Anschaffung mit ihren Anschaffungsausgaben anzusetzen. Daher bedeutet die Inanspruchnahme von Skonto nicht nur, dass weniger als der ausgewiesene Rechnungsbetrag zu überweisen ist, sondern auch, dass der Wert des Warenvorrats niedriger anzusetzen ist als auf der Rechnung ausgewiesen. Das Warenvorratskonto sieht – unter Beachtung der Normierungen und Abkürzungen, die wir im vorangehenden Kapitel beschrieben haben – nach den Buchungen folgendermaßen aus:

Orientierung an Anschaffungsausgaben

S	*Erzeugnisse, Handelsware* (CD-Abspielgeräte)	H	
27.5.	900	10.6.	27
Saldo	873		

Hätte *MECA* den Rechnungsbetrag erst nach der Skontofrist am 29. Juni überwiesen, so wären 900 GE fällig geworden. Die Buchung hätte gelautet:

Beleg	Datum	Geschäftsvorfall und Konten	Soll	Haben
	29.6.	Zahlung Rechnung v. 27. Mai		
		Verbindlichkeiten (Einkauf)	900	
		Zahlungsmittel		900

und das Warenvorratskonto hätte nur den Zugang vom 27. Mai ausgewiesen:

S	*Erzeugnisse, Handelsware* (CD-Abspielgeräte)	H
27.5.	900	

Warenrücksendung und nachträglicher Preisnachlass

Die meisten Unternehmen erlauben ihren Kunden, gekaufte Ware zurückzusenden, die defekt, beschädigt oder unpassend ist (*purchase returns*). Es kommt auch vor, dass der Verkäufer dem Käufer einen Preisnachlass (*allowance*) gewährt, damit er in einem solchen Fall trotzdem die Ware behält.

Beispiel

Wir nehmen an, die Lieferung an *MECA* habe ein anderes als das bestellte CD-Abspielgerät zum Preis von 80 GE enthalten. *MECA* habe das Gerät daher nach Buchung des Wareneingangs am 3. Juni an den Großhändler zurückgesendet. Der entsprechende Buchungssatz lautet:

Beleg	Datum	Geschäftsvorfall und Konten	Soll	Haben
	3.6.	Warenrücksendung an den Großhändler		
		Verbindlichkeiten (Einkauf)	80	
		Erzeugnisse, Handelsware		80

Unterstellen wir nun, eines der übrigen CD-Abspielgeräte sei leicht verkratzt gewesen und *MECA* habe sich am 4. Juni gegen einen Preisnachlass von 5 GE bereit erklärt, das Teil dennoch abzunehmen. Als Buchungssatz hätte sich ergeben:

Beleg	Datum	Geschäftsvorfall und Konten	Soll	Haben
	4.6	vom Großhändler eingeräumter Preisnachlass		
		Verbindlichkeiten (Einkauf)	5	
		Erzeugnisse, Handelsware		5

Die Warenrücksendung und der Preisnachlass bewirken, dass die Verbindlichkeit von *MECA* gegenüber dem Großhändler sowie der Wert des Warenvorrats abnehmen. Auf den Konten von *MECA* ergeben sich die folgenden Endbestände:

S	Erzeugnisse, Handelsware (CD-Abspielgeräte)		H	S	Verbindlichkeiten (Einkauf)		H
27. 5.	900	3.6.	80	3.6.	80	27.5.	900
		4.6.	5	4.6.	5		
Saldo	815					Saldo	815

Die Ausgaben für den Transport von Ware vom Verkäufer zum Käufer können erheblich sein. Es hängt von den Kaufvertragsvereinbarungen ab, ob der Verkäufer oder der Käufer die Transportkosten trägt und verbucht. Übliche Vereinbarungen, auch *terms of trade* genannt, sind beispielsweise *frei Haus*, *ab Werk*, *free on board*. Die Vereinbarungen regeln, wann der Verkäufer seine vertragliche Verpflichtung erfüllt hat und damit, wann eine Leistungsabgabe stattfindet. Daraus resultiert, ob oder bis wohin der Verkäufer die Transportkosten und eventuell eine Transportversicherung übernimmt. Für den Teil des Transports, für den der Verkäufer nicht zuständig ist, hat der Käufer die Kosten zu übernehmen. Wie bereits erwähnt, sind nach üblichen Bilanzierungsregeln Vermögensgüter im Rechnungswesen mit ihren Anschaffungsausgaben anzusetzen. Dazu gehören auch alle Anschaffungsnebenausgaben, die bis zur endgültigen Bestimmung des Vermögensguts anfallen. Dementsprechend hat beispielsweise der Käufer von Handelsware bei Kauf *ab Werk* neben dem Anschaffungspreis zusätzlich die von ihm zu tragenden Transport- und Versicherungskosten als Beschaffungspreis anzusetzen, um den Buchwert in Form der Anschaffungsausgaben zu erhalten.

Transportkostenverbuchung in Abhängigkeit von Kaufvertragsvereinbarungen

Wenn wir unterstellen, dass *MECA* mit dem Großhändler übereingekommen wäre, die Frachtkosten in Höhe von 50 GE selbst zu übernehmen, dann hätte der Buchungssatz bei Erhalt und Barzahlung der Frachtrechnung am 1. Juni bei *MECA* gelautet:

Transportkosten als Beispiel

Beleg	Datum	Geschäftsvorfall und Konten	Soll	Haben
	1.6.	Ausgaben für Fracht		
		Erzeugnisse, Handelsware	50	
		Zahlungsmittel		50

Das Warenvorratskonto hätte das folgende Aussehen:

S	*Erzeugnisse, Handelsware* *(CD-Abspielgeräte)*		H
27.5.	900	3.6.	80
1.6.	50	4.6.	5
Saldo	865		

Manchmal sehen die Vereinbarungen vor, dass die Transportkosten vom Käufer getragen werden, der Verkäufer diese jedoch vorstreckt. In so einem Fall werden die Transportkosten vom Verkäufer mit der Ware auf die Rechnung gesetzt. Der Käufer kann dann den Rechnungsbetrag sofort dem Vorratskonto gutschreiben.

5.4.1.2 Verkauf mit Preisnachlass und teilweiser Rücknahme

Verkauf gegen Barzahlung Der Verkauf von Ware kann grundsätzlich gegen Barzahlung oder auf Ziel erfolgen. Einzelhandelsunternehmen verkaufen ihre Ware meistens gegen Barzahlung. Beim Verkauf wird der Zugang an Zahlungsmitteln auf dem Zahlungsmittelkonto und der Umsatzertrag in der Einkommensrechnung verbucht. Der Verkauf einer Ware am 9. März zum Preis von beispielsweise 7000 GE gegen Barzahlung würde folgenden Buchungssatz nach sich ziehen:

Beleg	Datum	Geschäftsvorfall und Konten	Soll	Haben
	9.3.	Barumsatz		
		Zahlungsmittel	7000	
		Umsatzertrag		7000

Gleichzeitig wäre der Abgang des Warenvorrats und der damit verbundene Umsatzaufwand zu erfassen. Unter der Annahme, die verkauften Waren hätten mit 2500 GE zu Buche gestanden, hätte der entsprechende Buchungssatz folgendermaßen gelautet:

Beleg	Datum	Geschäftsvorfall und Konten	Soll	Haben
	9.3.	Umsatzaufwendungen		
		Umsatzaufwand	2500	
		Erzeugnisse, Handelsware		2500

Unterstellt man, dass ursprünglich Waren zum Wert von 50000 GE eingekauft worden waren, so „wandern" durch den Verkauf Waren im Wert von 2500 GE vom Konto *Erzeugnisse, Handelsware* auf das Konto *Aufwand* aus dem Verkauf:

S	Erzeugnisse, Handelsware (CD-Abspielgeräte)		H	S	Aufwand (Verkauf)	H
Einkauf	50000	9.3.	2500 $\rightarrow$	9.3.	2500	

Vereinfachung bei Computerunterstützung In computerunterstützten Buchführungen werden die beiden Buchungen oft automatisch vollzogen, sobald der Kassierer die Artikelnummer und Anzahl der verkauften Waren angibt oder der Scanner dies erkennt. Die Information über den zugehörigen Aufwand kann einer Datenbank entnommen werden, die jeweils beim Einkauf und beim Verkauf aktualisiert wird.

Verkauf auf Ziel In Volkswirtschaften mit einem entwickelten Zahlungsverkehrssystem wird der Verkauf oft auf Ziel getätigt. Dann fallen beim Verkäufer drei Buchungssätze an: (1) der Forderungszugang mit dem Verkaufsumsatz, (2) der Vorratsabgang mit dem Umsatzaufwand und (3) der Zahlungsmitteleingang mit dem Forderungsausgleich. Bei einem Verkauf von Ware, die man beispielsweise zu 2500 GE eingekauft und am 11. März zu einem Preis von 7 000 GE verkauft hat, und bei dem am 19. März die erwünschte Zahlung vom Käufer eingeht, bucht man beispielsweise:

Beleg	Datum	Geschäftsvorfall und Konten	Soll	Haben
	11.3.	Umsatz auf Ziel		
		Forderungen (Verkauf)	7 000	
		Umsatzertrag		7 000
	11.3.	Aufwendungen aus Verkauf		
		Umsatzaufwand	2 500	
		Erzeugnisse, Handelsware		2 500
	19.3.	Zahlungseingang		
		Zahlungsmittel	7 000	
		Forderungen (Verkauf)		7 000

Durch das gleichzeitige Buchen der mit dem Verkauf zusammenhängenden Erträge und Aufwendungen kann man bei jedem Verkauf den zugehörigen Rohertrag ermitteln. Der Umsatzertrag ist meist einfach zu ermitteln. Komplikationen ergeben sich lediglich bei Rabatten, Preisnachlässen und Warenrücknahmen. Wie in solchen Fällen zu verfahren ist, sehen wir im folgenden Abschnitt. Die Ermittlung des Umsatzaufwands ist dagegen weit mühsamer, weil man die Anschaffungsausgaben (und im Falle der Herstellung die Herstellungsausgaben) des verkauften Vermögensguts ermitteln muss. Das ist zwar leicht, wenn man die Vermögensgüter beim Einkauf mit ihren Einkaufsausgaben oder mit einem klaren Verweis auf die Einkaufsdaten auszeichnet; eine physische Auszeichnung mit dem Einkaufspreis möchte man aber aus Wirtschaftlichkeitsgründen verhindern. Im Zeitalter des Computers und der Scannerkasse mit Datenbanken der Einkaufspreise bereitet so eine kontinuierliche Erfassung des Umsatzaufwands keine großen Probleme mehr. Ohne diese Hilfsmittel kann man sich die Arbeit dadurch erleichtern, dass man zum Verkaufszeitpunkt jeweils nur die Zugangs- und Ertragsbuchung vornimmt und zum Ende des Abrechnungszeitraums eine einzige Aufwandsbuchung für alle Verkäufe des Abrechnungszeitraums durchführt. Dieser Aufwand lässt sich zum Ende des Abrechnungszeitraums leicht ermitteln aus

Ermittlung von Umsatzertrag und Umsatzaufwand

$$\text{Abgang} = \text{Anfangsbestand} + \text{Zugänge} - \text{Endbestand}$$

Im Zusammenhang mit dem Einkauf von Ware wurde gezeigt, dass in Anspruch genommene Rabatte, Warenrücksendungen und nachträgliche Preisnachlässe die Anschaffungsausgaben des Warenvorrats senken. Beim Verkauf verhält es sich ähnlich. Gewährte Rabatte und Preisnachlässe sowie zurückgenommene Ware mindern den Umsatzertrag und die Forderungen beziehungsweise Zahlungsmittel. Weil die Bilanzierungsregeln üblicherweise den Ansatz des Netto-Umsatzertrags in der Einkommensrechnung verlangen, stellen die Konten, auf denen die Preisnachlässe, Rabatte und Warenrücknahmen erfasst werden, Gegenkonten zum Brutto-Umsatzertrag dar. Es gilt:

Barzahlungsrabatte, Warenrücknahmen und Preisnachlässe beim Verkauf mindern Umsatz

$$\text{Umsatzertrag} = \text{Brutto-Rechnungsbetrag} - \text{Rabatt} - \text{Warenrücknahme} - \text{nachträglicher Preisnachlass}$$

Erfassung auf getrennten Konten

Unternehmen interessieren sich für die Zahlungsgewohnheiten ihrer Kunden ebenso wie für eigene fehlerhafte oder unpassende Lieferungen. Daher erscheint es sinnvoll, getrennte Unterkonten für Rabatte sowie Warenrücknahmen und Preisnachlässe zu führen.

Beispiel: Einkauf mit Skonto

Die mit dem Verkauf von Ware verbundenen Buchungen seien am Beispiel eines Verkaufs von DVD-Abspielgeräten durch einen Großhändler erläutert. Dieser verkaufte am 7. Juli DVD-Abspielgeräte zum Preis von 14400 GE, zahlbar mit 2% Rabatt innerhalb von 10 Tagen oder ungekürzt innerhalb von 30 Tagen. Die Geräte waren für 9400 GE angeschafft worden. Wir unterstellen, dass eine Forderung entsteht, die zunächst nur den Nettobetrag unter Abzug von Skonto umfasst. Die Buchungssätze für den Verkauf lauten:

Beleg	Datum	Geschäftsvorfall und Konten	Soll	Haben
	7.7.	Umsatz auf Ziel		
		Forderungen (Verkauf)	14112	
		Umsatzertrag		14112
	7.7.	Aufwendungen aus Verkauf		
		Umsatzaufwand	9400	
		Erzeugnisse, Handelsware		9400

Erfolgt die Zahlung nach dem 17. Juli, so sind der Forderungsbetrag und der Umsatzertrag um 14400 GE − (14400 GE : 0,98) = 288 GE zu erhöhen. Unklar ist bei diesem Vorgehen zum Verbuchungszeitpunkt noch, ob die 2% Rabatt in Anspruch genommen werden oder nicht. Man muss sicherstellen, dass die Forderung und der Ertrag nicht zu hoch ausgewiesen werden. Daher wäre bis zum 17. Juli ein Betrag von 14112 GE anzusetzen, danach einer von 14400 GE. Alternativ dazu könnte man auch einen Betrag in Höhe von 14400 GE ansetzen und diesen korrigieren, falls die Zahlung vor dem 17. Juli eingeht.

Rücksendung

Es sei weiter angenommen, dass der Käufer am 12. Juli Ware zurücksendet, die zu einem Brutto-Verkaufspreis von 1200 GE geliefert worden war. Der Einkaufspreis der entsprechenden Ware beim Großhändler hatte 800 GE betragen. Dadurch wird beim Verkäufer eine Minderung des Umsatzes und der Forderungen sowie eine Erhöhung des Warenvorrats zu Lasten des Aufwands für verkaufte Waren ausgelöst. Da wir oben eine Verbuchung der Forderung zum Nettobetrag unterstellt hatten, wird auch bei diesem Sachverhalt nur der Nettobetrag in Höhe von (0,98*1200 GE =) 1176 GE verbucht:

Beleg	Datum	Geschäftsvorfall und Konten	Soll	Haben
	12.7.	Rücknahme von Waren		
		Umsatzertrag	1176	
		Forderungen (Verkauf)		1176
	12.7.	Rücknahme von Waren		
		Erzeugnisse, Handelsware	800	
		Umsatzaufwand		800

Hätte die Warenrücksendung nach dem 17. Juli stattgefunden, so hätten, weil die Werte des *Ertrags (Verkauf)* und der *Forderungen (Verkauf)* hochgesetzt worden wären, die Korrektur 1200 GE ausgemacht.

Es sei weiter angenommen, dass der Großhändler seinem Kunden am 15. Juli einen Preisnachlass von 200 GE wegen beschädigter Ware anbietet, wenn der Käufer die Ware behält. Der Käufer geht darauf ein. Der Großhändler bucht dann:

Angebot eines Preisnachlasses

Beleg	Datum	Geschäftsvorfall und Konten	Soll	Haben
	15.7.	Preisnachlass auf fehlerhafte Ware		
		Umsatzertrag	200	
		Forderungen (Verkauf)		200

Der Preisnachlass wirkt sich im Gegensatz zur Warenrücksendung nicht auf das Warenvorratskonto aus. Zur Erinnerung sei angemerkt, dass ein solcher Preisnachlass im Rechnungswesen des Käufers dazu führt, dass sich dessen Warenvorrat und dessen Verbindlichkeiten gegenüber dem Verkäufer ebenfalls um 200 GE verringern. Nach Buchung der Vorgänge sind alle Konten aktualisiert. Das Forderungskonto des Großhändlers sieht folgendermaßen aus:

S	Forderungen (Verkauf)	H	
7.7.	14112	12.7.	1176
		15.7.	200
Saldo	12736		

Am 17. Juli, dem letzten Tag der Skontofrist, erhält der Großhändler Bargeld für einen Anteil seiner Rechnung vom 7. Juli in Höhe von 8000 GE. Der Käufer überweist 7840 GE (= 8000 GE x 0,98). Nimmt man an, der Verkauf sei bereits gebucht, so wirkt sich die Teilzahlung folgendermaßen aus:

Teilzahlung

Beleg	Datum	Geschäftsvorfall und Konten	Soll	Haben
	17.7.	Zahlungseingang mit Barzahlungsrabatt		
		Zahlungsmittel	7840	
		Forderungen (Verkauf)		7840

Das Einhalten der Skontofrist seitens des Käufers führt also dazu, dass auch der ursprünglich verbuchte Ertrag aus dem Verkauf der Ware um (8000 GE − 160 GE =) 7840 GE nicht korrigiert werden muss. Die noch ausstehenden 5000 GE (= 14400 GE − 1200 GE − 200 GE − 8000 GE) der Rechnung gehen am 28. Juli ein. Die Forderung beläuft sich inzwischen auf (14112 GE − 1176 GE − 200 GE − 7840 GE=) 4896 GE.

Beleg	Datum	Geschäftsvorfall und Konten	Soll	Haben
	28.7.	Zahlungseingang ohne Barzahlungsrabatt		
		Zahlungsmittel	4896	
		Umsatzertrag	104	
		Forderungen (Verkauf)		5 000

5.4.2   Beispiel für die Behandlung von Ausgaben für Personal

Personalausgaben als Ausgabe für Erzeugnisse

Wir unterstellen für unser Beispiel die Zahlenübersicht der Darstellungen in Abschnitt 5.2. Zunächst sei weiterhin unterstellt, die Personalausgaben seien für die Herstellung von Erzeugnissen angefallen, die sämtlich erst in einem nachfolgenden Abrechnungszeitraum verkauft werden, dann wäre der folgende Buchungssatz aufzustellen:

Beleg	Datum	Geschäftsvorfall und Konten	Soll	Haben
	31.8.	Gehaltszahlung		
		Erzeugnisse, Handelsware (Personalausgaben)	3 398,91	
		Zahlungsmittel (Auszahlung an Arbeitnehmer)		1 627,55
		Verbindlichkeit (Fiskus)		568,86
		Verbindlichkeit (Sozialversicherungen)		1 149,17
		Verbindlichkeit (Anlageinstitut)		33,33
		Verbindlichkeiten (Berufsgenossenschaft)		20,00

Personalausgaben als Aufwand des Abrechnungszeitraums

Für den Fall, dass Personalausgaben lagerfähigen Waren nicht zugeordnet werden, sind sie zeitraumbezogen als Aufwand zu behandeln. In der Regel stellen sie Personalaufwand des Abrechnungszeitraums dar. Der Abgang von Eigenkapital geht mit einer Minderung an Zahlungsmitteln einher oder mit einer Mehrung der Verbindlichkeiten. Für das in den oben aufgeführten Schemata dargestellte Beispiel sei angenommen, dass die Zahlung an den Arbeitnehmer am 31. August in Form von Bargeld erfolgt. Sieht man für die Verpflichtungen – gegenüber dem Fiskus, den Sozialversicherungsträgern und dem Institut, bei dem die vermögenswirksamen Leistungen angelegt werden – entsprechende Unterkonten zum Konto „sonstige Verbindlichkeiten" vor, so bewirkt die Beschäftigung von Personal die folgende Buchung:

Beleg	Datum	Geschäftsvorfall und Konten	Soll	Haben
	31.8.	Gehaltszahlung		
		Aufwand (Personal)	3 398,91	
		Zahlungsmittel		1 627,55
		Verbindlichkeit (Fiskus)		568,86
		Verbindlichkeit (Sozialversicherungen)		1 149,17
		Verbindlichkeit (Anlageinstitut)		33,33
		Verbindlichkeiten (Berufsgenossenschaft)		20,00

Werden die Verbindlichkeiten (und Forderungen) beglichen, so ist zu buchen:

Beleg	Datum	Geschäftsvorfall und Konten	Soll	Haben
	31.8.	Zahlung Lohnsteuer, Sozialversicherung, Anlagen und Beitrag zur Berufsgenossenschaft		
		Verbindlichkeit (Fiskus)	568,86	
		Verbindlichkeit (Sozialversichungen)	1 149,17	
		Verbindlichkeit (Anlageinstitut)	33,33	
		Verbindlichkeiten (Berufsgenossenschaft)	20,00	
		Zahlungsmittel		1 771,36

Betrifft der Gehaltszahlungszeitraum zwei Abrechnungszeiträume des Unternehmens, so werden die Personalausgaben zunächst zeitanteilig auf die beiden Abrechnungszeiträume aufgeteilt. Findet die Zahlung am Ende des späteren Beschäftigungszeitraums statt, entstehen dem Unternehmen am Ende des ersten Abrechnungszeitraums Verbindlichkeiten; findet die Zahlung zu Beginn des ersten Beschäftigungszeitraums statt, so entsteht zunächst ein aktiver Rechnungsabgrenzungsposten, gegen den der Personalaufwand später gebucht wird.

5.4.3 Beispiel eines Unternehmens, das nur nicht-lagerfähige Dienstleistungen verkauft (ohne Umsatzsteuer)

Im vorangehenden Kapitel haben wir bereits das Beispiel eines Dienstleisters kennengelernt, der nicht der Umsatzsteuer unterliegt. Karl Gross hatte unter anderem Einkäufe getätigt und Dienstleistungen erbracht. Die Einkäufe hatten Umschichtungen der in der Bilanz ausgedrückten Vermögensgüter bewirkt. Man besaß beispielsweise nach dem Einkauf mehr Büromaterial und weniger Zahlungsmittel oder mehr Verbindlichkeiten. Den Dienstleistungen waren die Ausgaben für bestimmtes Büromaterial zugerechnet worden. Deswegen war bei Ablieferung der Dienstleistung, also als Gross seine Verpflichtungen erfüllt hatte, der Zugang an Vermögensgütern mit dem Ertrag aus der Erbringung der Dienstleistung zeitgleich mit dem Aufwand durch den Verkauf und dem Abgang des zugehörigen Büromaterials erfolgt.

Umsatzertrag und Umsatzaufwand eines Dienstleisters

Sicherlich hat Karl Gross darüber hinaus auch anderes Büromaterial verbraucht, beispielsweise Bleistifte beim Entwurf eines Werbeplakats. Der damit verbundene Abgang von Büromaterial hat nichts mit zu verkaufenden Dienstleistungen zu tun und wäre daher zu dem Zeitpunkt in der Einkommensrechnung anzusetzen gewesen, als Gross sich diesen Planungen widmete.

Aufwand, der nichts mit dem Umsatz zu tun hat

Beispiel dient hauptsächlich didaktischen Zwecken

Das Besondere am Beispiel des Karl Gross ist darin zu sehen, dass es keine lagerfähigen Erzeugnisse oder Handelsware gibt. Das erleichtert die Darstellung, weil man Probleme nicht anzusprechen braucht, die mit der Lagerung von Handelsware oder Erzeugnissen zusammenhängen. Auch das Problem der Zurechnung von Vermögensgütern zu Leistungen scheint einfacher zu lösen zu sein, weil es im Zweifel weniger Arten von Posten gibt als bei einem Unternehmen, das mit Ware handelt, der man etwas zurechnen kann. Wir verweisen daher diesbezüglich auf die Darstellung im vorangegangenen Kapitel.

5.4.4 Beispiel eines Unternehmens, das lagerfähige Vermögensgüter verkauft (ohne Umsatzsteuer)

Ein Beispiel

Nehmen Sie an, ein Computerhändler habe im Monat Juli einen Mitarbeiter für 3 000 GE, zahlbar am 31. Juli, für den Zusammenbau von 60 Computern aus vorrätigen Teilen im Wert von 1 500 GE je Computer beschäftigt. So wie am 1. Juli wird er täglich einen Herstellungsvorgang von drei Computern durchführen, wenn sich die Herstellung gleichmäßig über 20 Arbeitstage erstreckt und er der Herstellung der Computer keine anderen als die oben genannten Ausgaben zurechnet:

Beleg	Datum	Geschäftsvorfall und Konten	Soll	Haben
	1.7.	Herstellung von 3 Computern		
		Erzeugnisse, Handelsware	4650	
		Roh-, Hilfs- und Betriebsstoffe		4500
		Verbindlichkeiten (Gehalt)		150

Im Falle eines Verkaufs bilden die Anschaffungsausgaben für die hergestellten Computer, hier 4 650 GE für 3 Computer, die Grundlage für die Ermittlung des Umsatzaufwands. Für die Herstellung eines Computers wurden im Durchschnitt 1 550 GE ausgegeben. Wird nun beispielsweise am 2. Juli einer der am 1. Juli hergestellten Computer zu einem Preis von 2 200 GE gegen Barzahlung verkauft, so sind die bereits mit dem Verkauf von Handelsware vorgestellten Buchungen analog vorzunehmen. Die Buchungssätze lauten:

Beleg	Datum	Geschäftsvorfall und Konten	Soll	Haben
	2.7.	Verkauf eines der Computer vom 1. Juli (Zugangs- und Ertragsbuchung)		
		Zahlungsmittel	2200	
		Umsatzertrag		2200
	2.7.	Verkauf eines der Computer vom 1. Juli (Aufwands und Abgangsbuchung)		
		Umsatzaufwand	1550	
		Erzeugnisse		1550

In einem automatisierten System kann entweder die Buchung des Erzeugnisvorrats bei der Entnahme der Computerteile aus dem Lager in Verbindung mit dem Wissen um das Gehalt ausgelöst werden; alternativ kann die Buchung der Rohstoffminderung und Verbindlichkeitszunahme bei Fertigstellung des Computers mit dem Wissen um seine Bestandteile und das angefallene Gehalt erfolgen. In jedem Fall benötigt man genaue Angaben darüber, wie das Unternehmen die Herstellungsausgaben einer Erzeugniseinheit bestimmt.

„Automatische" Buchungen bei kontinuierlicher computerbasierter Erfassung der Herstellung

Neben der kontinuierlichen Erfassung der Bestandsminderungen und Herstellungsausgaben, die wir im Beispiel bisher unterstellt haben, ist die nicht-kontinuierliche Erfassung gebräuchlich. Dabei wird man alle Ausgaben, die während eines Abrechnungszeitraums für die Herstellung von Erzeugnissen getätigt werden, errechnen und buchen, indem man zum Ende des Abrechnungszeitraums eine Inventur der Vorräte an Erzeugnissen durchführt und deren Ergebnis mit Anfangsbestand und Zugängen in Verbindung bringt:

Behandlung der Herstellung bei nicht-kontinuierlicher Erfassung von Bestandsänderungen

Abgang = Anfangsbestand + Zugänge − Endbestand (aus Inventur)

Kennt man die Herstellungsausgaben der Erzeugnisvorräte zu Beginn des Abrechnungszeitraums sowie diejenigen aller während eines Abrechnunszeitraums gefertigten Erzeugnisse und diejenigen der noch auf Lager befindlichen, so lassen sich die Herstellungsausgaben für die im Abrechnungszeitraum verkauften Erzeugnisse leicht ermitteln. Die Erfassung der während eines Abrechnungszeitraums angefallenen Ausgaben für die Herstellung von Erzeugnissen ist besonders einfach, wenn feststeht, welche Ausgabentypen man der Herstellung zurechnet und wenn es zunächst nicht erforderlich ist, diese den einzelnen Erzeugnissen zuzurechnen. Werden alle in einem Abrechnungszeitraum hergestellten Erzeugnisse (und nur die) verkauft, so entsprechen die Ausgaben für die Herstellung aller in diesem Abrechnungszeitraum hergestellten Erzeugnisse den Ausgaben für die verkauften Erzeugnisse.

Nimmt man im Beispiel eine Sammlung der Herstellungsausgaben auf einem temporären Herstellungsausgabenkonto und ein nicht-kontinuierliche Herstellungsausgabenerfassung in monatlichen Abständen vor, so könnten sich die folgenden Buchungen ergeben, wenn man unterstellt, die Teile seien dem Lager am 1. Juli zur Produktion entnommen und die 60 Computer am 31. Juli gegen Barzahlung zum Preis von je 2 200 GE verkauft worden:

Beispiel: Verkauf aller im Abrechnungszeitraum hergestellten Erzeugnisse

Beleg	Datum	Geschäftsvorfall und Konten	Soll	Haben
	1.7.	Herstellung: Computerteile		
		Herstellungsausgabenkonto (Teile)	90 000	
		Roh-, Hilfs- und Betriebsstoffe		90 000
	31.7.	Herstellung: Gehalt		
		Herstellungsausgabenkonto (Gehalt)	3 000	
		Zahlungsmittel		3 000
	31.7.	Verkauf von Computern		
		(Zugangs- und Ertragsbuchung)		
		Zahlungsmittel	132 000	
		Umsatzertrag		132 000
	31.7.	Verkauf von Computern		
		(Aufwands- und Abgangsbuchung)		
		Umsatzaufwand	93 000	
		Herstellungsausgabenkonto (Teile)		90 000
		Herstellungsausgabenkonto (Gehalt)		3 000

Selbstverständlich hätte man die Aufwandsbuchung auch ausführlicher darstellen können:

Beleg	Datum	Geschäftsvorfall und Konten	Soll	Haben
	31.7.	Verkauf von Computern		
		(Aufwands- und Abgangsbuchung)		
		Umsatzaufwand (Teile)	90 000	
		Umsatzaufwand (Gehalt)	3 000	
		Herstellungsausgabenkonto (Teile)		90 000
		Herstellungsausgabenkonto (Gehalt)		3 000

Verkauf nur einer Einheit der im Abrechnungszeitraum hergestellten Erzeugnisse

Wurden nicht alle in einem Abrechnungszeitraum hergestellten Erzeugnisse auch in diesem verkauft, so wird es erforderlich, die Herstellungsausgaben aller im Abrechnungszeitraum hergestellten Erzeugnisse auf die noch im Lager befindlichen und die bereits verkauften Erzeugnisse aufzuteilen. Soll eine solche Aufteilung nicht willkürlich sein, so hat man die Herstellungsausgaben für jedes einzelne hergestellte Erzeugnis zu ermitteln und festzustellen, ob das Erzeugnis verkauft wurde oder ob es sich noch auf Lager befindet. Die Aufteilung der auf dem temporären Herstellungsausgabenkonto befindlichen Beträge in einen Teil, der die Zunahme des Erzeugnisvorrats betrifft, und in einen Teil, der die Aufwendungen für die verkauften Erzeugnisse betrifft, bereitet dann keine Schwierigkeit mehr. Für das Beispiel sei unterstellt, nur die Hälfte der hergestellten 60 Computer werde am 31. Juli verkauft, die andere Hälfte befinde sich noch auf Lager. Ferner entsprächen die Herstellungsausgaben eines Computers den durchschnittlichen Herstellungsausgaben in Höhe von 1 550 GE. Die erforderlichen Buchungssätze lauten:

Beleg	Datum	Geschäftsvorfall und Konten	Soll	Haben
	1.7.	Herstellung: Computerteile		
		Herstellungsausgabenkonto (Teile)	90 000	
		Roh-, Hilfs- und Betriebsstoffe		90 000
	31.7.	Herstellung: Gehalt		
		Herstellungsausgabenkonto (Gehalt)	3 000	
		Zahlungsmittel		3 000
	31.7.	Verkauf von Computern		
		(Zugangs- und Ertragsbuchung)		
		Zahlungsmittel	66 000	
		Umsatzertrag		66 000
	31.7.	Verkauf von Computern		
		(Aufwands- und Abgangsbuchung)		
		Umsatzaufwand (Teile)	45 000	
		Umsatzaufwand (Gehalt)	1 500	
		Herstellungsausgabenkonto (Teile)		45 000
		Herstellungsausgabenkonto (Gehalt)		1 500
	31.7.	Lagerzugang		
		Erzeugnisse, Handelsware	46 500	
		Herstellungsausgabenkonto (Teile)		45 000
		Herstellungsausgabenkonto (Gehalt)		1 500

Die Vorgehensweise der Einkommensermittlung bei nicht-kontinuierlicher Erfassung der Herstellungsausgaben von Erzeugnissen hat das Format der in Deutschland lange Zeit üblichen Einkommensrechnungen geprägt. In Einkommensrechnungen nach dem sogenannten Gesamtkostenverfahren werden unter anderem sämtliche in einem Abrechnungszeitraum mit der Herstellung von Erzeugnissen verbundenen Ausgaben angegeben, unabhängig davon, ob sie für verkaufte Erzeugnisse oder für Vorratsveränderungen von Erzeugnissen angefallen sind. Der durch dieses Vorgehen bei der Einkommensrechnung entstandene „Fehler" wird dadurch wieder ausgeglichen, dass man pauschal den Wert der Zugänge oder der Abgänge von Erzeugnisvorräten mit angibt. Der Aufbau einer Einkommensrechnung nach dem „Gesamtkostenverfahren" in Kontoform wird aus Abbildung 5.6, Seite 214, ersichtlich. Der Deutlichkeit halber wurde sowohl für eine Bestandsmehrung als auch für eine Bestandsminderung ein Posten vorgesehen. In der Regel wird man bei einer einzigen Erzeugnisart entweder eine Mehrung oder eine Minderung vorfinden. Die Posten Materialaufwand und Personalaufwand wurden teilweise in Anführungszeichen gesetzt, um zu verdeutlichen, dass die Posten nur dann Aufwand im Sinne der Definitionen dieses Buchs darstellen, wenn sich der Erzeugnisbestand während des Abrechnungszeitraums nicht geändert hat, wenn also die Herstellungsausgaben der im Abrechnungszeitraum hergestellten Menge an Erzeugnissen denjenigen der abgesetzten Menge entsprechen. Abbildung 5.7, Seite 214, enthält das entsprechende Schema bei Verwendung des soge-

Einkommensrechnungen nach dem „Gesamtkosten-" und dem „Umsatzkostenverfahren"

nannten Umsatzkostenverfahrens. Darin werden, wie üblich, die Aufwendungen für die verkauften Waren nicht weiter unterteilt angegeben.

Abbildung 5.6:
Ausgabenorientiertes
Einkommensrechnungs-
schema in Kontoform
(Gesamtkostenverfahren)

Einkommensrechnung für ...	
Aufwendungen	**Erträge**
Material „aufwand"	Umsatzerträge
Personal „aufwand"	Zinserträge
Abschreibungen auf Sachanlagen	Zuschreibungen
Zinsaufwand	Sonstige Erträge
Steueraufwand	
Sonstige Aufwendungen	Mehrung des Erzeugnisbestandes
	Andere aktivierte Eigenleistungen
Minderung des Erzeugnisbestandes	
	(Verlust)
(Gewinn)	
Summe	**Summe**

Abbildung 5.7:
Aufwandsorientiertes
Einkommensrechnungs-
schema in Kontoform
(Umsatzkostenverfahren)

Einkommensrechnung für ...	
Aufwendungen	**Erträge**
Aufwendungen für verkaufte Waren und Erzeugnisse	Umsatzerträge
Vertriebsaufwendungen	Zinserträge
Verwaltungsaufwendungen	Zuschreibungen
Zinsaufwendungen	Sonstige Erträge
Steueraufwendungen	
Sonstige Aufwendungen	(Verlust)
(Gewinn)	
Summe	**Summe**

**Keine Einkommens-
unterschiede, aber
Berechnungsunterschiede**

Beide Rechenschemata müssen zum gleichen Einkommen führen, weil der Umsatzaufwand den um die Bestandsveränderungen korrigierten Herstellungsausgaben entspricht. Die beiden Rechenverfahren unterscheiden sich durch nichts anderes als durch die unterschiedliche Berechnung der Herstellungsausgaben der verkauften Vermögensgüter. Man errechnet bei beiden Verfahren den Rohertrag, indem man den Umsatzertrag von Vermögensgütern und Dienstleistungen dem Aufwand aus dem Verkauf von Vermögensgütern und Dienstleistungen gegenüberstellt. Beim Umsatzkostenverfahren ergibt sich dieser Aufwand und der Abgang von Erzeugnissen bei jedem einzelnen Verkauf in den Büchern. Beim Gesamtkostenverfahren verzichtet man während des Abrechnungszeitraums auf die Verbuchung des Aufwands und des Abgangs von Erzeugnissen. Insofern kann man beim Gesamtkostenverfahren die Zahlen der Buchführung nicht sinnvoll interpretieren, solange der Umsatzaufwand noch nicht festgestellt wurde. Man sammelt aber während des Abrechnungszeitraums alle mit den produzierten Vermögensgütern zusammenhängenden Ausgaben. Erst wenn man am Ende des Abrechnungszeitraums den Bestand an Erzeugnissen im Rahmen der Inventur ermittelt hat, kann man die Ausgaben für die produzierte Menge in den Teil aufspalten, der auf die verkaufte Menge entfällt und in den Teil, der aus Lagerbestandsveränderungen herrührt.

5.4.5 Beispiele für die Berücksichtigung der Umsatzsteuer

Bei sogenannten vorsteuerabzugsberechtigten Unternehmen wird die Umsatzsteuer in Form der Mehrwertsteuer niemals zu Ertrag oder Aufwand. Daher beschränken wir uns im Folgenden auf die Darstellung der Konsequenzen im Zusammenhang mit Veränderungen des Kontos für *Erzeugnisse, Handelsware*.

Betroffene Bereiche

5.4.5.1 Mehrwertsteuer beim Einkauf von Vermögensgütern oder Dienstleistungen

Das Vermögensgüterkonto, das den Zugang und Abgang an Handelsware aufnimmt und dessen Bestand angibt, ändert sich beim Einkauf und allen damit zusammenhängenden Ereignissen. Beispiele für hier zu behandelnde Ereignisse sind der Einkauf selbst, die Inanspruchnahme von Skonti und Boni, die dem Unternehmen gewährt wurden, nachträglich erhaltene Preisnachlässe, Rücksendungen eingekaufter Ware (Retouren) sowie Wertanpassungen und nachträgliche Korrekturbuchungen anlässlich der Bilanzerstellung. In allen genannten Fällen ergeben sich Konsequenzen für die Umsatzsteuer. Auf die Einkommensrechnung wirken sich die Vorgänge gar nicht oder nur insofern aus, als bereits angesetzte Erträge oder Aufwendungen wegen nachträglicher Änderung des Beschaffungsgeschäfts zu modifizieren sind. Die Umsatzsteuer eines vorsteuerabzugsberechtigten Unternehmens wirkt sich nicht auf das Einkommen aus.

Betroffene Vorgänge

Beim Einkauf von Ware ändert sich der Bestand des Kontos *Erzeugnisse, Handelsware*. In der Regel nimmt der Erstattungsanspruch des Unternehmens gegenüber dem Fiskus aus Mehrwertsteuer zu. Je nach Zahlungsart nimmt der Kassenbestand ab oder die Verbindlichkeiten erhöhen sich. Die Buchungen haben für den Zeitpunkt zu erfolgen, zu dem das Unternehmen die Leistung von einem Marktpartner erhält. Beispielsweise würde der Einkauf von Autoreifen am 1. Mai durch einen Reifenhändler zu einem Preis von netto 100 GE vor Mehrwertsteuer und einem (unterstellten) Mehrwertsteuersatz von 10 % auf Ziel zum Lieferzeitpunkt folgendermaßen verbucht:

Einkauf von Ware

Beleg	Datum	Geschäftsvorfall und Konten	Soll	Haben
	1.5.	Beschaffung von Autoreifen		
		Erzeugnisse, Handelsware	100	
		Forderungen (Vorsteuer)	10	
		Verbindlichkeiten (Einkauf)		110

Umrechnung von Bruttopreis in Nettopreis plus Mehrwertsteuer

Wäre ein Bruttopreis von 110 GE (inklusive Mehrwertsteuer) angegeben worden, so hätte man vor der Buchung den Netto-Warenwert und die Mehrwertsteuer errechnen müssen: Der Netto-Warenwert ergibt sich aus dem Brutto-Warenwert, indem man diesen durch (100 + Mehrwertsteuersatz)/100 dividiert. Die sich anschließende Buchung unterscheidet sich nicht von der oben angegebenen.

Anschaffungsnebenausgaben

Zur Verdeutlichung der nachstehenden Ausführungen sei kurz auf die Vorschriften über den Ansatz von Vermögensgütern in einer Bilanz (§ 253 dHGB) eingegangen: sie verlangen – wie bisher unterstellt – eine Bewertung der eingekauften Ware zu Anschaffungsausgaben zuzüglich der Anschaffungsnebenausgaben abzüglich der Anschaffungspreisminderungen. Vom Verkäufer dem Käufer gesondert berechnete Fracht, Verpackung und Versicherung zählen beispielsweise als Anschaffungsnebenausgaben zu den Anschaffungsausgaben des Käufers und demnach bei ihm zum Wert der Ware. Sie sind auf dem Warenkonto zu berücksichtigen. Vom Käufer in Anspruch genommene Skonti, Boni, Rabatte und Preisnachlässe stellen für ihn Anschaffungspreisminderungen dar und reduzieren folglich seine Anschaffungsausgaben. Steht zum Zeitpunkt der Beschaffung noch nicht fest, ob der Käufer das Skonto in Anspruch nimmt, so könnten bei ihm zunächst die Anschaffungsausgaben und die Verbindlichkeit unter der Annahme verbucht werden, er nähme das Skonto nicht in Anspruch. Erst bei Zahlung unter Abzug von Skonto wären die Anschaffungsausgaben dann zu korrigieren. Alternativ dazu können wiederum die Nettobeträge mit anschließender Korrektur unterstellt werden, falls die Zahlung später erfolgt. Derartige Anschaffungspreisminderungen lösen ebenfalls Konsequenzen für die Mehrwertsteuer aus.

Wirkung nachträglicher Preisveränderungen auf Vermögensgut und Mehrwertsteuer

Nach dem Einkauf und seiner Buchung gewährte Preisnachlässe erfordern eine Anpassung des Werts der eingekauften Ware und der zu entrichtenden Vorsteuer. Wurde der Einkauf bereits bezahlt, entsteht in Höhe des Preisnachlasses eine Forderung gegenüber dem Verkäufer, wurde er noch nicht bezahlt, mindern sich die *Verbindlichkeiten (Einkauf)*. Die gerade dargestellte Beschaffung wäre im Falle eines noch nicht bezahlten Einkaufs und eines am 2. Mai gewährten Preisnachlasses von 55 GE inklusive 10 % Mehrwertsteuer zu ergänzen durch die Buchung:

Beleg	Datum	Geschäftsvorfall und Konten	Soll	Haben
	2.5.	Preisnachlass nach Einkauf		
		Verbindlichkeiten (Einkauf)	55	
		Erzeugnisse, Handelsware		50
		Forderungen (Vorsteuer)		5

Wurde die Ware zum Zeitpunkt des Preisnachlasses bereits einkommenswirksam verwertet (verkauft) und wurden die im Rahmen der Verwertung notwendige Abgangs- und Aufwandsbuchung *Umsatzaufwand* an *Erzeugnisse, Handelsware* mit 100 GE vorgenommen, so ist nur die Vorsteuer in Höhe von 10 GE wegen des geänderten Warenwerts am 2. Mai zu korrigieren. Insgesamt löst die neue Situation die beiden folgenden Buchungen aus:

Wirkung nachträglicher Preisveränderungen bei bereits verarbeitetem Vermögensgut

Beleg	Datum	Geschäftsvorfall und Konten	Soll	Haben
	2.5.	Nachträglicher Preisnachlass bei Einkauf		
		Verbindlichkeiten (Einkauf)	55	
		Erzeugnisse, Handelsware		50
		Forderungen (Vorsteuer)		5
	2.5.	Korrektur der Buchung mit falschem Aufwand (Verkauf)		
		Erzeugnisse, Handelsware	50	
		Umsatzaufwand		50

Bei anderer Verwertung der Waren sind die jeweils betroffenen anderen Konten durch entsprechende Buchungen zu berichtigen.

Nach dem Einkauf und seiner Buchung vorgenommene Warenrücksendungen verlangen eine Korrektur des Warenvorrats, der Vorsteuer und der Zahlungskonsequenzen. Vom Rücksender getragene Frachten wirken sich dabei auf Aufwand und Vorsteuer des Rücksenders aus; vom Rücknehmer getragene Frachten haben Folgen für dessen Aufwand und die Vorsteuer.

Warenrücksendung

5.4.5.2 Mehrwertsteuer beim Verkauf von Vermögensgütern oder Dienstleistungen

Beim Verkauf verlässt die Ware das Unternehmen. Der Lagerabgang stellt die Wertminderung dar, die der Wertsteigerung aus den Verkaufserlösen gegenüber zu stellen ist. Das Ertragskonto bezeichnet man als Umsatzertragskonto, das Aufwandskonto als Umsatzaufwandskonto. Beispielsweise wären Erzeugnisse, die mit 20 GE zu Buche standen und bei einem Verkauf am 10. Mai einen Netto-Verkaufspreis von 40 GE erbringen, bei einem Mehrwertsteuersatz von 10 % zu verbuchen als:

Verkauf von Ware

Beleg	Datum	Geschäftsvorfall und Konten	Soll	Haben
	10.5.	Verkauf auf Ziel (Zugangs- und Ertragsbuchung)		
		Forderungen (Verkauf)	44	
		Umsatzertrag		40
		Verbindlichkeiten (Mehrwertsteuer)		4
	10.5.	Verkauf auf Ziel (Aufwands- und Abgangsbuchung)		
		Umsatzaufwand	20	
		Erzeugnisse, Handelsware		20

Nachträgliche Änderung an den Geschäftsgrundlagen

Auch beim Verkauf von Ware kann es zu den oben beschriebenen Änderungen des Geschäfts kommen. Eingeräumte Skonti und Boni, nachträglich vom Unternehmen gewährte Preisnachlässe, Rücknahme bereits verkaufter Ware (Retouren) durch das Unternehmen sowie Wertanpassungen und nachträgliche Korrekturbuchungen anlässlich der Bilanzerstellung führen dazu, dass ursprünglich vorgenommene Buchungen nachträglich zu verändern sind. Vom Kunden in Anspruch genommene Skonti, Boni, Rabatte und Preisnachlässe stellen dabei Ertragsminderungen (und nicht Aufwendungen) dar. Steht zum Zeitpunkt der Beschaffung noch nicht fest, ob der Kunde das Skonto in Anspruch nehmen wird, so sind – dem Gläubigerschutzgedanken des deutschen Handelsrechts folgend – zunächst die Umsatzerträge unter Abzug von Skonto zu verbuchen; erst bei Zahlung des vollen Rechnungsbetrags ist der Umsatzertrag anzupassen. Die alternative Buchung besteht darin, jeweils den vollen Betrag anzusetzen und eine Korrektur vorzunehmen, falls innerhalb der Skontofrist gezahlt wird.

Nachträglich gewährte Preisnachlässe als Beispiel

Nachträglich gewährte Preisnachlässe und Warenrücknahmen erfordern eine nachträgliche Korrektur der ursprünglichen Beträge. Wird im Beispiel am 11. Mai nachträglich ein Preisnachlass von 50 % gewährt, so ist zu buchen:

Beleg	Datum	Geschäftsvorfall und Konten	Soll	Haben
	11.5.	Nachträglicher Preisnachlass auf Verkauf		
		Umsatzertrag	20	
		Verbindlichkeiten (Mehrwertsteuer)	2	
		Forderungen (Verkauf)		22

Rücknahme von Waren als Beispiel

Wird darüber hinaus im Beispiel die Hälfte der Ware am 12. Mai zur Hälfte des ursprünglich berechneten Preises zurückgenommen und trägt der Rücksender die Fracht, so ist beim Rücknehmer wie bei einem Preisnachlass vorzugehen und im Falle von Erzeugnissen zusätzlich zu buchen:

Beleg	Datum	Geschäftsvorfall und Konten	Soll	Haben
	12.5.	Rücknahme verkaufter Ware (Korrektur der Zugangs- und Ertragsbuchung)		
		Umsatzertrag	10	
		Verbindlichkeiten (Mehrwertsteuer)	1	
		Forderungen (Verkauf)		11
	12.5.	Rücknahme verkaufter Ware (Korrektur der Aufwands- und Abgangsbuchung)		
		Erzeugnisse, Handelsware	10	
		Umsatzaufwand		10

Trägt der Rücknehmer die bar zu bezahlende Fracht in Höhe von 10 GE zuzüglich 10 % Mehrwertsteuer, so ist bei ihm zusätzlich zu buchen:

Beleg	Datum	Geschäftsvorfall und Konten	Soll	Haben
	12.5.	Rückfracht		
		Aufwand (Fracht)	10	
		Forderungen (Vorsteuer)	1	
		Zahlungsmittel		11

5.4.5.3 Mehrwertsteuer beim „Eigenverbrauch"

Der Eigenverbrauch von Ware durch die Eigenkapitalgeber bedeutet eine Entnahme von Eigenkapital. Da Eigenkapitalgeber in Bezug auf die entnommene Ware Endverbraucher sind, muss Mehrwertsteuer entrichtet werden. Beim Eigenverbrauch von Erzeugnissen am 13. Mai zum Netto-Wert von 100 GE ist bei einem (unterstellten) Mehrwertsteuersatz von 10 % zu buchen:

Eigenverbrauch von Ware

Beleg	Datum	Geschäftsvorfall und Konten	Soll	Haben
	13.5.	Eigenverbrauch von Erzeugnissen		
		Entnahmen	110	
		Erzeugnisse, Handelsware		100
		Verbindlichkeiten (Mehrwertsteuer)		10

5.5 Kennzahlen zur Entscheidungsunterstützung

Für Unternehmen, die Handelsware verkaufen, stellen Warenvorräte oft das zentrale Vermögensgut dar. Die Aktivitäten der Unternehmensleitung zielen darauf ab, die Warenvorräte auf die beste Art zu verkaufen. Zur Beurteilung von Tätigkeiten werden oftmals zwei Kennzahlen gebildet, der Rohertragsprozentsatz *(gross margin percentage)* und der Vorratsumschlag *(rate of inventory turnover)*.

Kennzahlen zur Beurteilung des Verkaufs

Rohertragsprozentsatz Der Rohertragsprozentsatz ergibt sich aus der Division des Rohertrags durch den Netto-Umsatz:

$$\text{Rohertragsprozentsatz} = \text{Rohertrag} / \text{Netto-Umsatz} \times 100$$

Unternehmen sind meistens bemüht, einen möglichst hohen Rohertragsprozentsatz zu erwirtschaften. Er beträgt im Jahre 2008 bei der *Metro AG* $(14\,320/67\,956) \ast 100 =)$ 21 % und besagt, dass im Durchschnitt 1 GE Umsatz 0,21 GE Rohertrag mit sich bringt. Aus dem Rohertrag und den oft unbedeutenden anderen Erträgen sind die anderen Aufwendungen zu decken. Es entsteht nur dann ein positives Einkommen, wenn der Rohertrag und die anderen Erträge die anderen Aufwendungen übersteigen. Kleine Veränderungen des Rohertragsprozentsatzes bringen oft große Veränderungen des Einkommens mit sich.

Warenvorratsumschlag Unternehmensleitungen, die das Einkommen ihres Unternehmens maximieren wollen, sind häufig bestrebt, ihren Vorrat an Handelsware so klein wie möglich zu halten; denn Ware trägt nur zum Einkommen bei, wenn sie verkauft wird. Je schneller sie verkauft wird, desto eher liefert sie einen Beitrag zur Einkommenserzielung. Zudem vermeidet man die Ansammlung von „Ladenhütern". Die Konsequenz dieser Überlegungen führt dazu, dass Vorräte erst zu dem Zeitpunkt beschafft oder hergestellt werden, zu dem man sie benötigt.

Mit dem Warenvorratsumschlag wird gemessen, wie häufig der Warenvorrat verkauft wird. Dazu rechnet man:

$$\text{Warenvorratsumschlag} = \text{Umsatzaufwand} / \text{durchschnittlicher Warenvorrat}$$

Der durchschnittliche Warenvorrat wird oftmals aus dem Durchschnitt des Anfangs- und Endbestands geschätzt. Ein hoher Warenumschlag ist unter gleichen Bedingungen einem niedrigen vorzuziehen. Eine Steigerung des Warenumschlags bedeutet meistens eine Einkommenssteigerung.

5.6   Literaturhinweise

Eisele, W. (2002), Technik des betrieblichen Rechnungswesens, 7. Auflage, München (Vahlen), S. 92–344.

5.7 Übungsmaterial

5.7.1 Fragen mit Antworten

Fragen	Antworten
Auf welcher Basis misst man das Einkommen eines Unternehmens (Erträge – Aufwendungen) am besten?	Auf Basis der Leistungsabgabeorientierung, weil man ein vollständigeres Bild der Unternehmensaktivität zeichnet als bei einer Messung auf Zahlungsbasis.
Wie bestimmt man Erträge?	Mit Hilfe des Realisationsprinzips.
Wie bestimmt man Aufwendungen?	Aus Ausgaben: Bei Ausgaben für zu Verkaufendes in Höhe des bei einem Verkauf Bezahlten, bei anderen Ausgaben, die nicht von Aktiva oder Passiva kompensiert werden und keine Transfers darstellen, in Höhe des angefallenen Betrags.
Wie unterscheiden sich Unternehmen, die Ware verkaufen, von Dienstleistungsunternehmen?	Unternehmen, die Ware verkaufen, können diese eingekauft oder selbst erzeugt haben. Dienstleistungsunternehmen erbringen nur Dienstleistungen.

Wie unterscheiden sich die Finanzberichte eines Unternehmens, das Ware verkauft, von denen eines Dienstleistungsunternehmens?	Bilanz:
	Warenverkäufer weisen meist einen Warenvorrat als Vermögensgut aus. Dienstleistungsunternehmen haben keinen Warenvorrat.
	
	Einkommensrechnung (vereinfacht):
	
	Warenverkäufer: Dienstleistungsunternehmen:
	
	   Umsatzertrag Dienstleistungsertrag
	  – Umsatzaufwand – Umsatzaufwand
	  = Rohertrag = Rohertrag
	  – betrieblicher Aufwand – betrieblicher Aufwand
	       . .
	       . .
	       . .
	  = Einkommen = Einkommen
	
	Eigenkapitaltransferrechnung:
	kein Unterschied
	
	Eigenkapitalveränderungsrechnung:
	kein Unterschied.
	
	Kapitalflussrechnung:
	kein Unterschied

Welche beiden Möglichkeiten gibt es, Veränderungen des Warenvorrats zu erfassen?	Kontinuierlich arbeitende Systeme zeigen jederzeit den aktuellen Warenvorrat und geben bei jedem Verkauf den Umsatzaufwand an. Nicht-kontinuierlich arbeitende Systeme erlauben die Angabe des Warenvorrats und des Umsatzaufwandes erst nach einer physischen Bestandsaufnahme.
Wie kann man den Warenvorrat beurteilen?	Mit Hilfe des Rohertragsprozentsatzes und des Warenumschlags. Meistens gilt: je höher der Wert der Kennzahlen, desto besser für das Unternehmen!

Fragen	Antworten
Wie kann man den Aufwand für verkaufte Waren ermitteln?	Mit Hilfe eines Systems der kontinuierlichen Erfassung von Veränderungen des Warenvorrats oder indem man dem Anfangsbestand an Warenvorräten den Einkauf hinzurechnet und den durch Inventur ermittelten Endbestand abzieht.
Welche Belastungen des Lohnes hat der Arbeitnehmer in Deutschland zu tragen?	Deutsche Arbeitnehmer haben Lohnsteuer, Solidaritätszuschlag, gegebenenfalls Kirchensteuer sowie ihren (Arbeitnehmer-)Anteil zur Sozialversicherung zu tragen.
Welche Versicherungen umfasst die deutsche Sozialversicherung?	Krankenversicherung, Pflegeversicherung, Rentenversicherung, Arbeitslosenversicherung.
Unter welcher Bedingung stellen Personalausgaben eines Abrechnungszeitraums Aufwand dar?	Wenn sie nach den Abgrenzungsprinzipien einkommenswirksam zu verrechnen sind: Wenn sie einen Verkaufsbezug in dem Abrechnungszeitraum aufweisen, in dem der zugehörige Umsatzertrag verbucht wird; andernfalls in dem Zeitraum, in dem sie entstanden sind.
Wie sind Personalausgaben eines Abrechnungszeitraums zu behandeln, die zur Herstellung von Erzeugnissen angefallen sind, die erst in nachfolgenden Abrechnungszeiträumen verkauft werden?	Einkommensunwirksam.
Welche Möglichkeiten zur Buchung von Personalausgaben hat man, wenn unbekannt ist, ob alle vom Personal hergestellten Erzeugnisse im Herstellungszeitraum verkauft werden?	Einkommenswirksame oder einkommensunwirksame Verbuchung jeweils mit gegenläufiger Korrektur zum Ende des Abrechnungszeitraums.
Wie funktioniert die deutsche Mehrwertsteuer?	Die Umsatzsteuer wird dem Käufer beim Kauf belastet, gewährt ihm aber auch einen Erstattungsanspruch gegenüber dem Fiskus, soweit er nicht Endverbraucher ist. Der Verkäufer hat die erhobene Mehrwertsteuer unter Abzug der von ihm beim Einkauf gezahlten Mehrwertsteuer (= Vorsteuer) an den Fiskus abzuführen.
Welche Ereignisse sind im weiteren Sinn mit der Beschaffung verbunden?	Einkauf (Zugänge Waren, Abgänge Zahlungsmittel oder Zugänge Verbindlichkeiten), Rabatte, Skonti, Boni, nachträgliche Preisnachlässe, Rücksendungen.
Stellen Rabatte, Skonti, Boni sowie Preisnachlässe auf eingekaufte Ware Erträge dar?	Nein, sie führen zu einer einkommensneutralen Korrektur der Anschaffungsausgaben oder zu einer Aufwandsminderung, falls die eingekaufte Ware bereits verkauft wurde.
Welche Ereignisse sind mit der Produktion von Erzeugnissen verbunden?	Abgänge von Roh-, Hilfs- und Betriebsstoffen sowie Zahlungsmitteln, Zugänge unfertiger und fertiger Erzeugnisse.

5.7.2 Verständniskontrolle

1 Der Rohertrag wird in der Wirtschaftspresse oft als ein wichtiges Einkommensmaß dargestellt. Was wird mit dem Begriff gemessen und warum ist das wichtig?

2 Beschreiben Sie den Wirtschaftskreislauf eines Unternehmens ohne und mit Forderungen und Verbindlichkeiten!

3 Zeigen Sie auf, welche Konten auf welchen Seiten zu verändern sind (a) beim Kauf einer Ware auf Ziel mit anschließender Bezahlung und (b) beim Verkauf einer Ware auf Ziel mit anschließendem Zahlungsmittelerhalt! Vernachlässigen Sie dabei Rabatte, Rücksendungen, Preisnachlässe und Frachtkosten!

4 Am 28. Juli wird Ware zum Preis von 1000 GE gekauft. Bei Zahlung innerhalb von 10 Tagen kann 3% Barzahlungsrabatt abgezogen werden. Welcher Betrag ergibt sich bei Zahlung am 6. August, welcher bei Zahlung am 9. August? Wie ist das Ereignis beim Käufer zu buchen, wie beim Verkäufer?

5 Beim Verkauf von Ware mit einem Listenpreis von 35000 GE wird vorab ein Mengenrabatt in Höhe von 3000 GE und ein Barzahlungsrabatt von 2% auf den Rechnungsbetrag bei Zahlung innerhalb von 15 Tagen gewährt. Wie hoch ist der Verkaufsertrag, wenn der Käufer innerhalb von 15 Tagen zahlt? Wie ist zu buchen?

6 Beschreiben Sie kurz die Ähnlichkeit der Ermittlung des Büromaterialaufwands in der Unternehmensberatung Karl Gross (Kapitel 3) mit der Ermittlung des Aufwands für verkaufte Ware bei nichtkontinuierlicher Erfassung der Abnahme von Warenvorräten!

7 Warum ist die Kontobezeichnung „Einstandskosten der verkauften Ware" besonders aussagefähig? Um welchen Typ von Konto handelt es sich?

8 Der Anfangsbestand an Ware betrage 5000 GE, der Einkaufsbetrag ohne Umsatzsteuer 30000 GE und die übernommenen Frachtkosten 1000 GE. Wie hoch ist der Umsatzaufwand, wenn sich der Endbestand auf 8000 GE beläuft?

9 Sie beurteilen zwei Unternehmen für eine mögliche Investition anhand ihrer Bilanzen und Einkommensrechnungen. Woran können Sie jeweils erkennen, ob es sich um ein Dienstleistungsunternehmen oder um ein Unternehmen handelt, das Ware verkauft?

10 Sie beginnen, für Ihr Unternehmen die Korrektur- und Abschlussbuchungen zum Ende des Geschäftsjahres vorzubereiten. Enthält die vorläufige Saldenaufstellung den endgültigen Endbestand des Warenvorrats?

11 Wodurch lassen sich sogenannte „andere Erträge" und „andere Aufwendungen" einer Einkommensrechnung kennzeichnen?

12 Nennen und beschreiben Sie zwei Formate von Einkommensrechnungen mit ihren Eigenschaften!

13 Nennen Sie acht verschiedene Arten betrieblicher Aufwendungen!

14 In welchem Finanzbericht könnte man Barzahlungsrabatte, Warenrücknahmen und Preisnachlässe angeben? Illustrieren Sie, wie eine solche Angabe erfolgen könnte!

15 Zieht ein an Gewinnmaximierung interessiertes Unternehmen, das Ware verkauft, bei sonst gleichen Bedingungen einen hohen oder einen niedrigen Umschlag des Warenvorrats vor?

16 Was kann man aus einem im Zeitablauf abnehmenden Rohertragsprozentsatz verbunden mit einem zunehmenden Umschlag des Warenvorrats über die Preispolitik des Unternehmens vermuten?

17 Welche Geschäftsvorfälle und anderen relevanten Ereignisse berühren Warenkonten?

18 Welche Buchungen kann die Inanspruchnahme von Skonto durch einen Kunden bei einem Verkäufer auslösen?

19 Welche Konten werden bei nachträglichen Preisnachlässen auf eingekaufte Ware berührt?

20 Entsteht bei der Produktion von Erzeugnissen Aufwand?

21 Welche buchmäßigen Konsequenzen löst die Rücknahme verkaufter Ware aus?

22 Wie funktioniert die Umsatzsteuer in Deutschland?

23 Stellt die „Vorsteuer" Ertrag dar?

24 Wird die „Mehrwertsteuer" als Aufwand behandelt?

25 Was versteht man unter Eigenverbrauch und wie wird er umsatzsteuerlich behandelt?

5.7.3 Aufgaben zum Selbststudium

Bestandteile des Arbeitslohns und der Personalausgaben **Aufgabe 5.1**

Sachverhalt

Eine halbtags beschäftigte Angestellte (evangelisch, unverheiratet, kinderlos) erhalte im April 2007 ein Monatsgehalt von 1590 GE. Ihre Lohnsteuer (Klasse I) belaufe sich auf 265 GE. Ein Solidaritätszuschlag falle nicht an. Der Beitragssatz zur Krankenversicherung betrage insgesamt 13,5 %, der zur Rentenversicherung 19,1 %, der zur Pflegeversicherung 1,7 % und jener zur Arbeitslosenversicherung 6,5 % des oben aufgeführten Bruttogehalts. Die Sozialversicherungsbeiträge (Kranken-, Renten-, Pflege- und Arbeitslosenversicherung) sind jeweils zur Hälfte von der Angestellten und zur Hälfte vom Arbeitgeber zu zahlen. Die evangelische Kirchensteuer betrage 9 % des Betrages der Lohnsteuer. Der Arbeitgeber führe die Gehaltsabzüge erst später ab.

Zusätzlich nimmt die Beschäftigte einen Gehaltsvorschuss in Höhe von 800 GE auf, der in den Monaten Mai und Juni zu gleichen Anteilen durch Kürzung der Gehaltszahlung zurückgezahlt wird.

Fragen und Teilaufgaben

1. Stellen Sie die Gehaltsabrechnung für die Monate April, Mai und Juni auf!

2. Ist die Gehaltszahlung ein einkommenswirksamer Vorgang oder ein einkommensunwirksamer?

3. Geben Sie die im Zusammenhang mit der Gehaltszahlung möglichen Buchungssätze für die Monate April, Mai und Juni an!

Lösungshinweise zu den Fragen und Teilaufgaben

1. Gehaltsabrechnung

   Das Brutto-Monatsgehalt bildet die Grundlage für die Abzüge der Steuern und der Versicherungsbeiträge. Die Prozentangaben der Sozialversicherungsbeiträge beziehen sich auf das Brutto-Monatsgehalt und enthalten den Arbeitnehmer- sowie den Arbeitgeberanteil. Da die Arbeitnehmerin nur ihren Anteil zu tragen hat, werden ihr 6,75 % für die Krankenversicherung, 9,55 % für die Rentenversicherung, 0,85 % für die Pflegeversicherung und 3,25 % für die Arbeitslosenversicherung vom Brutto-Monatsgehalt abgezogen. Zusätzlich erhält sie im August 800 GE Vorschuss. Beiträge an die Berufsgenossenschaft fallen für die Betroffene nicht als Zahlungsverpflichtung an. In den Monaten Mai und Juni verringert sich die Auszahlung wegen Rückzahlung des Vorschusses auf jeweils 976,78 GE – 400 GE = 576,78 GE.

2. Bei der Beschäftigung von Personal steht nicht fest, ob die Personalausgaben einkommenswirksam oder -unwirksam zu verbuchen sind. Die Antwort hängt vom Sachverhalt ab.

   Erstens kann man annehmen, mit dem Personaleinsatz finde zunächst nur eine Umwandlung der Vermögensgüter von einer Form in eine andere (einkommensunwirksames Ereignis) statt und erst in späteren Abrechnungszeiträumen werde ein eigenkapitalwirksamer Vorgang ausgelöst, beispielsweise ein Verkauf.

Alternativ ist denkbar, dass der Personaleinsatz sofort für Zwecke erfolgt, durch welche das Unternehmen noch im laufenden Abrechnungszeitraum sein Eigenkapital verändert. Bei sofortiger Einkommenswirkung werden die Personalausgaben zu dem Zeitpunkt als Aufwand verbucht, zu dem sie anfallen (Periodisierung). Bei einer Einkommenswirkung in einem späteren Abrechnungszeitraum erfolgt zunächst eine einkommensneutrale Berücksichtigung als Rechnungsabgrenzungsposten.

Man muss also mehr über die Verwendung des Personals und über die Argumentationskette des Unternehmers wissen, bevor man die Buchung angeben kann.

3. Bei der Berechnung der Personalausgaben im April sind dem Bruttolohn der Arbeitgeberanteil zur Sozialversicherung hinzuzurechnen. Dieser setzt sich aus obigen vier Komponenten in Höhe von 324,37 GE zusammen. Das Doppelte dieses Betrages hat der Arbeitgeber abzuführen. Die Verbindlichkeiten gegenüber dem Fiskus setzen sich aus der Lohnsteuer in Höhe von 265 GE und der Kirchensteuer in Höhe von 23,85 GE zusammen.

Bei Behandlung der Personalausgaben als Aufwand des Zeitraums, in dem die mit dem Personal hergestellten Erzeugnisse verkauft werden (Marktleistungsabgabekonzept), ist zum Fälligkeitszeitpunkt des Gehalts über *Erzeugnisse* zu buchen. Der Vorschuss wird einkommensunwirksam behandelt. In den Monaten Mai und Juni fällt jeweils die Rückzahlung des Vorschusses an.

Bei alternativer Behandlung der Personalausgaben als Aufwand des Zeitraums (Periodisierungskonzept) ist zum Fälligkeitszeitpunkt der Personalaufwand zu buchen. Auch hier ist der Vorschuss einkommensunwirksam zu behandeln und in den Monaten Mai und Juni seine Rückzahlung zu berücksichtigen.

Aufgabe 5.2   **Zuordnungsprinzipien und Verfahren zur Erstellung der Einkommensrechnung bei lagerfähiger Handelsware**

Sachverhalt

Die Anfangsbilanz eines Unternehmens zu Beginn des Geschäftsjahres 20X1, das dem Kalenderjahr entspricht, lautet:

Bilanz zum 1.1.20X1			
Aktiva			Passiva
Abnutzbare Sachanlagen	1000	Eigenkapital	2500
Roh-, Hilfs- und Betriebsstoffe	2000	Verbindlichkeiten	2500
Unfertige und fertige Erzeugnisse	500		
Zahlungsmittel	1500		
Bilanzsumme	5000	Bilanzsumme	5000

Während des Geschäftsjahres 20X1 werden 1 200 Stück eines Produkts A hergestellt. Dazu werden ein Mitarbeiter eingestellt, Maschinen genutzt und Roh-, Hilfs- und Betriebsstoffe verwendet. Die Lohnausgaben und die Roh-, Hilfs- und Betriebsstoffausgaben werden direkt in Verbindung mit den hergestellten Produkten in Verbindung gebracht; die anteilige Maschinenabnutzung lässt sich dagegen nur indirekt mit den hergestellten Produkten in Verbindung bringen.

Dem Mitarbeiter wird im Jahr 20X1 Lohn in Höhe von 1 000 GE ausgezahlt; die Lohnsteuer dafür belaufe sich auf 150 GE; die Kranken-, Renten-, Pflege- und Arbeitslosenversicherung dafür betrage insgesamt 200 GE und werde zu gleichen Teilen vom Arbeitnehmer und vom Arbeitgeber getragen. Lohnsteuer- und Sozialversicherungsverbindlichkeiten werden erst im Jahr 20X2 getilgt. Der Buchwert der verwendeten Rohstoffe betrage 1 050 GE ohne Umsatzsteuer. Der Wert der Maschinenabnutzung betrage 600 GE. Für Werbung geht beim Unternehmen am Endes des Wirtschaftsjahres 20X1 eine Rechnung in Höhe von 880 GE inklusive Umsatzsteuer ein, die sofort durch Überweisung vom Bankkonto beglichen wird.

Zwei Drittel der hergestellten Fertigerzeugnisse werden für 5 000 GE zuzüglich Umsatzsteuer gegen Barzahlung verkauft.

Unterstellen Sie, die Umsatzsteuer werde in Form der Mehrwertsteuer mit einem Satz von 10 % für den Abrechnungszeitraum erhoben und das Unternehmen sei vorsteuerabzugsberechtigt.

Fragen und Teilaufgaben

1. Geben Sie für die Ereignisse im Geschäftsjahr 20X1 die Buchungssätze an! Unterstellen Sie dazu, das Unternehmen bewerte die hergestellten Erzeugnisse entsprechend einem Finalprinzip und erstelle seine Einkommensrechnung mit Hilfe des sogenannten Umsatzkostenverfahrens.

2. Wie würden sich die Buchungen aus Teilaufgabe 1 ändern, wenn das Unternehmen (i) anstelle des Umsatzkostenverfahrens das Gesamtkostenverfahren und (ii) unter Beibehaltung des Umsatzkostenverfahrens anstelle des Finalprinzips ein Marginalprinzip verwenden würde?

3. Erstellen Sie für die beschriebenen Ereignisse eine Einkommensrechnung nach dem sogenannten Umsatzkostenverfahren in Staffelform! Nehmen Sie dazu an, das Unternehmen verwende ein Finalprinzip!

4. Erstellen Sie für die beschriebenen Ereignisse eine Einkommensrechnung nach dem sogenannten Gesamtkostenverfahren in Staffelform! Nehmen Sie dazu an, das Unternehmen verwende ein Finalprinzip!

5. Nehmen Sie an, das Unternehmen verkaufe das restliche Drittel der in 20X1 hergestellten Produkte A am 15.1.20X2 gegen Barzahlung in Höhe von 2 750 GE inklusive Umsatzsteuer! Nehmen Sie ferner an, dass sich außer diesem Verkauf im Januar 20X2 keinerlei relevante Ereignisse im Unternehmen ereignen! Erstellen Sie bei Verwendung eines Finalprinzips für den Januar 20X2 eine Einkommensrechnung des Unternehmens (i) gemäß dem Umsatzkostenverfahren und (ii) gemäß dem Gesamtkostenverfahren! Geben Sie zudem die jeweils eventuell notwendigen Buchungen an!

Lösungshinweise zu den Fragen und Teilaufgaben

1. Die Bestimmung der Buchungssätze bereitet nach Lektüre des Lehrtexts keine Schwierigkeiten. Wegen des Finalprinzips werden den Herstellungsausgaben der Erzeugnisse alle Ausgaben außer den Ausgaben für die Werbung zugerechnet (Werbung hat nichts mit der Herstellung zu tun). Das sogenannte Umsatzkostenverfahren verlangt bei jedem Verkauf, zwei Buchungssätze auszuführen.

2. (i) Bei Verwendung des sogenannten Gesamtkostenverfahrens bleibt der Aussagegehalt der Einkommensrechnung so lange beeinträchtigt, bis die Umsatzaufwendungen richtig ermittelt sind (normalerweise erst nach der Inventur zum Ende des Wirtschaftsjahres). Das Einkommen des Abrechnungszeitraums ergibt sich bei Verwendung des gleichen Zuordnungsprinzips wie in Teilaufgabe 1 (Finalprinzip) in gleicher Höhe wie bei Anwendung des sogenannten Umsatzkostenverfahrens.

   (ii) Bei Anwendung eines Marginalprinzips wird die Maschinenabnutzung nicht den Erzeugnissen zugerechnet. Sie stellt dann Aufwand des Zeitraums dar, in dem sie angefallen ist. Dementsprechend besitzen die hergestellten Erzeugnisse einen anderen Wert als bei Verwendung eines Finalprinzips.

3. Es ergibt sich bei Anwendung eines Finalprinzips ein Einkommen in Höhe von 2 200 GE.

4. Die Ermittlung des Umsatzaufwandes geschieht anders als bei Teilaufgabe 3.

5. Im Januar 20X2 ergibt sich bei Finalprinzip ein Einkommen in Höhe von 1 500 GE, unabhängig vom der verwendeten Ermittlungsmethode.

Aufgabe 5.3 **Zuordnungsprinzipien und Verfahren zur Erstellung der Einkommensrechnung bei nicht-lagerfähigen Dienstleistungen**

Sachverhalt

Die Anfangsbilanz einer Unternehmensberatungsgesellschaft zu Beginn des Geschäftsjahres 20X1, das dem Kalenderjahr entspricht, lautet:

Bilanz zum 1.1.20X1			
Aktiva			**Passiva**
Nicht abnutzbare Sachanlagen	3 000	Eigenkapital	5 000
Abnutzbare Sachanlagen	2 000	Verbindlichkeiten	3 000
Büromaterial	1 000		
Forderungen	1 500		
Zahlungsmittel	500		
Bilanzsumme	8 000	Bilanzsumme	8 000

Während des Geschäftsjahres 20X1 werden folgende Ereignisse aufgezeichnet:

a. Erwerb eines Grundstücks im Wert von 1 500 GE,

b. Verbrauch von Büromaterial im Wert von 800 GE, das direkt der Vorbereitung auf eine Beratungsleistung bei der X-AG zugeordnet wird,

c. Anschaffung neuer Laptops im Wert von 2 000 GE,

d. Eingang einer Forderung im Wert von 500 GE,

e. Zahlung von Gehalt, das direkt der Vorbereitung auf eine Beratungsleistung bei der X-AG zugeordnet wird, in Höhe von 4 000 GE an angestellte Berater,

f. Erbringung der Beratungsleistung bei der X-AG sowie Ausstellen der diesbezüglichen Rechnung in Höhe von 10 000 GE; sofortige (Bar-)Zahlung der Rechnungssumme durch die X-AG.

Nehmen Sie an, dass Umsatzsteuerüberlegungen vernachlässigt werden können!

Fragen und Teilaufgaben

1. Geben Sie für die Ereignisse im Geschäftsjahr 20X1 die Buchungssätze an! Nehmen Sie dazu an, das Unternehmen verwende ein Finalprinzip und erstelle seine Einkommensrechnung mit Hilfe des Umsatzkostenverfahrens!

2. Wie würden sich die Buchungen aus Teilaufgabe 1 ändern, wenn das Unternehmen (i) anstelle des Finalprinzips das Marginalprinzip und (ii) unter Beibehaltung des Finalprinzips anstelle des Umsatzkosten- das Gesamtkostenverfahren verwenden würde?

3. Erstellen Sie für die beschriebenen Ereignisse eine Einkommensrechnung (i) nach dem Umsatzkostenverfahren in Staffelform und (ii) nach dem Gesamtkostenverfahren in Staffelform! Nehmen Sie dazu an, das Unternehmen verwende ein Finalprinzip!

Lösungshinweise zu den Fragen und Teilaufgaben

1. Die Buchungssätze aufzustellen bereitet keine Schwierigkeit, wenn es sich um eine Dienstleistung mit bereits erstellten lagerfähigen Komponenten handelt. Sind bereits Ausgaben für nicht-lagerfähige Komponenten der Dienstleistung angefallen, so werden diese einkommensunwirksam bis zum Zeitpunkt der Marktleistungsabgabe auf der Aktivseite der Bilanz gesammelt.

2. (i) Es gibt keine Änderungen, weil beide infrage kommenden Ausgaben unabhängig vom angewendeten Zuordnungskonzept der Dienstleistung zugerechnet werden.
   (ii) Durch einen Wechsel vom sogenannten Umsatzkostenverfahren auf das sogenannte Gesamtkostenverfahren gehen keine Wirkungen auf das Einkommen aus.

3. Bei Anwendung eines Finalprinzips ergibt sich gemäß einem Umsatzkostenverfahren in Staffelform die folgende Einkommensrechnung:

	Ertrag (Umsatz)	10000
−	Aufwand (Umsatz)	4800
=	Einkommen	5200

Bei Anwendung eines Finalprinzips ergibt sich gemäß einem Gesamtkostenverfahren in Staffelform die folgende Einkommensrechnung:

	Ertrag (Umsatz)	10000
−	Aufwand (Material)	800
−	Aufwand (Gehalt)	4000
=	Einkommen	5200

Aufgabe 5.4 **Einkauf und Verkauf, jeweils mit Rabatten und Rücksendungen, ohne Umsatzsteuer**

Sachverhalt

Das Handelsunternehmen Braun & Co. existiere in einer Welt ohne Umsatzsteuer. Es verzeichne im Monat Juni die folgenden relevanten Ereignisse:

a. 3. Juni Einkauf von Ware auf Ziel (zahlbar mit Abzug von 1 % Skonto in 10 Tagen oder ohne Abzug bis zum Monatsende), Rechnungsbetrag 1640 GE.

b. 9. Juni Rücksendung von 40 % der am 3. Juni gekauften Ware wegen Defekten.

c. 12. Juni Verkauf von Ware gegen Barzahlung zu 920 GE (Einkaufspreis 550 GE).

d. 15. Juni Einkauf von Ware zu 5100 GE abzüglich 100 GE Mengenrabatt (zahlbar unter Abzug von 3 % Skonto in 15 Tagen oder ohne Abzug in 30 Tagen).

e. 16. Juni Bezahlung einer Frachtrechnung über 260 GE für eingekaufte Ware, die dieser noch nicht zugeordnet wurde. Die ware wurde zudem noch nicht weiter veräußert.

f. 18. Juni Verkauf von Ware, die zu 1180 GE eingekauft worden war, zum Preis von 2000 GE (zahlbar unter Abzug von 2 % Skonto in 10 Tagen, ohne Abzug in 30 Tagen).

g. 22. Juni Rücknahme beschädigter Ware mit Rechnungsbetrag von 800 GE aus dem bereits verbuchten Verkauf vom 18. Juni (Einkaufspreis 480 GE).

h. 24. Juni Aufnahme eines Darlehens bei einer Bank über 4850 GE und Nutzung des Barzahlungsrabatts bei der Bezahlung des Einkaufs vom 15. Juni.

i. 28. Juni Eingang des vereinbarten Betrags aus dem Verkauf vom 18. Juni.

j. 29. Juni Bezahlung des aus dem Einkauf vom 3. Juni und der Rücksendung vom 9. Juni geschuldeten Betrags.

k. 30. Juni Einkauf von Ware zum Listenpreis von 900 GE mit einem Mengenrabatt von 35 GE gegen Barzahlung.

Fragen und Teilaufgaben

1. Bilden Sie die Buchungssätze für die Ereignisse! Unterstellen Sie dabei, die Abgänge von Ware würden kontinuierlich erfasst!

2. Erstellen Sie T-Konten, nehmen Sie auf diesen Konten die relevanten Buchungen vor und bestimmen Sie den Endbestand der einzelnen Konten zum 30.6.! Unterstellen Sie dabei, es hätte keine Anfangsbestände gegeben!

3. Nehmen Sie an, für das am 24. Juni aufgenommene Darlehen seien 95 GE Zinsen zu entrichten. Wie lautet die zugehörige Buchung? War die Entscheidung sinnvoll, ein Darlehen aufzunehmen, um den Einkauf innerhalb der Skontofrist bezahlen zu können?

Lösungshinweise zu den Fragen und Teilaufgaben

1. Die Erstellung der Buchungssätze wird im Lehrbuchtext ausführlich behandelt.

2. T-Konten bei Unterstellung einer der in Teilaufgabe 1 angegebenen Buchungsmöglichkeit:

S	Erzeugnisse, Handelsware	H		S	Umsatzaufwand	H
a	1640	b	656	c2	550	g2	480
d	5000	c2	550	f2	1180		
e	260	f2	1180	Saldo	1250		
g2	480	h2	150				
k	865						
Saldo	5709						

S	Verbindlichkeit	H		S	Ertrag (Verkauf)	H
b	656	a	1640	g1	784	c1	920
h2	5000	d	5000			f1	1960
j	984	h1	4850			Saldo	2096
		Saldo	4850				

S	Forderungen	H		S	Zahlungsmittel	H
f1	1960	g1	784	c1	920	e	260
		i	1176	h1	4850	h2	4850
				i	1176	j	984
						k	865
						Saldo	13

3. Den 95 GE Zinsen für das Darlehen stehen (5000*0,03 =) 150 GE geringere Anschaffungsausgaben gegenüber.

Aufgabe 5.5 Warenverkehr mit Umsatzsteuer

Sachverhalt

Zu Beginn des Geschäftsjahres 20X1 laute die Bilanz eines Unternehmens:

Bilanz zum 1.1.20X1			
Aktiva			Passiva
Handelsware	200	Eigenkapital	250
Zahlungsmittel	300	Verbindlichkeiten (Einkauf)	250
Bilanzsumme	500	Bilanzsumme	500

Während des Geschäftsjahres 20X1 ereigne sich Folgendes:

a. Einkauf von Handelware zum Preis von 206 GE abzüglich 6 GE Skonto zuzüglich Umsatzsteuer. Man zahlt in bar.

b. Rücksendung von eingekaufter mangelhafter Handelsware, die mit 50 GE zuzüglich Umsatzsteuer gekauft worden war. Man erhält eine Einkaufsgutschrift über den Wert der Ware zuzüglich der Umsatzsteuer.

c. Erhalt eines Preisnachlasses auf den Nettopreis eingekaufter Handelsware, die mit 60 GE zu Buche stand, in Form einer Einkaufsgutschrift in Höhe von 10 GE zuzüglich Umsatzsteuer.

d. Verkauf von Handelsware auf Ziel an den Kunden B. Die Ware stand mit 200 GE zu Buche. Der Verkaufspreis belief sich auf 440 GE inklusive Umsatzsteuer. Bei Barzahlung wird ein Abzug von 3% Skonto eingeräumt.

e. Inanspruchnahme von 3% Skonto durch den Kunden B und Zahlung des sich ergebenden Betrages in Höhe von 426,8 GE.

f. Rücknahme von Handelsware, die zuvor zu 100 GE zuzüglich Umsatzsteuer gegen bar verkauft worden war und einen Einkaufspreis von 100 GE inklusive Umsatzsteuer besessen hatte. Der Verkaufsvorgang war bereits gebucht worden.

g. Gewährung eines Preisnachlasses von netto (ohne Umsatzsteuer) 100 GE auf Handelsware, die auf Ziel veräußert worden war.

Unterstellen Sie, die Umsatzsteuer werde in Form der Mehrwertsteuer mit einem Steuersatz von 10 % für das Geschäftsjahr erhoben, und das Unternehmen sei vorsteuerabzugsberechtigt. Benutzen Sie für die Buchungen der Umsatzsteuer die Konten *Verbindlichkeiten (Mehrwertsteuer)* und *Forderungen (Vorsteuer)* und stellen Sie die finanziellen Konsequenzen der Umsatzsteuer am Ende des Geschäftsjahres in nur einem einzigen Bilanzposten dar! Gründe für „Korrekturbuchungen" liegen nicht vor.

Fragen und Teilaufgaben

1. Welche Konten schlagen Sie für die Erfassung der Ereignisse des Wirtschaftsjahres 20X1 im Rahmen einer doppelten Buchführung nach deutschem Handelsrecht vor, wenn die Werte von eingekaufter und verkaufter Handelsware auf getrennten Konten ermittelbar sein sollen? Geben Sie jeweils an, zu welchen Vermögens-, Fremdkapital- und Eigenkapitalkonten Ihre Konten Unterkonten darstellen! Berücksichtigen Sie dabei die Umsatzsteuer-Konsequenzen!

2. Wie lauten die Buchungssätze zu den Ereignissen, wenn Wareneinkauf und Warenverkauf auf getrennten Konten erfasst werden? Nehmen Sie an, das Unternehmen verwende das Umsatzkostenverfahren zur Erstellung seiner Einkommensrechnung! (Verwenden Sie ausschließlich die Konten: *Handelsware, Handelswarenzugang, Handelswarenabgang, Zahlungsmittel, Forderungen (Verkauf), Forderungen (Vorsteuer), Forderungen (Gutschrift), Verbindlichkeiten (Einkauf), Verbindlichkeiten (Mehrwertsteuer), Ertrag (Verkauf)* und *Aufwand (Verkauf)*!

3. Eröffnen Sie T-Konten, buchen Sie alle Ereignisse auf den Konten und berechnen Sie die Endbestände. Schließen Sie dabei sämtliche Unterkonten auf das jeweils zugehörige Oberkonto ab!

Lösungshinweise zu den Fragen und Teilaufgaben

1. Vorschlag für Konten: getrennte Erfassung der Zugänge und der Abgänge von Handelsware. Die Zugänge des Bestands an Handelsware können auf dem Unterkonto *Handelswarenzugang* erfasst werden, die Abgänge ebenfalls auf einem Unterkonto *Handelswarenabgang*. Ähnliche Möglichkeiten bestehen in unserem Beispiel für die Umsatzsteuer.

2. Die Buchungssätze lassen sich mit Hilfe des Lehrbuchtexts ermitteln.

3. Die Verbuchung auf Konten (inklusive der Abschlussbuchungen) ergibt:

S	Handelswarenzugang		H		S	Zahlungsmittel		H
(a)	200,00	(8)	290,91		AB	300,0	(a)	220,0
(f2)	90,91				(e)	426,8	(f1)	110,0
					Saldo	396,8		

S	Handelswarenabgang		H		S	Handelsware		H
(9)	260	(b)	50		AB	200,00	(9)	260,00
		(c)	10		(8)	290,91		
		(d2)	200					
					Saldo	230,91		

S	Forderungen (Verkauf)		H
(d1)	440	(e)	440
		(g)	110
		Saldo	110

S	Forderungen (Gutschrift)		H
		(b)	55
		(c)	11
		Saldo	66

S	Forderungen (Vorsteuer)		H
(a)	20	(b)	5
		(c)	1
		(10)	14

S	Verbindlichkeiten (MwSt)		H
(e)	1,2	(d1)	40,0
(f1)	10,0		
(g)	10,0		
(11)	18,8		

S	Umsatzsteuer-Zahllast		H
(10)	14,0	(11)	18,8
		Saldo	4,8

S	Verbindlichkeiten (Einkauf)		H
		AB	250
		Saldo	250

S	Ertrag (Verkauf)		H
(e)	12	(d1)	400
(f1)	100		
(g)	100		
(13)	188		

S	Aufwand (Verkauf)		H
(d2)	200,00	(f2)	90,91
		(12)	109,09

S	Einkommenskonto		H
(12)	109,09	(13)	188,00
(14)	78,91		

S	Eigenkapital		H
		AB	250,00
		(14)	78,91
		Saldo	328,91

Daraus lässt sich eine Bilanz mit einem Eigenkapital in Höhe von 328,91 GE ermitteln.

Entnahme von Handelsware aus dem Lager: Eigenverbrauch, Rückgabe, Verkauf, Weiterverarbeitung   **Aufgabe 5.6**

Sachverhalt

Im Lager einer Möbelhandlung befinden sich vier Schränke, die jeweils mit 10000 GE zu Buche stehen. Es finden die folgenden vier Lagerveränderungen statt:

a. Ein Schrank wird dem Lager für das Wohnzimmer des Unternehmers entnommen.

b. Ein Schrank wird dem Lager entnommen und an den Hersteller zurückgeschickt, weil sich Mängel gezeigt haben. Der Hersteller hat sich zur Rücknahme bereit erklärt und schreibt den Kaufpreis (10000 GE zuzüglich Umsatzsteuer) gut.

c. Ein Schrank wird dem Lager entnommen, weil er für 20000 GE (inklusive Umsatzsteuer) verkauft wurde.

d. Ein Schrank wird dem Lager entnommen und in der hauseigenen Schreinerei zur Vitrine umgebaut. Dabei fallen Personalausgaben in Höhe von 3000 GE an, und es werden Roh-, Hilfs- und Betriebsstoffe im Wert von 1000 GE verbraucht. Die Vorsteuer auf diese Roh-, Hilfs- und Betriebsstoffe wurde in zurückliegenden Abrechnungszeiträumen berücksichtigt.

Unterstellen Sie, die Umsatzsteuer werde in Form der Mehrwertsteuer mit einem Steuersatz von 10 % für das Wirtschaftsjahr erhoben, und das Unternehmen sei vorsteuerabzugsberechtigt. Unterstellen Sie ferner, das Unternehmen verwende das Umsatzkostenverfahren!

Fragen und Teilaufgaben

1. Welche Buchungen fallen anlässlich der Lagerentnahmen an, falls das Unternehmen ein Finalprinzip für die Zurechnung von Ausgaben zu Erzeugnissen verwendet?

2. Wie würden sich die Buchungen von d verändern, wenn das Unternehmen anstelle des Finalprinzips das Marginalprinzip verwendet?

Lösungshinweise zu den Fragen und Teilaufgaben

1. Die Buchungssätze lassen sich mit Hilfe des Lehrbuchtexts leicht ermitteln.

2. Die Buchung zu d hätte bei Unterstellung des Marginalprinzips folgendes Aussehen:

Beleg	Datum	Geschäftsvorfall und Konten	Soll	Haben
d		Umbau zur Vitrine		
		Erzeugnisse (Vitrine)	10000	
		Handelsware (Schränke)		10000
		Aufwand (Personal)	3000	
		Zahlungsmittel (Löhne)		3000
		Erzeugnisse (Vitrine)	1000	
		Roh-, Hilfs- und Betriebsstoffe		1000

Behandlung von relevanten Ereignissen zum Ende des Abrechnungszeitraums

6

ÜBERBLICK

Lernziele

Nach dem Studium dieses Kapitels sollten Sie in der Lage sein, andere relevante Ereignisse als Geschäftsvorfälle buchungsmäßig zu behandeln, also den Teil der relevanten Ereignisse, der am Ende des Abrechnungszeitraums zu berücksichtigen ist. Sie werden dabei

- Ereignisse behandeln, die mit der Abgabe von Leistungen an Marktpartner zusammenhängen,
- Ereignisse berücksichtigen, die aus der Periodisierung von Zahlungen erwachsen und
- Ereignisse kennenlernen, die erst in zukünftigen Abrechnungszeiträumen stattfinden, sich aber schon im gegenwärtigen Abrechnungszeitraum auf das Einkommen auswirken.

Überblick

Das Kapitel dient zunächst der Beschreibung von Ereignissen, die mit der Abgabe von Leistungen an Marktpartner zusammenhängen. Es geht dabei vor allem um Vorauszahlungen für zukünftige Abrechnungszeiträume sowie um Zahlungen, die ihre Wirkung auf mehrere Abrechnungszeiträume entfalten. Es schließt sich die Darstellung von Ereignissen an, die wegen der Periodisierung von Zahlungen anfallen. Schließlich werden Ereignisse beschrieben, die erst in zukünftigen Abrechnungszeiträumen eintreten, aber bereits im gegenwärtigen Abrechnungszeitraum eine Einkommenswirkung besitzen. Wir erläutern die Ereignisse anhand von Beispielen, bei denen wir aus Platzgründen wieder die Abkürzungen verwenden, die wir bereits in vorangegangen Kapiteln verwendet haben. Nach der Lektüre des Kapitels werden Sie in der Lage sein, Angaben über das Einkommen von Unternehmen zu verstehen und sinnvoll zu interpretieren.

6.1 Grundlagen

Bei zahlungsorientierter Einkommensmessung genügt es, die Zahlungskonsequenzen der Ereignisse abzubilden. Es ergibt sich keine Notwendigkeit, weitere Ereignisse zu berücksichtigen. Im Zusammenhang mit
einem vermögensorientierten Rechnungswesen wurde jedoch bereits
darauf hingewiesen, dass über die Geschäftsvorfälle hinaus vor Erstellung der Finanzberichte „andere relevante Ereignisse" zu berücksichtigen sind. Der Grund dafür liegt darin, dass nur ein Teil der Ereignisse,
die im Rahmen einer Buchführung abzubilden sind, während des
Abrechnungszeitraums bereits bekannt sind. Es geht hier also um diejenigen Ereignisse, die keine physischen oder rechtlichen Veränderungen
im Unternehmen auslösen. Insofern ist die Saldenaufstellung ohne
diese Ereignisse eine vorläufige Aufstellung, in die noch die finanziellen Konsequenzen weiterer relevanter Ereignisse einzutragen sind.

Notwendigkeit von Korrekturen

6.2 Realisierte Ereignisse im Zusammenhang mit der Abgabe von Vermögensgütern und Dienstleistungen an Marktpartner

Im Zusammenhang mit realisierten Marktleistungen kann man drei grundlegend unterschiedliche Arten von Ereignissen unterscheiden. Eine wird
erforderlich, weil Vorgänge denkbar sind, die erst bei einer Inventur
bekannt werden, beispielsweise Schwund oder Diebstahl. Die beiden
anderen werden erforderlich, weil die Zahlung in einem anderen Abrechnungszeitraum erfolgt als die Einkommenswirkung.

Ereignisse, die zum Ende des Abrechnungszeit-raums zu berücksichtigen sind

6.2.1 Anpassung der Kontostände an die Ergebnisse einer Inventur

Als typischer Fall von „anderen relevanten Ereignissen" kann man Ereignisse betrachten, die sich nicht beobachten lassen. Ob solche Ereignisse
stattgefunden haben oder nicht, ergibt sich erst, wenn man die Zahlen
aus einer richtigen und vollständigen Buchführung soweit wie möglich
mit der Realität vergleicht. Dies geschieht beispielsweise dadurch, dass
man für das Ende des Abrechnungszeitraums eine Inventur vornimmt.
Dazu erstellt man eine Aufzeichnung der Mengen sämtlicher Vermögen-
güter und sämtlicher Fremdkapitalposten, ein sogenanntes Inventar. Der
Vergleich des Inventars mit den Mengen von Vermögensgütern und
Fremdkapitalposten, die sich aus der Buchführung ergeben, stellt dann
die Grundlage für die Anpassung der Zahlen der Buchführung an die
Realität dar.

Inventur und Inventar als Grundlage

Bei einem Inventar bedarf es keiner Bewertung der Vermögensgüter
und Fremdkapitalposten. Diese richtet sich nach den jeweils verwendeten Bilanzierungsregeln. Da sich alle Bilanzposten aus einer Mengen-
und einer Wertkomponente zusammensetzen, kann man durch Vergleich
der Mengen im Inventar und der Mengen, die sich aus der Buchführung

Mengenorientierung

ergeben, feststellen, ob die Buchführungszahlen alle Mengen richtig wiedergeben.

Buchung

Bei denjenigen Bilanzposten, bei denen sich Abweichungen zwischen den Mengen einer richtigen und vollständigen Buchführung und denen des Inventars ergeben, sind die Buchführungszahlen anzupassen. Typische Beispiele für solche Korrekturen der Buchführungswerte sind Sachverhalte, bei denen die Menge der Vermögensgüter abgenommen hat, zum Beispiel durch Schwund oder Diebstahl oder durch den Ausfall eines Schuldners. Die Buchung solcher relevanten Ereignisse findet über diejenigen Konten statt, über die der entsprechende Vermögens- oder Fremdkapitalposten normalerweise verbucht wird. Bei Bezug zu verkauften Erzeugnissen und Handelsware wird das Konto *Erzeugnisse, Handelsware* berührt und gleichzeitig ein Aufwandsposten in der Einkommensrechnung des laufenden Abrechnungszeitraums verändert.

Vorgehen bei Verwendung des „Gesamtkosten- verfahrens"

Hat man sich während des Abrechnungszeitraums dazu entschieden, statt des sogenannten Umsatzkostenverfahrens das sogenannte Gesamtkostenverfahren zu verwenden, so muss man am Ende des Abrechnungszeitraums zwei weitere Buchungen vornehmen, wenn die produzierte Menge und die abgesetzte Menge sich unterscheiden. Ohne diese weiteren Buchungen sind die Bestände an Erzeugnissen und Handelsware in den Büchern falsch und der Aufwand wurde nicht vollständig oder mehr als vollständig berücksichtigt. Beides wird richtig, wenn man von den im Laufe des Abrechnungszeitraums gesammelten Ausgaben für die Herstellung, die man ja wie Aufwand verbucht hat, den Teil hinzurechnet oder abzieht, der den nicht verkauften Mengeneinheiten entspricht.

6.2.2   Auseinanderfallen von Zahlung und Einkommenswirkung

Vorgänge, bei denen die Zahlung und die Einkommenswirkung in unterschiedliche Abrech- nungszeiträume fallen

Bei einigen Ereignissen hat die Zahlung schon stattgefunden, ohne dass sich das Einkommen verändert hätte, bei anderen ist schon eine Einkommenswirkung zu berücksichtigen, obwohl noch keine Zahlung stattgefunden hat. Solche Ereignisse lassen sie sich erst zum Ende des Abrechnungszeitraums vollständig bearbeiten.

Rechnungsabgrenzungs- posten wegen „anderer relevanter Ereignisse"

Beide Gruppen von Ereignissen werden in betriebswirtschaftlichen Lehrbüchern des deutschen Sprachraums seit über hundert Jahren als Rechnungsabgrenzungsposten bezeichnet, die erste Gruppe als transitorische Rechnungsabgrenzungsposten und die zweite Gruppe als antizipative Rechnungsabgrenzungsposten. Die Begriffe sollen zum Ausdruck bringen, dass gegenüber einer Zahlungsrechnung die Einkommenswirkung bei der erstgenannten Gruppe in zukünftige Zeiträume hineinreicht und dass sie bei der letztgenannten Gruppe vorweggenommen wird. Im deutschen Handelsrecht taucht der Begriff Rechnungsabgrenzungsposten ebenfalls auf (§ 250 dHGB). Der Gesetzgeber versteht darunter allerdings nur solche Posten, bei denen die Zahlung bereits stattgefunden hat, also die transitorischen Rechnungsabgrenzungsposten. Zudem unterscheidet der Gesetzgeber (1) Forderungen und Verbindlichkeiten im Zusammenhang mit Dienstleistungen von (2) solchen im Zusammenhang mit Erzeugnissen oder Handelsware. Nur für die erstgenannten Ereignisse lässt er in einer Bilanz die Bezeichnung „Rechnungsabgrenzungsposten" zu. Die anderen Ereignisse werden nach dem deutschem Handelsgesetzbuch als Vorauszahlungen behandelt, also ähnlich wie Forderungen und Verbindlichkeiten.

Inhaltlich lassen sich vier Fälle unterscheiden, in denen sich Zahlungs- und Einkommenswirkung voneinander unterscheiden. Diese seien nachfolgend überblicksartig dargestellt, bevor sie in den nächsten Abschnitten ausführlich und mit Beispielen dargestellt werden.

Fallunterscheidung

1 Aktive (transitorische) Rechnungsabgrenzungsposten: Dies sind geleistete Vorauszahlungen für die künftige Inanspruchnahme von Dienstleistungen, die anteilig in mindestens eine künftige Einkommensrechnung als Aufwand einfließen sollen. Wir behandeln diesen Posten im Folgenden unter der Rubrik „Aufwandswirkung nach Zahlungswirkung". Der Posten steht auf der Aktivseite, weil sich dahinter eine bedingte Forderung verbirgt, eine Forderung, falls die Dienstleistung vom Verpflichteten später nicht erbracht wird. Der Teil dieser geleisteten Vorauszahlungen, der zukünftige Abrechnungszeiträume betrifft, wird im dHGB als aktive Rechnungsabgrenzungsposten bezeichnet. Im Englischen heißt der Posten treffend *prepaid expenses.*

2 Passive (transitorische) Rechnungsabgrenzungsposten: Darunter versteht man erhaltene Vorauszahlungen für die künftige Lieferung von Dienstleistungen, die daher erst in zukünftigen Abrechnungszeiträumen Erträge generieren. Wir behandeln diesen Posten im Folgenden unter der Rubrik „Ertragswirkung nach Zahlungswirkung". Der Posten steht auf der Passivseite, weil sich dahinter eine bedingte Verbindlichkeit verbirgt, eine Verbindlichkeit, falls die Dienstleistung vom Unternehmen später nicht geleistet wird. Der Teil dieser erhaltenen Vorauszahlungen, der zukünftige Abrechnungszeiträume bestrifft, wird im dHGB als passive Rechnungsabgrenzungsposten bezeichnet. Im Englischen heißt er treffender *unearned revenues.*

3 Aktive (antizipative) Rechnungsabgrenzungsposten: Dahinter verbergen sich Erträge des gegenwärtigen Abrechnungszeitraums aus Dienstleistungen, die erst in zukünftigen Abrechnungszeiträumen als Bargeld zufließen. Diesen Posten behandeln wir unter der Rubrik „Ertragswirkung vor Zahlungswirkung". Diese antizipativen Rechnungsabgrenzungsposten zeichnen sich durch ihren Forderungscharakter aus. Im dHGB werden sie als Forderungen bezeichnet. Im Englischen spricht man von *receivables.*

4 Passive (antizipative) Rechnungsabgrenzungsposten: So bezeichnet man Aufwendungen des gegenwärtigen Abrechnungszeitraums aus Dienstleistungen, deren Bezahlung erst in zukünftigen Abrechnungszeiträumen erfolgt. Sie werden als antizipative Rechnungsabgrenzungsposten bezeichnet und besitzen Verbindlichkeitscharakter. Diesen Posten behandeln wir unter der Rubrik „Aufwandswirkung vor Zahlungswirkung". Im dHGB werden sie deswegen als Verbindlichkeiten bezeichnet. Im Englischen wird ein solcher Posten als *payables* bezeichnet.

Behandlung zum Teil als Geschäftsvorfall möglich, meistens aber als anderes relevantes Ereignis

Soweit die genannten Fälle in einem Unternehmen vorliegen und noch nicht im Rahmen der Buchung der Geschäftsvorfälle berücksichtigt wurden, sind die Buchungen zum Ende des Abrechnungszeitraums vorzunehmen. Normalerweise kann nur ein Teil der insgesamt fälligen Buchungen im Zusammenhang mit physischen Ereignissen und damit als Geschäftsvorfall behandelt werden. Zumindest die Vorgänge, die sich in nachfolgenden Abrechnungszeiträumen ergeben, stellen andere relevante Ereignisse dar. Wir behandeln hier jeweils den gesamten Vorgang als ein „anderes relevantes Ereignis".

6.2.2.1 Aufwandswirkung nach Zahlungswirkung

Aktive Rechnungsabgrenzungsposten: geleistete Vorauszahlungen für künftige Lieferungen oder Leistungen, die in späteren Zeiträumen als Aufwand zu behandeln sind

Hinter einem aktiven Rechnungsabgrenzungsposten verbergen sich geleistete Vorauszahlungen für den künftigen Empfang von Lieferungen und Leistungen, die in einem späteren Abrechnungszeitraum als Aufwand zu verrechnen sind. Sie werden im dHGB als aktive Rechnungsabgrenzungsposten bezeichnet. Beispiele für solche Posten sind Vorauszahlungen für getätigte Anmietungen oder zukünftige Versicherungen des Unternehmens, die in einem nachfolgenden Abrechnungszeitraum in die Einkommensrechnung eingehen. Wesentlich ist dabei, dass Zahlungsmittel aus dem Unternehmen abfließen und dafür zukünftige Nutzungsrechte oder Nutzungsmöglichkeiten zufließen, die sich auf zukünftige Abrechnungszeiträume erstrecken. Im Kern handelt es sich um bedingte Forderungen, die nach dHGB jedoch in einem gesonderten Posten ausgewiesen werden. Die notwendigen Korrekturbuchungen seien am Beispiel einer vom Unternehmen geleisteten Mietvorauszahlung erläutert.

Leistung von Mietvorauszahlung als Beispiel

Sachverhalt

Mieten sind oft im Voraus zu bezahlen. Für den Mieter stellt die geleistete Vorauszahlung ein Vermögensgut dar, weil er das Recht erworben hat, zukünftig das angemietete Objekt zu nutzen. Der Wert dieses Rechts nimmt in dem Maße ab, wie die Mietzeit abläuft. Wir nehmen an, Karl Gross habe sein Büro für monatlich 2 000 GE – fällig zum Monatsende, jedoch zweimonatlich ab dem 1. April im Voraus zahlbar – angemietet und er benutze kein Mietvorauszahlungskonto zur Buchung der Vorauszahlung. Bei Zahlung des Betrags am 1. April wäre ins Journal einzutragen:

Beleg	Datum	Anderes relevantes Ereignis und Konten	Soll	Haben
	1.4.	Mietvorauszahlung April und Mai		
		Aktive Rechnungsabgrenzungsposten (Miete)	4000	
		Zahlungsmittel		4000

Diese Vorauszahlung „nutzt" Gross im April zur Hälfte. Diese 2000 GE wären den Erzeugnissen zuzurechnen, falls Gross einen Bezug zu Erzeugnissen herstellt; sie wären als Aufwand des April zu behandeln, falls er keinen Bezug zu Erzeugnissen herstellt. Wenn bis zum 30. April keine weiteren Vorauszahlungen erfolgen und wir keinen Bezug zu Erzeugnissen unterstellen, ergäbe sich die folgende Buchung:

Behandlung ohne Bezug zu Erzeugnissen oder Handelsware

Beleg	Datum	Anderes relevantes Ereignis und Konten	Soll	Haben
	30.4.	Nutzung eines Teils der Mietvorauszahlung im April		
		Aufwand (Miete)	2000	
		Aktive Rechnungsabgrenzungsposten (Miete)		2000

Ab 1. Mai nähmen das Vermögensgüterkonto mit der Bezeichnung „Aktive Rechnungsabgrenzungsposten (Miete)", auf dem sich die gesamte Mietvorauszahlung befunden hat, sowie das Aufwandskonto das folgende Aussehen an:

Vermögensgüter				Aufwand		
S	*Aktive Rechnungsabgrenzungsposten (Miete)*		H	S	*Aufwand (Miete)*	H
1.4.	4000	30.4.	2000	30.4.	2000	
Saldo	2000			Saldo	2000	

Bei diesem Ereignis passiert im Unternehmen nichts. Man kann die Buchung folglich auch nicht als Geschäftsvorfall verstehen. Wenn man sich aber am 30. April hinsichtlich aller Konten fragt, ob der ausgewiesene Endbestand richtig ermittelt wurde, stößt man auf den beschriebenen Sachverhalt. Man nimmt die Buchung im Journal vor und modifiziert den Endbestand des Kontos *Aktive Rechnungsabgrenzungsposten (Miete)* sowie das Aufwandskonto durch die entsprechende Buchung. Dann kann man auch noch die Saldenaufstellung entsprechend anpassen.

Wird die Vermögensminderung mit der Abgabe einer Lieferung oder Leistung in Verbindung gebracht, so wird sie im Augenblick der Abgabe der Leistung an den Marktpartner zu Aufwand. Bis dahin wird das Konto *Erzeugnisse, Handelsware* anstatt des Aufwandskontos angesprochen. In einer Buchführung auf Basis der elektronischen Datenverarbeitung kann man derartige Buchungen oft automatisieren.

Behandlung mit Bezug zu Erzeugnissen oder Handelsware

6.2.2.2 Ertragswirkung nach Zahlungswirkung

Erhaltene Vorauszahlungen für die künftige Lieferung von Dienstleistungen stellen bedingtes Fremdkapital dar. Wenn mit der Leistungserbringung begonnen wird, entstehen in Höhe des Teils Erträge, der den laufenden Abrechnungszeitraum betrifft. Am Ende des Abrechnungszeitraums wird der Teil, der die Zukunft betrifft, zu einem passiven Rechnungsabgrenzungsposten.

Passive Rechnungsabgrenzungsposten: erhaltene Vorauszahlung für noch zu erbringende Dienstleistung

Erhaltene Honorarvoraus-zahlungen als Beispiel

Der Sachverhalt sei ebenfalls an einem Beispiel erläutert: Ein Mandant hat Gross am 20. April einen Beratungsauftrag erteilt, für den Gross 20 000 GE erhält. Das Geld wurde bereits am 20. April überwiesen. In den Monaten Mai und Juni erbringt Gross die Leistung je hälftig. Der dazugehörige Aufwand beträgt jeweils 5 000 GE. Mit der Honorarvoraus-zahlung für die künftige Lieferung von Dienstleistungen entsteht im Zahlungszeitpunkt noch kein Ertrag. Erst mit der Erbringung der Dienst-leistung wird Ertrag erwirtschaftet. Bis dahin hat die erhaltene Voraus-zahlung Verbindlichkeitscharakter. Vom Zeitpunkt des Erhalts der Zah-lung an wird ein passiver Rechnungsabgrenzungsposten gebildet, der in dem Augenblick zu Ertrag wird, in dem die Dienstleistung „geliefert" wird. Die Buchung am 20. April geschieht nach dem Buchungssatz:

Beleg	Datum	Anderes relevantes Ereignis und Konten	Soll	Haben
	20.4.	Vorauszahlung für eine Beratung		
		Zahlungsmittel	20 000	
		Passive Rechnungsabgrenzungsposten		
		(Honorar)		20 000

	Vermögensgüter				Fremdkapital	
					Passive Rechnungsabgrenzungs-	
S	*Zahlungsmittel*	*H*	*S*		*posten*	*H*
20.4.	20 000				20.4.	20 000
Saldo	20 000				Saldo	20 000

Notwendigkeit angepasster Endbestände der Saldenaufstellung

Ende Mai sind allerdings weitere Buchungen nötig, wenn Gross dem Mandanten bereits einen Teil seiner Leistungen erbracht haben sollte. Wir unterstellen hier, Gross habe bereits Leistungen für 10 000 GE erbracht, geliefert und in Rechnung gestellt, wobei er für die Leistungs-erstellung Ausgaben in Höhe von 5 000 GE in bar tätigen musste. Im Journal und auf den Konten lauten die beiden Buchungen unter Berücksichtigung der vorläufigen Saldenaufstellung und der bisherigen Buchungen:

Beleg	Datum	Anderes relevantes Ereignis und Konten	Soll	Haben
	31.5.	vorausbezahltes Honorar		
		Passive Rechnungsabgrenzungsposten (Honorar)	10 000	
		Umsatzertrag		10 000
		Umsatzaufwand	5 000	
		Zahlungsmittel		5 000

Fremdkapital				Erträge		
Passive Rechnungsabgrenzungs-						
S	*posten (Honorar)*		H	S	*Umsatzertrag*	H
31.5.	10000	20.5.	20000		31.5.	10000
		Saldo	10000		Saldo	10000

Vermögensgüter				Aufwand		
S	*Zahlungsmittel*		H	S	*Umsatzaufwand*	H
20.4.	20000	31.5.	5000	31.5.	5000	
Saldo	15000			Saldo	5000	

Die restlichen 10000 GE Umsatz werden mit dem restlichen Aufwand verrechnet, sobald der zweite Teil der Leistung nach dem Realisationsprinzip als erbracht gilt.

In der Praxis kommen Vorauszahlungen häufig vor. Fluggesellschaften verlangen beispielsweise die Bezahlung eines Flugtickets meist vor dem Flug. Bis zum Zeitpunkt des Flugs hat der Käufer eine Forderung gegenüber der Fluggesellschaft. Die Fluggesellschaft sollte eine Verbindlichkeit gegenüber dem Käufer zum Ende ihres Abrechnungszeitraums in Form einer passiven Rechnungsabgrenzung ausweisen. Erst wenn der Flug stattfindet oder das Ticket verfällt, entsteht beim Verkäufer Ertrag und beim Käufer in gleicher Höhe ohne Bezug zur Leistung Aufwand, sonst eine Erhöhung des Kontos *Erzeugnisse, Handelsware*. Erst mit dem Flug hat die Fluggesellschaft den Ertrag realisiert. Sie sollte erst dann die passive Rechnungsabgrenzung auflösen, die sie bei Erhalt des Flugpreises verbucht hatte.

Häufigkeit in der Praxis

6.2.2.3 Ertragswirkung vor Zahlungswirkung

Hier geht es darum, Erträge zu verbuchen, bevor die zugehörigen Zahlungen stattgefunden haben. Solche Sachverhalte stellen das Gegenstück zu den eben behandelten Aufwendungen dar, die erst später zu Auszahlungen führen. Man bezeichnet sie in der Betriebswirtschaftslehre als antizipative Rechnungsabgrenzungsposten. Nach dHGB sind sie den Forderungen zuzurechnen.

Antizipative Rechnungsabgrenzungsposten mit Forderungscharakter

Ausstehende Honorar-zahlung als Beispiel

Als Beispiel stellen wir uns vor, Karl Gross habe am 15. April gegen ein Honorar von monatlich 1000 GE die Buchführung eines Mandanten übernommen. Selbst wenn die Honorarzahlung erst am 15. Mai beginnt, hat Gross Ende April für den abgelaufenen Monat 50 % eines Monats-honorars als *Umsatzertrag* anzusetzen. Da noch keine Zahlung erfolgt ist, liegt kein Ereignis vor, das bereits im Rahmen der Geschäftsvorfälle berücksichtigt worden wäre. Die Buchung lautet:

Beleg	Datum	Geschäftsvorfall und Konten	Soll	Haben
	30.4.	Honorarforderung		
		Forderung (Verkauf)	500	
		Umsatzertrag		500

Die Konten *Forderungen (Verkauf)* sowie *Umsatzertrag* zeigen das Aussehen:

	Vermögensgüter				Erträge	
S	*Forderungen (Verkauf)*	H	S		*Ertrag (Verkauf)*	H
30.4.	500				30.4.	500
Saldo	500				Saldo	500

Ohne diese Buchung wären sowohl das Einkommen als auch das Vermögen falsch ausgewiesen.

6.2.2.4 Aufwandswirkung vor Zahlungswirkung

Antizipative Rechnungs-abgrenzungsposten mit Verbindlichkeitscharakter

Es gehört zum Unternehmensalltag, dass Geschäftsvorfälle zu Erträgen und zu Aufwendungen führen, bevor eine Zahlung stattfindet, z.B. wenn man ein Vermögensgut verkauft und sich mit späterer Zahlung einverstanden erklärt. Im Folgenden geht es um solche Fälle von Aufwands- und Ertragsentstehung, in denen keine Vermögensänderungen stattfindet. Bei einigen Aufwandsarten tritt dies besonders häufig auf. Zu den wichtigen dieser Aufwandsarten gehören Lohn- und Gehalts- sowie oftmals Zinsaufwendungen. Solche Posten werden in der Betriebswirtschaftslehre als antizipative Rechnungsabgrenzungsposten bezeichnet. Nach dHGB sind sie unter den Verbindlichkeiten anzugeben.

Gehaltsaufwendungen als Beispiel

Gehaltsaufwendungen lassen sich als typisches Beispiel anführen. Wir nehmen an, Karl Gross habe mit seiner Bürokraft ein monatliches Gehalt von 3000 GE vereinbart, das zur Hälfte jeweils am 15. und am letzten Kalendertag des Monats ausgezahlt wird – es sei denn, diese Tage fallen auf ein Wochenende. In einem solchen Fall findet die Zahlung am darauffolgenden Montag statt. Für die weitere Analyse gehen wir davon aus, dass der 15. April auf einen Freitag und der 30. April auf einen Samstag fallen. Wir unterstellen weiterhin, die Gehaltszahlung werde nicht mit Erzeugnissen in Verbindung gebracht. Am 15. April finden folgende Einträge im Journal und auf den Konten statt:

Beleg	Datum	Anderes relevantes Ereignis und Konten	Soll	Haben
	15.4.	Gehaltszahlung		
		Aufwand (Gehalt)	1 500	
		Zahlungsmittel		1 500

	Vermögensgüter			Aufwendungen	
S	Zahlungsmittel	H	S	Aufwand (Gehalt)	H
	15.4. 1 500		15.4.	1 500	
	Saldo 1 500		Saldo	1 500	

Weil die Gehaltszahlung zum Monatsende erst am Montag, den 2. Mai stattfindet, taucht die zweite Hälfte der Gehaltszahlung für den Monat April in der Saldenaufstellung zum 30. April nicht auf. Um das Ergebnis für den Monat April richtig zu ermitteln, ist es jedoch erforderlich, auch die zweite Hälfte des April-Gehalts noch in der Einkommensrechnung des Monats April zu erfassen. Da Karl Gross seiner Bürokraft am 30. April die zweite Hälfte des Gehalts schuldet, sind auch die Verbindlichkeiten, die daraus erwachsen, in der Bilanz zum 30.4. anzusetzen, obwohl sie sich nicht aus der Saldenaufstellung ergeben. Gross bucht:

Notwendigkeit angepasster Endbestände der Saldenaufstellung

Beleg	Datum	Anderes relevantes Ereignis und Konten	Soll	Haben
	30.4.	Gehaltszahlung		
		Aufwand (Gehalt)	1 500	
		Verbindlichkeiten (Gehalt)		1 500

	Aufwendungen			Fremdkapital	
S	Aufwand (Gehalt)	H	S	Verbindlichkeiten (Gehalt)	H
15.4.	1 500			30.4.	1 500
30.4.	1 500			Saldo	1 500
Saldo	3 000				

Erst diese Buchung bewirkt, dass sowohl Aufwendungen als auch Fremdkapital (und damit auch das Eigenkapital) richtig ausgewiesen werden. Da der Zahlungsmittelabgang der Gehaltszahlung am 2. Mai gegen die *Verbindlichkeiten (Gehalt)* zu buchen ist, ergibt sich daraus keine Wirkung für das Einkommen des Monats Mai.

Andere Aufwendungen mit späterer Zahlungswirkung

Auch andere Aufwendungen, die den Zahlungen vorausgehen, z.B. Zinsaufwendungen, werden auf die gleiche Art behandelt: Man belastet die Soll-Seite eines Aufwandskontos und gleichzeitig die Haben-Seite eines Verbindlichkeitskontos. Bei der Zahlung bucht man dann die Verbindlichkeitsreduzierung gegen den Zahlungsmittelabgang. Solche Ereignisse werden meist im Rahmen der Geschäftsvorfälle behandelt. In die gleiche Rubrik gehören auch Pensionsverpflichtungen eines Unternehmens. Das Recht auf eine Pension erarbeitet sich der Mitarbeiter während seines Berufslebens. Deswegen stellen die Posten zur Bildung der Rückstellung in diesen Zeiträumen Aufwand dar. Die spätere Pensionszahlung des Unternehmens erfolgt erst nach dem Ausscheiden des Mitarbeiters. Sie erfolgt einkommensneutral zu Lasten der Rückstellung. Die Unsicherheit über die endgültige Höhe der Zahlungen – man weiß ja nicht, wie lange der Mitarbeiter leben wird – drückt man durch den Ausweis als Rückstellung aus. Irrtümer korrigiert man einkommenswirksam, sobald sie feststehen.

Bildung von Rückstellungen als Beispiel

Begründung von Rückstellungen

In den bisherigen Ausführungen dieses Buches dienten hauptsächlich Verbindlichkeiten als Anschauungsbeispiel für Fremdkapital. Rückstellungen als Fremdkapitalposten wurden nur am Rande erwähnt, obwohl ihnen in den Bilanzen von Unternehmen betragsmäßig meist eine große Bedeutung zukommt. Zweifelsfrei erhöht die Bildung einer Rückstellung den Wert des Fremdkapitals und führt so zu einer Eigenkapitalminderung. Aus diesem Grunde wird hier auf die Bildung von Rückstellungen eingegangen.

Rückstellungsbegriff und Beispiele für Rückstellungen

Rückstellungen dienen – im Vergleich zu Verbindlichkeiten – dazu, unsichere, aber bestimmbare rechtliche oder wirtschaftliche Verpflichtungen des Unternehmens gegenüber Dritten abzubilden. Unsicher ist dabei, ob eine Verpflichtung tatsächlich besteht oder auch, in welcher betragsmäßigen Höhe sie anfällt. Beispiele für Rückstellungen sind: Pensionsrückstellungen, Garantie- oder Kulanzrückstellungen, Prozessrückstellungen. Pensionsrückstellungen sind beispielsweise zu bilden, wenn sich Unternehmen rechtlich zu künftigen Pensionszahlungen an ihre Mitarbeiter verpflichtet haben. Um Garantie- oder Kulanzrückstellungen geht es bei rechtlichen oder wirtschaftlichen Verpflichtungen eines Unternehmens, gegebenenfalls künftig Garantie- oder Kulanzleistungen an Kunden zu erbringen.

Objektivierungserfordernis für die Rückstellungsbildung

Um Willkür bei der Einkommensermittlung zu vermeiden, sind für den Ansatz von Rückstellungen Objektivierungsanforderungen zu erfüllen. Strenge Objektivierungsanforderungen werden von den U.S.-amerikanischen Rechnungslegungsvorschriften gestellt. Um eine Rückstellung (*provision*) bilden zu dürfen, muss dort zunächst eine rechtliche oder wirtschaftliche Verpflichtung des Unternehmens gegenüber Außenstehenden vorliegen. Darüber hinaus muss die finanzielle Verpflichtung zuverlässig quantifizierbar (*reasonably estimable*) und die Inanspruchnahme des Unternehmens wahrscheinlich (*probable*) sein. Ist die Inanspruchnahme der Verpflichtung nur unter bestimmten Umständen möglich (*reasonably possible*), ist auf eine Rückstellungsbildung zu verzichten. Allerdings sind in den Finanzberichten Zusatzinformationen anzugeben. Ist die Inanspruchnahme unwahrscheinlich (*remote*), ist sowohl von der Rückstellungsbildung als auch von Zusatzinformationen abzusehen. Nach dHGB sind die Objektivierungsanforderungen für Rückstellungen weniger streng. Was die Eintrittswahrscheinlichkeit der Verpflichtung angeht, gibt es nach dem Verständnis des dHGB – im Gegensatz zu den U.S.-GAAP – keine strenge Differenzierung nach einem quantitativen oder qualitativen Wahrscheinlichkeitsspektrum. Das heißt allerdings nicht, dass jede noch so unsichere Verpflichtung hier angesetzt werden darf. Zumindest stichhaltige Argumente müssen für eine Rückstellungsbildung vorliegen, nach denen mit einer Inanspruchnahme möglicherweise zu rechnen ist.

Das folgende Beispiel veranschauliche die Bildung einer Rückstellung. Ein Unternehmen erwarte aus dem Verkauf von Vermögensgütern künftig Garantieverpflichtungen in Höhe von 5 000 GE. Die Eintrittswahrscheinlichkeit der künftigen Belastung werde aufgrund von Erfahrungen aus der Vergangenheit mit den verkauften Vermögensgütern als recht hoch eingeschätzt. Eine Rückstellung ist daher zu bilden. Der Buchungssatz lautet dann:

Beispiel zur Buchung einer Rückstellungsbildung

Beleg	Datum	Geschäftsvorfall und Konten	Soll	Haben
	30.4.	Künftige Garantieverpflichtungen		
		Aufwand (Rückstellung)	5 000	
		Rückstellungen (Garantieverpflichtungen)		5 000

Kommt es in der Zukunft zum Eintritt des Risikofalles, so ist dieser aus der Rückstellung zu begleichen. Das Einkommen des Abrechnungszeitraumes, in dem das Risiko eintrat, wird nur insoweit berührt, als die Rückstellungen zu niedrig oder zu hoch angesetzt war. Dann gibt es im Abrechnungszeitraum der Inanspruchnahme zusätzlichen Aufwand oder zusätzlichen Ertrag. Kommt es in unserem Beispiel am 30. Mai zu einem Garantiefall in Höhe einer Bargeldzahlung von 4 600 GE, für den am 30. April eine Rückstellung in Höhe von 5 000 GE gebildet wurde, so lautet der Buchungssatz:

Korrektur von Fehlschätzungen bei Auflösung

Beleg	Datum	Geschäftsvorfall und Konten	Soll	Haben
	30.5.	Eintritt des Garantiefalls vom 30. April		
		Rückstellungen (Garantieverpflichtungen)	5 000	
		Ertrag (Auflösung Rückstellungen)		400
		Zahlungsmittel		4 600

Im Falle einer zu niedrigen Rückstellung wird die Differenz als Aufwand gebucht. Nach Ablauf der Garantiefrist werden die nicht in Anspruch genommenen Rückstellungen einkommenswirksam aufgelöst mit einer Buchung der Form „Rückstellungen an Ertrag (Auflösung Rückstellung)".

6.2.2.5 Zusammenfassung der Buchungen bei Auseinanderfallen von Zahlung und Einkommenswirkung

Zwecke des Korrekturprozesses Mit den Buchungen bei Auseinanderfallen von Einkommens- und Zahlungswirkung werden zwei Zwecke angestrebt: ein gemessen am Marktleistungsabgabekonzept zutreffender Ausweis des Vermögens und des Fremdkapitals sowie ein ebenfalls zutreffender Ausweis von Erträgen und Aufwendungen. Alle Korrekturbuchungen verändern jeweils ein Konto der Einkommensrechnung (Erträge oder Aufwendungen) und eines der Bilanz (Vermögensgüter oder Fremdkapital). Zahlungsmittel werden von keiner dieser weiteren Buchungen berührt, weil die Zahlungsmittel entweder bereits früher verändert wurden oder weil ihre Veränderung erst später stattfindet. Abbildung 6.1, Seite 250, fasst die Struktur der möglichen Buchungssätze zusammen.

Einkommenswirkung nach Zahlungswirkung bei Dienstleistungen (Transitorische Rechnungsabgrenzungsposten in BWL, Rechnungsabgrenzungsposten im dHGB)				
	anfängliche Buchung		**spätere Buchung**	
aktive Rechnungs-abgrenzungsposten	Zahle bar und buche gegen Vermögenszunahme:		Buche Aufwand gegen Vermögensabnahme:	
	Aktive Rechnungs-abgrenzungsposten	XXX	*Aufwand*	XXX
	Zahlungsmittel		*Aktive Rechnungs-abgrenzungsposten*	XXX
		XXX		
passive Rechnungs-abgrenzungsposten	Empfange bar und buche gegen Fremdkapitalzunahme:		Buche Ertrag gegen Fremdkapitalabnahme:	
	Zahlungsmittel	XXX	*Passive Rechnungs-abgrenzungsposten*	XXX
	Passive Rechnungs-abgrenzungsposten	XXX	*Ertrag*	XXX

Einkommenswirkung vor Zahlung bei Dienstleistungen (Antizipative Rechnungsabgrenzungsposten in BWL, Forderungen und Verbindlichkeiten im dHGB)				
	anfängliche Buchung		**spätere Buchung**	
noch nicht gezahlte Erträge	Buche Ertrag gegen Forderung:		Empfange bar und buche gegen Forderungsabnahme:	
	Forderung	XXX	*Zahlungsmittel*	XXX
	Ertrag	XXX	*Forderung*	XXX
noch nicht bezahlte Aufwendungen	Buche Aufwand gegen Verbindlichkeit:		Zahle bar und buche gegen Verbindlichkeitsabnahme:	
	Aufwand	XXX	*Verbindlichkeit*	XXX
	Verbindlichkeit	XXX	*Zahlungsmittel*	XXX

Abbildung 6.1: Buchungen bei Abweichen der Zahlung von der Einkommenswirkung

6.3 Realisierte Ereignisse im Zusammenhang mit der Periodisierung von Zahlungen

Es gibt realisierte Ereignisse mit Zahlungen, die man für die Einkommens- **Im Wesentlichen Abschrei-**
ermittlung auf die Zeiträume verteilt, in denen das Ereignis gewirkt hat. **bungen auf das abnutzbare**
Zu nennen sind besonders die Ausgaben für abnutzbares Anlagevermö- **Anlagevermögen**
gen, das ja im Allgemeinen im Laufe des Alterungsprozesses der Anlagen
an Nutzen verliert. Wir konzentrieren uns hier auf die Behandlung
abnutzbarer Vermögensgüter. Es erscheint sinnvoll für die Einkommensmessung, die Anschaffungsausgaben abnutzbarer Anlagegüter über diejenigen Abrechnungszeiträume zu verteilen, in denen das Vermögensgut
Nutzen stiftet. Diese Zeiträume können mit den Zeiträumen der techni-
schen Nutzbarkeit zusammenfallen, sie müssen es aber nicht. Ausschlaggebend ist vielmehr der sogenannte wirtschaftliche Nutungszeitraum. Der
auf einen Abrechnungszeitraum entfallende Teil der Anschaffungsausgaben wird als Abschreibung bezeichnet. Für die Behandlung der
Abschreibung in der Buchführung kommen zwei Vorgehensweisen
infrage, über die der Bilanzierer entscheiden muss. Die Behandlung der
Wertminderung hängt davon ab, ob ein Zusammenhang mit Erzeugnissen
und Handelsware gesehen wird oder nicht.

Der Behandlung von abnutzbaren Vermögensgütern und deren Ab- **Grundlagen**
schreibungen liegt zunächst das Konzept der Periodisierung zu Grunde.
Das Unternehmen erwirbt Vermögensgüter, deren Werte im Zeitablauf
wegen der Abnutzung abnehmen. Der Betrag dieser Abnahme der Vermögenswerte wird als planmäßige Abschreibung bezeichnet.

Im Unternehmen von Karl Gross stellen die Möbel, die am 13. April **Möbel als Beispiel**
für 12 000 GE gekauft wurden, abnutzbare Vermögensgüter dar. Journal
und Konten sehen nach dem Einkauf folgendermaßen aus:

Beleg	Datum	Geschäftsvorfall und Konten	Soll	Haben
	13.4.	Möbelkauf		
		Betriebs- und Geschäftsausstattung	12 000	
		Verbindlichkeiten (Einkauf)		12 000

	Vermögensgüter			Verbindlichkeiten	
S	*Betriebs- und Geschäftsausstattung*	**H**	**S**	*Verbindlichkeiten (Einkauf)*	**H**
13.4.	12 000			13.4.	12 000
Saldo	12 000			Saldo	12 000

Diese Buchung lässt sich im Rahmen der Behandlung von Geschäftsvorfällen durchführen. Für die sich anschließenden Ereignisse von
Wertminderungen gibt es im Unternehmen aber keine Vorgänge mehr,
an die man eine Buchung knüpfen könnte. Die Wertminderungen sind
folglich am Ende des Abrechnungszeitraums als sogenannte andere
relevante Ereignisse vorzunehmen.

Ansatzpunkte zur Verteilung der gesamten Wertminderung auf die Abrechnungszeiträume

Es gibt viele Ansatzpunkte, die gesamte Wertminderung auf die Abrechnungszeiträume zu verteilen. Eine nutzungsabhängige Verteilung ist ebenso möglich wie eine Verteilung entsprechend anderer Regeln. Besonders beliebt sind Verteilungen, die gewissen einfachen Formeln entsprechen, beispielsweise die nutzungsorientierte, die lineare oder die degressive Verteilung. Man benötigt in jedem Fall den Betrag, von dem abgeschrieben werden soll, den Betrag, auf den hin abgeschrieben werden soll und ein Verteilungsschema. Möchte man eine Abschreibung nach der Nutzung in den jeweiligen Abrechnungszeiträumen vornehmen, so benötigt man für das Verteilungsschema ein Maß für die gesamte Nutzbarkeit und dann die Nutzungen innerhalb jedes Abrechnungszeitraums. Bei linearer Abschreibung kommt das Verteilungsschema dadurch zum Ausdruck, dass man den gesamten Abschreibungsbetrag vieler Nutzungszeiträume durch die Anzahl der Nutzungszeiträume.

Beispiel für direkte Buchung

Gross glaubt, dass die Möbel vier Jahre lang genutzt werden können und dass sie dann wertlos sind. Eine Möglichkeit, den jährlichen Abschreibungsbetrag zu ermitteln, besteht darin, die Anschaffungsausgaben (12 000 GE) durch die Anzahl der Nutzungsjahre zu teilen. Bei dieser als „lineare Abschreibung" bezeichneten Methode ergibt sich ein jährlicher Abschreibungsbetrag in Höhe von

$$12\,000\,\text{GE} \; / \; 4 \; \text{Jahre} = 3\,000\,\text{GE je Jahr.}$$

Unterstellt man eine monatliche Berechnung und betrachtet man der Einfachheit halber den Monat April als einen vollen Monat, dann entfallen auf den Monat April und jeden weiteren Monat jeweils 250 GE (3 000 GE /12 Monate = 250 GE je Monat).

Buchung, falls kein Bezug zu Erzeugnissen oder Handelsware unterstellt wird

Unterstellt man weiterhin, die Wertminderung der Möbel habe nichts mit zu verkaufenden Vermögensgütern zu tun, so ist zum Ende des Monats die Abschreibung als Aufwand zu buchen. Man könnte nun, am 30.4., ins Journal eintragen:

Beleg	Datum	Anderes relevantes Ereignis und Konten	Soll	Haben
	30.4.	Abschreibung Möbel		
		Aufwand (Abschreibung Möbel)	250	
		Büro- und Geschäftsausstattung		250

Folgende Konteneinträge wären vorzunehmen:

Vermögensgüter				Aufwendungen		
S	*Büro- und Geschäftsausstattung*	H	S	*Aufwand (Abschr. Möbel)*		H
13.4.	12 000	30.4.	250	30.4.	250	
Saldo	11 750			Saldo	250	

Bei dieser Vorgehensweise hat man alle für die Erstellung einer Bilanz und einer Einkommensrechnung aus dem Ereignis folgenden Aktualisierungen in Form „anderer relevanter Ereignisse" vorgenommen. Diese

Buchung der Abschreibung wird als direkte Buchung ohne Verkaufsbezug bezeichnet.

Hätte Gross unterstellt, die Büromöbel hätten ihren Wert im Zusammenhang mit der Herstellung von Erzeugnissen verloren, so dürfte die
Abschreibung erst in demjenigen Zeitpunkt zu Aufwand werden, in dem
die Erzeugnisse verkauft werden. Läge dieser Verkauf nicht mehr im
Monat April, so wäre im April zu buchen

Buchung, falls Bezug zu Erzeugnissen unterstellt wird

Beleg	Datum	Anderes relevantes Ereignis und Konten	Soll	Haben
	30.4.	Abschreibung Möbel		
		Erzeugnisse, Handelsware	250	
		Büro- und Geschäftsausstattung		250

und die folgenden Konteneinträge vorzunehmen:

	Vermögensgüter				Vermögensgüter		
S	*Büro- und Geschäftsausstattung*		H	S	*Erzeugnisse, Handelsware*		H
13.4.	12 000	30.4.	250	30.4.	250		
Saldo	11 750			Saldo	250		

In diesem Fall werden Abschreibungen zu Aufwand, wenn die Erzeugnisse oder Handelsware verkauft werden. Diese Behandlung von Abschreibungen wird als direkte Buchung dieser Abschreibung mit Verkaufsbezug bezeichnet.

Neben der linearen Abschreibung werden in Literatur und Praxis auch
degressive Verfahren diskutiert und angewendet. Am bekanntesten ist die
geometrisch-degressive Methode, bei der man die Abschreibung immer als
einen festen Prozentsatz vom Buchwert der Bilanz des vorangegangenen
Zeitraums (Restbuchwert) definiert. Das Verfahren führt bei den üblichen
Prozentsätzen zwischen 20 % und 30 % und bei genügend langer Nutzungsdauer dazu, dass zu Beginn der Abschreibungszeit die Abschreibungsbeträge höher sind als bei der linearen Methode. Dafür sind sie später niedriger. Das Verfahren besitzt den Nachteil, dass man niemals die
gesamten Anschaffungsausgaben abschreiben kann, sondern höchstens
einen Betrag, der einem vorgegebenen Endwert entspricht. Möchte man
auf null abschreiben, so ist man folglich zum Wechsel der Methode innerhalb der Nutzungsdauer gezwungen. Besonders beliebt ist es, den Zeitpunkt des Methodenwechsels so zu bestimmen, dass sich in den ersten
Abrechnungszeiträumen möglichst hohe Abschreibungsbeträge ergeben.

Geometrisch degressive Abschreibung

Ein anderes degressives Verfahren benutzt einen arithmetischen
Ansatz. Dabei vermindert sich der Abschreibungsbetrag jedes Jahr und in
der Summe wird der Anschaffungswert abgeschrieben. Eines dieser
Verfahren wird als digitales Verfahren bezeichnet. Eine einfache Form
besteht darin, die Anschaffungsausgaben durch die Summe über die Nutzungszeiträume zu teilen und dann die Abschreibungsbeträge als Vielfache dieses Betrags zu bestimmen. Bei beispielsweise dreijähriger Nutzungsdauer würde man die Anschaffungsausgaben durch $1 + 2 + 3 = 6$

Arithmetisch degressives Verfahren

teilen. Als Abschreibungsbetrag des ersten Jahres ergäbe sich danach ein Betrag von 3/6 der Anschaffungsausgabe, im zweiten Jahr einer von 2/6 und im dritten Jahr einer von 1/6 der Anschaffungsausgabe.

Progressive Verfahren

Schließlich seien der Vollständigkeit halber noch Verfahren genannt, bei denen sich progressiv steigende Abschreibungsbeträge ergeben. Diese spielen aber in der Praxis keine Rolle.

Indirekte Buchung von Abschreibungen

In der Praxis hat es sich eingebürgert, die jährliche Aktualisierung der Werte abnutzbarer Vermögensgüter anders vorzunehmen, als bisher dargestellt. Auf dem Vermögenskonto *Büro- und Geschäftsausstattung* lässt man den Anfangsbestand während der gesamten Nutzungsdauer unverändert; die Abschreibungen des Abrechnungszeitraums verbucht man gegen ein Konto namens *Wertberichtigung Büro- und Geschäftsausstattung*. Man spricht dann von der indirekten Buchung der Abschreibungen.

Buchung ohne Bezug zu Erzeugnissen und Handelsware

Bei der indirekten Buchung von Abschreibungen ohne Bezug zu Erzeugnissen oder Handelsware lautet der Journaleintrag:

Beleg	Datum	Anderes relevantes Ereignis und Konten	Soll	Haben
	30.4.	Abschreibung Möbel		
		Aufwand (Abschreibung Möbel)	250	
		Wertberichtigung Betriebs- und Geschäftsausstattung		250

Buchung mit Bezug zu Erzeugnissen und Handelsware

Bei indirekter Buchung von Abschreibungen mit Bezug zu Erzeugnissen oder Handelsware lautete diese Buchung:

Beleg	Datum	Anderes relevantes Ereignis und Konten	Soll	Haben
	30.4.	Abschreibung Möbel		
		Erzeugnisse, (Handelsware)	250	
		Wertberichtigung Betriebs- und Geschäftsausstattung		250

In diesem Fall werden die Abschreibungen beim Verkauf der Erzeugnisse oder Handelsware zu Aufwand.

Vorteile indirekter Darstellung

Man kann auf dem Konto *Betriebs- und Geschäftsausstattung* unabhängig von der Behandlung zum Ende des Abrechnungszeitraums jederzeit sehen, welchen Betrag man für die Möbel ausgegeben hat und wie alt sie sind. Aus dem Konto *Wertberichtigung Betriebs- und Geschäftsausstattung* lässt sich erkennen, in welcher Höhe man seit der Anschaffung der Möbel Abschreibungen vorgenommen hat. Beide Konten für sich genommen lassen sich nicht sinnvoll interpretieren. Zusammen erlauben sie jedoch einen tieferen Einblick in das Geschehen, als es das Konto *Betriebs- und Geschäftsausstattung* bei direkter Buchung der Abschreibungen gestattet.

Das Konto *Wertberichtigung Betriebs- und Geschäftsausstattung* stellt ein Gegenkonto zum Konto *Betriebs-und Geschäftsausstattung* dar. Es handelt sich nicht um ein Konto der Einkommensrechnung, also nicht um ein Aufwandskonto, sondern um ein Korrekturkonto zu einem Aktivum. Man könnte es daher auch als „negatives" Aktivkonto betrachten. Die Konten sehen ohne Bezug zu Erzeugnissen oder Handelsware folgendermaßen aus:

Wertberichtigungskonten zu Konten abnutzbarer Vermögensgüter

Vermögensgüter			Wertberichtigungen			Aufwendungen		
	Betriebs- und			Wertberichtigung Betriebs- und				
S	Geschäftsausstattung	H	S	Geschäftsausstattung	H	S	Aufwand (Abschr. Möbel)	H
13.4.	12000				30.4.	250	30.4.	250
Saldo	12000			Saldo	250	Saldo	250	

Mit Bezug zu Erzeugnissen oder Handelsware stellen sich die Konten folgendermaßen dar:

Vermögensgüter			Wertberichtigungen			Vermögensgüter		
	Betriebs- und			Wertberichtigung Betriebs- und				
S	Geschäftsausstattung	H	S	Geschäftsausstattung	H	S	Erzeugnisse, Handelsware	H
13.4.	12000				30.4.	250	30.4.	250
Saldo	12000			Saldo	250	Saldo	250	

Aus der Bilanz muss der Buchwert von Vermögensgütern zum Ende des Abrechnungszeitraums ersichtlich sein. Dies kann im Falle der Verwendung einer indirekten Abschreibungsmethode entweder dadurch geschehen, dass man den Buchwert des jeweiligen indirekt abgeschriebenen Vermögensguts vor Übernahme in die Bilanz errechnet oder dadurch, dass man die Höhe der erforderlichen Wertberichtigung zusätzlich zu den Anschaffungsausgaben mit angibt. Üblich ist es, den aktuellen Buchwert auszuweisen. Um diesen zu ermitteln, subtrahiert man zu jedem Bilanzstichtag die kumulierten Abschreibungen vom Anschaffungswert. Bei Karl Gross ergibt sich zum 30. April, also einen Monat nach Anschaffung, bei linearer Abschreibungsmethode für die Möbel ein Betrag von:

Buchwert abnutzbarer Anlagevermögensgüter

Wert des Vermögensguts Möbel am 30. April 20X1	
Anschaffungsausgaben für Möbel	12000
− kumulierte Abschreibungen (Möbel)	250
= Buchwert (Möbel)	11750

Um dem Bilanzleser diese Information über den Buchwert der Möbel zu vermitteln, bietet es sich an, die Anschaffungsausgaben und die kumulierten Abschreibungen in einer eigenen Spalte der Bilanz aufzuführen, und zwar vor der eigentlichen Wertangabe.

6.4 Unrealisierte Ereignisse, deren Einkommenskonsequenzen vorweggenommen werden

Nur wenige Ausnahmen im dHGB

Das deutsche Handelsgesetzbuch erlaubt nur wenige Ausnahmen von den oben dargestellten Bilanzierungs- und Bewertungsprinzipien. Eine solche Ausnahme besteht darin, dass der Wert eines Vermögensguts aus der Buchführung den Marktwert, den Börsenwert oder den beizulegenden Wert am Bilanzstichtag nicht übersteigen darf. Für das Fremdkapital gilt analog dazu, dass der Bilanzansatz nicht unterboten werden darf. Eine andere Ausnahme besteht darin, dass absehbare künftige Verluste bereits in demjenigen Abrechnungszeitraum anzusetzen sind, in dem sie erkannt werden, und nicht erst in demjenigen, in dem sie entstehen. Im Gegensatz zum dHGB erlauben die IFRS und die U.S. GAAP in großem Umfang die Vorwegnahme sowohl künftiger Erträge als auch künftiger Aufwendungen.

6.4.1 Niedrigerer Börsenwert, Marktwert oder beizulegender Wert von Aktiva und höherer Wert von Passiva nach dHGB

Ansatz eines eventuell niedrigeren Werts

Die Bewertungsregeln des dHGB verlangen zum Bilanzstichtag einen Vergleich der Werte, die sich aus der Buchführung ergeben, mit dem Börsen- oder Marktwert beziehungsweise mit dem sogenannten beizulegenden Wert. Ist dieser Vergleichswert eines Vermögensguts höher oder der eines Fremdkapitalpostens niedriger als der Buchwert, so ergeben sich daraus nur Konsequenzen für die Buchführung. Ist der Vergleichswert eines anderen Vermögensguts niedriger oder der eines Fremdkapitalpostens höher als der Buchwert, so müssen die Verluste, die bei einem Verkauf entstünden, ausgeglichen werden. Diese Anpassung der Buchführung an die Realität geschieht dadurch, dass man bei Vermögensgütern eine außerplanmäßige Abschreibung in Höhe der Differenz auf den Buchwert vornimmt und bei Fremdkapitalposten eine außerplanmäßige Zuschreibung vornimmt.

Buchungen

Die Buchung lautet beispielsweise bei einem Vermögensgut:

Beleg	Datum	Anderes relevantes Ereignis und Konten	Soll	Haben
	30.4.	Außerplanmäßige Abschreibung eines Vermögensguts		
		Aufwand (Außerplanmäßige Abschreibung)		
		Vermögensgut		

Bei einer Verbindlichkeit in fremder Währung, deren Umrechnungskurs sich beispielsweise für das Unternehmen ungünstig verändert hat, wäre zu buchen:

Beleg	Datum	Anderes relevantes Ereignis und Konten	Soll	Haben
	30.4.	Zuschreibung zu Verbindlichkeit *Aufwand (Zuschreibung Verbindlichkeit)* *Verbindlichkeit*		

Ein ähnlicher Sachverhalt ergibt sich, wenn man Forderungen auf ihre Werthaltigkeit hin prüft und eventuell außerplanmäßig abschreibt. Ist absehbar, dass sich der Schuldner in einer Lage befindet, welche seine Rückzahlungsfähigkeit gefährdet, so hat der Unternehmer die Forderung abzuschreiben. Dies geschieht normalerweise durch Bildung einer Wertberichtigung. In Bezug auf eine solche Forderung haben wir ähnliche Buchungen vorzunehmen wie für die oben genannten Fälle.

6.4.2 Absehbare zukünftige Verluste nach dHGB

Ein zukünftiger Verlust ist absehbar, wenn er mit einer gewissen Sicherheit in zukünftigen Abrechnungszeiträumen erwartet wird. Als Beispiel sei ein bereits geschlossener Vertrag genannt, aus dem man heute schon absehen kann, dass man in der Zukunft einen Verlust erwirtschaftet. Wir stellen uns beispielsweise einen Händler vor, der Ware zu einem Festpreis zu liefern versprochen hat, die er noch gar nicht eingekauft hat. Ändert sich der bei Vertragsabschluss unterstellte Einkaufspreis der Ware, so kann es sein, dass der erwartete Gewinn aus dem Geschäft sinkt oder sich in einen Verlust umkehrt. Ein anderes Beispiel mag man in einem Schadenersatzprozess sehen, den man zu verlieren droht.

Absehbare zukünftige Verluste

Ist ein solcher Verlust absehbar, so muss dieser in demjenigen Abrechnungszeitraum erfasst werden, in dem er erkannt wird, und nicht erst in demjenigen, in dem er entsteht. Hat man die zu verkaufenden Vermögensgüter noch nicht eingekauft, so bildet man einkommenswirksam eine Rückstellung, die man einkommensneutral auflöst, sobald der Verlust entsteht. Wir unterstellen, am 15. April sei ein Verlust von 2 000 GE absehbar. Die Buchung lautet dann:

Bildung einer Rückstellung

Beleg	Datum	Anderes relevantes Ereignis und Konten	Soll	Haben
	15.4.	Bildung einer Rückstellung *Aufwand (Vorwegnahme von Verlust)* *Rückstellung*	2 000	2 000

Bei Erhalt der Handelsware am 30. April kann die Rückstellung aufgelöst werden, indem man die Handelsware um den Rückstellungsbetrag niedriger als mit ihren Anschaffungsausgaben bewertet. Bei einem Einkauf in Höhe von 10000 GE auf Ziel lautet die Buchung

Beleg	Datum	Geschäftsvorfall und Konten	Soll	Haben
	30.4.	Einkauf von Handelsware		
		Erzeugnisse Handelsware	10000	
		Verbindlichkeiten (Einkauf)		10000
	30.4.	Abschreibung der Handelsware um den absehbaren Verlust, für den bereits eine Rückstellung gebildet worden war		
		Rückstellung	2000	
		Erzeugnisse, Handelsware		2000

Beim Verkauf der Handelsware kann dann kein Verlust mehr entstehen. Deswegen bezeichnet man den Vorgang als eine „verlustfreie" Bewertung. Die entsprechende Buchung lautet bei einem Verkaufspreis von 8000 GE auf Ziel:

Beleg	Datum	Geschäftsvorfall und Konten	Soll	Haben
	30.4.	Verkauf von Handelsware auf Ziel (Zugangs- und Ertragsbuchung)		
		Forderung (Verkauf)	8000	
		Umsatzertrag		8000
	30.4.	Verkauf auf Ziel (Aufwands- und Abgangsbuchung)		
		Umsatzaufwand	8000	
		Erzeugnisse, Handelsware)		8000

Befindet sich die Ware bereits auf Lager, wenn der Verlust absehbar ist, so fallen nur die letztgenannten vier Buchungen an.

6.5 Ein Buchungsbeispiel für Buchungen am Ende des Abrechnungszeitraums

Sachverhalt Für die folgenden Ausführungen diene das leicht modifizierte Beispiel der Unternehmensberatung Karl Gross aus den vorhergehenden Kapiteln. Es sei angenommen, Karl Gross verfüge über die vorläufige Saldenaufstellung der Abbildung 6.2, Seite 259. Diese Saldenaufstellung ergibt sich weitgehend aus der zusammenfassenden Übersicht aus Kapitel 3 sowie aus der Fortschreibung in unserem Zusammenhang. Der Unterschied zu diesen Abbildungen liegt darin, dass einige zusätzliche Geschäftsvorfälle unterstellt, drei Ereignisse leicht modifiziert und die Aufwendungen etwas anders gegliedert werden.

Unternehmensberatung Karl Gross Vorläufige Saldenaufstellung für April 20X1	Endbestand	
	Soll	Haben
Zahlungsmittel	100000	
Forderungen (Verkauf)	5000	
Büromaterial	2000	
Büro- und Geschäftsausstattung (Möbel)	12000	
Grundstück	30000	
Aktive Rechnungsabgrenzungsposten (Miete)	4000	
Verbindlichkeiten (Einkauf)		2000
Passive Rechnungsabgrenzungsposten (Honorarvorauszahlung)		20000
Einlagen		150000
Entnahmen	45000	
Erträge		62000
Aufwand (Verkauf Grundstück)	30000	
Aufwand (Verkauf Büromaterial)	1000	
Aufwand (Gehalt)	1500	
Aufwand (Sonstiges)	3500	
Summe	234000	234000

Abbildung 6.2: Saldenaufstellung des Unternehmens Karl Gross nach den 13 Ereignissen aus Kapitel 3 sowie einigen Modifikationen

Im Einzelnen wird unterstellt:

■ Anschaffung von Büromöbeln zum Barpreis von 12000 GE.

■ Erhalt einer Vorauszahlung in Höhe von 20000 GE für einen Auftrag, den Gross erst im Mai bearbeiten wird.

■ Der Anstrich der Büroräume erfolgt im April für 1500 GE, die bar bezahlt werden.

Modifikationen werden für die folgenden Geschäftsvorfälle unterstellt:

■ Geschäftsvorfall 7a: Bei der Mietzahlung in Höhe von 4000 GE handelt es sich um eine Vorauszahlung für die Monate April und Mai.

■ Geschäftsvorfall 7b: Das Gehalt in Höhe von 3000 GE wurde erst zur Hälfte ausgezahlt und verbucht.

■ Geschäftsvorfall 9: Gross bezahlt die 50000 GE für die Renovierung seiner Privatwohnung nicht aus seinen privaten Ersparnissen, sondern aus der Unternehmenskasse.

Die Gliederung der Aufwendungen erfolgt so, dass die mit dem Verkauf von Vermögensgütern und Dienstleistungen direkt zusammenhängenden Aufwendungen getrennt von den übrigen aufgeführt werden. Dadurch sind zu unterscheiden:

■ Aufwendungen aus dem Verkauf in Höhe von 31000 GE (30000 GE für das verkaufte Grundstück des Geschäftsvorfalls 10 sowie 600 GE und 400 GE Büromaterial aus den Geschäftsvorfällen 4 und 5).

■ übrige Aufwendungen in Höhe von 5500 GE (1500 GE gebuchter Gehaltsaufwand und 3500 GE sonstiger Aufwand).

Vorläufige Saldenaufstellung

Berücksichtigt man diese Veränderungen, so ergibt sich die Saldenaufstellung der Abbildung 6.2, Seite 259. Es handelt sich um eine vorläufige Saldenaufstellung für die Unternehmensberatung Karl Gross. In ihr sind zwar alle Erträge und Aufwendungen abgebildet, die in den Geschäftsvorfällen des April 20X1 Buchungsvorgänge ausgelöst haben, doch sind möglicherweise nicht alle relevanten Ereignisse erfasst, die man hätte berücksichtigen müssen. So ist zu vermuten, dass all jene Erträge oder Aufwendungen fehlen, die keine Geschäftsvorfälle ausgelöst haben. Man denke beispielsweise an Erträge oder Aufwendungen, die aus Einnahmen oder Ausgaben folgen, die eine Einkommenswirkung über mehr als einen einzigen Abrechnungszeitraum entfalten. Es kann aber auch sein, dass der eine oder andere Geschäftsvorfall unbewusst oder bewusst nicht aufgezeichnet wurde. Ergänzungen der Buchungen werden insofern erforderlich.

Korrektur der vorläufigen Saldenaufstellung

Wurden nicht alle Ereignisse berücksichtigt, sei es, dass sie als Geschäftsvorfälle hätten erfasst werden sollen oder dass es andere relevante Ereignisse gegeben hat, so muss das zum Bilanzstichtag nachgeholt werden. Eine Erfassung wird z.B. unterbleiben, wenn die Kosten der Erfassung den finanziellen Nutzen einer genauen Aufzeichnung übersteigen und der Fehler zum Geschäftsjahresende leicht behoben werden kann. Diese Situation sei am Beispiel des Postens Büromaterial aus Abbildung 6.2 erläutert.

Korrekturbuchungen wegen unberücksichtigter relevanter Ereignisse

Gross benötigt in seinem Unternehmen Büromaterial, um seine Beratungsleistungen zu erbringen. Über das Material hinaus, das er einzelnen Aufträgen genau im Rahmen eines Geschäftsvorfalls zuordnet, wird er Papier, Bleistifte und Kugelschreiber, Formulare, Hefthüllen und Ähnliches verbrauchen, ohne jedoch immer eine Buchung vorzunehmen. Dadurch nimmt der Bestand an Büromaterial anders ab, als es aus dem Büromaterialkonto ersichtlich ist. Durch den Verbrauch entsteht Aufwand, genau wie bei der Zahlung von Miete und Gehalt. Gross könnte jeden einzelnen Verbrauch von Büromaterial erfassen und verbuchen. Es ist jedoch fraglich, ob der daraus resultierende Informationsnutzen die Mühe lohnt, die damit verbunden ist. Ist Karl Gross nicht gewillt, jeden einzelnen Verbrauch aufzuzeichnen und zu verbuchen, dann muss er am Ende seines Abrechnungszeitraums die Summe aller Verbräuche ermitteln und verbuchen. Wie gelangt er zur richtigen Abbildung des Büromaterialverbrauchs in seinem Rechnungswesen?

Korrektur wegen unterlassener Buchungen während des Abrechnungszeitraums

Er weiß, dass der Endbestand des Kontos Büromaterial in der vorläufigen Saldenaufstellung den Verbrauch im Abrechnungszeitraum nicht widerspiegelt und daher fehlerhaft ist. Der bisherige Endbestand zeigt die Summe aus dem Bestand an Büromaterial zu Anfang des Abrechnungszeitraums, zuzüglich des im Abrechnungszeitraum eingekauften Büromaterials, abzüglich des im Rahmen der getätigten Beratungstätigkeiten verrechneten Büromaterials. Gross erhält den korrekten Endbestand, indem er den weiteren Verbrauch an Büromaterial im Monat April – nehmen wir an, es seien 500 GE – vom Betrag in der Saldenaufstellung abzieht. Die Korrektur des Postens Büromaterial in der Saldenaufstellung um 500 GE ist erforderlich und führt zum korrekten Kontenabschluss.

Dies sei am Beispiel verdeutlicht. Am 2. April habe Karl Gross beim Kauf des Büromaterials gebucht:

Beleg	Datum	Geschäftsvorfall und Konten	Soll	Haben
	2.4	Kauf von Büromaterial		
		Büromaterial	3000	
		Verbindlichkeiten		3000

Wir nehmen an, es sei kein weiteres Büromaterial gekauft worden, und 1000 GE für Material seien im Rahmen von Geschäftsvorfällen bereits abgebucht worden. Der Restbetrag in Höhe von 2000 GE steht nun in der Saldenaufstellung und in den Büchern. Die Bilanz zum 30. April sollte diesen Betrag jedoch nicht ausweisen. Warum nicht?

Im April wurde weiteres Büromaterial verbraucht, das jedoch nicht einzelnen Aufträgen zugerechnet wurde – wie dies beispielsweise mit dem Büromaterial für die anderen Geschäftsvorfälle der Fall war. In Höhe des Werts dieses (zusätzlich) verbrauchten Materials sind ebenfalls Aufwendungen angefallen. Um den Materialverbrauch wertmäßig zu ermitteln, bestimmt Gross den Materialbestand zum Monatsende, bewertet ihn zu den Anschaffungsausgaben und vergleicht diesen Betrag mit demjenigen, den er auf dem Bestandskonto für Büromaterial vorfindet. Ergibt sich beispielsweise ein Endbestand von 1500 GE, dann erhält man wegen

$$\text{Abgänge} = \text{Anfangsbestand} - \text{Endbestand} + \text{Zugänge}$$

einen zusätzlichen Verbrauch im Wert von

$$500 = 2000 - 1500 + 0.$$

Zum 30. April ist daher der Bestand an Büromaterial um 500 GE zu verringern; der Stand des Kontos *Aufwand (Büromaterial)* ist um genau diesen Betrag zu erhöhen:

Beleg	Datum	Geschäftsvorfall und Konten	Soll	Haben
	30.4.	Büromaterialaufwendungen		
		Aufwand (Büromaterial)	500	
		Büromaterial		500

Aus dem Journaleintrag folgt die Buchung auf den Konten:

	Vermögensgüter				Aufwendungen		
S	*Büromaterial*		*H*	*S*	*Aufwand (Büromaterial)*		*H*
2.4.	3000	4.4.	600	30.4.	500		
		5.4.	400	Saldo	500		
		30.4.	500				
Saldo	1500						

Der Endbestand an Büromaterial Ende April beläuft sich so auf 1500 GE und entspricht dem Anfangsbestand an Büromaterial für den Monat Mai.

Weitere Buchungen wegen Ereignissen, die keine Geschäftsvorfälle auslösen

Neben den Buchungen zur Nachholung vernachlässigter Geschäftsvorfälle sind gegebenenfalls weitere Buchungen vorzunehmen. Diese hängen mit dem Auseinanderfallen von Zahlung und Einkommenswirkung zusammen, soweit sie nicht bereits in der vorläufigen Saldenaufstellung berücksichtigt sind.

6.6 Korrigierte Saldenaufstellung und Finanzberichte

6.6.1 Korrektur der vorläufigen Saldenaufstellung

Schritte zur korrigierten Saldenaufstellung

In Abbildung 6.2, Seite 259, wurde eine vorläufige Saldenaufstellung der Unternehmensberatung Karl Gross vorgestellt. Im Laufe des Kapitels wurde gezeigt, dass die Zahlen dieser Übersicht nicht notwendigerweise den aktuellen Endbestand der jeweiligen Konten aufweisen müssen. Dazu wurden beispielhaft einige Geschäftsvorfälle angenommen, aufgrund derer die Saldenaufstellung zu aktualisieren wäre. Im Folgenden werden diese Ereignisse nochmals zusammenfassend dargestellt. Abbildung 6.3 enthält die Ausgangsinformationen für diese Buchungen, Abbildung 6.4 die Buchungssätze und Abbildung 6.5 die Konteninhalte. Mit Hilfe dieser Informationen lässt sich die korrigierte Saldenaufstellung erstellen. Der Informationsgehalt der Übersicht wird erhöht, wenn man nicht nur die korrigierte Saldenaufstellung selbst erstellt, sondern eine Tabelle anfertigt, welche die Korrekturen der vorläufigen Saldenaufstellung gesondert ausweist. Abbildung 6.6, S. 264, enthält eine entsprechende Übersicht.

Abbildung 6.3:
Informationen, die bei Karl Gross zu Buchungen am 30. April 20X1 führen

Informationen zu den Korrekturbuchungen zum 30. April 20X1
(a) Büromaterial-Endbestand 1500 GE
(b) „abgewohnte" Mietvorauszahlung 2000 GE
(c) gegen Vorauszahlung erbrachter Service 10000 GE
(d) Abschreibung auf Möbel 250 GE
(e) noch nicht gezahlter Umsatzertrag 500 GE
(f) noch nicht gezahlter Aufwand (Gehalt) 1500 GE

Beleg	Datum	Soll-Konto		Haben-Konto	Betrag
a	30.4.	Aufwand (Büromaterial)	an	Büromaterial	500
b	30.4.	Aufwand (Miete)	an	Aktive Rechnungsabgrenzungsposten	2000
c	30.4.	Passive Rechnungsabgrenzungsposten	an	Umsatzertrag	10000
d	30.4.	Aufwand (Abschreibung Möbel)	an	Kum. Abschreibung (Möbel)	250
e	30.4.	Forderung (Verkauf)	an	Umsatzertrag	500
f	30.4.	Aufwand (Gehalt)	an	Verbindlichkeit (Gehalt)	1500

Abbildung 6.4: Buchungssätze für die Korrekturbuchungen zum 30.4.20X1 im Unternehmen Karl Gross

Vermögensgüter			=	Fremdkapital			+	Eigenkapital		

S	Zahlungsmittel	H
Saldo	100 000	

S	Verbindlichkeiten (Einkauf)	H
	Saldo	2 000

S	Einlage Karl Gross	H
	Saldo	150 000

S	Forderungen (Verkauf)	H
Saldo	5 000	
(e)	500	
Saldo neu	500	

S	Verbindlichkeiten (Gehalt)	H
	(f)	1 500
	Saldo neu	1 500

S	Entnahme Karl Gross	H
Saldo	45 000	

S	Büromaterial	H
Saldo	2 000	(a) 500
Saldo neu	1 500	

S	Passive Rechnungsabgren-zungsposten (Honorar)	H
(c)	10 000	Saldo 20 000
		Saldo neu 10 000

S	Umsatzertrag	H
	Saldo	62 000
	(c)	10 000
	(e)	500
	Saldo neu	72 500

S	Aktive Rechnungsabgren-zungsposten (Miete)	H
Saldo	4 000	(b) 2 000
Saldo neu	2 000	

S	Aufwand (Miete)	H
(b)	2 000	
Saldo neu	2 000	

S	Büro- und Geschäfts-ausstattung	H
Saldo	12 000	

S	Aufwand (Gehalt)	H
Saldo	1 500	
(f)	1 500	
Saldo neu	3 000	

S	Kumulierte Abschreibungen (Möbel)	H
	(d)	250
	Saldo neu	250

S	Aufwand (Verkauf)	H
Saldo	31 000	

S	Grundstücke	H
Saldo	30000	

S	Aufwand (Büromaterial)	H
(a)	500	
Saldo neu	500	

| | Aufwand (Abschreibung | |
S	Möbel)	H
(d)	250	
Saldo neu	250	

S	Aufwand (Sonstiges)	H
Saldo	3500	

Abbildung 6.5: Konten mit den Kontensalden der vorläufigen Saldenaufstellung und den Buchungen zum 30. April 20X1

Unternehmensberatung Karl Gross
Vorläufige Saldenaufstellung, Korrekturen und korrigierte Saldenaufstellung zum 30. April 20X1

	Vorläufige Saldenaufstellung		Korrekturen		Korrigierte Saldenaufstellung	
	Soll	Haben	Soll	Haben	Soll	Haben
Zahlungsmittel	100000				100000	
Forderungen (Verkauf)	5000		e: 500		5500	
Aktive Rechnungsabgrenzungsposten	4000			b: 2000	2000	
Büromaterial	2000			a: 500	1500	
Büro- und Geschäftsausstattung	12000				12000	
Kum. Abschreibungen (Möbel)				d: 250		250
Grundstück	30000				30000	
Verbindlichkeiten (Einkauf)		2000				2000
Verbindlichkeiten (Gehalt)				f: 1500		1500
Passive Rechnungsabgrenzungsposten		20000	c: 10000			10000
Einlage Karl Gross		150000				150000
Entnahme Karl Gross	45000				45000	
Ertrag (Verkauf)		62000		c: 10000		72500
				e: 500		
Aufwand (Verkauf)	31000				31000	
Aufwand (Miete)			b: 2000		2000	
Aufwand (Gehalt)	1500		f: 1500		3000	
Aufwand (Büromaterial)			a: 500		500	
Aufwand (Abschreibung Möbel)			d: 250		250	
Aufwand (Sonstiges)	3500				3500	
Summe	234000	234000	14750	14750	236250	236250

Abbildung 6.6: Vorläufige Saldenaufstellung, Korrekturen und korrigierte Saldenaufstellung der Unternehmensberatung Karl Gross zum 30. April 20X1

Zur besseren Lesbarkeit sind Vermögensgüterkonten getrennt von Kapitalkonten sowie Ertragskonten getrennt von Aufwandskonten angegeben.

6.6.2 Aufstellung von Finanzberichten aus der korrigierten Saldenaufstellung

Die korrigierte Saldenaufstellung enthält alle Informationen, die zur Aufstellung der Finanzberichte benötigt werden. Die Einkommensrechnung wird aus den Ertrags- und Aufwandskonten hergeleitet. Die Eigenkapitaltransferrechnung enthält die Einlagen und Entnahmen. Die Eigenkapitalveränderungsrechnung zeigt, auf welche Weise sich das Eigenkapital während des Abrechnungszeitraums verändert hat. Sie enthält somit die Informationen der Einkommensrechnung sowie die Eigenkapitaltransfers. Die Bilanz enthält schließlich die Vermögensgüter, das Fremdkapital sowie das Eigenkapital. Da für die Bilanz das Eigenkapital benötigt wird, dieses sich aus der Eigenkapitalveränderungsrechnung ergibt und für letztgenannte das Einkommen und die Eigenkapitaltransfers bekannt sein müssen, bietet es sich an, zuerst die Einkommensrechnung und die Eigenkapitaltransferrechnung, dann die Eigenkapitalveränderungsrechnung und schließlich die Bilanz aufzustellen. Die Kapitalflussrechnung wird aus all diesen Posten gebildet. Sie wird nicht hier, sondern später beschrieben.

Korrigierte Saldenaufstellung als Dateninput für Finanzberichte

Kontobezeichnung	Korrigierte Saldenaufstellung		Zugehörigkeit zu Finanzbericht
	Soll	Haben	
Zahlungsmittel	100000		Bilanz
Forderungen (Verkauf)	5500		Bilanz
Aktive Rechnungsabgrenzungsposten	2000		Bilanz
Büromaterial	1500		Bilanz
Büro- und Geschäftsausstattung	12000		Bilanz
Kum. Abschreibungen (Möbel)		250	Bilanz
Grundstück	30000		Bilanz
Verbindlichkeiten (Einkauf)		2000	Bilanz
Verbindlichkeiten (Gehalt)		1500	Bilanz
Passive Rechnungsabgrenzungsposten		10000	Bilanz
Einlage Karl Gross		150000	Eigenkapitaltransferrechnung
Entnahme Karl Gross	45000		Eigenkapitaltransferrechnung
Ertrag (Verkauf)		72500	Einkommenrechnung
Aufwand (Verkauf)	31000		Einkommensrechnung
Aufwand (Miete)	2000		Einkommensrechnung
Aufwand (Gehalt)	3000		Einkommensrechnung
Aufwand (Büromaterial)	500		Einkommensrechnung
Aufwand (Abschreibung Möbel)	250		Einkommensrechnung
Aufwand (Sonstiges)	3500		Einkommensrechnung
Summe	236250	236250	

Unternehmensberatung Karl Gross
Korrigierte Saldenaufstellung zum 30. April 20X1

Abbildung 6.7: Zuordnung der Konten der Saldenaufstellung zu den Finanzberichten am Beispiel der Unternehmensberatung Karl Gross zum 30. April 20X1

Abbildung 6.7 enthält eine Zuordnung der im Beispiel verwendeten Konten zu den jeweiligen Finanzberichten. Die Eigenkapitalveränderungsrechnung stellt so einen Finanzbericht dar, der Elemente der Bilanz mit Elementen der Einkommensrechnung verknüpft.

Formale Eigenschaften von Finanzberichten

Die Finanzberichte selbst sollten mit dem Namen des Unternehmens, der Bezeichnung des Berichts und dem Datum beziehungsweise dem Zeitraum überschrieben sein, auf den sie sich beziehen. Darunter werden die Beträge aufgelistet, die aus den Konten für die jeweiligen Posten der Finanzberichte resultieren. Oftmals verwendet man dazu eine Reihenfolge mit abnehmender Größenordnung der Posten. Für das Beispiel ergeben sich die in Abbildung 6.8, Abbildung 6.10, Abbildung 6.11 und Abbildung 6.11 angegebenen Berichte.

Abbildung 6.8:
Einkommensrechnung der Unternehmensberatung Karl Gross

Unternehmensberatung Karl Gross		
Einkommensrechnung für den Monat April 20X1		
Erträge		
Umsatzertrag		72 500 GE
Aufwendungen		
Aufwand (Verkauf)	−31 000 GE	
Aufwand (Miete)	−2 000 GE	
Aufwand (Gehalt)	−3 000 GE	
Aufwand (Büromaterial)	−500 GE	
Aufwand (Sonstiges)	−3 500 GE	
Aufwand (Abschreibung Möbel	−250 GE	
Summe Aufwand		−40 250 GE
Einkommen		32 250 GE

Abbildung 6.9:
Eigenkapitaltransferrechnung der Unternehmensberatung Karl Gross

Unternehmensberatung Karl Gross	
Eigenkapitaltransferrechnung für den Monat April 20X1	
Einlagen:	
Einlage von Karl Gross	150 000 GE
Entnahmen:	
Entnahme von Karl Gross	−45 000 GE
Einlagenüberschuss 30. April 20X1	105 000 GE

Abbildung 6.10:
Eigenkapitalveränderungsrechnung der Unternehmensberatung Karl Gross

Unternehmensberatung Karl Gross	
Eigenkapitalveränderungsrechnung für den Monat April 20X1	
Kapital Karl Gross, 1.April 20X1	0 GE
Zugang:	
Einlagenüberschuss	105 000 GE
Gewinn	32 250 GE
Summe Zugänge	137 250 GE
Abgang:	
Entnahmenüberschuss	0 GE
Verlust	0 GE
Summe Abgänge	0 GE
Kapital Karl Gross, 30. April 20X1	137 250 GE

Aktiva	Unternehmensberatung Karl Gross Bilanz zum 30. April 20X1		Passiva
Vermögensgüter		**Fremdkapital**	
Zahlungsmittel	100 000 GE	Verbindlichkeiten (Einkauf)	2 000 GE
Forderungen (Verkauf)	5 500 GE	Verbindlichkeiten (Gehalt)	1 500 GE
Aktive Rechnungsabgrenzungsposten	2 000 GE	Passive Rechnungsabgrenzungsposten	10 000 GE
Büromaterial	1 500 GE	**Eigenkapital**	
Büro- und Geschäftsausstattung 12 000 GE		Kapital Karl Gross	137 250 GE
– kum. Abschreibungen (Möbel) –250 GE	11 750 GE		
Grundstück	30 000 GE		
Gesamte Vermögensgüter	**150 750 GE**	**Gesamtes Fremd- und Eigenkapital**	**150 750 GE**

Abbildung 6.11: Bilanz der Unternehmensberatung Karl Gross

6.7 Ethische Probleme bei vermögens-orientierter Buchführung

Die Anfertigung von Finanzberichten stellt für manchen Ersteller eine ethische Herausforderung dar. Die Ersteller müssen ehrlich sein und alle Informationen vollständig liefern. Sonst eignet sich das Zahlenwerk weder zur Rechenschaftslegung noch zur Entscheidungsunterstützung von Eigenkapitalgebern, die von der Unternehmensleitung ausgeschlossen sind.

Notwendigkeit ehrlicher Informationsvermittlung

Im Rahmen einer bestandsorientierten Buchführung werden eine Reihe von Buchungen vorgenommen, deren Grundlage nur geschätzt werden kann. So erfordert die Ermittlung der Abschreibung die Schätzung der Nutzungsdauer des Vermögensguts. Je nachdem, ob man eine pessimistische oder eine optimistische Schätzung abgibt, ändert sich die Höhe der jährlichen Abschreibungsbeträge und mit ihnen auch das Einkommen. Je kürzer *ceteris paribus* die Nutzungsdauer geschätzt wird, desto niedriger wird das Einkommen in den betroffenen Abrechnungszeiträumen ausgewiesen. Bei Schätzung einer langen Nutzungszeit wird dem entsprechend ein höheres Einkommen dargestellt. Bei anderen Buchungen sind oftmals ebenso Schätzungen erforderlich. Je nach der Situation, in der sich der Ersteller befindet, kann er versucht sein, die Buchungen in seinem Sinne zu gestalten. Insbesondere zur Darstellung der Kreditwürdigkeit und zur Zufriedenstellung von Aktionären bietet sich ein hohes Einkommen an. Was geschieht aber, wenn ein solches Einkommen nur aus einer entsprechenden Gestaltung der Buchungen resultiert? Werden Gläubiger und Aktionäre nicht getäuscht, wenn die Einkommenssituation ohne die gezielte Ausnutzung des Ermessens deutlich schlechter ist?

Beispiel für Ermessen im Rahmen der Korrekturbuchungen

Bei der Ausnutzung von Ermessensspielräumen zur Gestaltung der Höhe des Einkommens hat man immer zu bedenken, dass der Effekt, den man heute zeigt, sich in nachfolgenden Abrechnungszeiträumen ins Gegenteil verkehrt. Wer die Nutzungsdauer eines Vermögensguts

Umkehreffekt von Einkommensbeeinflussungen in späteren Abrechnungszeiträumen

optimistisch mit zehn Jahren anstatt realistischer mit fünf Jahren unterstellt, ermittelt sich zwar eine niedrigere jährliche Abschreibung; spätestens nach dem fünften Jahr muss er jedoch damit rechnen, dass das Vermögensgut unbrauchbar wird und er dann den restlichen Buchwert in nur einem einzigen Zeitraum außerplanmäßig abzuschreiben hat.

6.8 Literaturhinweise

Eisele, W. (2002), Technik des betrieblichen Rechnungswesens, 7. Auflage, München (Vahlen), S. 345–449.

6.9 Übungsmaterial

6.9.1 Fragen mit Antworten

Fragen	Antworten
Auf welcher Basis misst man das Einkommen eines Unternehmens (Erträge – Aufwendungen) am besten?	Auf Basis einer Bestandsorientierung, weil man ein vollständigeres Bild der Unternehmensaktivität zeichnet als bei einer Messung auf Zahlungsbasis.
Was versteht man unter der Abgabe von Marktleistungen?	Die Erfüllung aller aus einem Verkauf von Vermögensgütern oder Dienstleistungen resultierenden Pflichten seitens des Verkäufers.
Wann entstehen Erträge aus Marktleistungsabgaben beim Verkäufer?	Sobald der Verkäufer all seinen Pflichten aus dem Verkauf nachgekommen ist.
Womit beginnt man die Einkommensmessung am Ende eines Abrechnungszeitraumes?	Mit der vorläufigen Saldenaufstellung.
Wie aktualisiert man die Konten zur Aufstellung der Finanzberichte?	Durch Korrektur der Kontenendbestände, so dass sie den Stand zum Ende des Abrechnungszeitraumes angeben.
Warum passt man die Buchwerte von Vermögensgütern und Fremdkapital an die Ergebnisse einer Inventur an?	Um sicherzustellen, dass die Buchführung nicht auf Phantasiegrößen beruht, sondern mengenmäßig reale Sachverhalte beschreibt.
Welche Kategorien von Konten sollte man unterscheiden?	Geleistete Vorauszahlungen für Verkäufe, die in späteren Abrechnungszeiträumen zu Aufwand werden.
	Abschreibungen abnutzbarer Vermögensgüter.
	Aufwendungen für bezogene Lieferungen, die noch bezahlt werden müssen.
	Erträge aus erbrachten Lieferungen und Dienstleistungen, deren Bezahlung noch aussteht.
	Erhaltene Vorauszahlungen für Lieferungen, die in späteren Abrechnungszeiträumen zu Ertrag werden.

Fragen	Antworten
Wodurch unterscheiden sich Buchungen zur Korrektur von Beständen von anderen Buchungen?	(1) Sie werden im Gegensatz zu anderen Buchungen gewöhnlich erst am Ende des Abrechnungszeitraumes vorgenommen.
	(2) Sie verändern nie die Zahlungsmittel.
	(3) Alle Korrekturbuchungen betreffen jeweils mindestens ein Konto der Einkommensrechnung und mindestens ein Konto der Bilanz (Vermögens- oder Fremdkapitalkonto).
Wo werden die Konten mit ihren korrigierten Endbeständen zusammengefasst?	In der korrigierten Saldenaufstellung, die als Grundlage für Einkommensrechnung, Eigenkapitaltransferrechnung und Bilanz dient.
Was versteht man unter zeitraumbezogenen Vorgängen?	Vorgänge, die während eines Zeitraums zeitraumproportional stattfinden und einem Zeitpunkt nicht ohne Willkür zugeordnet werden können.
Was versteht man unter zeitpunktbezogenen Vorgängen?	Vorgänge, die zwar während eines Zeitraums stattfinden, die sich jedoch ohne Probleme einem Zeitpunkt zuordnen lassen.
Unter welchen Umständen spricht man von antizipativer Rechnungsabgrenzung?	In einem Abrechnungszeitraum wurden Leistungen bereits erbracht oder empfangen, ohne dass im Abrechnungszeitraum bereits eine Zahlung stattgefunden hat.
Unter welchen Umständen spricht man von transitorischer Rechnungsabgrenzung?	In einem Abrechnungszeitraum finden zeitraumbezogene Zahlungen statt, deren Gegenleistungen im aktuellen Abrechnungszeitraum nur zum Teil oder gar nicht erbracht werden.
Was versteht man unter der Periodisierung von Zahlungen?	Die Verteilung der Anschaffungsausgaben abnutzbarer Vermögensgüter auf die Einkommensrechnungen der Zeiträume, in denen die Nutzung stattfindet. Ferner andere Ausgaben, die als Aufwand berücksichtigt werden, bevor sie entstanden sind
Welche Informationen werden für die Ermittlung von Abschreibungsbeträgen benötigt?	Der Betrag, der über die gesamte Nutzungszeit abzuschreiben ist, und ein Verteilungsschema.
Wodurch unterscheidet sich die lineare von der degressiven Abschreibung?	Durch unterschiedliche Verteilungsschemata: gleichmäßige Verteilung versus einer Verteilung, die im Zeitablauf zu abnehmenden Abschreibungsbeträgen führt.
Wie unterscheidet sich die direkte Verrechnung von Abschreibungen von der indirekten?	Bei direkter Verrechnung wird in jedem Abrechnungszeitraum der Buchwert des Vermögensguts angepasst. Bei indirekter Verrechnung wird stattdessen ein Wertberichtigungskonto mit der Summe aller bis zum Abrechnungszeitraum verrechneten Abschreibungen aufgestellt.
Bei welchen Ereignissen nimmt man nach dHGB die Einkommenswirkungen vorweg?	Nach dHGB werden in den Buchwerten von Aktiva beziehungsweise Passiva niedrigere beziehungsweise höhere Börsen-, Markt- und beizulegende Werte sowie absehbare Verluste vorweggenommen.

6.9.2 Verständniskontrolle

1 Was versteht man unter einem Abrechnungszeitraum, was unter einem Geschäftsjahr und was unter einem „Zwischenzeitraum"?

2 Werden aktive Rechnungsabgrenzungsposten im betriebswirtschaftlichen Sinne als Forderungen ausgewiesen oder als gesonderte Posten?

3 Was verbirgt sich inhaltlich hinter einem passiven Rechnungsabgrenzungsposten im betriebswirtschaftlichen Sinne?

4 Was hat ein antizipativer Rechnungsabgrenzungsposten mit Aufwand oder Ertrag zu tun?

5 Was hat ein transitorischer Rechnungsabgrenzungsposten mit Aufwand oder Ertrag zu tun?

6 Zu welchem Zweck nimmt man Buchungen vor, mit denen man die vorläufigen Bestände korrigiert?

7 Warum nimmt man Buchungen zur Korrektur von Bestandsposten zum Ende und nicht während des Abrechnungszeitraums vor?

8 Nennen Sie vier Kategorien von Buchungen zur Korrektur von Bestandsposten und geben Sie jeweils ein Beispiel an!

9 Warum muss der vorläufige Endbestand des Büromaterials im Beispiel von Karl Gross angepasst werden?

10 Ein Unternehmen zahlt 1 800 GE im Voraus für eine Versicherung, die über drei Jahre läuft. Welche buchhalterischen Elemente erwachsen daraus in welcher Höhe für das Ende des ersten Jahres?

11 Was für ein Kontentyp verbirgt sich hinter *aktiven Rechnungsabgrenzungsposten* nach dHGB? Begründen Sie Ihre Antwort!

12 In der Bilanz eines Unternehmens finden sich die Posten *Buchwert des abnutzbaren Vermögens 135 000 GE* und *Kumulierte Abschreibungen auf das abnutzbare Vermögen 65 000 GE*. Wie hoch ist der aktuelle tatsächliche Buchwert des abnutzbaren Vermögens? Wie hoch waren die Anschaffungsausgaben?

13 Wie lautet der Buchungssatz zur Berücksichtigung von fälligen, aber noch nicht enthaltenen Zahlungen wegen Zinserträgen?

14 Warum ist eine erhaltene Vorauszahlung für zukünftig zu erbringende Lieferungen im betriebswirtschaftlichen Sinne eine Verbindlichkeit?

15 Welchem Zweck dient die korrigierte Saldenaufstellung?

16 Die Bellevue GmbH verzichtete am 31. Dezember auf die folgenden „Korrekturbuchungen": (a) Aufwendungen, die noch bezahlt werden müssen, in Höhe von 500 GE, (b) Erträge, deren Bezahlung noch aussteht, in Höhe von 850 GE und (c) Abschreibungen in Höhe von 1 000 GE. Bewirkte der Verzicht, dass das Einkommen zu niedrig oder zu hoch ausgewiesen wurde?

17 Welche Arten von Ereignissen werden im Rahmen der Vorwegnahme von Einkommenskonsequenzen nach dHGB berücksichtigt?

6.9.3 Aufgaben zum Selbststudium

Korrekturbuchungen: von der vorläufigen zur korrigierten Saldenaufstellung

Aufgabe 6.1

Sachverhalt

Das Unternehmen ABC erstellt zum 31. Dezember, dem Ende seines Wirtschaftsjahres, die in Abbildung 6.12 angegebene vorläufige Saldenaufstellung. Für die Durchführung der Buchungen zur Korrektur von Beständen liegen die folgenden Informationen vor:

a. Die durch eine Inventur festgestellte Menge an Büromaterial führt unter den angewandten Bilanzierungsregeln zu einem Wert des Büromaterials in Höhe von 1 500 GE. Differenzen gegenüber dem sich aus der Buchführung ergebenden Wert weisen keinen Bezug zu Erzeugnissen oder Handelsware auf.

b. Die jährliche Abschreibung der Möbel beträgt 12 500 GE. Sie weist keinen Bezug zu Erzeugnissen oder Handelsware auf.

c. Die jährliche Abschreibung auf das Gebäude beträgt 2 500 GE. Die Abschreibung weist keinen Bezug zu Erzeugnissen oder Handelsware auf.

d. Es sind noch nachträgliche Lohnausgaben in Höhe von 9 000 GE betreffend das Wirtschaftsjahr angefallen. Diese Löhne weisen einen Bezug zu bereits verkauften Erzeugnissen und Handelsware auf.

e. Noch nicht verbuchte, aber bereits erbrachte Lieferungen von Handelsware im Einkaufswert von 4 000 GE wurden dem Kunden mit einem Betrag von 6 000 GE in Rechnung gestellt.

f. In Anrechnung auf eine Vorauszahlung in Höhe von 22 500 GE wurde ein Teil der vereinbarten zeitraumbezogenen Dienstleistungen in Höhe von 15 000 GE erbracht. Dafür waren keine Ausgaben angefallen.

g. Durch Vergleich mit einem geschätzten Marktwert stellte sich heraus, dass die planmäßig im Wert geminderten Gebäude einer weiteren außerplanmäßigen Wertminderung in Höhe von 1 000 GE unterworfen waren.

Nehmen Sie an, Umsatzsteuerüberlegungen könnten vernachlässigt werden!

Abbildung 6.12:
Vorläufige Salden-
aufstellung der ABC zum
30. Juni 20X1

ABC Vorläufige Saldenaufstellung zum 31. Dezember 20X1	Salden	
	Soll	Haben
Zahlungsmittel	99 000	
Forderungen	173 000	
Büromaterial	3 000	
Möbel	50 000	
Kumulierte Abschreibungen (Möbel)		20 000
Gebäude	125 000	
Kumulierte Abschreibungen (Gebäude)		65 000
Erzeugnisse, Handelsware	12 000	
Verbindlichkeiten (Einkauf)		190 000
Verbindlichkeiten (Gehalt)		
passive Rechnungsabgrenzungsposten		22 500
Kapital		146 500
Entnahme	32 500	
Umsatzertrag		213 000
Umsatzaufwand	70 000	
Aufwand (Gehalt)	86 000	
Aufwand (Büromaterial)		
Aufwand (Abschreibung Möbel)		
Aufwand (Abschreibung Gebäude)		
Aufwand (Sonstiges)	6 500	
Summe	657 000	657 000

Fragen und Teilaufgaben

1. Eröffnen Sie die Konten mit den Beständen aus der vorläufigen Saldenaufstellung!

2. Geben Sie die Buchungssätze für die Buchungen zur Korrektur von Beständen an, die aus den oben genannten Informationen ergeben! Nehmen Sie die Buchungen auf den Konten vor!

3. Ermitteln Sie auf Basis der vorherigen Teilaufgaben die korrigierte Saldenaufstellung!

Lösungshinweise zu den Fragen und Teilaufgaben

1. Die Übertragung der Bestände aus der vorläufigen Saldenaufstellung auf die Konten bereitet keine Schwierigkeit.

2. Die Buchungssätze der „Korrekturbuchungen" ergeben sich aus den oben genannten Informationen.

Beleg	Datum	Ereignis und Konten	Soll	Haben
a	31.12	Wertminderung Büromaterial		
		Aufwand (Büromaterial)	1500	
		Büromaterial		1500
b	31.12	Abschreibung Büro- und Geschäftsausstattung (Möbel)		
		Aufwand (Abschreibung Möbel)	12500	
		Kumulierte Abschreibung (Möbel)		12500
c	31.12	Abschreibung Gebäude		
		Aufwand (Abschreibung Gebäude)	2500	
		Kumulierte Abschreibung (Gebäude)		2500
d	31.12	Nachträglicher Lohnaufwand		
		Umsatzaufwand	9000	
		Verbindlichkeiten (Lohn)		9000
e	31.12	Erbrachte Lieferung (Zugangs- und Ertragsbuchung)		
		Forderungen (Verkauf)	6000	
		Umsatzertrag		6000
e	31.12.	Erbrachte Lieferung (Aufwands- und Abgangsbuchung)		
		Umsatzaufwand	4000	
		Erzeugnisse, Handelsware		4000
f	31.12	Erbringung eines Teils einer Dienstleistung (Zugangs- und Ertragsbuchung)		
		Passive Rechnungsabgrenzungsposten	15000	
		Umsatzertrag		15000
f	31.12.	Erbringung eines Teils einer Dienstleistung (Aufwands- und Abgangsbuchung)		
		Umsatzaufwand	0	
		Erzeugnisse, Handelsware		0
g	31.12.	Außerplanmäßige Wertminderung		
		Aufwand (außerplanm. Abschreibung)	1000	
		Kumul. Abschreibung (Gebäude)		1000

3. Die endgültige Saldenaufstellung nimmt das folgende Aussehen an:

ABC
Erstellung der korrigierten Saldenaufstellung zum 31. Dezember 20X1 (in Tausend GE)

	vorl. Saldenaufstellung		Korrekturen		korr. Saldenaufstellung	
	Soll	Haben	Soll	Haben	Soll	Haben
Zahlungsmittel	99				99	
Forderungen (Verkauf)	173		(e1) 6		179	
Büromaterial	3			(a) 1,5	1,5	
Möbel	50				50	
Kumulierte Abschr. (Möbel)		20		(b) 12,5		32,5
Gebäude	125				125	
Kumulierte Abschr. (Gebäude)		65		(c) 2,5		
				(g) 1		68,5
Erzeugnisse, Handelsware	12		(d1) 9	(d2) 9		
				(e2) 4	8	
Verbindlichkeiten (Einkauf)		190				190
Verbindlichkeiten (Gehalt)				(d1) 9		9
Passive Rechnungsabgrenzungsp.		22,5	(f1) 15			7,5
Kapital		146,5				146,5
Entnahme	32,5				32,5	
Ertrag (Verkauf)		213		(e1) 6		
				(f1) 15		234
Aufwand (Verkauf)	70		(d2) 9			
			(e2) 4		83	
Aufwand (Gehalt)	86				86	
Aufwand (Büromaterial)			(a) 1,5		1,5	
Aufwand (Abschreibung Möbel)			(b) 12,5		12.5	
Aufwand (Abschreibung Gebäude)			(c) 2,5			
			(g) 1		3,5	
Aufwand (Sonstiges)	6,5				6,5	
Summe	657	657	60,5	60,5	688	688

Aufgabe 6.2   **Abgrenzung zeitraumbezogener von zeitpunktbezogenen Vorgängen**

Sachverhalt

Gegeben seien die folgenden Ereignisse in einem Unternehmen, dessen Abrechnungszeitraum dem Kalenderjahr entspricht:

a. Zinserträge für den Zeitraum vom 1. Mai bis 31. Oktober

b. Totalverlust eines Personenwagens durch einen Verkehrsunfall

c. Einnahmen aus spekulativen Wertpapiergeschäften

d. Wertverlust einer Maschine durch planmäßige Abnutzung

e. Einnahme aus dem Verkauf einer Maschine zu einem Preis, der über dem Buchwert lag

f. Der Aufwand aus dem Verkauf der Maschine entsprach ihrem Buchwert

g. Gehaltszahlung für September

h. Gehaltszahlung für September im Oktober

i. Die Lagermiete wird am 1. Juli für ein Jahr im Voraus bezahlt; das Wirtschaftsjahr entspricht dem Kalenderjahr

j. Reparaturausgaben für einen „Firmenwagen"

Fragen und Teilaufgaben

1. Ordnen Sie die angegebenen Ereignisse den Begriffen „zeitraumbezogen" und „zeitpunktbezogen" zu!

2. Welche Buchungen fallen für zeitraumbezogene und welche für zeitpunktbezogene Ereignisse an?

Lösungshinweise zu den Fragen und Teilaufgaben

1. Es ergibt sich die folgende Zuordnung:

   a. Zinseinnahmen für den Zeitraum vom 1. Mai bis 31. Oktober — zeit*raum*bezogen

   b. Totalverlust eines Personenwagens durch einen Verkehrsunfall — zeit*punkt*bezogen

   c. Einnahmen aus spekulativen Wertpapiergeschäften — zeit*punkt*bezogen

   d. Wertverlust einer Maschine durch planmäßige Abnutzung — zeit*raum*bezogen

   e. Einnahme aus dem Verkauf einer Maschine zu einem Preis über dem Buchwert — zeit*punkt*bezogen

   f. Aufwand aus dem Verkauf der Maschine — zeit*punkt*bezogen

   g. Gehaltszahlung für September — zeit*raum*bezogen

   h. Gehaltszahlung für September im Oktober — zeit*punkt*bezogen

   i. Lagermiete wird für 1 Jahr im Voraus bezahlt — zeit*raum*bezogen

   j. Reparaturkosten für einen Firmenwagen — zeit*punkt*bezogen

2. Die Buchungen ergeben sich aus den generellen Regeln zur Abbildung von Ereignissen.

Abgrenzung zeitraumbezogener transitorischer von zeitraumbezogenen antizipativen Vorgängen   **Aufgabe 6.3**

Sachverhalt

In einem Unternehmen, dessen Abrechnungszeitraum dem Kalenderjahr entspricht, seien die folgenden Ereignisse gegeben:

a. Ein Zahlungseingang wegen halbjährlicher, zum Teil das Geschäftsjahr betreffender Mietvorauszahlungen.

b. Die Gutschrift der zum Kalenderjahresende fälligen Zinsen aus einer Wertpapieranlage steht noch aus.

c. Das Abonnement für die Tageszeitung wird auf ein Jahr im Voraus bezahlt und betrifft teilweise den nachfolgenden Abrechnungszeitraum.

d. Einem Angestellten wird ein Gehaltsvorschuss gewährt, der erst im folgenden Abrechnungszeitraum zurückzuzahlen ist.

e. Die Provisionserträge von Dezember gehen erst im Januar des folgenden Abrechnungszeitraums ein.

f. Für ein Darlehen werden im Dezember des laufenden Abrechnungszeitraums die Zinsen für den nachfolgenden Abrechnungszeitraum im Voraus abgebucht.

g. Die Telefonrechnung von Dezember des laufenden Abrechnungszeitraums muss im Januar des nachfolgenden Abrechnungszeitraums beglichen werden.

h. Die Kraftfahrzeugsteuer wird in der Mitte des Abrechnungszeitraums für die Dauer eine ganzen Jahres im Voraus entrichtet.

Fragen und Teilaufgaben

1. Was ist unter „transitorischen" Vorgängen zu verstehen, was unter „antizipativen"?

2. Ordnen Sie die oben genannten Ereignisse den Begriffen „antizipativ" und „transitorisch" zu! Skizzieren Sie die aus den Ereignissen resultierenden Buchungssätze in den betroffenen Geschäftsjahren!

Lösungshinweise zu den Fragen und Teilaufgaben

1. Die Begriffe ergeben sich aus dem Lehrtext.

2. Klassifikation der Ereignisse:

   a. Transitorisches Ereignis

   b. Antizipatives Ereignis

   c. Transitorisches Ereignis

   d. Keine Einkommenswirkung

   e. Antizipatives Ereignis

   f. Transitorisches Ereignis

   g. Antizipatives Ereignis

   h. Transitorisches Ereignis

Aufgabe 6.4 **Buchmäßige Behandlung zeitraumbezogener transitorischer Vorgänge**

Sachverhalt

Das Personenunternehmen Schmidt & Co., das kalenderjahresweise eine Bilanz und eine Einkommensrechnung erstellt, verwendet dazu die folgenden Gliederungsschemata:

	Schmidt & Co.	
Aufwand	Einkommensrechnung vom ... bis ...	Ertrag
Aufwand (Verkauf)	Ertrag (Verkauf)	
Aufwand (Nicht-Verkauf)	Ertrag (Nicht-Verkauf)	
Gewinn	Verlust	

	Schmidt & Co.	
Aktiva	Bilanz zum ...	Passiva
Ausstehende Einlagen	Eigenkapital vor Einkommensverrechnung	
Immaterielle Vermögensgüter	Rückstellungen	
Nicht abnutzbare Sachanlagen	Einkommen	
Abnutzbare Sachanlagen	Erhaltene Anzahlungen	
Geleistete Anzahlungen auf Sachanlagen	Verbindlichkeiten aus Einkauf	
Finanzanlagen	Sonstige Verbindlichkeiten	
Roh-, Hilfs- und Betriebsstoffe	Passive Rechnungsabgrenzungsposten	
Erzeugnisse, Handelsware		
Geleistete Anzahlungen auf Vorräte		
Forderungen aus Verkauf		
Sonstige Forderungen		
Vermögensgüter (Sonstige)		
Zahlungsmittel		
Aktive Rechnungsabgrenzungsposten		
Bilanzfehlbetrag		

Während der Geschäftsjahre 20X1 bis 20X3, die den Kalenderjahren entsprechen, seien die folgenden Ereignisse im Rechnungswesen zu berücksichtigen:

a. Die Kraftfahrzeugsteuer in Höhe von 5 800 GE wird am 2. Januar 20X1 vorab für das gesamte Geschäftsjahr bezahlt.

b. Das Unternehmen gewährt einem Mitarbeiter am 1. März 20X1 einen Gehaltsvorschuss in Höhe von 1 500 GE. Der Vorschuss wird bei der folgenden Gehaltszahlung am 1. April 20X1 mit dem Nettogehalt in Höhe von 2 800 GE verrechnet. Das Gehalt steht nicht in einer Beziehung zu Erzeugnissen oder Handelsware.

c. Aus der Vermietung von Büroräumen entstehen dem Unternehmen jährlich Mieterträge in Höhe von 18 000 GE. Am 1. September 20X1 überweist der Mieter die Miete für ein halbes Jahr im Voraus.

d. Das Abonnement für eine Fachzeitung wird am 1. Oktober 20X1 für den Bezug zwischen dem 1.10.20X1 und dem 30.9.20X2 bezahlt. Die Zeitung kostet monatlich 20 GE.

e. Am 25. Juli 20X1 wird die Jahresprämie für die Brandschutzversicherung in Höhe von 480 GE per Verrechnungsscheck bezahlt. Der Versicherungszeitraum läuft vom 1.8.20X1 bis zum 31.7.20X2.

f. Das Unternehmen mietet am 30. Oktober 20X1 mit Wirkung ab 1. November 20X1 für fünf Jahre eine Lagerhalle an. Die Mietzahlung für die ersten beiden Jahre in Höhe von 7 200 GE wird noch am 30. Oktober 20X1 entrichtet.

g. Am 1. November 20X1 gehen die Zinsen für einen Kredit ein, der einem Kunden gewährt wurde. Die Zinszahlung über 900 GE erfolgt vorab für ein Quartal.

Unterstellen Sie, das Geschäftsjahr entspreche dem Kalenderjahr und es gäbe keine Umsatzsteuer!

Fragen und Teilaufgaben

1. Ermitteln Sie die Zeitpunkte, für welche die Buchungen vorzunehmen sind!

2. Geben Sie jeweils die Buchungssätze an!

Lösungshinweise zu den Fragen und Teilaufgaben

1. Die Zeitpunkte der Buchungen ergeben sich aus den Einkommensermittlungsregeln und werden bei der Teilaufgabe 2 angegeben.

2. Bei der Erstellung der Buchungssätze ist darauf zu achten, dass für Verkaufsvorgänge immer zwei Buchungen vorgenommen werden. Die Buchungssätze selbst ergeben sich ohne weitere Probleme.

Aufgabe 6.5   **Rückstellungen und Rechnungsabgrenzungsposten**

Fragen und Teilaufgaben

1. Aus welchem Grund kann es notwendig sein, am Ende des Abrechnungszeitraums Rechnungsabgrenzungsposten im betriebswirtschaftlichen Sinne zu bilden?

2. Erläutern Sie den Begriff der Rückstellung! Grenzen Sie dabei Rückstellungen gegenüber den Rechnungsabgrenzungsposten ab!

3. Handelt es sich bei den im folgenden genannten Ereignissen um Rückstellungen, Rechnungsabgrenzungsposten oder um keinen der beiden genannten Fälle? Geben Sie die zugehörigen Buchungssätze für die relevanten Zeitpunkte an! Unterstellen Sie ein Unternehmen, das nicht umsatzsteuerpflichtig ist und dessen Abrechnungszeitraum dem Kalenderjahr entspricht!

   a. Ein Unternehmen leistet eine Mietzahlung für eine angemietete Werkshalle in Höhe von 12 000 GE am 1.10.20X1 vorab für ein halbes Jahr.

   b. Aus einem laufenden Gerichtsverfahren rechnet das Unternehmen am Jahresende 20X1 mit Schadensersatzverpflichtungen in Höhe von 4 200 GE. Am 28.2.20X2 wird es zur Zahlung von 2 400 GE verurteilt. Die Zahlung erfolgt noch am gleichen Tag.

c. Für eine Maschine, die am 20. Januar 20X2 mit einer Rechnung über 100 000 GE geliefert wird, leistet das Unternehmen am 9.12.20X1 eine Anzahlung in Höhe von 15 000 GE. Die Restzahlung erfolgt am 1.2.20X2.

d. Während des Geschäftsjahres 20X1 werden 5 000 Stück eines Produkts X hergestellt. In die Herstellungsausgaben gehen nur die Ausgaben für die Arbeitsleistungen von Mitarbeiter A ein, die das Unternehmen mit 10 000 GE belasten. Von den hergestellten Erzeugnissen wird die Hälfte noch in 20X1 am Markt abgesetzt, die andere Hälfte im Februar 20X2. Die jeweiligen Umsatzerlöse betragen 7 500 GE. Die am Ende von 20X1 noch nicht verkaufte Menge befindet sich am 31.12.20X1 noch im Lager.

Lösungshinweise zu den Fragen und Teilaufgaben

1. Rechnungsabgrenzungsposten im betriebswirtschaftlichen Sinne sind erforderlich, um ein „zahlungsbezogenes Einkommen" in ein „bestandsorientiertes, leistungsabgabeorientiertes Einkommen" umzurechnen.

2. Eine Rückstellung stellt eine der Ursache oder Höhe nach unsichere, aber ansonsten bestimmbare rechtliche oder wirtschaftliche Verpflichtung gegenüber Dritten dar. Ein Rechnungsabgrenzungsposten im Sinne des dHGB ist dagegen nicht mit Unsicherheiten behaftet.

3. Die Beschreibung der Vorgänge in Buchungssätzen lautet:

Beleg	Datum	Ereignis und Konten	Soll	Haben
a1	1.10. 20X1	Mietvorauszahlung für sechs Monate *Aktive Rechnungsabgrenzungsposten* *Zahlungsmittel*	12 000	12 000
a2	31.12. 20X1	Korrekturbuchung für 20X1: Mietaufwand in 20X1 und Anpassung des aktiven Rechnungsabgrenzungspostens *Mietaufwand* *Aktive Rechnungsabgrenzungsposten*	6 000	6 000
a3	31.3. 20X2	Mietaufwand in 20X2 und Auflösung des aktiven Rechnungsabgrenzungspostens *Mietaufwand* *Aktive Rechnungsabgrenzungsposten*	6 000	6 000
b1	31.12. 20X1	Rückstellung wegen ungewisser Schadenersatzleistungen *Sonstiger Aufwand* *Rückstellungen*	4 200	4 200
b2	28.2. 20X2	Schadensersatzleistung *Rückstellungen* *sonstiger Ertrag* *Zahlungsmittel*	4 200	1 800 2 400

c1	9.12. 20X1	Anzahlung Maschine		
		Geleistete Anzahlung auf Sachanlagen	15000	
		Zahlungsmittel		15000
c2	20.1. 20X2	Erhalt Maschine		
		Maschine	100000	
		Geleistete Anzahlung auf Sachanlage-vermögen		15000
		Verbindlichkeiten aus Einkauf		85000
c3	1.2. 20X2	Restzahlung Maschine		
		Verbindlichkeiten (Einkauf)	85000	
		Zahlungsmittel		85000
d1	Jahr 20X1	Herstellung Produkt X		
		Erzeugnis X	10000	
		Zahlungsmittel		10000
d2	Jahr 20X1	Verkauf von Erzeugnissen X in 20X1		
		Zahlungsmittel	7500	
		Umsatzertrag (Verkauf)		7500
		Aufwand (Verkauf)	5000	
		Erzeugnis X		5000
d3	Jahr 20X2	Verkauf von Erzeugnissen X in 20X2		
		Zahlungsmittel	7500	
		Umsatzertrag (Verkauf)		7500
		Aufwand (Verkauf)	5000	
		Erzeugnis X		5000

Aufgabe 6.6 **Verteilungsverfahren für die Anschaffungsausgaben abnutzbarer Sachanlagen**

Sachverhalt

Am 1.1. des Geschäftsjahres 20X1 wird eine neue Maschine zu Anschaffungsausgaben in Höhe von 200000GE angeschafft. Die Maschine wird bar bezahlt. Ihre Nutzungsdauer wird auf fünf Jahre geschätzt. Der Veräußerungswert am Ende der erwarteten Nutzungszeit sei zu vernachlässigen. Die Maschine hat nach den Vorstellungen der Geschäftsleitung indirekt mit der Herstellung von Erzeugnissen zu tun. Die Geschäftsleitung strebt die Verwendung eines Marginalprinzips an.

Fragen und Teilaufgaben

1. Wie lautet der Buchungssatz beim Kauf der Maschine?
2. Welche Buchungen sind nach jeweils einem Geschäftsjahr der Nutzung vorzunehmen, wenn die Wertminderung der Maschine linear verteilt werden soll?
3. Inwieweit verändern sich die Buchungen aus Teilaufgabe 2, wenn anstelle des linearen Verteilungsverfahrens das geometrisch-degressive Verfahren mit einem Prozentsatz von 20 % angewendet wird?

4. Inwieweit verändern sich die Buchungen aus Teilaufgabe 2, wenn anstelle des linearen Verteilungsverfahrens das digitale Verfahren angewendet wird?

5. Wie verändern sich die Buchungen der vorherigen Teilaufgaben, wenn die Geschäftsleitung anstelle des Marginalprinzips nun ein Finalprinzip verwenden möchte?

Lösungshinweise zu den Fragen und Teilaufgaben

1. Die Buchung beim Kauf der Maschine ist trivial.

2. Weil die Wertminderung keinen Bezug zu Erzeugnissen aufweist, ist die Abschreibung als Aufwand des Geschäftsjahres anzusetzen, in dem sie entstanden ist. Läge ein Bezug zu Erzeugnissen vor, so wäre die Abschreibung nicht als Aufwand des Zeitraums, in dem sie angefallen ist, zu behandeln. Sie wäre stattdessen den Erzeugnissen zuzurechnen und käme erst als Umsatzaufwand in die Einkommensrechnung, wenn die Erzeugnisse verkauft werden.

3. Bei geometrisch-degressivem Verteilungsverfahren berechnet sich die Abschreibung aus einem im Zeitablauf gleichbleibenden Prozentsatz auf den jeweiligen Restbuchwert. Zum Ende der Nutzungsdauer ist der Restbuchwert *en bloc* abzuschreiben. Hinsichtlich der Behandlung in Einkommensrechnungen gelten die gleichen Aussagen wie bei Teilaufgabe 1.

4. Das digitale Verteilungsverfahren ist ein arithmetisch-degressives Verteilungsverfahren.

5. Bei Verwendung des Finalprinzips bildet die Abschreibung einen Bestandteil der Herstellungsausgaben der Erzeugnisse.

Planmäßige Wertminderungen des abnutzbaren Vermögens　　　　**Aufgabe 6.7**

Sachverhalt

Am 1.1. des Geschäftsjahres 20X1 werde eine neue Maschine zu Anschaffungsausgaben in Höhe von 200000 GE angeschafft. Die Maschine wird bar bezahlt. Ihre Nutzungsdauer wird auf 5 Jahre geschätzt. Der Veräußerungswert am Ende der erwarteten Nutzungszeit sei zu vernachlässigen. Die Maschine hat nach den Vorstellungen der Geschäftsleitung nichts mit der Herstellung von Erzeugnissen zu tun.

Fragen und Teilaufgaben

1. Wie lautet der Buchungssatz beim Kauf der Maschine?

2. Welche Buchungen sind nach jeweils einem Geschäftsjahr der Nutzung vorzunehmen, wenn die Maschine linear abgeschrieben werden soll?

3. Inwieweit verändern sich die Buchungen aus Teilaufgabe 2, wenn anstelle der linearen Abschreibungsmethode das geometrisch-degressive Verfahren mit einem Abschreibungssatz von 20 % zur Anwendung kommt?

Lösung der Fragen und Teilaufgaben

1. Buchungssatz beim Kauf:

Beleg	Datum	Ereignis und Konten	Soll	Haben
	1.1. 20X1	Kauf einer Maschine		
		Maschine	200 000	
		Zahlungsmittel		200 000

2. Buchungen (spätestens) zum Ende jedes Geschäftsjahres bei gleichmäßiger Verteilung der Anschaffungsausgaben über die Einkommensrechnungen der Nutzungsjahre (lineare Abschreibung):

Beleg	Datum	Ereignis und Konten	Soll	Haben
	31.12.	Abschreibung auf Maschine		
		Planmäßige Abschreibung (Maschine)	40 000	
		Maschine		40 000

3. Buchungen (spätestens) zum Ende jedes Geschäftsjahres bei geometrisch-degressiver Verteilung (20 %) der Anschaffungsausgaben über die Einkommensrechnungen der Nutzungsjahre (geometrisch-degressive Abschreibung mit 20 %):

Beleg	Datum	Ereignis und Konten	Soll	Haben
	31.12. 20X1	Planmäßige Abschreibung auf Maschine		
		Planmäßige Abschreibung (Maschine)	40 000	
		Maschine		40 000
	31.12. 20X2	Planmäßige Abschreibung auf Maschine		
		Planmäßige Abschreibung (Maschine)	32 000	
		Maschine		32 000
	31.12. 20X3	Planmäßige Abschreibung auf Maschine		
		Planmäßige Abschreibung (Maschine)	25 600	
		Maschine		25 600
	31.12. 20X4	Planmäßige Abschreibung auf Maschine		
		Planmäßige Abschreibung (Maschine)	20 480	
		Maschine		20 480
	31.12. 20X5	Planmäßige Abschreibung auf Maschine		
		Planmäßige Abschreibung (Maschine)	16 384	
		Maschine		16 384
	31.12. 20X5	Außerplanmäßige Abschreibung auf Maschine		
		Außerplanmäßige Abschreibung (Maschine)	65 536	
		Maschine		65 536

Wertminderungen beim materiellen Vermögen

Sachverhalt

In einem Geschäftsjahr ereignen sich die folgenden unvorhergesehenen Wertminderungen:

1. Der Wert eines Grundstücks sinkt vermutlich dauerhaft um 30 000 GE.

2. Um eine Maschine mit dem ihr am Bilanzstichtag beizulegenden Wert anzusetzen, ist eine Wertminderung in Höhe von 5 000 GE vorzunehmen.

3. Die entschädigungslose Enteignung einer Auslandsbeteiligung durch Verstaatlichung bedeutet einen Verlust des gesamten Werts der Auslandsbeteiligung, die mit 65 000 GE zu Buche stand.

4. Die Rohölpreise sind so gesunken, dass der Bestand an Roh-, Hilfs- und Betriebsstoffen um 12 000 GE niedriger anzusetzen ist, wenn man mit dem Wertansatz den Marktwert am Bilanzstichtag nicht überschreiten möchte.

Fragen und Teilaufgaben

Wie sind die in den oben angegebenen Ereignissen bezeichneten Wertanpassungen zu verbuchen? Geben Sie die Buchungssätze an!

Lösung der Fragen und Teilaufgaben

Die Lösung ergibt sich aus den folgenden Buchungssätzen:

Beleg	Datum	Ereignis und Konten	Soll	Haben
		Wertverfall Grundstück		
		Aufwand (Abschreibung Grundstück)	30 000	
		Grundstück		30 000
		Wertverfall Maschine		
		Aufwand (Abschreibung Maschine)	5 000	
		Maschine		5 000
		Wertverfall Beteiligung		
		Aufwand (Abschreibung Beteiligung)	65 000	
		Wertpapiere des Anlagevermögens		
		(Beteiligungen)		65 000
		Wertverfall Roh-, Hilfs- und Betriebsstoffe		
		Aufwand (Roh-, Hilfs- und Betriebsstoffe)	12 000	
		Roh-, Hilfs- und Betriebsstoffe		12 000

Ermittlung von Finanzberichten

7

ÜBERBLICK

Lernziele

Nach dem Studium dieses Kapitels sollten Sie in der Lage sein,

- eine korrigierte Saldenaufstellung zur Erstellung von Finanzberichten zu verwenden,

- den Zusammenhang zwischen der Struktur von Finanzberichten und dem Arbeitumfang zu deren Erstellung zu durchschauen,

- das Vorgehen bei der Erstellung von Finanzberichten zu beherrschen,

- Vermögensgüter- und Fremdkapitalposten sowie Erträge und Aufwendungen entsprechend der Inhalte von Finanzberichten aufzubereiten und

- Kennzahlen der Struktur der Vermögensgüter und des Kapitals zur Beurteilung von Unternehmen zu verwenden.

Überblick

In den bisherigen Kapiteln wurde gezeigt, dass man während des Abrechnungszeitraums Geschäftsvorfälle definieren und diese zur Vornahme von Buchungen verwenden kann. Es wurde auch gezeigt, dass nicht alle für die Buchführung relevanten Ereignisse als Geschäftsvorfälle erfasst werden können. Aufgrund der Regelungen sind manche Ereignisse abzubilden, die sich nicht in physischen oder rechtlichen Vorgängen im Unternehmen niederschlagen. Solche Vorgänge, beispielsweise Marktpreisänderungen von Vermögensgütern oder Wertveränderungen von Fremdkapitalposten, muss der Bilanzierer aus einem Vergleich von Buchwerten mit Marktwerten gewinnen, bevor er sie verbuchen kann. In allen Fällen werden die Finanzberichte direkt aus den Zahlen der Buchführung hergeleitet.

Den letzten Buchungen, die ein Geschäftsjahr betreffen, schließt sich die Erstellung von Finanzberichten an. Diese Arbeiten zur Ermittlung von Finanzberichten rechnen wir hier der Buchführung zu. Im Folgenden werden die entsprechenden Arbeiten getrennt für eine Einkommensrechnung, für eine Eigenkapitaltransferrechnung, für eine Eigenkapitalveränderungsrechnung, für eine Bilanz, für einen Anlagespiegel sowie für eine Kapitalflussrechnung gezeigt.

7.1 Grundlagen

In einem neu gegründeten Unternehmen beginnt der Prozess der Buchführung mit der Gestaltung eines Kontenplans. Danach werden diesem Plan entsprechend die benötigten Konten eingerichtet. In einem bereits bestehenden Unternehmen werden nur die Konten neu eingerichtet, die neu benötigt werden. Während des Abrechnungszeitraums werden die finanziellen Konsequenzen von Geschäftsvorfällen in einem Journal und auf den Konten abgebildet. Zum Ende eines Abrechnungszeitraums sind die sich daraus ergebenden Endbestände der Vermögensgüter und der Fremdkapitalposten um die finanziellen Konsequenzen anderer relevanter Ereignisse zu korrigieren. Dazu kann es nötig sein, weitere Buchungen zur Korrektur von Beständen vorzunehmen. Die Endbestände einzelner Gruppen von Konten sind danach so zusammenzufassen, wie es die Finanzberichte erfordern. Unterkonten, die man nicht mehr benötigt, werden „abgeschlossen", indem man den Saldo auf das zugehörige Oberkonto so „überträgt", dass das Unterkonto anschließend einen Saldo von null aufweist. Wenn man im Beispiel die im April entstandenen Unterkonten für Einlagen und Entnahmen des Karl Gross im nachfolgenden Abrechnungszeitraum Mai nicht mehr benötigt, bietet es sich an, die Salden beider Unterkonten auf ein Oberkonto *Eigenkapital Karl Gross* zu übertragen. Die Unterkonten werden dadurch auf null gesetzt und sind somit irrelevant. Die Konten *Einlagen (April)* und *Entnahmen (April)* braucht man dann nicht mehr weiter zu betrachten, weil sich die Angaben auf dem Oberkonto *Eigenkapital Karl Gross* finden. Die Unterkonten können im Archiv zu Dokumentationszwecken abgelegt werden.

Arbeitsschritte der Buchführung für einen Abrechnungszeitraum

Eine Buchung, mit der man den Saldo der Kontenspalten auf null setzt, bewirkt, dass der Kontostand auf dem Gegenkonto erscheint. Man überträgt damit den Kontensaldo auf ein anderes Konto. Derartige Übertragungen von Kontensalden sind – wie alle anderen relevanten Ereignisse – im Journal aufzuzeichnen, bevor sie gebucht werden. Derartige Buchungen nennt man Abschlussbuchungen, weil damit ein Konto „abgeschlossen" wird.

Abschlussbuchungen

In Lehrbüchern des betriebswirtschaftlichen Rechnungswesens wird häufig vorgeschlagen, zum Ende eines Abrechnungszeitraums nicht nur Unterkonten, sondern alle Konten der Einkommensrechnung und der Bilanz „abzuschließen". Die Konten der Einkommensrechnung werden dann auf das *Einkommenskonto* gebucht, die Konten der Bilanz auf das sogenannte *Schlussbilanzkonto*. Danach braucht man nur noch den Saldo des *Einkommenskontos* auf das Eigenkapitalkonto zu übertragen. Zu Beginn des nachfolgenden Abrechnungszeitraums müssen dann diese Informationen wieder auf neue Konten übertragen werden, welche den neuen Abrechnungszeitraum betreffen. Man spricht dann im Gegensatz zu den Abschlussbuchungen von Eröffnungsbuchungen.

Abschluss aller Konten

Abschluss nur temporärer Konten

In der Praxis geht man oft etwas anders vor. Man schließt nur Konten ab, die man nicht mehr benötigt; alle Konten, deren Inhalt auch in der Zukunft interessant ist, behält man dagegen unverändert bei. Für die Zukunft uninteressant sind die Konten der Einkommensrechnung und der Eigenkapitaltransfers des abgelaufenen Abrechnungszeitraums, weil man sie im nachfolgenden Abrechnungszeitraum für die Buchführung wieder neu mit Inhalt füllt. Die Bilanzkonten schließt man nicht ab, weil sie auch in nachfolgenden Abrechnungszeiträumen noch benötigt werden. So kann man beispielsweise auch in nachfolgenden Abrechnungszeiträumen – ohne Gang ins Archiv – feststellen, wann in der Vergangenheit Forderungen entstanden sind und wann die zugehörigen Zahlungen eingegangen sind. Bei so einem Vorgehen unterscheidet man temporäre Konten von permanenten Konten. Temporäre Konten verwendet man nur für einen einzigen Abrechnungszeitraum, permanente dagegen so lange, wie das Vermögensgut oder der Kapitalposten existiert. Die temporären Konten schließt man zum Ende jedes Abrechnungszeitraums ab, die permanenten behält man unverändert bei.

Umfang der Arbeiten abhängig von Struktur der Finanzberichte und Konten der Buchführung

Der Umfang der Arbeiten, die nach Berücksichtigung aller Geschäftsvorfälle und aller anderen relevanten Ereignisse anfallen, hängt davon ab, um welchen Finanzbericht es sich handelt, aus welchen Posten er besteht und welche oder wie viele Konten in der Buchführung für den jeweiligen Finanzbericht vorgesehen sind.

Konto- und Berichtsform

Bilanzen und Einkommensrechnungen, aber auch die anderen Finanzberichte, lassen sich auf zwei Arten darstellen. Bei der einen Art, der Kontoform, stellt man die Vermögensgüter und das Kapital wie auf einem T-Konto gegenüber. Diese Form wurde bei den Bilanzen für die Unternehmensberatung Karl Gross verwendet. Sie lässt sich auch auf die anderen Finanzberichte anwenden. Die andere Art besteht darin, die Posten eines Finanzberichts untereinander aufzulisten, beispielsweise in einer Bilanz die Kapitalposten im Anschluss an die Vermögensgüter anzugeben. Diese Form wird als Berichtsform bezeichnet. Sie liegt der im ersten Kapitel angegebenen Bilanz der *Deutsche Telekom AG* zu Grunde.

Vorteile beider Gestaltungsformen

Die Berichtsform besitzt gegenüber der Kontoform zwei Vorteile, von denen gewöhnlich nur einer genutzt wird. Der erste besteht darin, dass das Papier, auf dem die Bilanz gedruckt wird, weniger breit sein muss als bei der Kontoform. Man kann sich für den Druck längere und damit genauere Postenbezeichnungen leisten. Der zweite Vorteil ist der, dass man zusammengehörige Vermögensgüter und Kapitalposten unmittelbar untereinander, eventuell mit Saldenbildung, ausweisen könnte. Beispielsweise könnte man daran denken, den Vermögensgütern, für deren Anschaffung ein Kredit aufgenommen wurde, das Fremdkapital gegenüberzustellen, das aus dieser Kreditaufnahme noch besteht. Dieser zweite Vorteil der Berichtsform wird bislang, vielleicht wegen entsprechender Gliederungsvorschriften, nicht wahrgenommen. Der Vorteil der Kontoform hingegen mag darin bestehen, dass die vom T-Konto gewohnte Übersichtlichkeit erhalten bleibt.

7.2 Einfluss der Struktur von Finanzberichten auf den Arbeitsumfang

7.2.1 Einkommensrechnung

Der Aussagegehalt einer Einkommensrechnung hängt wesentlich davon ab, wie tief man die Erträge und Aufwendungen eines Unternehmens untergliedert und wie man sie zu Gruppen zusammenfasst. Wir unterstellen, die Buchführung habe Ereignisse mindestens auf den Konten abgebildet, die für die gewünschte Einkommensrechnung benötigt werden.

Übersicht

Die Betriebswirtschaftslehre liefert etliche Anregungen dazu, wie man eine Einkommensrechnung aufbauen kann. Besonders hervorzuheben, aber in der Praxis völlig ungebräuchlich ist ein Konzept, bei dem man Erträge und Aufwendungen zunächst jeweils danach unterteilt, ob sie realisiert sind oder nicht. Ein anderes Konzept ordnet sie danach, ob sie mit der Abgabe von Leistungen an Marktpartner zusammenhängen oder nicht. Ein ebenfalls aussagefähiges Konzept besteht darin, die Einkommensrechnung jeweils getrennt für den operativen, den investiven und den finanziellen Bereich auszuweisen. Wiederum anders hat man vorzugehen, wenn man die regelmäßig gefüllten Posten getrennt von den unregelmäßig gefüllten Posten unterscheiden möchte. Eine gedankliche Ebene tiefer wird empfohlen, die Aufwendungen getrennt danach aufzuführen, ob sie mit der Veränderung der Absatzmenge variieren oder nicht.

Betriebswirtschaftliche Anregungen

Hinter solchen betriebswirtschaftlichen Vorschlägen bleibt die Praxis zurück. Insbesondere sucht man Angaben zur Veränderlichkeit mit der Absatzmenge vergeblich. Die meisten Unternehmen geben nicht mehr Posten an als die nach der Mindestgliederung des Rechtskreises, in dem sie sich befinden, geforderten Informationen.

Berichtspraxis

Problematisch erscheint, dass das dHGB sogar Einkommensrechnungen gestattet, nach denen die Aufwendungen noch nicht einmal zu untergliedern sind. Dies gilt unter den folgenden, vom Unternehmen beeinflussbaren Bedingungen: Bei Anwendung des sogenannten Gesamtkostenverfahrens werden immer dann, wenn der Bestand an Vermögensgütern sich verändert hat, nicht die Aufwendungen untergliedert angegeben, sondern die Ausgaben. Nur die gesamten Aufwendungen kann man aus einer solchen Einkommensrechnung in einer einzigen Zahl herleiten. Dazu muss man aber zuvor diese Ausgaben um den Wert der Bestandsveränderungen korrigieren. Mangels entsprechender Angaben gelingt die Umrechnung von Ausgaben in Aufwand also regelmäßig nicht für einzelne Posten, sondern nur für den Gesamtbetrag.

Problematik des „Gesamtkostenverfahrens"

Einkommensrechnungen nach dem sogenannten Umsatzkostenverfahren sind nicht mit diesem Nachteil behaftet. In der Praxis werden in solchen Rechnungen die Aufwendungen aber meist nur spärlich untergliedert. Die Einkommensrechnung der *Deutsche Telekom AG*, die wir im ersten Kapitel kennengelernt haben, stellt eine auf das dHGB bezogene Einkommensrechnung in der Form des Umsatzkostenverfahrens dar.

Problematik des „Umsatzkostenverfahrens"

Arbeitsumfang	Die Arbeiten zur Erstellung einer Einkommensrechnung unterscheiden sich je nachdem, ob ein Konzern vorliegt oder nicht. Aus Vereinfachungsgründen unterstellen wir, dass kein Konzern vorliegt. Die Arbeiten variieren ferner mit der gewählten Methode. Man wird entweder (1) die Endbestände von den Konten ablesen, sie in ein Schema für eine Einkommensrechnung eintragen und für den neuen Abrechnungszeitraum neue Konten einrichten oder (2) alle Konten der Einkommensrechnung über ein *Einkommenskonto* „abschließen" und dann für den neuen Abrechnungszeitraum neue Konten einrichten. Das *Einkommenskonto* enthält beim zweiten Fall die gesamte Einkommensrechnung in Kontoform.

7.2.2 Eigenkapitaltransferrechnung

Analoges Vorgehen wie bei Einkommensrechnung	Eigenkapitalveränderungen entstehen in einem Unternehmen nicht nur durch das Einkommen, sondern auch durch Einlagen und Entnahmen der Unternehmer, durch sogenannte Eigenkapitaltransfers. Wenn nicht nur ganz wenige solcher Eigenkapitaltransfers stattfinden, ist es sinnvoll, diese in einer Eigenkapitaltransferrechnung zusammenzufassen. Bei Kapitalgesellschaften wird es normalerweise nur wenige solcher Eigenkapitaltransfers geben. Dann erstellt man nur selten einen eigenen Finanzbericht; man bucht stattdessen die Beträge direkt gegen das Eigenkapital. Bei Unternehmen, die keine Kapitalgesellschaften sind, muss man aber mit wesentlich mehr Eigenkapitaltransfers rechnen. Diese fasst man dann auf einem speziell dafür eingerichteten Konto zusammen. Dieses Konto wird üblicherweise als *Privatkonto* bezeichnet. Eigenkapitaltransfers kann man (1) von den Konten ablesen und in eine Eigenkapitaltransferrechnung übertragen oder (2) auf einem speziellen *Eigenkapitaltransferkonto* als Oberkonto zu *Einlagen* und *Entnahmen* zusammenfassen oder (3) direkt auf das *Eigenkapitalkonto* übertragen.

7.2.3 Eigenkapitalveränderungsrechnung

Ausweispraxis	In der Praxis werden Bilanzen aufgestellt, aus denen lediglich das aktuelle Eigenkapital, untergliedert nach eingelegtem Kapital und nach Rücklagen, ersichtlich wird. Für Informationen über die Entwicklung des Eigenkapitals im Zeitablauf ist man über die Bilanz hinaus zusätzlich auf eine Eigenkapitalveränderungsrechnung angewiesen.
Quellen von Eigenkapitaländerungen	Aussagefähig ist es, wenn in einem Finanzbericht das Eigenkapital zu Beginn des Abrechnungszeitraums und dessen Veränderungen während des Abrechnungszeitraums hervorgehen. Der Aussagegehalt wird noch gesteigert, wenn das Eigenkapital zu Beginn des Abrechnungszeitraums danach unterteilt wird, ob es von den Anteilseignern eingebracht wurde (gezeichnetes Kapital und Kapitalrücklagen) oder ob es sich um die nicht ausgeschütteten Einkommensbestandteile vergangener Abrechnungszeiträume (Gewinnrücklagen) handelt.
Arbeitsumfang	Die Arbeiten der Erstellung einer Eigenkapitalveränderungsrechnung werden davon geprägt, ob ein Konzern vorliegt oder nicht. Aus Vereinfa-

chungsgründen unterstellen wir, es läge kein Konzern vor. Die Arbeiten hängen ferner von der Menge an Eigenkapitalposten ab, die berücksichtigt werden. Hinsichtlich der Technik, die benötigten Zahlen aus einer Buchführung zu ermitteln, unterscheiden sie sich aber nicht, soweit die Veränderungen in der Buchführung auf Unterkonten angegeben sind. Die einzelnen Veränderungen sind zu den Posten zusammenzufassen, die in der Bilanz benötigt werden. Die Eigenkapitalveränderungsrechnung erstellt man zweckmäßigerweise durch Ablesen von den Eigenkapitalunterkonten.

7.2.4 Bilanz

Für die Posten von Bilanzen gibt es je nach Regelungskreis unterschiedliche Klassifikationen. Gemäß den IFRS und den U.S. GAAP werden „kurzfristige" von „langfristigen" Posten unterschieden. Als kurzfristig gelten alle Posten, deren Dauer im Unternehmen das Ende des Abrechnungszeitraums nicht übersteigt, als langfristig alle anderen. Die Liste der mindestens anzugebenden Posten ist kurz und allgemein gehalten.

Klassifikation nach IFRS und U.S. GAAP

Im dHGB werden drei unterschiedliche Postenschemata vorgesehen, ein Schema für Industrie-, Handels- und Verkehrsunternehmen, eines für Banken und eines für Versicherungen. Wir konzentrieren uns hier auf das Schema für Industrie-, Handels- und Verkehrsunternehmen. Die Aktivseite wird dabei in Anlage- und Umlaufvermögen unterteilt. Bei Kreditinstituten ist eine Gliederung nach abnehmender Liquidität der Posten vorgeschrieben, bei Industrie- und Handelsunternehmen eine nach zunehmender Liquidität. Liquidität gilt als eine Maßgröße dafür, wie gut man tendenziell einen Posten in Zahlungsmittel umwandeln kann. Forderungen aus Verkäufen beispielsweise gelten als ziemlich liquide, weil man den daraus erwarteten Zahlungsmitteleingang in naher Zukunft erwartet. Büromaterial erscheint hingegen weniger liquide als Forderungen. Betriebs- und Geschäftsausstattungen oder Gebäude sind nur unter besonderen Anstrengungen in Zahlungsmittel zu verwandeln; ihr Liquiditätsgrad gilt daher als gering.

Klassifizierung nach dHGB

Die Nutzer finanzieller Berichte sollten an solchen Informationen über die Liquidität interessiert sein, weil Unternehmen häufig in Probleme geraten, wenn die Zahlungsmittel knapp werden. Nutzer möchten oftmals wissen, wie gut ein Unternehmen Vermögensgüter in Zahlungsmittel umwandeln kann oder wann Fremdkapital zurückzuführen ist.

Nutzen von Information über Liquidität

Vermögensgüter

Eine häufig anzutreffende Unterscheidung ist diejenige nach kurz- und langfristig gebundenen Vermögensgütern (*current assets, non current assets*) oder die nach Anlage- und Umlaufvermögen.

Klassifikation nach Wirtschaftskreislaufgedanken

Als „kurzfristig" werden Vermögensgüter bezeichnet, die innerhalb eines Abrechnungszeitraums oder innerhalb des normalen Wirtschaftskreislaufs eines Unternehmens (*operating cycle*) zu Zahlungsmitteln werden. Forderungen aus dem Verkauf von Vermögensgütern und Dienstleistungen, Forderungen aus Vorauszahlungen, Aktive Rechnungsabgrenzungsposten und Büromaterial gehören meistens zu solchen Ver-

Kurz- und langfristige Vermögensgüter

mögensgütern. Andere Vermögensgüter, beispielsweise die Gebäude, in denen ein Unternehmen betrieben wird, gelten als langfristig. Für die Unterteilung nach kurz- und langfristigen Vermögensgütern ist die Zeit maßgeblich, während der sich der Posten im Unternehmen befindet.

Umlaufvermögen, Kreislaufgedanke

Bei der Unterteilung nach Anlage- und Umlaufvermögen ist die Rolle des Vermögensguts im Absatz- und Beschaffungskreislauf ausschlaggebend. Vermögensgüter, die direkt in den Absatz- und Beschaffungskreislauf eingebunden sind, werden als Umlaufvermögen bezeichnet. Sie unterscheiden sich vom Anlagevermögen und damit von solchen Vermögensgütern, die nur indirekt mit dem Absatz- und Beschaffungskreislauf zusammenhängen, die also gewissermaßen dazu dienen, den Absatz- und Beschaffungskreislauf aufrechtzuerhalten. Der direkte Absatz- und Beschaffungskreislauf besteht darin, dass beispielsweise Geld zur Beschaffung von Roh-, Hilfs- und Betriebsstoffen oder Handelsware verwendet wird oder auch zur Bezahlung von Beschäftigten, die daraus Erzeugnisse herstellen und veräußern oder Handelsware verkaufen. Mit dem Verkauf verschwinden die Erzeugnisse oder die Handelsware, und man erhält dafür entweder Bargeld oder Forderungen auf zukünftige Zahlung von Bargeld. Geht das Bargeld auf eine Forderung ein, so erlischt die Forderung. Das Bargeld kann erneut in den Kreislauf gesteckt werden. Alle Vermögensgüter, die direkt mit diesem Kreislauf zu tun haben, werden als Vermögensgüter des Umlaufvermögens bezeichnet. Im englischen Sprachraum verwendet man anstatt dieses Kreislaufkonzepts nur die Fristigkeit, die bis zur Zahlungsmittelwerdung verstreicht, man spricht von *current assets*. Dem Leser sollte klar sein, dass viele Vermögensgüter des Umlaufvermögens zugleich *current assets* sind, dass die Kriterien sich aber unterscheiden.

Anlagevermögen

Die andere Art von Vermögensgütern umfasst diejenigen, die nicht oder nur indirekt in den Absatz- und Beschaffungskreislauf eingebunden sind. Grundstücke, Gebäude, Maschinen und die Büro- und Geschäftsausstattung zählen meist zu solchen Vermögensgütern, die direkt nichts mit dem oben genannten Kreislauf zu tun haben, die jedoch zur Aufrechterhaltung des Beschaffungs- und Absatzkreislaufs nötig sind. Solche Vermögensgüter sind nicht zum Verkauf bestimmt. Sie dienen langfristig dem Unternehmen. Deswegen bezeichnet man sie auch als Vermögensgüter des Anlagevermögens. Demgegenüber ergeben sich die *non current assets* des englischen Sprachraums normalerweise, wenn die Frist bis zur Zahlungsmittelwerdung ein Jahr übersteigt.

Zuordnung zu Anlage- oder Umlaufvermögen hängt nicht von Art des Vermögensguts, sondern von seiner Funktion im Unternehmen ab

Die Unterteilung von Vermögensgütern in Anlage- und Umlaufvermögen erschwert die Analyse von Geschäftsvorfällen, weil nicht mehr nur der Name des Vermögensguts zur Klassifikation ausreicht. Man muss auch die Funktion des Vermögensguts bezüglich des oben genannten Kreislaufs kennen. Das sei an einigen einfachen Beispielen erläutert: Sie betreiben eine Schreibwarenhandlung. Ein Kugelschreiber gehört zum Umlaufvermögen, wenn Sie gedenken, ihn zu verkaufen. Er gehört zum Anlagevermögen, wenn Sie ihn zum Schreiben von Rechnungen, Quittungen oder für andere Tätigkeiten in Ihrem Unternehmen verwenden. Ähnliche

Überlegungen sind für die Autos einer Spedition anzustellen, die auch mit gebrauchten Lastkraftwagen handelt, oder für die Maschinen einer Maschinenfabrik, von denen einige verkauft und andere selbst genutzt werden.

Fremdkapital

Das Fremdkapital wird nach seiner Liquiditätsnähe unterteilt, und zwar in kurz- und in langfristig fälliges Kapital. Als kurzfristig fällig gilt es, wenn es innerhalb eines Abrechnungszeitraums oder innerhalb eines Absatz- und Beschaffungszeitraums zurückzuzahlen ist. Verbindlichkeiten aus dem Einkauf, Gehaltsverbindlichkeiten, erhaltene Vorauszahlungen für noch zu erbringende Leistungen oder passive Rechnungsabgrenzungsposten stellen beispielsweise kurzfristig fälliges Fremdkapital dar. Alle übrigen Fremdkapitalposten, deren Rückzahlung normalerweise über einen Abrechnungszeitraum oder über den Zeitraum eines normalen Absatz- und Beschaffungszeitraums hinausgeht, gelten als langfristig fällig.

Klassifikation nach relativer Liquidität im Sinne der Fristigkeit

Die Bilanz der Unternehmensberatung Karl Gross wurde bis jetzt ohne Bezug zu einer spezifischen Gliederung oder Gruppierung von Vermögensgütern und Fremdkapitalposten angegeben. Eine Darstellung, in der die gerade beschriebene Klassifikation nach abnehmender Liquiditätsnähe berücksichtigt wird, ist aus Abbildung 7.1 ersichtlich. Auf der rechten Bilanzseite wird hier das Eigenkapital nach dem Fremdkapital aufgeführt, weil Eigenkapitalgeber keinen Rückzahlungsanspruch besitzen und das Eigenkapital daher dem Unternehmen länger zur Verfügung steht als das Fremdkapital.

Beispiele

Unternehmensberatung Karl Gross Bilanz zum 30. April 20X1			
Aktiva			**Passiva**
Kurzfristig liquide Vermögensgüter		Kurzfristig fälliges Fremdkapital	
Zahlungsmittel	100 000 GE	Verbindlichkeiten (Einkauf)	2 000 GE
Forderungen (Verkauf)	5 500 GE	Verbindlichkeiten (Gehalt)	1 500 GE
Aktiver Rechnungsabgrenzungsposten	2 000 GE	Passiver Rechnungsabgrenzungsposten	10 000 GE
Büromaterial	1 500 GE	Summe	13 500 GE
Summe	109 000 GE		
		Langfristig fälliges Fremdkapital	
Langfristig liquide Vermögensgüter		Summe	0 GE
Möbel	12 000 GE		
– Kumulierte Abschr. (Möbel) –250 GE	11 750 GE	Eigenkapital	
Grundstück	30 000 GE	Kapital Karl Gross	137 250 GE
Summe	41 750 GE		
Gesamte Vermögensgüter	**150 750 GE**	**Gesamtes Fremd- und Eigenkapital**	**150 750 GE**

Abbildung 7.1: Bilanz der Unternehmensberatung Karl Gross mit Klassifikation der Vermögensgüter und des Fremdkapitals nach abnehmender Liquiditätsnähe

Eine Unterteilung der Vermögensgüter nach dem Kreislaufgedanken mit zunehmender Liquidität hingegen hätte für Karl Gross beispielsweise zur Unterscheidung von Anlage- und Umlaufvermögen und damit zu einem

Unterteilung von Vermögensgütern und Fremdkapitalposten

Bilanzausweis gemäß Abbildung 7.2 geführt. Die Angabe des Eigenkapitals vor dem Fremdkapital folgt aus der Gliederung nach zunehmender Liquidität der aufgeführten Posten.

Unternehmensberatung Karl Gross Bilanz zum 30. April 20X1				
Aktiva				**Passiva**
Güter des Anlagevermögens			Eigenkapital	
Grundstück		30 000 GE	Kapital Karl Gross	137 250 GE
Möbel	12 000 GE		Langfristiges Fremdkapital	0 GE
– Kumulierte Abschr. (Möbel)	–250 GE	11 750 GE		
Summe		41 750 GE	Kurzfristig fälliges Fremdkapital	
			Verbindlichkeiten (Einkauf)	2 000 GE
Güter des Umlaufvermögens			Verbindlichkeiten (Gehalt)	1 500 GE
Zahlungsmittel		100 000 GE	Passiver Rechnungsabgrenzungsposten	10 000 GE
Forderungen (Verkauf)		5 500 GE	Summe	13 500 GE
Aktiver Rechnungsabgrenzungsposten		2 000 GE		
Büromaterial		1 500 GE		
Summe		109 000 GE		
Gesamte Vermögensgüter		150 750 GE	Gesamtes Fremd- und Eigenkapital	150 750 GE

Abbildung 7.2: Bilanz der Unternehmensberatung Karl Gross mit Klassifikation der Vermögensgüter und des Fremdkapitals nach Wirtschaftskreislauf sowie nach zunehmender Liquiditätsnähe

Bilanzschema Das deutsche Bilanzrecht gibt eine Bilanzgliederung vor. Für Personengesellschaften und Personenunternehmen werden deutlich weniger Details verlangt als für Kapitalgesellschaften. Die linke Bilanzseite wird im deutschsprachigen Raum mit dem Begriff „Aktiva" überschrieben, die rechte mit „Passiva"; in den USA wird die linke Bilanzseite mit *assets*, die rechte mit *liabilities and stockholders' equity* bezeichnet.

Beispiel der Bilanz der Deutschen Telekom Im ersten Kapitel wurde bereits die tatsächliche Bilanz eines deutschen Unternehmens vorgestellt. Diese Bilanz hieß „Konzern-Bilanz", weil sie nicht nur die Vermögensgüter und das Kapital der *Deutsche Telekom AG* umfasste, sondern die Vermögensgüter und das Kapital der als ökonomische Einheit aufgefassten *Deutsche Telekom AG*. Mit den meisten Postenbezeichnungen dieser Bilanz sind Sie bereits vertraut, zumindest können Sie sich etwas darunter vorstellen. Lediglich zum Eigenkapital und Einkommen sind einige Anmerkungen zu machen. Der Posten „Konzernüberschuss" entspricht der Größe, die wir in diesem Buch als Einkommen bezeichnet haben. Sie stellt in der Bilanz der *Deutsche Telekom AG* das Einkommen dar, das für die Eigenkapitalgeber der *Deutsche Telekom AG* erwirtschaftet wurde. Der Posten „Anteile anderer Gesellschafter" enthält diejenigen Teile des Eigenkapitals von Tochtergesellschaften (inklusive des auf Tochtergesellschaften entfallenden Einkommens) der *Deutsche Telekom AG*, die auf andere Aktionäre als die *Deutsche Telekom AG* entfallen.

Arbeitsumfang Die Arbeiten zur Erstellung einer Einkommensrechnung unterscheiden sich danach, ob wir es mit einem Konzern zu tun haben oder nicht. Zur Vereinfachung unterstellen wir hier, es läge kein Konzern vor. Ferner spielt der Umfang der Posten eine Rolle, die in einer Bilanz abgebildet werden sollen. Hinsichtlich der Technik, die benötigten Zahlen aus der Buchführung zu ermitteln, kann man – wie bei der Einkommensrechnung – alle Bilanzkonten auf einem Schlussbilanzkonto „abschließen". Alternativ dazu bietet es sich an, kein einziges Bilanzkonto zu verändern und nur die Bestände zum Ende des Abrechnungszeitraums für die Bilanz abzulesen. Wählt man die erstgenannte Methode, dann erhält man auf dem *Schlussbilanzkonto* eine vollständige Bilanz in Kontoform. Da man so im alten Abrechnungszeitraum alle Bilanzkonten „abgeschlossen" hat, muss man sie im neuen Abrechnungszeitraum wieder eröffnen.

7.2.5 Anlagespiegel

Der Anlagespiegel beschreibt postenweise die Veränderungen des Anlagevermögens während des Abrechnungszeitraums. Für jeden Posten werden zusätzlich zu den ursprünglichen Anschaffungsausgaben und der Summe bisher angesetzter Abschreibungen die Zugänge, die Zuschreibungen, die Abgänge, die Abschreibungen und die Umbuchungen des Abrechnungszeitraums gesondert angegeben. Das setzt voraus, dass man diese unterschiedlichen Arten von Veränderungen des Anlagevermögens auf gesonderten Konten erfasst und zum Ende des Abrechnungszeitraums zu Gunsten oder zu Lasten des betreffenden Postens auflöst.

Postenweise getrennte Erfassung der einzelnen Arten von Veränderungen des Anlagevermögens

Hinsichtlich des Arbeitsumfangs gelten analog die gleichen Ausführungen wie zur Eigenkapitalveränderungsrechnung.

Arbeitsumfang

7.2.6 Kapitalflussrechnung

Bei einer Kapitalflussrechnung geht es darum, die Einzahlungen und Auszahlungen eines Unternehmens anzugeben. Besonders aussagekräftig ist das, wenn man die Einzahlungen und die Auszahlungen jeweils in mehrere Zahlungsströme untergliedert. In der Betriebswirtschaftslehre wurden viele Möglichkeiten diskutiert, unterschiedliche Zahlungsströme zu definieren und zu ermitteln. Allen gemeinsam ist, dass sie mindestens Aussagen zum Zahlungsstrom aus dem operativen Bereich, aus dem investiven Bereich und aus dem finanzwirtschaftlichen Bereich eines Unternehmens zulassen.

Zusammenstellung von Einzahlungen und Auszahlungen des operativen, des investiven und des finanzwirtschaftlichen Bereichs

Die traditionelle Buchführung stellt nicht allein auf die Abbildung von Zahlungsströmen ab. Dennoch muss der Saldo sämtlicher Ein- und Auszahlungen während eines Abrechnungszeitraums genau der Veränderung der Zahlungsmittel während dieses Zeitraums entsprechen. Eine Kapitalflussrechnung stellt eine Zeitraumrechnung dar, welche die Veränderung der Zahlungsmittel in Form von Ein- und Auszahlungen eines Unternehmens darlegt. Der Saldo dieser Ein- und Auszahlungen entspricht genau der aus der Bilanz ersichtlichen Zahlungsmittelveränderung. Es gibt also einen Zusammenhang zwischen der Veränderung eines Bilanzpostens und einer Kapitalflussrechnung. Letztlich soll die Kapitalflussrechnung zeigen, aus welchen Ein- und Auszahlungsströmen die Veränderung der

Ermittlung

Zahlungsmittel entstanden ist. Solche Ein- und Auszahlungsströme lassen sich – wie wir später noch sehen werden – durch eine Kombination von Zahlen der Einkommensrechnung und der Bilanz auf direktem sowie auf indirektem Weg ermitteln.

Zwecke   Die Information, die eine Kapitalflussrechnung enthält, ist in den Finanzberichten, die wir bisher kennengelernt haben, zwar enthalten, aber nicht explizit aus ihnen ersichtlich. Eine Kapitalflussrechnung wird hauptsächlich aufgestellt und veröffentlicht, um

- dem Leser die Prognose zukünftiger Zahlungsströme zu ermöglichen; denn die Zahlungen zurückliegender Zeiträume können oftmals einen guten Anhaltspunkt für zukünftige Zahlungen liefern.

- die Entscheidungen der Unternehmensleitung zu beurteilen; denn im Gegensatz zu den anderen Finanzberichten erkennt man die liquiditätsmäßigen Rahmenbedingungen des Unternehmens.

- die Fähigkeit des Unternehmens zu erkennen, Zinsen und Darlehenstilgungen aufzubringen und darüber hinaus langfristig Dividenden zu zahlen.

- den Zusammenhang zwischen Einkommen und Zahlungsmittelveränderungen aufzuzeigen.

Verwendung des Zahlungsmittelbegriffs   Wenn im Zusammenhang mit einer Kapitalflussrechnung von Zahlungsmitteln gesprochen wird, kann man sich auf die Zahlungsmittel aus der Bilanz beziehen oder den Begriff anders mit Inhalt füllen. Dazu gehören meistens nicht nur das Bargeld und die Sichteinlagen bei Banken, sondern darüber hinaus Vermögensgüter des Umlaufvermögens, die kurzfristig in Zahlungsmittel umgewandelt werden können, beispielsweise Wertpapiere. Welche Posten man in einer Kapitalflussrechnung den Zahlungsmitteln zurechnet, bestimmt den Aussagegehalt der Rechnung und sollte daher stets angegeben werden. Wir unterstellen in diesem Buch, es werde der gleiche Zahlungsmittelbegriff verwendet wie in einer Bilanz.

Aufteilung von Zahlungsströmen   Bei Aufstellung einer Kapitalflussrechnung geht es darum, alle Veränderungen der Zahlungsmittel, also alle Ein- und Auszahlungen, die das Unternehmen tätigt oder erhält, zu erfassen. Letztlich hängt es von den Informationswünschen ab, die der Ersteller einer Kapitalflussrechnung erfüllen möchte, welche Gruppen von Tätigkeiten er unterscheidet und wie tief er die Zahlungen untergliedert. Folgt man der Idee, man solle zwischen operativen Tätigkeiten, Investitionsmaßnahmen und Finanzierungen unterscheiden, so sind diese drei Gruppen zunächst genau zu definieren und gegeneinander abzugrenzen. Kapitalflussrechnungen werden hier als ein Instrument zur Ergänzung von Bilanz, Einkommensrechnung, Eigenkapitaltransferrechnung und Eigenkapitalveränderungsrechnung gesehen. Es liegt daher nahe, die Definition der drei Gruppen auf diese anderen Rechenwerke hin auszurichten.

Eine einfache, wenn auch nicht besonders genaue Form der Definition der Gruppen orientiert sich an Bilanz, Einkommensrechnung und Eigenkapitaltransferrechnung. Nach dieser Definition gilt:

Bildung von Zahlungsstromgruppen

- Operative Tätigkeiten hängen mit vielen Konten zusammen, die bei der Ermittlung des Einkommens herangezogen werden.

- Investitionen ergeben sich oft aus einer Analyse der Konten des Anlagevermögens und der langfristig gebundenen Vermögensgüter.

- Finanzierungen werden meist bei einer Analyse der Fremd- und Eigenkapitalkonten ersichtlich.

Das Ungenaue an dieser Zuordnung besteht darin, dass einige Zahlungen, die eigentlich Investitionen und Finanzierungen betreffen, dem operativen Bereich zugerechnet werden oder dass Zahlungen, die den operativen Bereich betreffen, als Investitions- oder Finanzierungszahlungen betrachtet werden. Dies gilt beispielsweise für Auszahlungen von Fremdkapitalzinsen oder Einzahlungen aus Investitionen wie Dividendenerträge oder schlichtweg Gewinne aus Sachinvestitionen. Wir umgehen solche Zurechnungsprobleme, indem wir unterstellen, wir könnten die Zugehörigkeit von Zahlungen eindeutig bestimmen. Wir betrachten alle Zahlungen, die sich aus der Einkommensrechnung herleiten lassen, als dem operativen Bereich zugehörig. Obwohl einige dieser Zahlungen eindeutig Investitionen und Finanzierungen betreffen, erscheinen sie nach unserer Definition bei der operativen Gruppe von Zahlungen. Unser Vorgehen ist zwar ungenau, schränkt aber sonst eventuell entstehende „Schummel"-Möglichkeiten des Erstellers finanzieller Berichte ein: nämlich eine operative Zahlung durch geschickte Argumentation als investiv oder finanzierungsbezogen zu klassifizieren oder umgekehrt. Obige Definition wird auch in der Praxis einiger Regelungskreise verwendet. So findet man sie beispielsweise in den U.S. GAAP. Wir folgen ihr in unserem Beispiel. Zwar könnte man alternativ eine wissenschaftlich „saubere" Definition anstreben, bei der es nicht zu einer Vermengung der drei Gruppen kommt, allerdings wäre dies zwangsläufig mit schwer nachprüfbaren Entscheidungen des Erstellers von Finanzberichten behaftet. Abbildung 7.3, Seite 298, enthält eine Übersicht über wichtige Zahlungsströme, die wir in unserem Beispiel ansprechen.

Spannungsverhältnis zwischen Ermessensfreiheit und richtiger Zuordnung von Zahlungsströmen

Der Arbeitsumfang zur Erstellung einer Kapitalflussrechnung hängt zunächst davon ab, ob wir es mit einem Konzern zu tun haben oder nicht. Aus Vereinfachungsgründen unterstellen wir, dass kein Konzern vorliegt. Die Arbeiten hängen ferner davon ab, wie viele Typen von Zahlungsströmen man ausweisen möchte, zudem davon, wie gut die Posten der Einkommensrechnung und die der Bilanz zusammenpassen.

Arbeitsumfang

	Einzahlungen	Auszahlungen
Operative Tätigkeiten	Einzahlungen von Kunden Zins- und Dividendeneinzahlungen aus Anlagevermögen oder langfristigen Vermögensgütern Andere operative Einzahlungen	Auszahlungen an Lieferanten Auszahlungen an Beschäftigte Auszahlungen für Zinsen und Steuern Andere operative Auszahlungen
Investitionen	Einzahlungen aus dem Verkauf von Sachanlagen oder langfristigen Sachgütern Einzahlungen aus dem Verkauf von Finanzanlagen oder langfristigen Finanzgütern (außer Zahlungsmitteln) Einzahlungen aus der Aufnahme von Finanzanlagen oder langfristigen Finanzgütern (z. B. Aufbau von Darlehensforderungen)	Auszahlungen für den Kauf von Sachanlagen oder langfristigen Sachgütern Auszahlungen für den Kauf von Finanzanlagen oder langfristigen Finanzgütern (außer Zahlungsmitteln) Auszahlungen wegen der Rückgabe von Finanzanlagen oder langfristigen Finanzgütern (z. B. Abbau von Darlehensverbindlichkeiten)
Finanzierungen	Einzahlungen aus dem Verkauf eigener Anteile Einzahlungen aus der Aufnahme von Darlehen	Auszahlungen für den Kauf eigener Anteile Auszahlungen an Anteilseigner (Dividendenauszahlungen) Auszahlung wegen der Rückzahlung von Darlehen

Abbildung 7.3: Wichtige Zahlungsströme im Überblick

7.3 Vorgehen bei der Erstellung von Finanzberichten

7.3.1 Einkommensrechnung

Methoden: von den Konten ablesen oder Abschluss (und Eröffnung) aller Konten der Einkommensrechnung

In der Praxis werden – wie bereits erwähnt – zwei Methoden zur Erstellung von Einkommensrechnungen vorgeschlagen. Man kann (1) die Daten für die Einkommensrechnung aus einer Saldenaufstellung oder von den Konten ablesen. Man kann sie (2) im Rahmen eines formalen mehrstufigen Prozesses durch Buchungsvorgänge auf einem „Einkommenskonto" sammeln, dem Oberkonto für alle Erträge und Aufwendungen. Dieser letztgenannte Prozess besteht darin, die Salden aller Konten durch entsprechende Buchungen von diesen Unterkonten auf das angesprochene Oberkonto zu übertragen, so dass die Unterkonten danach einen Saldo von null aufweisen (und nicht mehr weiter zu betrachten sind). Die dazugehörigen Buchungssätze sind im Journal zu dokumentieren. Zu Beginn des neuen Abrechnungszeitraums ist in beiden Fällen für jeden Posten der Einkommensrechnung ein neues Konto mit einem

Anfangsbestand von null einzurichten. Weil man die Einkommensrechnung jeweils nur für einen einzigen Abrechnungszeitraum bestimmt und deren Konten für jeden Zeitraum neu füllt, bezeichnet man die Konten der Einkommensrechnung als temporäre Konten.

Bei dem erstgenannten Prozess des Ablesens und Übertragens in das Schema einer Einkommensrechnung ergeben sich kaum weitere Probleme. Lediglich bei der Übertragung des Saldos aller Erträge und Aufwendungen auf das Einkommenskonto hat man mehr Buchungen durchzuführen als bei der zuletzt aufgeführten Methode. Bei diesem zuletztgenannten Prozess werden die temporären Konten – wie oben bereits beschrieben – zum Ende des Abrechnungszeitraums „abgeschlossen". Wie alle anderen Buchungen sind auch diese Buchungen im Journal und auf Konten zu dokumentieren. Im Rahmen der Abschlussbuchungen schließt man die Ertrags- und Aufwandskonten auf das *Einkommenskonto* als Oberkonto ab. Der Saldo des *Einkommenskontos* stellt den Gewinn dar, wenn die Erträge die Aufwendungen übersteigen. Er repräsentiert im umgekehrten Fall den Verlust. Weil sich die Endbestände der Ertrags- und Aufwandskonten jeweils nur auf einen einzigen Abrechnungszeitraum beziehen, werden sie zu dessen Ende „geschlossen"; ihr Saldo wird durch eine entsprechende Buchung auf „null gesetzt".

Unterschiedlicher Arbeitsaufwand

Ein weiterer Zwischenschritt besteht darin, die Salden der Oberkonten zu ermitteln und diese auf das Bilanzkonto *Eigenkapital* zu übertragen. Der Saldo des *Einkommenskontos* gibt an, wie sich das Eigenkapital durch die Gesamtheit der Erträge und Aufwendungen geändert hat.

Übertragung des Einkommens auf das Eigenkapitalkonto

7.3.2 Eigenkapitaltransferrechnung

Für die Erstellung einer Eigenkapitaltransferrechnung kommen – ebenso wie für die Erstellung einer Einkommensrechnung – zwei Methoden infrage, das Ablesen und Übertragen sowie der formale Abschluss über Buchungen auf ein Eigenkapitaltransferkonto. Da die erstgenannte Methode unproblematisch erscheint, beschränken wir uns hier auf die zuletztgenannte Methode.

Analoges Vorgehen wie bei Einkommensrechnung

Das *Entnahmekonto* und das *Einlagekonto* stellen temporäre Konten dar, weil sie nur zur Aufzeichnung der Einlagen und der Entnahmen des Unternehmers während eines einzigen Abrechnungszeitraums dienen. Sie kann man auf einem Eigenkapitaltransferkonto als Oberkonto „abschließen". Tut man dies, so kann man von einer Eigenkapitaltransferrechnung sprechen.

Vorgehen bei formalem „Abschluss" der Konten

Der Saldo des *Eigenkapitaltransferkontos* gibt an, wie sich das Eigenkapital durch Einlagen und Entnahmen geändert hat. Auch der Saldo dieses Kontos lässt sich mit einer Buchung analog zu den oben genannten Buchungen auf das Eigenkapitalkonto übertragen. Danach kann man schließlich den Endbestand des Eigenkapitals ermitteln.

Übertragung der Eigenkapitaltransfers auf das Eigenkapitalkonto

7.3.3 Eigenkapitalveränderungsrechnung

Die Veränderung des Eigenkapitals kann aus zwei Gründen erfolgen. Erstens kann das Unternehmen aus der Geschäftstätigkeit ein positives oder ein negatives Einkommen erzielt haben und zweitens kann das Eigenkapital des Unternehmers oder der Eigenkapitalgeber zu- oder abgenommen haben. Wir müssen also diese beiden Veränderungen angeben, wenn wir die Veränderung des Eigenkapitals zeigen möchten. Wenn das Unternehmen in seiner Bilanz nur ein einziges Eigenkapitalkonto ausweist, ist diese Angabe einfach. Das Eigenkapital zu Beginn des Abrechnungszeitraums, die Eigenkapitaltransfers, das Einkommen und das Eigenkapital zum Ende des Abrechnungszeitraums sind für diesen Finanzbericht anzugeben. Bei mehr als einem Eigenkapitalposten ist jeweils anzugeben, um wie viel der Posten sich wegen Eigenkapitaltransfers und wegen Einkommens sowie wegen Umbuchungen geändert hat.

Zur Ermittlung der Beträge können wir auf die Saldenaufstellung oder auf das *Einkommenskonto* und auf das *Eigenkapitaltransferkonto* schauen, um die gewünschten Beträge dort abzulesen. Eine Erstellung durch Buchungen ist möglich und erfolgt auf das *Bilanzkonto.*

7.3.4 Bilanz

Für die Erstellung einer Bilanz werden in der Literatur zwei Verfahren vorgeschlagen. Eins beruht darauf, alle Bilanzkonten formal „abzuschließen". Das andere besteht darin, von den Bilanzkonten nur die Bestände zum Ende des Abrechnungszeitraums abzulesen und diese in ein Bilanzschema einzutragen.

Ablesen der Endbestände aus der Saldenaufstellung oder von den Konten und Eintrag in ein Bilanzschema

Es sei unterstellt, man habe die Konten der Buchführung, welche die Bilanz betreffen, bereits durch Zusammenfassen auf diejenigen reduziert, für die in der Bilanz Posten vorgesehen sind. Man errechnet für jedes dieser Bilanzkonten den Kontostand zum Ende des Abrechnungszeitraums. Dieser Betrag ist dann in das Bilanzschema einzutragen. Alle Bilanzkonten bleiben damit unverändert erhalten und können im neuen Abrechnungszeitraum weiterverwendet werden.

Formaler „Abschluss" aller Bilanzkonten

Eine häufig vorgestellte Variante der Erstellung einer Bilanz besteht darin, alle Bilanzkonten zum Ende des Abrechnungszeitraums „abzuschließen". Folglich sind für jeden neuen Abrechnungszeitraum neue Konten zu bilden und mit den Endbeständen der entsprechenden Konten des vorangegangenen Abrechnungszeitraums zu füllen. Für den Abschluss der Bilanzkonten führt man ein sogenanntes *Schlussbilanzkonto* als Oberkonto über alle Bilanzposten ein. Das *Eigenkapitalkonto* erhält aus Abschlussbuchungen das Einkommen und die Eigenkapitaltransfers. Die Vor- und Nachteile dieses Vorgehens wurden oben bereits beschrieben.

7.3.5 Anlagespiegel

Der Anlagespiegel nach dHGB sieht für jeden Posten des Anlagevermögens vor, dass sieben Angaben gemacht werden. Mit diesen Angaben wird es dem Leser leichtgemacht, die Entwicklung des Anlagevermögens im Zeitablauf vom Anfangsbestand über Zugänge, Zuschreibungen, Abgänge, Abschreibungen und Umbuchungen zum Endbestand zu verfolgen. Selbst dann, wenn der Bilanzposten unverändert aussieht, kann es erhebliche Veränderungen gegeben haben. Es macht beispielsweise einen wesentlichen Unterschied aus, ob der Bilanzbestand gleich hoch geblieben ist, weil man neues Anlagevermögen gekauft hat oder weil man eine Zuschreibung vorgenommen hat. Auch kann man aus dem Vergleich der ursprünglichen Anschaffungsausgaben mit dem gegenwärtigen Buchwert auf das Alter der Anlagen oder auf die Abschreibungspolitik des Unternehmens schließen.

7.3.6 Kapitalflussrechnung

Man kann grundsätzlich zwischen einer originären und einer derivativen Erstellung von Kapitalflussrechnungen unterscheiden. Originär erstellte Kapitalflussrechnungen basieren unmittelbar auf den Zahlungsstromdaten eines Unternehmens während eines Abrechnungszeitraums. Dieses Vorgehen verlangt eine entsprechende Aufzeichnung der Zahlungsströme, die man in einem Finanzbericht wiedergeben möchte. Davon abzugrenzen sind derivative Kapitalflussrechnungen. Diese werden auf der Grundlage einiger veröffentlichter Finanzberichte erstellt. Originäre Kapitalflussrechnungen können nur auf Basis unternehmensinterner Zahlen ermittelt werden; derivative Kapitalflussrechnungen kann dagegen auch jeder unternehmensexterne Finanzberichtsleser zu erstellen versuchen, wenn ihm eine Einkommensrechnung und die beiden benachbarten Bilanzen zur Verfügung stehen. Wie gut der Versuch gelingt, hängt davon ab, wie die Einkommensrechnung und die Bilanzen untergliedert sind und wie gut sich die Posten der Einkommensrechnung denjenigen der Bilanzen zuordnen lassen.

Originäre und derivative Kapitalflussrechnungen

Für die Erstellung derivativer Kapitalflussrechnungen unterscheidet man die direkte von der indirekten Methode. Bei der direkten Methode versucht man innerhalb jedes Bereichs, einzelne Zahlungsströme zu schätzen, beispielsweise den Einzahlungsstrom von Kunden und den Auszahlungsstrom für die Erstellung der Umsätze im Bereich des operativen Zahlungsstroms. Bei der indirekten Methode ermittelt man dagegen nur den Saldo aller operativen Zahlungsströme, indem man das Einkommen um diejenigen Bestandteile der Erträge und Aufwendungen korrigiert, die nicht zahlungswirksam waren. Die direkte Methode lässt sich meistens anwenden, wenn eine Einkommensrechnung vorliegt, die nach

Direkte versus indirekte Methode

dem „Umsatzkostenverfahren" aufgestellt wurde. Abbildung 7.4, Seite 302, zeigt als fiktives Beispiel eine Kapitalflussrechnung, die entsprechend der direkten Methode auf Basis einer Einkommensrechnung nach dem „Umsatzkostenverfahren" aufgestellt wurde. Man kann jedoch auch – unter Verzicht auf Informationen – die indirekte Methode anwenden. Liegt eine Einkommensrechnung nach dem „Gesamtkostenverfahren" vor oder entsprechen sich die Posten der Einkommensrechnung und der Bilanzen nicht, so kann man nur die indirekte Methode anwenden. Dann lässt sich der operative Zahlungsstrom nur als eine einzige Größe ermitteln.

Weiteres Vorgehen   Im folgenden Abschnitt behandeln wir konkret die Ermittlung von Kapitalflussrechnungen. Wir konzentrieren uns auf die Ermittlung aus Einkommensrechnungen und benachbarten Bilanzen. Zunächst beschreiben wir den Fall, dem ein „Umsatzkostenverfahren" zu Grunde liegt, anschließend denjenigen, in dem ein „Gesamtkostenverfahren" verwendet wird.

Abbildung 7.4:
Beispiel einer entsprechend der direkten Methode aufgebauten Kapitalflussrechnung, ermittelt aus einer Einkommensrechnung nach dem „Umsatzkostenverfahren" und den benachbarten Bilanzen

CC Discount Kapitalflussrechnung für das Geschäftsjahr 20X1		
Bezeichnung	Beträge in TGE	
Zahlungsstrom aus operativen Tätigkeiten		
Einzahlungen		
von Kunden	250	
wegen Zinsen aus Darlehen an Kunden	14	
wegen erhaltener Dividenden aus Investitionen	13	277
Auszahlungen		
wegen verkaufter Erzeugnisse und Handelsware (nicht Sachanlagen)	−130	
an Gehaltsbezieher, die dem Verkauf nicht zugerechnet werden	−65	
wegen Zinsen auf Fremdkapital, die dem Verkauf nicht zugerechnet werden	−10	
wegen Einkommensteuer, die dem Verkauf nicht zugerechnet wird	−9	−214
Nettozahlungsstrom aus operativen Tätigkeiten		63
Zahlungsstrom aus Investitionen		
Einzahlungen		
wegen des Verkaufs von Sachanlagen	70	70
Auszahlungen		
wegen des Kaufs von Sachanlagen	−300	
wegen der Gewährung eines Darlehens (Finanzanlage)	−8	−308
Nettozahlungsstrom aus Investitionen		−238

CC Discount Kapitalflussrechnung für das Geschäftsjahr 20X1		
Bezeichnung	Beträge in TGE	
Zahlungsstrom aus Finanzierungen		
Einzahlungen		
wegen Ausgabe von Aktien	120	
wegen Aufnahme eines langfristigen Darlehens	90	210
Auszahlungen		
Vorauszahlung von Zinsen auf ein Darlehen	−7	
Dividenden an Anteilseigner	−6	−13
Nettozahlungsstrom aus Finanzierungen		197
Nettozahlungsmittelveränderung		22
Zahlungsmittelbestand 31.12.20X0		60
Zahlungsmittelbestand 31.12.20X1		82

Einkommensrechnung nach dem „Umsatzkostenverfahren" und zwei benachbarte Bilanzen als Basis

Man kann die Daten aus einer Bilanz zu Beginn eines Abrechnungszeitraums, einer Einkommensrechnung nach dem „Umsatzkostenverfahren" während des Abrechnungszeitraums und einer Bilanz zum Ende des Abrechnungszeitraums zur Ermittlung von Zahlungsströmen verwenden. Wenn diese Daten aufeinander Bezug nehmen, eignen sie sich zur Anwendung der direkten Methode. Sie taugen dann ausgezeichnet zur Errechnung von Zahlungsströmen, wenn zu jedem Bestandsposten ein Posten der Einkommens- oder Eigenkapitaltransferrechnung definiert wird. Je unterschiedlicher allerdings die Struktur der Bilanzposten und die der Posten der Einkommensrechnung sind, desto geringer werden die Vorteile der direkten Methode.

Struktur des Vorgehens

Wir beschreiben die Logik der direkten Methode nur kurz anhand der Abbildung 7.5, Seite 304. Für jede Ertrags- und Aufwandsart kann man so eine Rechnung aufstellen. Diese Logik wird leicht verständlich, wenn man sie sich durch ein Beispiel veranschaulicht. Dies geschieht im folgenden Gliederungsabschnitt.

Logik des Vorgehens bei aufeinander abgestimmten Größen

Abbildung 7.5:
Schema zur Ermittlung von
Zahlungen aus einer Ein-
kommensrechnung nach
dem „Umsatzkostenverfah-
ren" und benachbarten
Bilanzen bei
der direkten Methode

Zahlungsart		Berechnung
Einzahlung	=	Ertrag – Zunahme des zugehörigen Aktivpostens + Abnahme des zugehörigen Aktivpostens – Abnahme des zugehörigen Passivpostens + Zunahme des zugehörigen Passivpostens
Auszahlung	=	Aufwand + Zunahme des zugehörigen Aktivpostens – Abnahme des zugehörigen Aktivpostens + Abnahme des zugehörigen Passivpostens – Zunahme des zugehörigen Passivpostens

Einkommensrechnung nach dem „Gesamtkostenverfahren" und zwei benachbarte Bilanzen als Basis

**Zahlungsstrom aus
operativer Tätigkeit als
Einkommen, verändert um
nicht zahlungswirksame
Einkommenskomponenten
und Zunahmen oder
Abnahmen bestimmter
Bilanzposten**

Die indirekte Methode zur Aufstellung einer Kapitalflussrechnung zeichnet sich – wie oben bereits erwähnt – dadurch aus, dass bei der Ermittlung des Zahlungsstroms aus operativen Tätigkeiten ein anderes Vorgehen gewählt wird als bei der direkten Methode. Bei der direkten Methode
haben wir jeden einzelnen Ertrags- und Aufwandsposten um die enthaltenen nicht zahlungswirksamen Teile korrigiert, die wir aus der Zu- oder
Abnahme zugehöriger Bilanzposten herausgelesen haben. Das allgemeine Vorgehen wurde durch Abbildung 7.5, Seite 304, gekennzeichnet.
Bei der indirekten Methode geht man weniger differenziert vor. Man
ermittelt nur einen einzigen operativen Zahlungsstrom, indem man das
Einkommen in eine Zahlungsüberschussgröße transformiert. Hierzu subtrahiert man – wie in Abbildung 7.6, Seite 304 – vom Einkommen all jene
Erträge, die nicht zahlungswirksam waren, und man addiert – entsprechend umgekehrt – alle nicht zahlungswirksamen Aufwendungen.
Zusätzlich passt man den sich ergebenden Betrag um Veränderungen von
Aktiv- und Passivposten an, die den operativen Bereich betreffen. Wegen
dieser Vereinfachung ist die Methode bei einer Einkommensrechnung
nach „Gesamtkostenverfahren" anwendbar; erst recht gilt dies natürlich
bei Einkommensrechnungen nach dem „Umsatzkostenverfahren".

Abbildung 7.6:
Schema zur Ermittlung von
Zahlungen aus einer Ein-
kommensrechnung nach
dem „Gesamtkostenver-
fahren" und benach-
barten Bilanzen bei
der indirekten Methode

Zahlungsart		Berechnung
Operativer Zah- lungsstrom	=	Einkommen + zahlungsunwirksamer Aufwand – zahlungsunwirksamer Ertrag – Zunahme aller operativen Aktiva + Abnahme aller operativen Aktiva – Abnahme aller operativen Passiva + Zunahme aller operativen Passiva

Zusätzliche Information über zahlungsunwirksame Investitionen und Finanzierungen

Kapitalflussrechnungen sind darauf ausgerichtet, Zahlungsströme und deren Herkunft zu zeigen. Eine Kapitalflussrechnung enthält zwar Angaben über diejenigen Investitionen und Finanzierungen, die mit Zahlungsströmen verbunden waren, keineswegs jedoch Daten zu allen Investitionen und Finanzierungen. Möchte man die in Kapitalflussrechnungen gelieferten Daten zu einem Bild über Investitionen und Finanzierungen nutzen, so hat man einen in dieser Hinsicht ergänzenden Finanzbericht zu erstellen, aus dem auch oder nur diejenigen Investitionen und Finanzierungen hervorgehen, die nicht mit Zahlungsströmen verbunden waren.

Kapitalflussrechnungen informieren über Zahlungsströme und nicht über Investitionen und Finanzierungen

Unternehmen betreiben nicht nur Investitionen, die „Geld kosten", sie setzen auch andere Finanzierungsinstrumente so ein, wie wenn sie Bargeld wären. So ist es beispielsweise beliebt, Investitionen in ganze Unternehmen oder in wertvolle Vermögensgüter mit neuen Aktien des Unternehmens anstatt mit Bargeld zu bezahlen. Die mit der Anschaffung eines Grundstücks zum Preis von 500 000 GE gegen Hingabe junger Aktien verbundene Buchung würde beispielsweise lauten:

Unternehmen betreiben auch zahlungsunwirksame Investitionen und Finanzierungen

Beleg	Datum	Geschäftsvorfall und Konten	Soll	Haben
	31. Aug.	Kauf Grundstück gegen Aktien		
		Grundstück	500 000	
		Eigenkapital (neue Aktien)		500 000

Die Buchung zeigt keine Konsequenzen für die Zahlungsmittel.

Um das Bild der Investitions- und Finanzierungslage abzurunden, das sich aus Kapitalflussrechnungen ergibt, sollten diejenigen Investitionen und Finanzierungen gesondert genannt werden, bei denen kein Bargeld geflossen ist. Ein solcher Finanzbericht könnte das Aussehen der Abbildung 7.7, Seite 305, annehmen:

Empfehlung zu Aufstellung eines ergänzenden Finanzberichts über nicht zahlungswirksame Investitionen und Finanzierungen

Finanzbericht über nicht zahlungswirksame Investitions- und Finanzierungsmaßnahmen	Betrag
Kauf von Vermögensgütern mit Bezahlung in Form von eigenen Aktien	
Verkauf von Vermögensgütern mit Bezahlung in Form von Aktien	
Kauf von Vermögensgütern mit Bezahlung in Form von Wertpapieren mit fest vereinbarten Zins- und Tilgungsleistungen	
Verkauf von Vermögensgütern mit Bezahlung in Form von Wertpapieren mit fest vereinbarten Zins- und Tilgungsleistungen	
Abbau von Fremdkapital durch Hingabe von Vermögensgütern	
Gesamtheit der nicht zahlungswirksamen Investitions- und Finanzierungsmaßnahmen	

Abbildung 7.7:
Ergänzende Angaben betreffend zahlungsunwirksame Investitionen und Finanzierungen

7.4 Beispiele für die Erstellung von Finanzberichten

Sachverhalt Wir unterstellen für unsere ersten vier Finanzberichte die korrigierte Saldenaufstellung der Abbildung 7.8, Seite 306, des Karl Gross.

	Korrigierte Saldenaufstellung		Einkommens-rechnungskonten		Bilanzkonten	
	Soll	Haben	Soll	Haben	Soll	Haben
Zahlungsmittel	100 000				100 000	
Forderungen (Verkauf)	5 500				5 500	
Aktiver Rechnungsabgrenzungsposten	2 000				2 000	
Büromaterial	1 500				1 500	
Möbel	12 000				12 000	
Kum. Abschreibungen (Möbel)		250				250
Grundstück	30 000				30 000	
Verbindlichkeiten (Einkauf)		2 000				2 000
Verbindlichkeiten (Gehalt)		1 500				1 500
Passiver Rechnungsabgrenzungsposten		10 000				10 000
Einlage Karl Gross		150 000				150 000
Entnahme Karl Gross	45 000				45 000	
Ertrag (Verkauf)		72 500		72 500		
Aufwand (Verkauf)	31 000		31 000			
Aufwand (Miete)	2 000		2 000			
Aufwand (Gehalt)	3 000		3 000			
Aufwand (Büromaterial)	500		500			
Aufwand (Abschreibung Möbel)	250		250			
Aufwand (Sonstiges)	3 500		3 500			
Summe	236 250	236 250	40 250	72 500	196 000	163 750
Einkommen			32 250			32 250
			72 500	72 500	196 000	196 000

Unternehmensberatung Karl Gross
Korrigierte Saldenaufstellung zum 30. April 20X1

Abbildung 7.8: Korrigierte Saldenaufstellung mit Einkommensrechnungskonten und Bilanzkonten der Unternehmensberatung Karl Gross zum 30. April 20X1

7.4.1   Einkommensrechnung

Wir beschreiben hier nur die Methode, bei welcher die Ertrags- und Aufwandskonten über ein *Einkommenskonto* zusammengefasst werden, weil die andere Methode des Ablesens und Eintragens in ein Schema keine Verständnisprobleme mit sich bringt. Die folgende Darstellung geht von einem *Einkommenskonto* aus, dessen Saldo über das *Eigenkapitalkonto* abgerechnet wird. Die Journaleinträge der Abschlussbuchungen, die das *Einkommenskonto* betreffen, lauten:

Beschränkung auf Abschluss der Konten der Einkommensrechnung

Beleg	Datum	Konten	Soll	Haben
A1a	30.4.	Abschlussbuchung Ertrag (Verkauf)		
		Ertrag (Verkauf)	72 500	
		Einkommenskonto		72 500
A1b	30.4.	Abschlussbuchung Aufwand (Verkauf)		
		Einkommenskonto	31 000	
		Aufwand (Verkauf)		31 000
A2a	30.4.	Abschlussbuchung Aufwand (Miete)		
		Einkommenskonto	2 000	
		Aufwand (Miete)		2 000
A2b	30.4.	Abschlussbuchung Aufwand (Gehalt)		
		Einkommenskonto	3 000	
		Aufwand (Gehalt)		3 000
A2c	30.4.	Abschlussbuchung Aufwand (Büromaterial)		
		Einkommenskonto	500	
		Aufwand (Büromaterial)		500
A2d	30.4.	Abschlussbuchung Aufwand (Abschreibung)		
		Einkommenskonto	250	
		Aufwand (Abschreibung Möbel)		250
A2e	30.4.	Abschlussbuchung Aufwand (Sonstiges)		
		Einkommenskonto	3 500	
		Aufwand (Sonstiges)		3 500

Dementsprechend sehen die Konten der Einkommensrechnung wie in Abbildung 7.9, Seite 308, aus. Für jedes Konto wird der Saldo aller Buchungen vor Durchführung der Abschlussbuchungen dargestellt. Da es sich bei den Buchungen um Abschlussbuchungen handelt, werden die Eintragungen auf den Konten bei uns jeweils mit der laufenden Nummer des entsprechenden Typs der Abschlussbuchung – ergänzt um den Buchstaben „A" für Abschlussbuchung – gekennzeichnet. Doppelstriche unter den Konten indizieren, dass danach ein abgeschlossenes Konto vorliegt.

Der Saldo des Einkommenskontos stellt den Gewinn bzw. den Verlust dar. Der Saldo bildet einen Teil der Veränderungen des ursprünglich eingesetzten Eigenkapitals ab. Er ist schließlich auf das Bilanzkonto *Eigenkapital* zu übertragen, wodurch das *Einkommenskonto* „abgeschlossen" wird.

Aufwandskonten				Einkommenskonto				Ertragskonten		
S	Aufwand (Verkauf)	H		S	Einkommenskonto	H		S	Erträge (Verkauf)	H
Aufwandskonten			
---	---	---	---
S	Aufwand (Verkauf)		H
Saldo	31 000	(A1b)	31 000

S	Aufwand (Miete)		H
Saldo	2 000	(A2a)	2 000

S	Aufwand (Gehalt)		H
Saldo	3 000	(A2b)	3 000

S	Aufwand (Büromaterial)		H
Saldo	500	(A2c)	500

S	Aufwand (Abschreibung Möbel)		H
Saldo	250	(A2d)	250

S	Aufwand (Sonstiges)		H
Saldo	3 500	(A2e)	3 500

S	Einkommenskonto		H
(A1b)	31 000	(A1a)	72 500
(A2a)	2 000		
(A2b)	3 000		
(A2c)	500		
(A2d)	250		
(A2e)	3 500		
		Saldo	32 250

S	Erträge (Verkauf)		H
(A1a)	72 500	Saldo	72 500

Abbildung 7.9: Ertrags- und Aufwandskonten sowie Einkommenskonto nach den Korrektur- und Abschlussbuchungen

7.4.2 Eigenkapitaltransferrechnung

In der Eigenkapitaltransferrechnung stellt man die Entnahmen und die Einlagen gegenüber. Der Saldo entspricht der Eigenkapitalveränderung aus Eigenkapitaltransfers zwischen dem Unternehmer und dem Unternehmen. Wir beschränken uns hier im Beispiel auf die Methode des formalen „Abschlusses" der Konten. Die entsprechenden Buchungssätze sind leicht nachzuvollziehen.

Beleg	Datum	Konten	Soll	Haben
A4	30.4.	Abschlussbuchung Entnahme		
		Eigenkapitaltransfers Karl Gross	45 000	
		Entnahme Karl Gross (April)		45 000
A5	30.4.	Abschlussbuchung Einlage		
		Einlage Karl Gross (April)	150 000	
		Eigenkapitaltransfers Karl Gross		150 000

Auf den Konten sieht das so aus wie in Abbildung 7.10, Seite 309. Der Saldo des Kontos *Eigenkapitaltransfers* ist anschließend auf das Bilanzkonto *Eigenkapital* zu übertragen.

Entnahmekonten			Eigenkapitaltransferkonto			Einlagekonten		
S	*Entnahme Karl Gross*	H	S	*Eigenkapitaltransfers*	H	S	*Einlage Karl Gross*	H
Saldo 45 000	(A4) 45 000		(A4) 45 000	(A5) 150 000		(A5) 150 000	Saldo 150 000	
			Saldo 105 000					

Abbildung 7.10: Einlage- und Entnahmekonten der Unternehmensberatung Karl Gross sowie Eigenkapitaltransferkonto nach den Korrektur- und Abschlussbuchungen

7.4.3 Eigenkapitalveränderungsrechnung

Die Eigenkapitalveränderungsrechnung unseres Beispiels beschränkt sich auf mindestens vier Posten. Sie könnte so aussehen wie in Abbildung 7.11, Seite 309.

Eigenkapital zu Beginn des Abrechnungszeitraums	0 GE
Eigenkapitaltransfers	+ 105 000 GE
Einkommen	+ 32 250 GE
Eigenkapital zum Ende des Abrechnungszeitraums	= 137 250 GE

Abbildung 7.11: Eigenkapitalveränderungsrechnung der Unternehmenberatung Karl Gross für den Zeitraum 1.4. bis 30.4.20X1

7.4.4 Bilanz

Wie oben beschrieben bieten sich für die Erstellung einer Bilanz zwei Vorgehensweisen an, das Ablesen der Endbestände der Konten mit dem Eintrag in ein Bilanzschema sowie die formale Herleitung durch „Abschluss" aller Bilanzkonten.

Zwei Vorgehensweisen denkbar

Ablesen der Endbestände aus der Saldenaufstellung oder von den Konten und Eintrag in ein Bilanzschema

Auswertung der Salden-aufstellung oder der Bilanzkonten

Ohne weitere Buchungen vorzunehmen, kann man die Bilanz erstellen. Man muss nur zuvor die Kontenstände der Bilanzkonten zum Ende des Abrechnungszeitraums ermittelt haben, eine Information, die wir normalerweise bereits im Rahmen der Saldenaufstellung produziert haben. Wir schauen also nur auf die Saldenaufstellung und übertragen die Endbestände der Bilanzkonten in unser Bilanzschema. Alternativ dazu können wir auch auf die Konten selbst schauen und (gegebenenfalls) von dort die benötigten Daten übertragen.

Formaler „Abschluss" aller Bilanzkonten

„Abschluss" der Bilanz-konten auf das „Schluss-bilanzkonto"

Wir bilden zunächst ein sogenanntes *Schlussbilanzkonto*. Zum Abschluss der Bilanzkonten auf dieses *Schlussbilanzkonto* sind die Buchungen der Abbildung 7.12, Seite 310, vorzunehmen. Je nach Abschlussbuchungstyp für das Vermögens- und Eigenkapitalkonto sind sie mit den laufenden Nummern 6 und 7 gekennzeichnet. Der Abschluss der Vermögens- und Kapitalkonten auf dem *Schlussbilanzkonto* sieht wie in Abbildung 7.13, Seite 311, aus. Dabei unterstellen wir, das Einkommen und die Eigenkapitaltransfers seien bereits auf dem *Eigenkapitalkonto* berücksichtigt.

Abbildung 7.12:
Abschlussbuchungen der Bilanzkonten

Beleg	Datum	Konten	Soll	Haben
A6a	30.4.	Abschlussbuchung Zahlungsmittel		
		Bilanzkonto	100 000	
		Zahlungsmittel		100 000
A6b	30.4.	Abschlussbuchung Forderungen (Verkauf)		
		Bilanzkonto	5 500	
		Forderungen (Verkauf)		5 500
A6c	30.4.	Abschlussbuchung Aktiver RAP		
		Bilanzkonto	2 000	
		Aktiver Rechnungsabgrenzungsposten		2 000
A6d	30.4.	Abschlussbuchung Büromaterial		
		Bilanzkonto	1 500	
		Büromaterial		1 500
A6e	30.4.	Abschlussbuchung Möbel		
		Bilanzkonto	12 000	
		Büro- und Geschäftsausstattung		12 000
A6f	30.4.	Abschlussbuchung Grundstück		
		Bilanzkonto	30 000	
		Grundstück		30 000
A7a	30.4.	Abschlussbuchung Kumulierte Abschreibung (Möbel)		
		Kum. Abschreibungen (Möbel)	250	
		Bilanzkonto		250
A7b	30.4.	Abschlussbuchung Verbindlichkeiten (Einkauf)		
		Verbindlichkeiten (Einkauf)	2 000	
		Bilanzkonto		2 000

A7c	30.4.	Abschlussbuchung Verbindlichkeiten (Gehalt)		
		Verbindlichkeiten (Gehalt)	1 500	
		Bilanzkonto		1 500
A7d	30.4.	Abschlussbuchung passiver Rechnungs-abgrenzungsposten		
		Passiver Rechnungsabgrenzungsposten	10 000	
		Bilanzkonto		10 000

Vermögensgüter

S	Zahlungsmittel		H
Saldo	100 000	(A6a)	100 000

S	Forderungen (Verkauf)		H
Saldo	5 500	(A6b)	5 500

S	Aktiver Rechnungs-abgrenzungsposten		H
Saldo	2 000	(A6c)	2 000

S	Büromaterial		H
Saldo	1 500	(A6d)	1 500

S	Büro- und Geschäfts-ausstattung		H
Saldo	12 000	(A6e)	12 000

S	Grundstück		H
Saldo	30 000	(A6f)	30 000

Einkommens- und Bilanzkonto

S	Einkommenskonto		H
(A1b)	31 000	(A1)	72 500
(A2a)	2 000		
(A2b)	3 000		
(A2c)	500		
(A2d)	250		
(A2e)	350		
(A8)	32 250		

S	Eigenkapitaltransfers		H
	45 000		150 000
(A7e)	105 000		

S	Bilanzkonto		H
(A6a)	100 000	(A7a)	250
(A6b)	5 500	(A7b)	2 000
(A6c)	2 000	(A7c)	1 500
(A6d)	1 500	(A7d)	10 000
(A6e)	12 000	(A9)	137 250
(A6f)	30 000		

Fremd- und Eigenkapital

S	Verbindlichkeiten (Einkauf)		H
(A7b)	2 000	Saldo	2 000

S	Verbindlichkeiten (Gehalt)		H
(A7c)	1 500	Saldo	1 500

S	Passiver Rechnungs-abgrenzungsposten		H
(A7d)	10 000	Saldo	10 000

S	Kumulierte Abschreibung (Möbel)		H
(A7a)	250	Saldo	250

S	Eigenkapital Karl Gross		H
(A9)	137 250	(A7e)	105 000
		(A8)	32 250

Abbildung 7.13: Ertrags- und Aufwandskonten sowie Einkommens- und Kapitalkonto nach den Korrektur- und Abschlussbuchungen

Bei Verwendung dieser Methode, bei der man alle Konten abschließt, sind die Konten zu Beginn des neuen Abrechnungszeitraums mit den Endbeständen des vorhergehenden Abrechnungszeitraums neu zu eröffnen. Dazu sind im neuen Abrechnungszeitraum sogenannte Eröffnungsbuchungen vorzunehmen, welche bis auf die Kontenseiten den Abschlussbuchungen auf dem Bilanzkonto entsprechen. Bei den Eröffnungsbuchungen ist noch zu berücksichtigen, dass das Einkommen zusammen mit dem

Neueröffnung von Konten zu Beginn des neuen Abrechnungszeitraums

Eigenkapital ausgewiesen wird. Spätestens bei den Eröffnungsbuchungen ist demnach das Einkommen dem Kapital hinzuzurechnen. Die Aufstellung der entsprechenden Buchungssätze bleibt dem Leser überlassen.

Aussagelosigkeit der endgültigen Saldenaufstellung

Würde man nach „Abschluss" der Konten eine Saldenaufstellung produzieren, so wäre diese zunächst um ein *Schlussbilanzkonto* zu erweitern. Bis auf dieses Konto nähmen alle Kontensalden den Wert null an.

7.4.5 Anlagespiegel

In unserem Beispiel ist der Analgespiegel schnell erstellt, weil es nur wenige Posten des Anlagevermögens gibt und weil nur sehr wenige Veränderungen stattgefunden haben. Der Anlagespiegel könnte so aussehen wie in Abbildung 7.14, Seite 312.

	Historische Anschaffungsausgabe	Summe vergangener Abschreibungen	Buchwert zu Beginn	Zugänge	Zuschreibungen	Abgänge	Abschreibungen	Umbuchungen	Buchwert am Ende
Büromaterial	0	0	0	2000	0	500	0	0	1500
Möbel	0	0	0	12000	0	0	250	0	11750
Grundstück	0	0	0	0	0	0	0	0	30000

Abbildung 7.14: Anlagespiegel der Unternehmensberatung Karl Gross zum 30.4.20X1

7.4.6 Kapitalflussrechnung

Direkte Methode

Beispiel

Wir unterstellen für das Beispiel, dass die Kapitalflussrechnung aus Abbildung 7.4, Seite 302, auf der Einkommensrechnung der Abbildung 7.15, Seite 313, nach dem „Umsatzkostenverfahren" und auf den Bilanzen der Abbildung 7.16, Seite 313, beruht. Zum besseren Verständnis haben wir in beiden Rechenwerken einen eindeutigen Bezug zu bestimmten Sachverhalten angemerkt. So enthält beispielsweise der *Aufwand (Verkauf)* alle Ausgaben, die man den verkauften Gütern zugerechnet hat, und der *Aufwand (Gehalt, nicht Verkauf)* nur diejenigen Ausgaben für Gehälter, welche man den verkauften Gütern nicht zugerechnet hat.

Präzisierungen

Wir wenden die Überlegungen zur Schätzung der Einzahlungen und Auszahlungen auf die einzelnen Zahlungsströme an und orientieren uns dabei an der Reihenfolge, die in der Kapitalflussrechnung der Abbildung 7.4, Seite 302 vorgegeben ist. Dabei geben wir immer alle Zeilen des Schemas an. Die Ausgangsdaten wurden so konstruiert, dass zu jedem Posten der Einkommensrechnung ein zugehöriger Bilanzposten existiert. Wir vermerken ferner in Klammern den Grund, weswegen der Bilanzposten mit dem Posten der Einkommensrechnung zusammenhängt. Wir erwähnen mit dem Symbol „./." auch den Fall, in dem es keine zugehörigen Posten gibt.

CC Discount Einkommensrechnung für das Geschäftsjahr 20X1	Beträge in TGE	
Erträge		
Ertrag (Verkauf)	300	
Ertrag (Zinsen, nicht Verkauf)	15	
Ertrag (Dividenden, nicht Verkauf)	13	
Ertrag (Gewinn aus Verkauf von Sachanlagen)	5	333
Aufwendungen		
Aufwand (Verkauf)	−160	
Aufwand (Gehalt, nicht Verkauf)	−60	
Aufwand (Abschreibungen, nicht Verkauf)	−12	
Aufwand (Zinsen für Fremdkapital, nicht Verkauf)	−10	
Aufwand (Einkommensteuer, nicht Verkauf)	−9	−251
Einkommen		82

Abbildung 7.15:
Einkommensrechnung nach dem „Umsatzkostenverfahren"

CC Discount Bilanzen für die Geschäftsjahre in TGE, endend am	31.12.20X1	31.12.20X0	Differenz
Anlagevermögen			
Finanzanlagen	8	–	8
Sachanlagen	300	77	223
Umlaufvermögen			
Forderungen (Verkauf)	150	100	50
Forderungen (Zinsen, nicht Verkauf)	20	19	1
Forderungen (Dividenden, nicht Verkauf)	0	0	0
Forderungen (Einkommensteuer, nicht Verkauf)	0	0	0
Erzeugnisse, Handelsware	230	240	−10
Zahlungsmittel	82	60	22
Aktiver Rechnungsabgrenzungsposten	16	9	7
Summe Aktiva	806	505	301
Eigenkapital			
Kapital	250	130	120
Gewinnrücklagen	94	18	76
Kurzfristiges Fremdkapital			
Verbindlichkeiten (Einkauf)	140	120	20
Verbindlichkeiten (Verkauf)	0	0	0
Verbindlichkeiten (Gehalt, nicht Verkauf)	10	15	−5
Verbindlichkeiten (Zinsen für Fremdkapital, nicht Verkauf)	0	0	0
Verbindlichkeiten (Einkommensteuer, nicht Verkauf)	0	0	0
Passiver Rechnungsabgrenzungsposten	12	12	0
Langfristiges Fremdkapital			
Verbindlichkeiten	300	210	90
Summe Passiva	806	505	301

Abbildung 7.16:
Bilanzen

Einzahlung von Kunden

Zusammenhang zwischen Ertrag (Verkauf) und Veränderungen der Forderungen (Verkauf)

Die Zahlungsmittelzugänge von Kunden ergeben sich aus dem *Ertrag (Verkauf)*, den man üblicherweise als Umsatzertrag bezeichnet, korrigiert um die Veränderung der *Forderungen (Verkauf)*, die üblicherweise als Forderungen aus Lieferungen und Leistungen bezeichnet werden. Wenn ein Umsatz „auf Ziel" erfolgt, nehmen anstatt der *Zahlungsmittel* die *Forderungen (Verkauf)* zu. Folglich ist der Umsatzertrag um eine eventuelle Zunahme der *Forderungen (Verkauf)* zu kürzen. Umgekehrtes gilt für eine Abnahme der *Forderungen (Verkauf)*. In einem solchen Fall nehmen die *Zahlungsmittel* stärker zu als es im *Ertrag (Verkauf)* zum Ausdruck kommt. Das ergibt sich, wenn *Forderungen (Verkauf)* aus vergangenen Abrechnungszeiträumen beglichen werden.

Berechnungsschema

Zahlenmäßig erhalten wir im Einklang mit den Vorgaben der Abbildung 7.5, Seite 304, für unser Beispiel einen Betrag von 250 TGE:

Einzahlung von Kunden	=	Ertrag (Verkauf)	300
		− Zunahme des zugehörigen Aktivpostens (Forderungen (Verkauf))	− 50
		+ Abnahme des zugehörigen Aktivpostens (Forderungen (Verkauf))	+ 0
		− Abnahme des zugehörigen Passivpostens (./.)	
		+ Zunahme des zugehörigen Passivpostens (./.)	
		= Einzahlung von Kunden	= 250

Einzahlung von Zinsen aus Darlehen an Kunden

Zusammenhang zwischen Ertrag (Zinsen, nicht Verkauf) und Forderungen (Zinsen, nicht Verkauf)

Die Einzahlungen von Zinsen aus Darlehen an Kunden ergeben sich aus dem *Ertrag (Zinsen)*, korrigiert um die Veränderung der *Forderungen (Zinsen, nicht Verkauf)*. Wenn die Zinsen nicht pünktlich bezahlt werden, entsteht zwar ein *Ertrag (Zinsen)*, aber es nehmen anstatt der *Zahlungsmittel* nur die *Forderungen (Zinsen, nicht Verkauf)* zu. Folglich ist der *Ertrag (Zinsen)* um eine eventuelle Zunahme der *Forderungen (Zinsen, nicht Verkauf)* zu kürzen, um die gezahlten Beträge zu ermitteln. Umgekehrtes gilt für eine Abnahme der *Forderungen (Zinsen, nicht Verkauf)*. In einem solchen Fall hätten die *Zahlungsmittel* stärker zugenommen als es im *Ertrag (Zinsen)* zum Ausdruck kommt. Das tritt auf, wenn Zinsforderungen aus vergangenen Abrechnungszeiträumen beglichen werden.

Berechnungsschema

Zahlenmäßig erhalten wir im Beispiel einen Betrag von 14 TGE:

Einzahlung von Zinsen aus Darlehen an Kunden	=	Ertrag (Zinsen)	15
		− Zunahme des zugehörigen Aktivpostens (Forderungen (Zinsen, nicht Verkauf))	− 1
		+ Abnahme des zugehörigen Aktivpostens (Forderungen (Zinsen, nicht Verkauf))	+ 0
		− Abnahme des zugehörigen Passivpostens (./.)	
		+ Zunahme des zugehörigen Passivpostens (./.)	
		= Einzahlung von Zinsen für das Darlehen an Kunden	= 14

Einzahlung wegen erhaltener Dividenden aus Investitionen

Die Dividendeneinzahlungen aus Investitionen ergeben sich aus dem *Ertrag (Dividenden, nicht Verkauf)*, korrigiert um die Veränderung der *Forderungen (Dividenden)*. Wenn nämlich eine Dividendenzahlung verzögert erfolgt, nehmen anstatt der *Zahlungsmittel* nur die *Forderungen (Dividenden, nicht Verkauf)* zu. Folglich ist der *Ertrag (Dividenden, nicht Verkauf)* um eine eventuelle Zunahme der *Forderungen (Dividenden, nicht Verkauf)* zu kürzen. Umgekehrtes gilt wieder für eine Abnahme der *Forderungen (Dividenden, nicht Verkauf)*.

Zusammenhang zwischen Ertrag (Dividenden, nicht Verkauf) und Forderungen (Dividenden, nicht Verkauf)

Zahlenmäßig erhalten wir für unser Beispiel damit einen mit den Dividendeneinzahlungen übereinstimmenden Betrag von 13 TGE:

Berechnungsschema

Einzahlung von Dividenden aus Investitionen	=	Ertrag (Dividenden, nicht Verkauf)	13
		− Zunahme des zugehörigen Aktivpostens (Forderungen (Dividenden, nicht Verkauf))	+ 0
		+ Abnahme des zugehörigen Aktivpostens (Forderungen (Dividenden, nicht Verkauf))	− 0
		− Abnahme des zugehörigen Passivpostens (./.)	
		+ Zunahme des zugehörigen Passivpostens (./.)	
		= Einzahlung von Dividenden aus Investitionen	= 13

Auszahlung für verkaufte Erzeugnisse, Handelsware (nicht Sachanlagen)

Für die Ermittlung der Auszahlungen wegen verkaufter Güter, die nicht aus dem Anlagevermögen stammen, wird ein zweistufiges Vorgehen notwendig. Zuerst sind die Ausgaben, danach die Auszahlungen zu bestimmen. Zunächst ist zu ermitteln, in welcher Höhe überhaupt *Erzeugnisse, Handelsware* zum Verkauf gelangt sind (Ausgabe für verkaufte Güter). Anschließend ist der Betrag zu bestimmen, der dafür im Abrechnungszeitraum gezahlt wurde (Auszahlungen für verkaufte Güter). In Höhe des Betrags, um den der Bestand an *Erzeugnissen, Handelsware* abgenommen hat, wurde weniger eingekauft oder produziert, als zum Verkauf benötigt wurde. Umgekehrt zeigt eine Erhöhung des Bestands an *Erzeugnissen, Handelsware*, dass mehr eingekauft wurde, als zum Verkauf erforderlich war.

Zusammenhang zwischen Aufwand (Verkauf), Erzeugnissen Handelsware und Verbindlichkeiten (Verkauf)

Die Ausgaben – aber noch nicht die Auszahlungen – für den Kauf und die Produktion verkaufter *Erzeugnisse, Handelsware* ergeben sich zu 150 TGE:

Bestimmung der Ausgaben und Auszahlungen

Ausgabe für verkaufte Erzeugnisse, Handelsware	=	Aufwand (Verkauf)	160
		+ Zunahme des zugehörigen Aktivpostens (Erzeugnisse, Handelsware)	+ 0
		− Abnahme des zugehörigen Aktivpostens (Erzeugnisse, Handelsware)	− 10
		+ Abnahme des zugehörigen Passivpostens (./.)	
		− Zunahme des zugehörigen Passivpostens (./.)	
		= Ausgabe für verkaufte Erzeugnisse, Handelsware	= 150

Inwieweit diese Ausgaben bar bezahlt wurden, ergibt sich durch Vergleich mit den *Verbindlichkeiten (Einkauf)*. Haben diese zugenommen, so wurde in dieser Höhe nicht bar bezahlt; haben sie abgenommen, so wurden um diesen Betrag Verbindlichkeiten abgetragen.

Berechnungsschema Die Auszahlung an Lieferanten beträgt 130 TGE.

Auszahlung für verkaufte Erzeugnisse, Handelsware	=	Ausgabe (Handelsware)	150
		+ Zunahme des zugehörigen Aktivpostens (./.)	
		− Abnahme des zugehörigen Aktivpostens (./.)	
		+ Abnahme des zugehörigen Passivpostens (Verbindlichkeiten (Einkauf))	+ 0
		− Zunahme des zugehörigen Passivpostens (Verbindlichkeiten (Einkauf))	− 20
		= Auszahlung für verkaufte Erzeugnisse, Handelsware	= 130

Auszahlung an Gehaltsbezieher, die nicht dem Verkauf zugerechnet wird

Zusammenhang zwischen Aufwand (Gehalt, nicht Verkauf) und Verbindlichkeiten (Gehalt, nicht Verkauf) Grundlage für die Auszahlung an Gehaltsbezieher, die im Beispiel nicht dem Verkauf zugerechnet wird, ist in unserem Beispiel der *Aufwand (Gehalt, nicht Verkauf)*. Soweit dieser Aufwand nicht bar bezahlt wurde, sind *Verbindlichkeiten (Gehalt, nicht Verkauf)* entstanden; soweit Zahlungsverpflichtungen zurückliegender Abrechnungszeiträume durch Zahlung ausgeglichen wurden, haben die *Verbindlichkeiten (Gehalt, nicht Verkauf)* abgenommen.

Berechnungsschema Die Auszahlung wegen der Beschäftigung von Personal, das nicht dem Verkauf zugerechnet wird, beträgt 65 TGE.

Auszahlung an Gehaltsbezieher, die nicht dem Verkauf zugerechnet werden	=	Aufwand (Gehalt, nicht Verkauf)	60
		+ Zunahme des zugehörigen Aktivpostens (./.)	
		− Abnahme des zugehörigen Aktivpostens (./.)	
		+ Abnahme des zugehörigen Passivpostens (Verbindlichkeiten (Gehalt, nicht Verkauf))	+ 5
		− Zunahme des zugehörigen Passivpostens (Verbindlichkeiten (Gehalt, nicht Verkauf))	− 0
		= Auszahlung an Gehaltsbezieher, die nicht dem Verkauf zugerechnet werden	= 65

Auszahlung wegen Zinsen auf Fremdkapital, die nicht dem Verkauf zugerechnet wird

Zusammenhang zwischen Aufwand (Zinsen für Fremdkapital, nicht Verkauf) und Verbindlichkeiten (Zinsen für Fremdkapital, nicht Verkauf) Der Aufwand (Zins für kurzfristiges Fremdkapital), der im Beispiel nicht dem Verkauf zugerechnet wird, bildet die Grundlage für die Schätzung der entsprechenden Auszahlung. Er ist zu erhöhen um die Abnahme der *Verbindlichkeiten (Zinsen für Fremdkapital, nicht Verkauf)* und zu verringern um die Zunahme der *Verbindlichkeiten (Zinsen für Fremdkapital, nicht Verkauf)*.

Berechnungsschema Die Auszahlung für Zinsen wegen kurzfristigen Fremdkapitals ergibt sich daher zu 10 TGE.

Auszahlung wegen Zinsen auf Fremdkapital	=	Aufwand (Zins für kurzfristiges Fremdkapital)	10
		+ Zunahme des zugehörigen Aktivpostens (./.)	
		– Abnahme des zugehörigen Aktivpostens (./.)	
		+ Abnahme des zugehörigen Passivpostens (Verbindlichkeiten (Zins für kurzfristiges Fremdkapital, nicht Verkauf))	+ 0
		– Zunahme des zugehörigen Passivpostens (Verbindlichkeiten (Zins für kurzfristiges Fremdkapital, nicht Verkauf))	– 0
		= Auszahlung wegen Zinsen auf Fremdkapital	= 10

Auszahlung wegen Einkommensteuer, die nicht dem Verkauf zugerechnet wird

Der Aufwand für Einkommensteuern, die im Beispiel dem Verkauf nicht zugerechnet werden, bildet die Basis für die Schätzung der entsprechenden Auszahlung. Er ist zu erhöhen um die Zunahme der *Forderungen (Einkommensteuer, nicht Verkauf)* und um die Abnahme der *Verbindlichkeiten (Einkommensteuer, nicht Verkauf)*. Bei einer Abnahme der *Forderungen (Einkommensteuer, nicht Verkauf)* und einer Zunahme der *Verbindlichkeiten (Einkommensteuer, nicht Verkauf)* sind die Beträge zu verringern, um die Zahlungen zu erhalten.

Die Auszahlung wegen Steuern ergibt sich hier zu 9 TGE.

Zusammenhang zwischen Aufwand (Einkommensteuer, nicht Verkauf), Forderungen (Einkommensteuer, nicht Verkauf) und Verbindlichkeiten (Einkommensteuer, nicht Verkauf)

Berechnungsschema

Auszahlung wegen Einkommen- steuern	=	Aufwand (Einkommensteuer)	9
		+ Zunahme des zugehörigen Aktivpostens (Forderungen (Einkommensteuer, nicht Verkauf))	+0
		– Abnahme des zugehörigen Aktivpostens (Forderungen (Einkommensteuer, nicht Verkauf))	– 0
		+ Abnahme des zugehörigen Passivpostens (Verbindlichkeiten (Einkommen- steuer, nicht Verkauf))	+ 0
		– Zunahme des zugehörigen Passivpostens (Verbindlichkeiten (Einkommen- steuer, nicht Verkauf))	– 0
		= Auszahlung wegen Einkommensteuer	= 9

Einzahlung oder Auszahlung aus dem Verkauf von Sachanlagen

Die Zahlungen aus dem Kauf von Sachanlagen könnten getrennt von denen aus dem Verkauf von Sachanlagen geschätzt werden, wenn die jeweils zugehörigen Aktiv- und Passivposten gesondert ausgewiesen würden. In unserem Beispiel kann man aus den Bilanzen nicht erkennen, ob beim Kauf Verbindlichkeiten und beim Verkauf Forderungen entstanden sind. Die Veränderung der Sachanlagen zeigt uns nur, wie groß die aus dem Kauf und Verkauf gemeinsam erwachsene Veränderung gewesen ist. Daher können wir mit der hier beschriebenen Methode nur den Saldo der beiden Zahlungsströme ermitteln. Wir wissen nicht, ob sich per Saldo eine Einzahlung oder eine Auszahlung ergibt. Wir hoffen auf eine Einzahlung und beginnen daher mit der Formel für Einzahlungen. Zugleich unterstellen wir, dass eine negative Einzahlung einer Auszahlung entspricht.

Beeinträchtigung mangels ausreichender Daten

Zusammenhang zwischen Ertrag (Gewinn aus dem Verkauf von Sachanlagen) und Vermögensposten (Sachanlagen) abzüglich Abschreibungen

Einzahlungen ergeben sich *ceteris paribus*, wenn die Sachanlagen abnehmen, jedoch nicht, wenn die Abnahme aus nicht zahlungswirksamen Abschreibungen resultiert. Daher geht der Abschreibungsbetrag mit negativem Vorzeichen in die Formel ein. Erzielt man beim Verkauf eines Vermögensguts gegen Barmittel einen Gewinn, so übersteigt die Einzahlung den Wert des um Abschreibungen korrigierten Abgangs. Bei einem Verlust kommt weniger Wert in Form von Bargeld in das Unternehmen hinein als an Buchwerten abgehen.

Berechnungsschema für Einzahlungen

Zahlenmäßig ergibt sich eine Einzahlung in Höhe von -230 TGE, was einer Auszahlung von 230 TGE entspricht:

Einzahlung aus dem Verkauf von Sachanlagen	=	Ertrag (Gewinn aus dem Verkauf von Sachanlagen)	5
		− Zunahme des zugehörigen Aktivpostens (− Sachanlagen − Abschreibungen)	$-223-12$
		+ Abnahme des zugehörigen Aktivpostens (− Sachanlagen − Abschreibungen)	$+0$
		− Abnahme des zugehörigen Passivpostens (./.)	
		+ Zunahme des zugehörigen Passivpostens (./.)	
		= Einzahlung aus dem Verkauf von Sachanlagen	$=-230$

Berechnungsschema für Auszahlungen

Hätten wir mit der Formel für Auszahlungen begonnen, so hätte man den Gewinn aus dem Verkauf von Sachanlagen als negativen Aufwand verstehen müssen und es hätten sich ebenfalls Auszahlungen von 230 TGE ergeben. Alternativ dazu hätte man den Gewinn als Zunahme eines Passivpostens (Gewinnrücklagen) ansehen können und bis auf das Vorzeichen das gleiche Ergebnis erhalten.

Auszahlung aus dem Verkauf von Sachanlagen	=	Aufwand (Gewinn aus dem Verkauf von Sachanlagen)	-5
		+ Zunahme des zugehörigen Aktivpostens (Sachanlagen + Abschreibungen)	$+223+12$
		− Abnahme des zugehörigen Aktivpostens (Sachanlagen + Abschreibungen)	-0
		+ Abnahme des zugehörigen Passivpostens (./.)	
		− Zunahme des zugehörigen Passivpostens (./.)	
		= Auszahlung aus dem Verkauf von Sachanlagen	$=230$

Auszahlung wegen des Kaufs von Sachanlagen

Kompliziertere Zusammenhänge in Sonderfällen

Hinter dem Kauf von Sachanlagen verbirgt sich ein Aktivtausch oder eine Bilanzverlängerung. Aus keinem der beiden Sachverhalte ergeben sich Konsequenzen für die Einkommensrechnung. Zur Ermittlung dieser Zahlungen benötigen wir zusätzliche Informationen. Hierzu kommen entweder unternehmensinterne Angaben über das Geschäft infrage (zahlungsbezogene Ermittlung) oder detaillierte Angaben darüber, wie sich die Veränderung des Bilanzpostens *Sachanlagen* in den beiden Bilanzen zusammensetzt. Ein sogenannter Anlagespiegel, den wir in diesem Buch kurz angesprochen haben, enthält solche Angaben. Für das Beispiel unterstellen wir, es sei bekannt, dass für 300 GE Bargeld Sachanlagen gekauft worden seien.

Auszahlung wegen der Gewährung eines Darlehens als Finanzanlage

Durch die Anschaffung einer Finanzanlage fließt Bargeld ab. Die Höhe des Abflusses ergibt sich, wenn wir die Zunahme des Postens *Finanzanlagen* ermitteln. Posten der Einkommensrechnung sind nicht betroffen.

Man erhält eine Auszahlung von 8 TGE aus:

Zusammenhang zwischen bestimmten Bilanzposten

Berechnungsschema

Auszahlung für	=	Aufwand (./.)	
Anschaffung		+ Zunahme des zugehörigen Aktivpostens (Finanzanlagen)	+ 8
einer Finanz-		– Abnahme des zugehörigen Aktivpostens (Finanzanlagen)	– 0
anlage		+ Abnahme des zugehörigen Passivpostens (./.)	
		– Zunahme des zugehörigen Passivpostens (./.)	
		= Auszahlung für die Anschaffung einer Finanzanlage	= 8

Einzahlung wegen der Ausgabe von Aktien

Die Ausgabe von Aktien stellt keinen Vorgang dar, der die Einkommensrechnung betrifft. Vielmehr handelt es sich um einen Eigenkapitaltransfer. Es erfolgt eine Einlage. Hier steht dem Zugang an Eigenkapital in gleicher Höhe ein Zugang an Zahlungsmitteln gegenüber.

Es ergibt sich eine Einzahlung in Höhe von 120 TGE:

Zusammenhang zwischen bestimmten Bilanzposten

Berechnungsschema

Einzahlung aus	=	Ertrag (./.)	
der Ausgabe von		– Zunahme des zugehörigen Aktivpostens (./.)	
Aktien		+ Abnahme des zugehörigen Aktivpostens (./.)	
		– Abnahme des zugehörigen Passivpostens (Eigenkapital)	0
		+ Zunahme des zugehörigen Passivpostens (Eigenkapital)	+ 120
		= Einzahlung aus der Ausgabe von Aktien	= 120

Einzahlung aus der Aufnahme eines langfristigen Darlehens

Hierbei handelt es sich um eine Einzahlung, deren Ermittlung große Ähnlichkeit mit dem vorgenannten Ereignis besitzt. Allerdings handelt es sich hier um die Zunahme eines Fremdkapitalpostens, in der sich die Zunahme von Zahlungsmitteln zeigt.

Man erhält die Einzahlung von 90 TGE:

Zusammenhang zwischen bestimmten Bilanzposten

Berechnungsschema

Einzahlung aus	=	Ertrag (./.)	
der Aufnahme		– Zunahme des zugehörigen Aktivpostens (./.)	
eines Darlehens		+ Abnahme des zugehörigen Aktivpostens (./.)	
		– Abnahme des zugehörigen Passivpostens (langfristige Verbindlichkeiten)	– 0
		+ Zunahme des zugehörigen Passivpostens (langfristige Verbindlichkeiten)	+ 90
		= Einzahlung aus der Aufnahme eines Darlehens	= 90

Auszahlung wegen Vorauszahlung von Zinsen auf ein Darlehen

Die Vorauszahlung von Darlehenszinsen verkörpert so lange keinen Aufwand, bis der Zeitraum beginnt, für den die Zinsen gezahlt werden müssen. Bis dahin ist die Vorauszahlung als aktiver Rechnungsabgrenzungsposten auszuweisen. Nimmt der aktive Rechnungsabgrenzungs-

Zusammenhang zwischen bestimmten Bilanzposten

posten während eines Abrechnungszeitraums zu, dann verbirgt sich dahinter ein Abfluss von Zahlungsmitteln. Durch Analyse der Veränderung des aktiven Rechnungsabgrenzungspostens – unterstellt, seine Veränderung lasse sich nur mit Darlehenszins-bedingten Ereignissen erklären – können wir die Höhe der Vorauszahlung an Darlehenszinsen bestimmen.

Berechnungsschema   Wir erhalten hier einen Betrag von 7 TGE:

Auszahlung wegen der Vorauszahlung von Darlehenszinsen	=	Aufwand (./.)	
		+ Zunahme des zugehörigen Aktivpostens (Aktiver Rechnungsabgrenzungsposten)	+ 7
		– Abnahme des zugehörigen Aktivpostens (Aktiver Rechnungsabgrenzungsposten)	– 0
		+ Abnahme des zugehörigen Passivpostens (./.)	
		– Zunahme des zugehörigen Passivpostens (./.)	
		= Auszahlung wegen der Vorauszahlung von Darlehenszinsen	= 7

Auszahlung von Dividende an die Anteilseigner

Zusammenhang zwischen bestimmten Bilanzposten   Dividendenzahlungen mindern das Eigenkapital, und zwar die Gewinnrücklagen. Allerdings nehmen die Gewinnrücklagen durch ein positives Einkommen zunächst zu und durch ein negatives entsprechend ab. Die Höhe der Dividendenzahlung entspricht folglich der um das Einkommen korrigierten Abnahme der Gewinnrücklagen.

Berechnungsschema   Im Beispiel ergibt sich ein Betrag von 6 TGE:

Auszahlung von Dividende an die Anteilseigner	=	Aufwand (./.)	
		+ Zunahme des zugehörigen Aktivpostens (./.)	
		– Abnahme des zugehörigen Aktivpostens (./.)	
		+ Abnahme des zugehörigen Passivpostens (Gewinnrücklage)	+ 0
		– Zunahme des zugehörigen Passivpostens (Gewinnrücklage) + Einkommen	– 76 + 82
		= Auszahlung von Dividende an die Anteilseigner	= 6

Indirekte Methode

Probleme bei Einkommensrechnung nach dem „Gesamtkostenverfahren"   Bei Verwendung einer Einkommensrechnung, die dem „Gesamtkostenverfahren" entspricht, kann man solche Rechnungen normalerweise nicht sinnvoll ausführen; denn hier lassen sich die Aufwendungen nicht einzeln ablesen, sondern nur als Saldo zusammen mit den Bestandsveränderungen errechnen. Nur wenn es keine Bestandsveränderungen gegeben hat, wenn also eine Einkommensrechnung nach dem „Gesamtkostenverfahren" bis auf die Gliederung *de facto* einer nach dem „Umsatzkostenverfahren" entspricht, lässt sich die direkte Methode auf das „Gesamtkostenverfahren" anwenden. Probleme ergeben sich weiterhin, wenn die Posten der Einkommensrechnung und die der Bilanzen sich nicht entsprechen. Auch dann bleibt als Ausweg nur die indirekte Methode.

Im Beispiel rechnen wir das Umlaufvermögen und das kurzfristige Fremdkapital bis auf die Rechnungsabgrenzungsposten dem operativen Bereich zu. Die Rechnungsabgrenzungsposten sind näher zu analysieren, weil diese auch – wie im Beispiel – mit Finanzierungen zusammenhängen können. Wir unterstellen, die Analyse habe ergeben, dass die Veränderung der Rechnungsabgrenzungsposten nicht dem operativen Bereich zuzurechnen sei. Der Zahlungsüberschuss aus operativen Aktivitäten berechnet sich dann wie in Abbildung 7.17, Seite 321.

Zurechnungen

CC Discount Kapitalflussrechnung für das Geschäftsjahr 20X1		
Bezeichnung	**Beträge in TGE**	
Zahlungsstrom aus operativen Tätigkeiten		
Einkommen		82
– Gewinn aus Veräußerung	−5	
+ Abschreibungen	+12	+7
– Zunahme von Aktivposten		
Forderungen (Verkauf)	−50	
Forderungen (Zinsen)	−1	
+Abnahme von Aktivposten		
Waren	+10	
−Abnahme von Passivposten		
Verbindlichkeiten (Gehalt)	−5	
+Zunahme von Passivposten		
Verbindlichkeiten (Einkauf)	+20	−26
Nettozahlungsstrom aus operativen Tätigkeiten		63
Zahlungsstrom aus Investitionen		
Einzahlungen		
aus dem Verkauf von Sachanlagen	70	70
Auszahlungen		
Kauf von Sachanlagen	−300	
Gewährung eines Darlehens (Finanzanlage)	−8	−308
Nettozahlungsstrom aus Investitionen		−238

Abbildung 7.17:
Beispiel einer entsprechend der indirekten Methode aufgebauten Kapitalflussrechnung

CC Discount Kapitalflussrechnung für das Geschäftsjahr 20X1	
Bezeichnung	**Beträge in TGE**
Zahlungsstrom aus Finanzierungen	
Einzahlungen	
Ausgabe von Aktien	120
Aufnahme eines langfristigen Darlehens	90 210
Auszahlungen	
Zinsvorauszahlung auf Darlehen	–7
Dividenden an Anteilseigner	–6 –13
Nettozahlungsstrom aus Finanzierungen	197
Nettozahlungsmittelveränderung	22
Zahlungsmittelbestand 31.12.20X0	60
Zahlungsmittelbestand 31.12.20X1	82

7.5   Entscheidungsunterstützung: einige Bilanzkennzahlen

Bilanzkennzahlen zur Entscheidungsunterstützung

Die Buchführung dient dazu, Informationen zur Entscheidungsunterstützung zu liefern. Ein Kreditgeber muss beispielsweise abschätzen, ob der Kreditnehmer in der Lage sein wird, den Kredit mit den Zinsen zurückzuzahlen. Hat der Kreditnehmer bereits viele Kredite aufgenommen, so ist die Wahrscheinlichkeit eines Kreditausfalls höher als bei Kreditaufnahme in geringem Umfang. Zur Einschätzung der finanziellen Lage eines Unternehmens benutzen Entscheidungsträger Kennzahlen, die sie aus der Buchführung des Unternehmens ermittelt haben.

Liquiditätskennzahl, current ratio

Eine häufig verwendete Kennzahl ist die Liquiditätskennzahl (*current ratio*), die aus dem Quotienten aus kurzfristig liquiden Vermögensgütern und kurzfristig fälligem Fremdkapital besteht:

Liquidität = (kurzfristig liquide Vermögensgüter) / (kurzfristig fälliges Fremdkapital)

Die Kennzahl soll die Fähigkeit des Unternehmens messen, mit kurzfristig liquiden Vermögensgütern das kurzfristig fällige Fremdkapital zurückzuzahlen. Je größer die Kennzahl ist, desto besser sind die Rückzahlungsaussichten. Bei einem großen Wert der Kennzahl übersteigt der Wert der kurzfristig zu Bargeld werdenden Vermögensgüter das kurzfristig fällige Fremdkapital. In den USA gilt ein Wert zwischen 1,5 und 2,0 als ein akzeptabler Wert für die *current ratio*, ein Wert kleiner als 1,5 dagegen als Indikator eines Liquiditätsrisikos. Wegen unterschiedlicher Bewertungsregeln lassen sich diese Ziffern nicht auf Daten übertragen, die in anderen Regelungskreisen ermittelt wurden.

Der Verschuldungsgrad stellt eine zweite wichtige Kennzahl dar. Er ergibt sich aus dem Quotienten von Fremdkapital zu den gesamten Vermögensgütern:

Verschuldungsgrad

Verschuldungsgrad = Fremdkapital / (Gesamte Vermögensgüter)

Der Verschuldungsgrad gibt an, welcher Anteil der Vermögensgüter fremdfinanziert ist. Je niedriger die Kennzahl bei einem Unternehmen ist, desto weniger riskant erscheint *ceteris paribus* eine Kreditvergabe. Auch bei dieser Kennzahl ergeben sich je nach Regelungskreis unterschiedliche Werte.

Die Gewinnung von positiven Zahlungsströmen aus dem operativen Bereich ist für Unternehmen wesentlich. Auf Dauer zu geringe Zahlungsmittelzuflüsse bedrohen das Überleben. Gibt es dagegen genügend positive Zahlungsströme, dann kann das Unternehmen wachsen, hat genügend Geld für Forschung und Entwicklung und kann sich hochbezahlte Mitarbeiter leisten. Angesichts dieser Bedeutung von Zahlungsströmen fragt man sich, wie Aktionäre und Gläubiger mit der Kapitalflussrechnung eines Unternehmens umgehen.

Relevanz positiver Zahlungsströme aus dem operativen Bereich

Es ist offensichtlich, dass Finanzberichte nicht alle Informationen enthalten, die sich die Nutzer wünschen. In der Regel werden für Anlageentscheidungen neben den Finanzberichten weitere Informationen herangezogen. Dazu zählen Presseberichte und Daten über die Branche ebenso wie Vorhersagen über die wirtschaftliche Situation in einem Land, in einer Region oder auf der Welt. Vor der Vergabe von Darlehen wird die Bank meistens ein Gespräch mit der Geschäftsleitung führen, um herauszufinden, wie sich das Unternehmen entwickeln wird. Aktionäre und Gläubiger erwarten beide Gewinne für die Zukunft. Sie interessieren sich auch für die zukünftigen Zahlungsströme, die das Unternehmens an sie richtet.

Kapitalflussrechnung stellt einen von vielen Informationsbausteinen dar

Mit den Daten aus einer Kapitalflussrechnung lassen sich problembeladene Unternehmen besser identifizieren als unproblematische. Negative operative Zahlungsströme sollten spätestens ab dem zweiten Jahr ernsthaft betrachtet werden. Ohne einen positiven Zahlungsstrom aus dem operativen Bereich kann ein Unternehmen auf Dauer nicht bestehen. Es genügt dann nicht, auf positive Zahlungsströme aus dem Investitions- oder Finanzbereich zu hoffen. Kein Aktionär oder Gläubiger wird langfristig Geld zur Verfügung stellen, um die operativen Geschäfte eines Unternehmens zu alimentieren.

Kein neues Geld ohne positiven Zahlungsstrom aus dem operativen Bereich!

7.6 Literaturhinweise

Horngren, C.T., Harrison, W.T., Smith Bamber, L. (1999), Accounting, 6. Auflage, Upper Saddle River (Prentice Hall), Kapital 4 und Kapitel 17.

7.7 Übungsmaterial

7.7.1 Fragen mit Antworten

Fragen	Antworten
Welche Typen von Finanzberichten sind sinnvollerweise zu erstellen?	Eine Einkommensrechnung, eine Eigenkapitaltransferrechnung, eine Eigenkapitalveränderungsrechnung, eine Bilanz, ein Anlagespiegel und eine Kapitalflussrechnung.
Mit Hilfe welcher Instrumente fasst man die Konsequenzen aller Geschäftsvorfälle und Korrekturbuchungen eines Unternehmens zusammen?	Mit Hilfe einer Saldenaufstellung mit Spalten für die vorläufigen Werte, für die Korrekturen, für die korrigierten Werte, für die Einkommensrechnung und für die Bilanz.
Worin besteht der letzte Schritt bei der Buchführung für einen Abrechnungszeitraum?	In den Abschlussbuchungen für die temporären Konten: Erträge, Aufwendungen, Einlagen und Entnahmen.
Warum werden die Ertrags-, Aufwands-, Einlage- und Entnahmekonten zum Ende des Abrechnungszeitraums auf null gesetzt?	Weil sich ihre Endbestände nur auf einen einzigen Abrechnungszeitraum beziehen.
Welche Konten braucht man nicht abzuschließen?	Die permanenten Konten: Vermögens- und Fremdkapitalkonten sowie das Eigenkapitalkonto. Diese Konten werden in den neuen Abrechnungszeitraum übernommen.
Wie klassifizieren Unternehmen ihre Vermögensgüter und das Fremdkapital in der Bilanz?	Je nach Regelungskreis unterschiedlich. Bei IFRS und U.S. GAAP gilt die Fristigkeit als Kriterium, bei dHGB für Vermögensgüter der Wirtschaftskreislaufgedanke und die relative Liquidität in kurzfristig (innerhalb eines Jahres oder innerhalb des Wirtschaftskreislaufs des Unternehmens) liquide und langfristig (= nicht-kurzfristig) liquide Posten.
Woher kommen die Zahlungsmittel eines Unternehmens und aus welchem finanziellen Bericht lassen sie sich ermitteln?	Aus operativen Tätigkeiten, aus Investitionen und aus Finanzierungen. Die Kapitalflussrechnung gibt Aufschluss über diese und deren Zusammensetzung.
Wie sollten die Zahlungsströme eines Unternehmens mit dessen Tätigkeiten zusammenhängen?	Der operative Zahlungsüberschuss sollte angemessen hoch sein, um die gewöhnlichen Geschäfte des operativen Bereichs abwickeln zu können. Ohne Investitionsausgaben gibt es kein Einkommenswachstum. Der Finanzierungsüberschuss deckt eine eventuelle Lücke.
Erzielen Unternehmen mit hohem Einkommen auch immer einen hohen operativen Zahlungsstrom?	Nein, weil Einkommen und Zahlungsüberschuss nur locker miteinander zusammenhängen.
Wie findet man heraus, ob das Unternehmen vermutlich seine Verbindlichkeiten bezahlen kann?	Durch eine Analyse der Einkommensrechnung und der Kapitalflussrechnung.
Wodurch zeichnet sich die direkte Methode zur Ermittlung des operativen Zahlungsstroms aus?	Zusammengehörige Posten der Einkommensrechnung und benachbarter Bilanzen werden zu einzelnen operativen Zahlungsströmen zusammengefasst.
Wodurch zeichnet sich die indirekte Methode zur Ermittlung eines operativen Zahlungsstroms aus?	Das operative Einkommen wird um die nicht zahlungswirksamen Komponenten der Ertrags- und Aufwandsposten korrigiert.

Fragen	Antworten
Lässt sich die direkte Methode immer anwenden?	Die direkte Methode lässt sich nur bei Vorliegen einer Einkommensrechnung nach dem „Umsatzkostenverfahren" anwenden.
Wann lässt sich die indirekte Methode anwenden?	Die indirekte Methode lasst sich bei jeder Form der Einkommensrechnung anwenden.
Auf welche Kennzahlen eines Unternehmens achten Entscheidungsträger oft bei ihren Kreditvergabeentscheidungen?	Auf die *current ratio* und den Verschuldungsgrad.

7.7.2   Verständniskontrolle

1 Wozu ist eine Saldenaufstellung hilfreich?

2 Warum sind die Korrekturen vor einem eventuellen Abschluss von Konten vorzunehmen?

3 Welcher Typ von Konten sollte abgeschlossen werden?

4 Welchen Zweck verfolgt man mit dem Abschluss der Konten?

5 Skizzieren Sie, inwiefern die Saldenaufstellung die Buchungen zum Ende des Abrechnungszeitraums erleichtert!

6 Worin liegt der Unterschied zwischen temporären und permanenten Konten? Geben Sie je fünf Beispiele an!

7 Warum werden Vermögensgüter als dem Anlagevermögen oder dem Umlaufvermögen zugehörig klassifiziert?

8 Welche Vorteile bringt eine Klassifikation der Vermögensgüter als kurz- oder als langfristig?

9 Geben Sie an, welche der folgenden Posten Anlagevermögen und welche Umlaufvermögen darstellen: Mietvorauszahlungen, Gebäude, Möbel, Forderungen (Verkauf), Handelsware, Zahlungsmittel, innerhalb eines Jahres fällige Verbindlichkeiten, nach mehr als einem Jahr fällige Verbindlichkeiten!

10 Geben sie an, welche der folgenden Posten kurz- und welche langfristig gebunden sind: Mietvorauszahlungen, Gebäude, Möbel, Forderungen (Verkauf), Handelsware, Zahlungsmittel, innerhalb eines Jahres fällige Verbindlichkeiten, nach mehr als einem Jahr fällige Verbindlichkeiten!

11 Gibt es Reihenfolgen, in denen Bilanzposten aufgelistet werden?

12 Welche Zwecke verbindet man mit einer Kapitalflussrechnung?

13 Wozu kann einem das Wissen um Zahlungsströme der Vergangenheit nutzen?

14 Wie lassen sich die Zahlungsströme eines Unternehmens sinnvoll unterteilen oder zusammenfassen?

15 Wodurch zeichnen sich operative Tätigkeiten im Gegensatz zu Investitionen und Finanzierungen aus?

16 Lassen sich Zahlungsströme den drei Gruppen von Tätigkeiten immer eindeutig zuordnen?

17 Welche grundsätzlichen Möglichkeiten bieten Einkommensrechnungen nach dem „Umsatzkostenverfahren" und zwei benachbarte Bilanzen zur Aufstellung von Kapitalflussrechnungen durch Unternehmensexterne?

18 Auf welche Möglichkeit zur Aufstellung von Kapitalflussrechnungen sind Einkommensrechnungen nach dem „Gesamtkostenverfahren" und zwei benachbarte Bilanzen durch Unternehmensexterne beschränkt?

19 Kennzeichnen Sie die direkte und die indirekte Methode zur Aufstellung einer Kapitalflussrechnung durch Unternehmensexterne!

20 Warum ergänzt man bei der Erstellung einer Kapitalflussrechnung Erträge und Aufwendungen um die Veränderung zugehöriger Aktiv- und Passivposten?

21 Wie erklären sich die Vorzeichen der Berücksichtigung von Veränderungen der Aktiv- und Passivposten bei der Schätzung von Einzahlungen und Auszahlungen aus Erträgen und Aufwendungen?

22 Erklären Sie an einem Beispiel, wie man aus Finanzberichten die Einzahlung aus dem Verkauf von Handelsware schätzt!

23 Erklären Sie an einem Beispiel, wie man aus Finanzberichten die Auszahlung für den Einkauf von Handelsware schätzt!

24 Welche der beiden Methoden zur Erstellung des operativen Zahlungsstroms halten Sie für aussagefähiger und wie begründen Sie Ihre Antwort?

25 Warum informieren Kapitalflussrechnungen nicht vollständig über sämtliche Investitionen und Finanzierungen?

26 Was wünschen sich Berichtsempfänger, die möglichst gute Entscheidungen treffen möchten, zusätzlich zu Kapitalflussrechnungen?

27 Wie können Informationen aus Kapitalflussrechnungen für Investitions- und Kreditwürdigkeitsanalysen nützlich sein?

28 Welche von der Unternehmensleitung ausgeschlossene Gruppe könnte an der Information interessiert sein, ob eine Verbindlichkeit kurz- oder langfristig ist? Warum möchte die Gruppe das wissen?

29 Ein Freund erzählt Ihnen, der Unterschied zwischen kurz- und langfristig fälligen Verbindlichkeiten bestehe darin, dass sie gegenüber verschiedenen Gläubigern bestehen. Hat Ihr Freund recht? Definieren Sie die beiden Typen von Verbindlichkeiten!

30 Zeigen Sie, wie man die *current ratio* und den Verschuldungsgrad berechnet! Skizzieren Sie jeweils, was die Kennzahlen messen sollen und ob hohe oder niedrige Werte eine hohe Unternehmensqualität anzeigen!

7.7.3 Aufgaben zum Selbststudium

Saldenaufstellung: von der vorläufigen über die korrigierte Saldenaufstellung zur Einkommensrechnung und zur Bilanz

Aufgabe 7.1

Sachverhalt

Das Unternehmen ABC erstellt zum 31. Dezember, dem Ende seines Wirtschaftsjahres, die in Abbildung 7.18, Seite 327, angegebene vorläufige Saldenaufstellung.

ABC Vorläufige Saldenaufstellung zum 31. Dezember 20X1	Endbestand	
	Soll	Haben
Zahlungsmittel	99 000	
Forderungen (Verkauf)	185 000	
Büromaterial	3 000	
Möbel	50 000	
Kumulierte Abschreibungen (Möbel)		20 000
Gebäude	125 000	
Kumulierte Abschreibungen (Gebäude)		65 000
Verbindlichkeiten (Einkauf)		190 000
Verbindlichkeiten (Gehalt)		
Verbindlichkeiten (Vorauszahlung Einkauf)		22 500
Kapital		146 500
Entnahmen	32 500	
Ertrag (Verkauf)		143 000
Aufwand (Gehalt)	86 000	
Aufwand (Büromaterial)		
Aufwand (Abschreibung Möbel)		
Aufwand (Abschreibung Gebäude)		
Aufwand (Sonstiges)	6 500	
Summe	587 000	587 000

Abbildung 7.18:
Vorläufige Saldenaufstellung der ABC zum 31. Dezember 20X1

Für die Arbeiten zum Ende des Abrechnungszeitraums liegen die folgenden Informationen vor:

a. Das Büromaterial beläuft sich zum Ende des Wirtschaftsjahres auf 1000 GE. Es wurde also Büromaterial mit Anschaffungsausgaben in Höhe von 2000 GE verbraucht.

b. Die Wertminderung der Büromöbel beträgt 10000 GE.

c. Die Abschreibung auf das Gebäude beträgt 5000 GE.

d. Es sind noch Gehaltsausgaben in Höhe von 2500 GE für das alte Wirtschaftsjahr angefallen. Die Zahlung steht noch aus.

e. Erbrachte Gutachten im Wert von 6000 GE wurden in Rechnung gestellt, jedoch vom Kunden noch nicht bezahlt.

f. Die Vorauszahlungen in Höhe von 22500 GE für noch nicht erbrachte zeitpunktbezogene Beratungsleistungen haben infolge einer „Lieferung", die den Verbrauch von Büromaterial im Wert von 500 GE mit sich gebracht hat, im Verkaufswert von 9000 GE abgenommen.

Keine dieser Informationen wurde bisher im Rechnungswesen verarbeitet. Bei den Ausgaben liegt kein Bezug zu Erzeugnissen oder Handelsware vor.

Fragen und Teilaufgaben

1. Erstellen Sie die korrigierte Saldenaufstellung der ABC für den 31. Dezember 20X1! Kennzeichnen Sie die Korrekturen mit den Ereignisbuchstaben! Erstellen Sie dazu die vollständigen Journaleinträge für die Korrekturen und nehmen Sie die Buchungen auf Konten vor! Übernehmen Sie hierzu vor dem Eintrag auf die Konten deren Endbestand aus der vorläufigen Saldenaufstellung! Kennzeichnen Sie Ihre Einträge mit dem Buchstaben des abgebildeten Ereignisses!

2. Erstellen Sie die Journaleinträge (Buchungssätze) für den Abschluss der temporären Konten und nehmen Sie die Buchungen auf den Konten vor!

3. Erstellen Sie die Einkommensrechnung für das am 31. Dezember 20X1 endende Geschäftsjahr der ABC! Verändert die Einkommensrechnung ihr Erscheinungsbild in Abhängigkeit von der Art der Erstellung?

4. Erstellen Sie die Eigenkapitalveränderungsrechnung für den 31. Dezember 20X1!

5. Erstellen Sie eine gemäß dHGB strukturierte Bilanz zum 31. Dezember 20X1 in Kontoform! Nehmen Sie dafür an, alle Verbindlichkeiten seien kurzfristig fällig!

Lösungshinweise zu den Fragen und Teilaufgaben

1. Die korrigierte Saldenaufstellung ergibt sich aus Abbildung 7.19.

2. Als temporär bezeichnen wir alle Konten, die nur die Ereignisse eines einzigen Abrechnungszeitraums aufnehmen. Wir verstehen darunter die Konten der Einkommensrechnung. Die Journaleinträge zum Abschluss dieser Konten führen zu Buchungen, die man sich leicht selbst klar machen kann.

Saldenaufstellungen der ABC zum 31.12.20X1						
	Vorläufige Saldenaufstellung		Korrekturen		Korrigierte Saldenaufstellung	
	Soll	Haben	Soll	Haben	Soll	Haben
Zahlungsmittel	99000				99000	
Forderungen (Verkauf)	185000		(e) 6000		191000	
Büromaterial	3000			(a) 2000		
				(f2) 500	500	
Büromöbel	50000				50000	
Kumulierte Abschreibungen (Möbel)		20000		(b) 10000		30000
Gebäude						
Kumulierte Abschreibungen (Gebäude)	125000				125000	
		65000		(c) 5000		70000
Verbindlichkeiten (Einkauf)		190000				190000
Verbindlichkeiten (Gehalt)				(d) 2500		2500
Verbindlichkeiten (Vorausz. Einkauf)		22500	(f1) 9000			13500
Kapital		146500				146500
Entnahmen	32500				32500	
Ertrag (Verkauf)		143000		(e) 6000		
				(f1) 9000		158000
Aufwand (Gehalt)						
Aufwand (Büromaterial)	86000		(d) 2500		88500	
			(a) 2000			
Aufwand (Abschreibung Möbel)			(f2) 500		2500	
Aufwand (Abschreibung Gebäude)			(b) 10000		10000	
Aufwand (Sonstiges)			(c) 5000		5000	
	6500				6500	
Summe	587000	587000	35000	35000	610500	610500

Abbildung 7.19: Vorläufige Saldenaufstellung, Korrekturen, und korrigierte Saldenaufstellung

3. Die Buchungen zum Abschluss der temporären Konten ergeben sich aus der folgenden Abbildung:

Abbildung 7.20:
Abschlussbuchungen

Beleg	Datum	Konten	Soll	Haben
1	31.12.	Abschlussbuchung Ertrag		
		Ertrag (Verkauf)	158000	
		Einkommenskonto		158000
2a	31.12.	Abschlussbuchung Aufwand (Gehalt)		
		Einkommenskonto	88500	
		Aufwand (Gehalt)		88500
2b	31.12.	Abschlussbuchung Aufwand (Büromaterial)		
		Einkommenskonto	2500	
		Aufwand (Büromaterial)		2500
2c	31.12.	Abschlussbuchung Aufwand (Abschreibung Büromöbel)		
		Einkommenskonto	10000	
		Aufwand (Abschr. Möbel)		10000
2d	31.12.	Abschlussbuchung Aufwand (Abschreibung Gebäude)		
		Einkommenskonto	5000	
		Aufwand (Abschr. Gebäude)		5000
2e	31.12.	Abschlussbuchung Aufwand (Sonstiges)		
		Einkommenskonto	6500	
		Aufwand (Sonstiges)		6500
3	31.12.	Abschlussbuchung Entnahme		
		Kapital	32500	
		Entnahme		32500

Die Einkommensrechnung führt zu einem Einkommen von 45,5 TGE.

4. Die Eigenkapitalveränderungsrechnung zeigt die Veränderung des Eigenkapitals von anfänglich 146,5 TGE zu 159,5 TGE.

5. Die Bilanz ergibt ein Eigenkapital von 159,5 TGE.

Von der korrigierten Saldenaufstellung zu Finanzberichten

Sachverhalt

Gegeben sei die folgende korrigierte Saldenaufstellung des Unternehmens DEF, welches seine Einkommensrechnung nach dem Umsatzkostenverfahren erstellt.

DEF Korrigierte Saldenaufstellung zum 31. Dezember 20X1		
	Soll	Haben
Zahlungsmittel	99	
Forderungen (Verkauf)	179	
Büromaterial	1,5	
Möbel	50	
Kumulierte Abschr. (Möbel)		32,5
Gebäude	125	
Kumulierte Abschr. (Gebäude)		68,5
Erzeugnisse, Handelsware	8	
Verbindlichkeiten (Einkauf)		190
Verbindlichkeiten (Gehalt)		9
Passiver Rechnungsabgrenzungsp.		7,5
Kapital		146,5
Entnahme	32,5	
Ertrag (Verkauf)		234
Aufwand (Verkauf)	83	
Aufwand (Gehalt)	86	
Aufwand (Büromaterial)	1,5	
Aufwand (Abschreibung Möbel)	12.5	
Aufwand (Abschreibung Gebäude)	3,5	
Aufwand (Sonstiges)	6,5	
Summe	688	688

Fragen und Teilaufgaben

1. Erstellen Sie die Einkommensrechnung des Unternehmens für das Wirtschaftsjahr 20X1!

2. Erstellen Sie eine Eigenkapitalveränderungsrechnung für das Wirtschaftsjahr 20X1!

1. Erstellen Sie eine Bilanz für das Ende des Wirtschaftsjahres! Verwenden Sie zur Aufstellung der Bilanz die für das dHGB übliche Gliederung der Vermögensgüter und Kapitalposten!

Lösungshinweise zu den Fragen und Teilaufgaben

1. Das Einkommen wird mit 41 TGE errechnet.

2. In der Eigenkapitalveränderungsrechnung wird gezeigt, wie aus einem anfänglichen Eigenkapital von 146,5 TGE eines von 155 GE geworden ist.

3. Die Bilanz weist Vermögensgüter in Höhe von 361,5 TGE und ein Eigenkapital in Höhe von 155 TGE auf.

Aufgabe 7.3 **Eröffnung von T-Konten und Verarbeitung von Ereignissen, Abschluss nur der temporären Konten**

Sachverhalt

Die finanzielle Lage des Unternehmens GHI sei zu Beginn eines Geschäftsjahres durch die folgende Bilanz beschrieben:

GHI Bilanz zum 1.1.20X1 in GE			
Aktiva			**Passiva**
Nicht abnutzbare Sachanl.	200 000	Verbindlichkeiten (Einkauf)	70 000
Abnutzbare Sachanlagen	50 000	davon gegenüber X 20 000	
Erzeugnisse, Handelsware	50 000	gegenüber Y 20 000	
Forderungen (Verkauf)	40 000	gegenüber Z 30 000	
davon gegenüber A 25 000		Andere Verbindlichkeiten	110 000
gegenüber B 15 000		Eigenkapital	180 000
Flüssige Mittel	20 000		
Bilanzsumme	360 000	Bilanzsumme	360 000

Während des Wirtschaftsjahres 20X1 ereignet sich das Folgende:

a. Verkauf eines Grundstücks mit einem Buchwert von 35 000 GE für 50 000 GE gegen Barzahlung.

b. Verkauf von Handelsware, die für 10 000 GE eingekauft worden war, für 20 000 GE auf Ziel an den Kunden B.

c. Tilgung der Verbindlichkeit gegenüber dem Lieferanten Y durch Barmittel.

d. Empfang einer Lieferung von Handelsware im Wert von 20 000 GE vom Lieferanten X, wovon die Hälfte sofort bar bezahlt wird.

e. Kauf eines Computers für die Buchführung gegen Barzahlung von 5 000 GE. Das Gerät wird voraussichtlich fünf Jahre genutzt werden. Die Anschaffungsausgaben mögen gleichmäßig über die Nutzungszeit verteilt werden. Ein Bezug zu den Erzeugnissen wird nicht gesehen.

f. Kunde B begleicht Forderungen in Höhe von 15 000 GE in bar.

g. Verkauf von Handelsware an A für 10 000 GE gegen Barzahlung. Der Buchwert der Handelsware hatte 12 000 GE betragen.

h. Tilgung der Verbindlichkeit gegenüber dem Lieferanten Z bei gleichzeitiger Entrichtung der Zinsen in Höhe von 500 GE.

Fragen und Teilaufgaben

1. Stellen Sie die Konten mit ihren Beständen zum Beginn des Wirtschaftsjahres 20X1 dar!

2. Stellen Sie die Buchungssätze der Ereignisse des Wirtschaftsjahres 20X1 auf! Kennzeichen Sie bei Ihren Konten jeweils, ob es sich um ein Vermögens- oder Fremdkapitalkonto oder um ein Ertrags-, Aufwands-, Einlage- oder Entnahmekonto handelt!

3. Führen Sie die Buchungen auf den Konten durch und ermitteln Sie die vorläufigen Endbestände der Konten!

4. Unterscheiden Sie die temporären von den permanenten Konten!

5. Erstellen Sie für das Ende des Geschäftsjahres 20X1 eine vorläufige Saldenaufstellung und eine um den Abschluss temporärer Konten korrigierte Saldenaufstellung! Sehen Sie dabei ein Einkommenskonto vor! Stellen Sie die notwendigen Buchungssätze der Abschlussbuchungen des Wirtschaftsjahres 20X1 auf, indem Sie Erträge und Aufwendungen über ein Einkommenskonto sowie die Entnahmen direkt auf das Eigenkapitalkonto verrechnen! Nehmen Sie dabei die Buchungen auf den Konten vor!

6. Erstellen Sie aus den Unterlagen der Teilaufgabe 5 die Einkommensrechnung, die Eigenkapitalveränderungsrechnung und die Bilanz für das Wirtschaftsjahr 20X1!

7. Stellen Sie die Konten mit ihren Beständen zu Beginn des Wirtschaftsjahres 20X2 dar!

Lösungshinweise zu den Fragen und Teilaufgaben

1. Die Aufstellung der Konten mit ihren Anfangswerten ist sehr einfach.

2. Das Erstellen der Buchungssätze erscheint ebenfalls unproblematisch.

3. Die Buchung der Ereignisse auf Konten sollte auch keine Probleme bereiten.

4. Wir vertrauen darauf, dass Konten, die nur während eines Wirtschaftsjahres benötigt werden, als temporär zu bezeichnen sind.

5. Bei Abschluss nur der temporären Konten im oben beschriebenen Sinne ergeben sich die vorläufige und die korrigierte Saldenaufstellung der Abbildung 7.21, Seite 334. Über die Ereignisse hinaus ist für die Ermittlung der korrigierten Saldenaufstellung zu berücksichtigen, dass der Computer abzuschreiben ist (Ereignis i.), dass die Konten der Einkommensrechnung auf dem Einkommenskonto abzuschließen sind (Ereignisse j. und k.) und dass das Einkommenskonto über das Eigenkapitalkonto abzuschließen ist (Ereignis l.).

6. Man erhält ein Eigenkapital in Höhe von 201 500 GE, ein Einkommen in Höhe von 21 500 GE, das im Beispiel der gesamten Eigenkapitalveränderung entspricht.

7. Die Konten zu Beginn von 20X2 aufzustellen bereitet keine Probleme.

GHI Saldenaufstellungen						
	Saldenaufstellung nach den Ereignissen a. bis h.		Weitere Korrekturen		Endgültige Saldenaufstellung	
	Soll	Haben	Soll	Haben	Soll	Haben
Nicht abnutzbare Sachanlagen	165 000				165 000	
Abnutzbare Sachanlagen	55 000			(i) 1 000	54 000	
Erzeugnisse, Handelsware	48 000				48 000	
Forderungen gegenüber A	25 000				25 000	
Forderungen gegenüber B	20 000				20 000	
Zahlungsmittel	29 500				29 500	
Verbindlichkeiten gegenüber X		30 000				30 000
Verbindlichkeiten gegenüber Y		0				0
Verbindlichkeiten gegenüber Z		0				0
Verbindlichkeiten (Sonst.)		110 000				110 000
Eigenkapital		180 000		(l) 21 500		201 500
Entnahmen						
Erträge		80 000	(j) 80 000			
Aufwendungen	57 500		(i) 1 000	(k) 58 500		
Einkommenskonto			(k) 58 500	(j) 80 000		
			(l) 21 500			
Summe	400 000	400 000	161 000	161 000	341 500	341 500

Abbildung 7.21: Saldenaufstellungen der GHI

Aufgabe 7.4   Abschluss aller (temporären und permanenten) Konten

Sachverhalt

Die finanzielle Lage des Unternehmens JKL sei zum Ende eines Wirtschaftsjahres 20X1 durch die vorläufige Saldenaufstellung der Abbildung 7.22, Seite 335, beschrieben, in der nur die Abschlussbuchungen noch nicht vorgenommen wurden.

JKL Angaben zum 31.1.20X1						
	Vorläufige Saldenaufstellung		Abschlussbuchungen		Korrigierte Saldenaufstellung	
	Soll	Haben	Soll	Haben	Soll	Haben
Nicht abnutzbare Sachanlagen	165 000					
Abnutzbare Sachanlagen	54 000					
Waren	48 000					
Forderungen gegenüber A	25 000					
Forderungen gegenüber B	20 000					
Zahlungsmittel	19 500					
Verbindlichkeiten gegenüber X		30 000				
Verbindlichkeiten gegenüber Y		0				
Verbindlichkeiten gegenüber Z		0				
Verbindlichkeiten (Sonstige)		100 000				
Eigenkapital		180 000				
Entnahmen						
Erträge		80 000				
Aufwendungen	58 500					
Einkommenskonto						
Summe	390 000	390 000				

Abbildung 7.22: Vorläufige Saldenaufstellung der JKL

Fragen und Teilaufgaben

1. Erstellen Sie für das Ende des Wirtschaftsjahres 20X1 eine korrigierte Saldenaufstellung, in der die Abschlussbuchungen berücksichtigt werden! Schließen Sie die Bilanzkonten und die Eigenkapitaltransferkonten auf ein Schlussbilanzkonto und die Erträge und Aufwendungen auf ein Einkommenskonto ab! Geben Sie dazu die vollständigen Journaleinträge der Abschlussbuchungen des Geschäftsjahres 20X1 gesondert an!

2. Ermitteln Sie die Einkommensrechnung, die Eigenkapitalveränderungsrechnung und die Bilanz für das Geschäftsjahr 20X1!

3. Eröffnen Sie die Konten mit ihren Beständen zu Beginn des Wirtschaftsjahres 20X2 und übertragen Sie die Anfangsbestände im Rahmen von Buchungssätzen vom sogenannten Bilanzkonto auf die Konten!

Lösungshinweise zu den Fragen und Teilaufgaben

1. Die Saldenaufstellungen ergeben sich wie in Abbildung 7.23, Seite 336.

JKL Angaben zum 31.12.20X1

	Vorläufige Saldenaufstellung		Abschlussbuchungen		Korrigierte Saldenaufstellung	
	Soll	Haben	Soll	Haben	Soll	Haben
Nicht abnutzbare Sachanlagen	165000			165000	0	
Abnutzbare Sachanlagen	54000			54000	0	
Waren	48000			48000	0	
Forderungen gegenüber A	25000			25000	0	
Forderungen gegenüber B	20000			20000	0	
Zahlungsmittel	19500			19500	0	
Verbindlichkeiten gegenüber X		30000	30000			0
Verbindlichkeiten gegenüber Y		0				0
Verbindlichkeiten gegenüber Z	0					0
Verbindlichkeiten (Sonst.)		100000	100000			0
Eigenkapital		180000	180000			0
Entnahmen						
Erträge		80000	80000			0
Aufwendungen	58500			58500		0
Einkommenskonto			58500	80000		
			21500			0
Schlussbilanzkonto			165000		165000	
			54000		54000	
			48000		48000	
			25000		25000	
			20000		20000	
			19500		19500	
				30000		30000
				100000		100000
				180000		
				21500		201500
Summe	390000	390000	801500	801500	331500	331500

Abbildung 7.23: Vorläufige und korrigierte Saldenaufstellung der JKL

2. Die Einkommensrechnung ergibt ein Einkommen von 21500 GE, die Eigenkapitalveränderungsrechnung zeigt die Entwicklung des Eigenkapitals von 180000 GE auf 201500 GE und die Bilanz das Eigenkapital in Höhe von 201500 GE.

3. Zum 1.1. des Folgejahres 20X2 ergeben sich nach entsprechenden Eröffnungsbuchungen die Konten mit ihren Anfangsbeständen.

Ermittlung einer Kapitalflussrechnung durch Auswertung von Finanz-berichten (Einkommensrechnung nach dem „Gesamtkostenverfahren" und zwei benachbarte Bilanzen) **Aufgabe 7.5**

Sachverhalt

Das Unternehmen Walter Huber erstellt eine Bilanz für das Ende des Geschäftsjahrs 20X0, eine Einkommensrechnung für das Geschäftsjahr 20X1 und eine Bilanz für das Ende des Geschäftsjahrs 20X1. Im Folgenden sieht man die beiden Bilanzen und die dazugehörige Einkommensrechnung nach dem „Gesamtkostenverfahren".

Walter Huber Bilanzen	31.12.20X0	31.12.20X1
Aktiva		
Grundstücke und Gebäude	10 000	9 200
Maschinen	16 000	16 000
Erzeugnisse, Handelsware	18 000	14 200
Roh-, Hilfs- und Betriebsstoffe	10 000	10 000
Forderungen aus Lieferungen und Leistungen	14 000	22 000
Guthaben bei Banken	12 000	24 000
Summe	80 000	95 400
Passiva		
Gezeichnetes Kapital	6 000	8 000
Kapitalrücklage	4 000	7 200
Gewinnrücklagen	12 000	14 000
Einkommen	2 000	11 400
Pensionsrückstellungen	18 000	17 600
Sonstige Rückstellungen (Einkommensteuern)	4 000	4 600
Langfristige Verbindlichkeiten	4 000	5 000
Sonstige betriebliche Verbindlichkeiten	10 000	12 800
Verbindlichkeiten aus Lieferungen und Leistungen	20 000	14 800
Summe	80 000	95 400

Walter Huber

Einkommensrechnung für das Geschäftsjahr 20X1

Umsatzertrag		40 000
Umsatzaufwand		
Materialherstellungsausgaben für produzierte Menge	−10 000	
Personalherstellungsausgaben für produzierte Menge	−7 000	
Sonstige Herstellungsausgaben für produzierte Menge	−5 000	
Abschreibungen auf Maschinen	−1 000	
Zugang zum Fertigerzeugnislager	+3 800	
Abgang vom Fertigerzeugnislager	−0	19 200
Bruttoeinkommen vom Umsatz		20 800
Vertriebsaufwand (Material)		−2 000
Allgemeiner Verwaltungsaufwand (Löhne)		−3 200
Sonstiger betrieblicher Aufwand		−2 000
Zinsaufwand		−1 000
Einkommen vor Einkommensteuern		12 600
Steuern vom Einkommen und Ertrag		1 200
Jahresüberschuss		11 400

Fragen und Teilaufgaben

1. Wie kann man vorgehen, um Aussagen über die Veränderung der Zahlungsmittel zu erfahren?

2. Bestimmen Sie eine aussagefähige Kapitalflussrechnung aus den Daten! Verwenden Sie dazu die indirekte Methode!

Lösung der Fragen und Teilaufgaben

1. Man kann vom Einkommen ausgehen und dieses so korrigieren, dass man letztlich eine einzige Zahlungsmittelveränderung erhält. Alternativ dazu kann man alle Posten der Bilanz und der Einkommensrechnung auswerten, um etwas über die einzelnen Zahlungsströme der Zahlungsmittelveränderung zu erfahren.

2. Zur Ermittlung einer Kapitalflussrechnung sind die Daten der Einkommensrechnung und die Veränderungen von Bilanzposten als Zahlungsveränderungen zu interpretieren. Weil die Einkommensrechnung nach dem „Gesamtkostenverfahren" aufgebaut ist, liegen die Erträge und die Aufwendungen des operativen Bereichs nicht vor. Es bleibt nur die Anwendung der indirekten Methode. Dazu addieren wir zum Einkommen den Teil der operativen Aufwendungen, der nicht zahlungswirksam war und subtrahieren den Teil der operativen Erträge, der nicht zahlungswirksam war, um den Zahlungsstrom aus

operativer Tätigkeit zu erhalten. Für das operative Einkommen ergibt sich dann ein Zahlungsstrom aus operativen Tätigkeiten in Höhe von 6 000 GE, einer aus Investitionen in Höhe von −200 GE und einer aus Finanzierungen in Höhe von 6 200 GE.

Ermittlung einer Kapitalflussrechnung durch Auswertung von Finanzberichten (Einkommensrechnung nach dem „Umsatzkostenverfahren" und zwei benachbarte Bilanzen)

Aufgabe 7.6

Sachverhalt

Das Unternehmen Ernst Haber erstellt eine Bilanz zum Ende des Geschäftsjahrs 20X0, eine Einkommensrechnung für das Geschäftsjahr 20X1 und eine Bilanz zum Ende des Geschäftsjahres 20X1. Im Folgenden sieht man die beiden Bilanzen und die dazugehörige Einkommensrechnung nach dem „Umsatzkostenverfahren".

	Ernst Haber Bilanzen	
	31.12.20X0	31.12.20X1
Aktiva		
Grundstücke und Gebäude	10000	9200
Maschinen	16 000	16 000
Erzeugnisse, Handelsware	18 000	14 200
Roh-, Hilfs- und Betriebsstoffe	10 000	10 000
Forderungen aus Lieferungen und Leistungen	14 000	22 000
Guthaben bei Banken	12 000	24 000
Summe	80 000	95 400
Passiva		
Gezeichnetes Kapital	6 000	8 000
Kapitalrücklage	4 000	7 200
Gewinnrücklagen	12 000	14 000
Einkommen	2 000	11 400
Pensionsrückstellungen	18 000	17 600
Sonstige Rückstellungen (Einkommensteuern)	4 000	4 600
Langfristige Verbindlichkeiten	4 000	5 000
Sonstige betriebliche Verbindlichkeiten	10 000	12 800
Verbindlichkeiten aus Lieferungen und Leistungen	20 000	14 800
Summe	80 000	95 400

	Ernst Haber	
Einkommensrechnung für das Geschäftsjahr 20X1		
Umsatzertrag		40 000
Umsatzaufwand		
Materialaufwand (für die verkaufte Menge)	−10 000	
Personalaufwand (für die verkaufte Menge	−7 000	
Sonstiger Herstellungsaufwand (für die verkaufte Menge	−1 200	
Abschreibungen auf Maschinen (für die verkaufte Menge)	−1 000	19 200
Bruttoeinkommen vom Umsatz		20 800
Vertriebsaufwand (Material)		−2 000
Allgemeiner Verwaltungsaufwand (Löhne)		−3 200
Sonstiger betrieblicher Aufwand		−2 000
Zinsaufwand		−1 000
Einkommen vor Einkommensteuern		12 600
Steuern vom Einkommen und Ertrag		1 200
Jahresüberschuss		11 400

Fragen und Teilaufgaben

1. Wie kann man vorgehen, um Aussagen über die Veränderung der Zahlungsmittel zu erfahren?

2. Bestimmen Sie eine aussagefähige Kapitalflussrechnung aus den Daten! Verwenden Sie dazu die direkte Methode!

Lösungshinweise zu den Fragen und Teilaufgaben

1. Man kann vom Einkommen ausgehen und dieses so korrigieren, das man letztlich eine einzige Zahlungsmittelveränderung erhält. Alternativ dazu kann man alle Posten der Bilanz und der Einkommensrechnung auswerten, um etwas über die einzelnen Zahlungsströme dieser Zahlungsmittelveränderung zu erfahren.

2. Zur Ermittlung einer Kapitalflussrechnung sind die Daten der Einkommensrechnung und die Veränderungen von Bilanzposten als Zahlungsveränderungen zu interpretieren. Wir können nun die einzelnen operativen Zahlungsströme ermitteln, die zum operativen Zahlungsstrom beitragen. Zusätzlich muss man die Veränderung von Bilanzposten zwischen den zwei Zeitpunkten ermitteln, um schließlich zum gesamten Zahlungsstrom aus operativen Tätigkeiten zu gelangen. Nach der direkten Methode zur Messung des operativen Einkommens ergibt sich dann ein Zahlungsstrom aus operativen Tätigkeiten in Höhe von 6 000 GE, einer aus Investitionen in Höhe von −200 GE und einer aus Finanzierungen in Höhe von 6 200 GE.

Glossar

Abbildung relevanter Ereignisse im Rechnungswesen, Anforderungen

Aus den vielen Anforderungen erscheinen die folgenden sehr wichtig: → Anforderung nach selbstständiger Wirtschaftseinheit, → Anforderung nach Leistungsabgabeorientierung, → Anforderung nach Unternehmensfortführung, → Anforderung nach Relevanz, → Anforderung nach Verlässlichkeit, → Anforderung nach Vergleichbarkeit, → Anforderung nach Vorsicht, → Anforderung nach stabiler Währungseinheit

Abgabenordnung

Deutsches Gesetz zur Regelung der Rechte und Pflichten von Bürgern bei Abgaben an den Staat

Abgrenzung, Prinzip der sachlichen

Prinzip, nach dem → Ausgaben, die sachlich einem Ertrag zugerechnet werden, in demjenigen → Abrechnungszeitraum als → Aufwand anzusetzen sind, in dem der zugehörige → Ertrag angesetzt wird.

Abgrenzung, Prinzip der zeitlichen

Prinzip, nach dem → Ausgaben, die sachlich keinem → Ertrag zugerechnet werden, in demjenigen → Abrechnungszeitraum als → Aufwand anzusetzen sind, in dem sie zeitlich anfallen.

Abgrenzung, Prinzip der zeitraumbezogenen

Prinzip, nach dem → Ausgaben, die *pro rata temporis* anfallen, zeitanteilig zu behandeln sind, entweder zeitanteilig → sachlich oder zeitanteilig auf die betroffenen → Abrechnungszeiträume als → Aufwand.

Abnutzbares Anlagevermögen

→ Anlagevermögen, abnutzbares

Abrechnungszeitraum

Zeitraum, der zwischen zwei aufeinanderfolgenden Bilanzstichtagen liegt. Häufig wird von Abrechnungsperiode gesprochen, obwohl die Zeitspannen nicht gleich groß sein müssen. Der englischsprachige Ausdruck für Abrechnungsperiode heißt → *accounting period*.

Abschluss aller Konten

Methode zur Behandlung von → Konten zum Ende des Abrechnungszeitraums, bei der alle Konten abgeschlossen werden. Durch eine Buchung der jeweiligen Endbestände auf Bilanz- und Einkommenskonto wird der Kontostand auf null gebracht.

Abschluss nur der temporären Konten

Methode zur Behandlung von → Konten zum Ende des Abrechnungszeitraums, bei der nur die → temporären Konten abgeschlossen werden. Durch eine Buchung der jeweiligen Endbestände auf Bilanz- und Einkommenskonto wird der Kontostand dieser Konten auf null gebracht. Die nicht temporären Konten werden nicht auf null gesetzt.

Abschreibung

Wertanpassung nach unten. Soweit es dabei um die Verteilung von Anschaffungsausgaben als Aufwand auf die Jahre der Nutzung geht, werden sie als → planmäßige Abschreibungen bezeichnet, sonst als → außerplanmäßige Abschreibungen. In der englischen Sprache wird die erstgenannte Art als → *depreciation* bezeichnet, die zuletzt genannte als → *write off*.

Abschreibung, außerplanmäßige

→ Abschreibung, die von → Vermögensgütern vorgenommen wird, um Wertminderungen gegenüber dem eventuell um → planmäßige Abschreibungen gekürzten Buchwert zu erfassen. Im Englischen wird der Ausdruck → *write off* dafür verwendet.

Abschreibung, degressive

Methode, bei der die → planmäßige Abschreibung von → Vermögensgütern, die der Abnutzung unterliegen, so berechnet wird, dass die Abschreibungsbeträge der einzelnen Abrechnungszeiträume im Zeitablauf abnehmen.

Abschreibung, direkte

Darstellungsart von Abschreibungen, bei der eine Verminderung des Buchwerts des abzuschreibenden Vermögenguts erfolgt

Abschreibung, indirekte

Darstellungsart von Abschreibungen, bei der formal keine Verminderung des Buchwerts des abzuschreibenden Vermögensguts erfolgt, sondern der Aufbau eines Korrekturkontos zu dem Vermögensgutkonto gebildet wird. Dieses Korrekturkonto enthält die Summe aller Abschreibungen, die für das Vermögensgut seit dessen Anschaffung angefallen sind, das also die kumulierten Abschreibungen angibt. Der Bestandswert des Vermögensguts bleibt unverändert. Der Buchwert für die Bilanz ergibt sich, indem man den Korrekturwert vom Bestandswert abzieht.

Abschreibung, lineare

Methode, bei der die → planmäßige Abschreibung von → Vermögensgütern, die der Abnutzung unterliegen, so berechnet wird, dass die Abschreibungsbeträge der einzelnen Abrechnungszeiträume gleich groß sind.

Abschreibung, planmäßige

→ Abschreibung, die von → Vermögensgütern vorgenommen wird, weil diese der Abnutzung unterliegen. Sie wird vorgenommen, um die → Anschaffungsausgaben eines mehrere → Abrechnungszeiträume nutzbaren → Vermögensguts auf die Zeiträume der Nutzung zu verteilen. Im Englischen wird

der Ausdruck → *depreciation* dafür verwendet.

Account

Englischsprachiger Ausdruck für → Konto

Accounting period

Englischsprachiger Ausdruck für → Abrechnungszeitraum

Accrual basis der Rechnungslegung

→ Rechnungslegung, *accrual basis* der

Aktiver Rechnungsabgrenzungsposten

→ Rechnungsabgrenzungsposten, aktiver

Aktivum

Posten, der auf der Vermögensseite einer → Bilanz aufgeführt wird, unabhängig davon, ob es sich um ein Vermögensgut handelt oder nicht

Andere relevante Ereignisse

→ Ereignisse, andere relevante

Anforderung nach Anschaffungsausgabenorientierung

Der Begriff steht für die Forderung nach Bewertung von Vermögensgütern zu ihren (fortgeführten) Anschaffungsausgaben, bis dass ein Verkauf erfolgt. Die → Anforderung nach Verlässlichkeit wird durch die Anforderung nach Anschaffungsausgabenorientierung besonders gut erfüllt.

Anforderung nach Leistungsabgabeorientierung

Anforderung, zur Ermittlung von Gewinn und Verlust die Veränderung von Vermögens- und Fremdkapitalposten bei der Abgabe von Leistungen an einen Marktpartner zu erfassen

Anforderung nach Relevanz

Anforderung nach Relevanz der Rechnungslegung für Entscheidungen. Im englischsprachigen Raum ist von → *relevance* die Rede.

Anforderung nach selbstständiger Wirtschaftseinheit

Zur Vermeidung von Verzerrungen durch die Bilanzersteller ist eine selbstständige Wirtschaftseinheit als Gegenstand des Rechnungswesens zu fordern.

Anforderung nach stabiler Währungseinheit

Anforderung danach, dass der Wert der verwendeten Währung sich im Zeitablauf nicht ändert. Dies erspart Auf- und Abzinsungen. Im englischsprachigen Raum wird von einer → *stable monetary unit* gesprochen.

Anforderung nach Unternehmensfortführung

Anforderung danach, dass das → Unternehmen im Zeitablauf fortgeführt wird. Dies erspart die Schätzung von Liquidationswerten für → Vermögensgüter und für → Fremdkapital. Im englischsprachigen Raum geht es um den → *going concern.*

Anforderung nach Vergleichbarkeit

Anforderung zur Erstellung von → Finanzberichten, welche die → Vergleichbarkeit im Zeitablauf und die Vergleichbarkeit zwischen → Unternehmen herstellen soll. Im englischsprachigen Raum wird die Anforderung unter dem Stichwort → *comparability* diskutiert.

Anforderung nach Verlässlichkeit

Anforderung, nur solche Posten anzusetzen, deren Werte man verlässlich ermitteln kann. In der englischen Sprache geht es um die Anforderung nach → *reliability.*

Anforderung nach Vorsicht

In der deutschen Literatur mit unterschiedlicher Bedeutung verwendete Anforderung, die bei der Führung von → Büchern beachtet werden soll. Im weiteren Sinne bedeutet es, → Vermögensgegenstände und → Fremdkapital im Zweifel so zu bewerten, dass man ein niedriges → Eigenkapital und ein niedriges → Einkommen erhält. Im engen Sinne bedeutet es nur, bei Schätzungen denjenigen Wert anzusetzen, aus dem sich ein niedriges Eigenkapital und ein niedriges Einkommen herleiten lassen. Im englischen Sprachraum ist von → *conservatism* oder von → *prudence* die Rede.

Anforderung nach Zeitnähe

Informationen können ihre → Relevanz verlieren, wenn sie nicht mehr zeitnah sind. So dürfte beispielsweise der genau feststellbare historische Anschaffungswert eines vor Jahrzehnten erworbenen Grundstücks für heutige Entscheidungen irrelevant sein. Er ist nicht zeitnah. Im Englischen verbirgt sich dahinter die Anforderung nach → *timeliness.*

Anhang

Finanzbericht nach dHGB mit Angaben, die in den anderen → Finanzberichten nicht enthalten sind

Anlagespiegel

→ Finanzbericht, der die Veränderungen des → Anlagevermögens zwischen zwei Bilanzstichtagen erklärt

Anlagevermögen

Oberbegriff über diejenigen → Vermögensgüter, die dazu bestimmt sind, dem → Unternehmen durch Gebrauch zu dienen. Im deutschen Handelsrecht übliche Klasse von Vermögensgütern, die weiter unterteilt wird in → immaterielles Anlagevermögen, → Finanzanlagevermögen und → Sachanlagevermögen. Das Anlagevermögen entspricht weitgehend, aber nicht ganz den *non current assets* der *International Financial Reporting Standards.*

Anlagevermögen, abnutzbares

→ Anlagevermögen, das infolge von Gebrauch oder Zeitablauf an Wert verliert. Diesen Wertverlust berücksichtigt man im Rechnungswesen durch eine → planmäßige Abschreibung.

Anlagevermögen, finanzielles

Anlagevermögen, das aus Forderungen, Beteiligungen und Wertpapieren besteht

Anlagevermögen, immaterielles
Körperlich nicht fassbare Vermögensgüter des → Anlagevermögens, die weder zum → Finanzanlagevermögen noch zum abnutzbaren Anlagevermögen zählen

Anlagevermögen, nicht abnutzbares
→ Anlagevermögen, das weder durch Gebrauch noch durch Zeitablauf an Wert verliert

Anlagevermögen, sachliches
Anlagevermögen, das aus Sachgütern besteht, z.B. nicht zum Verkauf bestimmten Grundstücken, Gebäuden, Maschinen

Anschaffungsausgabe
Ausgabe für die Anschaffung eines Vermögensguts. „Anschaffungsausgabe" ist der Begriff, den das dHGB meint, wenn von Anschaffungskosten geschrieben wird. Das → dHGB versteht unter der Anschaffungsausgabe für ein Vermögensgut den Betrag, der sich unter Einbezug der Anschaffungsnebenausgaben abzüglich eventueller Anschaffungspreisminderungen ergibt.

Antizipativer Vorgang
→ Einkommenswirkung, Zahlung nach

AO
Abkürzung für die → Abgabenordnung des deutschen Rechts

Arbeitsablauf bei der Erfassung von relevanten Ereignissen
→ Relevante Ereignisse

Aspekt, finanzieller
Sichtweise, bei der man sich auf die Einkommenswirkung von etwas konzentriert

Asset
Englischsprachiger Ausdruck für → Vermögensgut, üblicherweise im englischsprachigen Ausland verstanden als Ressource, über die das → Unternehmen infolge vergangener Ereignisse verfügen kann und aus der es

in Zukunft einen wirtschaftlichen Nutzen zu erzielen erwartet

Auftragsfertigung, über den Bilanzstichtag hinausgehend
Fertigung von Aufträgen während eines Zeitraumes, der mindestens einen Bilanzstichtag überschreitet. Zur Behandlung im Rechnungswesen wird die → completed contract-Methode von der → percentage of completion-Methode unterschieden. Nach dHGB gilt die completed contract -Methode als die anzuwendende.

Aufwand
Negative → Eigenkapitalveränderung eines → Abrechnungszeitraums, die nicht als → Eigenkapitaltransfer zu klassifizieren ist. Im englischsprachigen Raum steht der Ausdruck → expenditure für Aufwand.

Aufwand aus dem Verkauf von Erzeugnissen, Handelsware und Dienstleistungen
→ Ausgaben, die nach dem → Prinzip der sachlichen Abgrenzung ermittelt werden. Die Verrechnung in der Einkommensrechnung erfolgt zu dem Zeitpunkt, zu dem der Ertrag aus dem Verkauf der zugehörigen Handelsware verrechnet wird. Anstatt des Begriffs wird auch der Ausdruck → Umsatzaufwand verwendet.

Aufwand, einkommensabhängiger
→ Aufwand, dessen Höhe vom → Einkommen abhängt, wie es beispielsweise bei einkommensabhängigen Vorstandstantiemen der Fall ist. Die Höhe dieses Aufwands und die Höhe des Einkommens lassen sich exakt durch Lösen eines Gleichungssystems ermitteln.

Ausgabe
→ Auszahlung oder Fremdkapitalzunahme im Zusammenhang mit dem Einkauf von → Vermögensgütern oder Dienstleistungen

Ausgabe, die einer einzelnen Erzeugniseinheit durch Messen zugerechnet werden kann

→ Ausgabe für die → Herstellung und den Verkauf eines Erzeugnisses, die sich bei der Anwendung eines → Marginalprinzips dieser Erzeugniseinheit zurechnen lässt. Man spricht ungenau auch von den Einzelausgaben für eine Erzeugniseinheit.

Ausgabe, die einer einzelnen Erzeugniseinheit nicht durch Messen zugerechnet werden kann

→ Ausgaben für die → Herstellung und den Verkauf einer Erzeugniseinheit, die sich der Erzeugniseinheit nur nach einem Finalprinzip zurechnen lassen. Was sich für eine einzelne Erzeugniseinheit nicht messen lässt, kann sehr wohl für viele Erzeugniseinheiten messbar sein. Man spricht ungenau auch von den Gemeinausgaben einer Erzeugniseinheit.

Außerplanmäßige Abschreibung

→ Abschreibung, außerplanmäßige

Ausweisregeln

Regeln oder Vorschriften, die festlegen, welche Posten in → Finanzberichten mindestens getrennt voneinander darzustellen sind

Auszahlung

Abfluss von → Zahlungsmitteln

Balance sheet

Englischsprachiger Ausdruck für den → Finanzbericht mit der → Bilanz als Inhalt

Bebaute Grundstücke

Häufig vorkommende Kontenbezeichnung für Grundstücke mit Gebäuden

Belastung, erwartete künftige

Nach der Interpretation des → dHGB verbergen sich hinter dem Ausdruck die Rückstellungen. Im englischsprachigen Raum stellt der Begriff das präzise Kriterium zur Bildung von → Rückstellungen dar. Es wird in den U.S. GAAP unterschieden zwischen Belastungen, die *reasonably estimable* und *probable* sind, die *possible* sind und die *remote* sind. Die Passivierung einer Rückstellung wird nur im erstgenannten Fall erlaubt. Im zweitgenannten Fall sind Angaben in den *notes* zu machen. Der zuletztgenannte Fall entzieht sich einer Bilanzierung. In der englischsprachigen Literatur spricht man von → *contingent liabilities*.

Berichtspflicht nach dHGB

Vorschriften des → dHGB zur Erstellung und Veröffentlichung von → Finanzberichten durch → Unternehmen. Viele umfangreiche Finanzberichte müssen börsennotierte Aktiengesellschaften anfertigen und veröffentlichen.

Bestandsrechnung

Rechenwerk, welches das Ausmaß von Beständen zu einem Zeitpunkt abbildet, z.B. den Bestand an → Eigenkapital zum Bilanzstichtag

Betriebsaufwand

Aufwand aus operativen Maßnahmen. Fraglich ist bei dieser Definition allerdings, welche Maßnahmen dem operativen Bereich zugerechnet werden und welche nicht.

Betriebs- und Geschäftsausstattung

Häufig vorkommende Kontenbezeichnung für die Möbel und die anderen Vermögensgüter, die man zur Ausstattung eines Unternehmens benötigt

Betriebseinkommen

Saldo aus → Betriebsertrag abzüglich → Betriebsaufwand. Dabei ist unklar, was man alles dem Betriebsertrag zurechnet und was dem Betriebsaufwand.

Betriebsergebnis

Ungenauer Ausdruck für → Betriebseinkommen

Betriebsertrag

Ertrag aus operativen Vorgängen. Fraglich ist bei dieser Definition allerdings, welche Maßnahmen dem operativen Bereich zugerechnet werden und welche nicht.

Bewegungsrechnung

Rechenwerk, welches die Veränderung von Beständen während eines → Abrechnungszeitraums beschreibt, beispielsweise die → Einkommensrechnung als die Bewegungsrechnung des → Eigenkapitals aus Veränderungen, die nicht mit → Eigenkapitaltransfers zusammenhängen.

Bewertungsregeln

Regeln oder Vorschriften, nach denen → Vermögensgüter und → Fremdkapital zu bewerten sind

Bilanz

→ Finanzbericht, der aus der Zusammenstellung aller → Aktiva und aller → Passiva besteht. Man stellt im Wesentlichen die bewerteten → Vermögensgüter und die bewerteten → Fremdkapitalposten gegenüber, um das → Eigenkapital sichtbar zu machen. Je nach den Ansatz- und den Bewertungsregeln für die → Vermögensgüter und das → Fremdkapital wird das → Eigenkapital unterschiedlich hoch berechnet. Meist wird sich eine Bilanz nach → dHGB von einer solchen nach → U.S. GAAP und von einer solchen nach → IFRS unterscheiden. Im englischsprachigen Raum heißt die Bilanz → *balance sheet*.

Bilanzierungshilfe

Posten, der nach → dHGB in einer Bilanz angesetzt werden darf, ohne die Kriterien eines Vermögensgegenstandes oder die eines Fremdkapitalpostens zu erfüllen. Die Möglichkeiten des dHGB zur Bildung solcher Posten sind äußerst beschränkt.

Bruttolohn

In Deutschland übliche Bezeichnung für den Betrag an → Personalausgaben, von dem die vom Beschäftigten zu tragenden Steuern und Versicherungsbeträge berechnet werden. Der Bruttolohn ist niedriger als der Betrag, den der → Unternehmer bei Beschäftigung von Personal zu entrichten hat. Der Unternehmer hat zusätzlich zum Bruttolohn im Wesentlichen Versicherungsbeträge für das beschäftigte Personal zu entrichten.

Buch

Gebundene Zusammenstellung von Texten. Im Rahmen der Buchführung versteht man unter dem Buch die Zusammenstellung aller Buchungssätze und → Konten, die sich früher in einem gebundenen Buch befinden mussten.

Buchführung, doppelte

System zur Abbildung der Bestände an → Vermögensgütern und → Fremdkapital sowie der Veränderungen des → Eigenkapitals. Die Abbildung erfolgt dabei so, dass jedes → relevante Ereignis chronologisch und systematisch aufgezeichnet wird. Bei der systematischen Aufzeichnung werden mindestens zwei → Konten angesprochen. Die doppelte Buchführung ist zur Herleitung von → Finanzberichten geeignet.

Buchführung, Interessierte an

Als primär an den Ergebnissen der Buchführung eines Unternehmens Interessierte kann man tatsächliche und potenzielle Anteilseigner, Informationsintermediäre, Regulierer, die Geschäftsführung, Aufsichtsorgane und die Finanzberichtsprüfer auffassen.

Buchführungspflicht nach dHGB

Die Pflicht zur → Buchführung ist für Kaufleute und → Gesellschaften im → dHGB geregelt.

Buchung

Erfassung der finanziellen Konsequenzen eines → relevanten Ereignisses in der → Buchführung: Bildung und Eintragung des → Buchungssatzes ins → Grundbuch oder → Journal und anschließend Darstellung auf den betroffenen → Konten

Buchungssatz

Im → Grundbuch aufgezeichnete, ein → relevantes → Ereignis betreffende formalisierte Anweisung, welche → Konten mit welchen Beträgen wegen des Ereignisses auf ihrer → Soll-Seite zu verändern sind und welche Konten mit welchen Beträgen auf ihrer → Haben-Seite zu verändern sind

Capital contribution

Englischsprachiger Ausdruck für → Einlage

Capital reduction

Englischsprachiger Ausdruck für → Entnahme

Cash

Englischsprachiger Ausdruck für → Zahlungsmittel

Cash flow statement

Englischsprachiger Ausdruck für → Kapitalflussrechnung

clean surplus-Anforderung

Anforderung, dass die Gewinnrücklage richtig und vollständig ausgewiesen werde. Dies entspricht der Anforderung, dass alle Eigenkapitalveränderungen, die keine Eigenkapitaltransfers darstellen, explizit in einer oder in mehreren Einkommensrechnungen angegeben werden.

Comparability requirement

Englischsprachiger Ausdruck für → Anforderung nach Vergleichbarkeit

Completed contract-Methode

Eine Methode zur Abbildung von Aufträgen im Rechnungswesen, deren Bearbeitung über einen Bilanzstichtag hinaus geht. Ansatz der Ertrags- und der Aufwandsbuchung zu dem Zeitpunkt, zu dem die Leistung an den Marktpartner abgegeben wird. Die Anwendung dieser Methode entspricht dem Wortlaut des → dHGB. Nach den → IFRS ist die Anwendung dieser Methode umstritten.

Conservatism requirement

Englischsprachiger Ausdruck für → Anforderung nach Vorsicht

Contingent liability

Englischsprachiger Ausdruck für → Rückstellung oder Eventualverbindlichkeit

Corporate Governance-Kodex

Überwiegend ethisch begründbare Verhaltensregeln für die am → Unternehmen interessierten Gruppen und die im Unternehmen tätigen Leitungs- und Aufsichtsorgane

Costs of goods sold

Englischsprachiger Ausdruck für den → Aufwand aus dem Verkauf von Erzeugnissen und Handelsware. Man spricht auch vom Umsatzaufwand.

Credit

Anderer, auch im englischsprachigen Ausland verwendeter Ausdruck für die rechte Seite eines zweispaltigen Kontos, für dessen → Haben-Seite

Current assets

Im englischen Sprachraum steht eine geläufige Klasse von → Vermögensgütern dahinter, die dem Unternehmen nur kurzfristig zur Verfügung stehen. Die current assets entsprechen weitgehend, aber nicht ganz dem → Umlaufvermögen.

Debit

Anderer, auch im englischsprachigen Ausland verwendeter Ausdruck für die linke Seite eines zweispaltigen Kontos, für dessen → Soll-Seite

Degressive Abschreibung

→ Abschreibung, degressive

Depreciation

Englischsprachiger Ausdruck für → Abschreibung, planmäßige

Deutsches Handelsgesetzbuch

In Gesetzesform vorliegendes System von Normen, in dem sich Vorschriften für → Unternehmen und Kaufleute befinden, unter anderem die Vorschriften zur Rechnungslegung von → Unternehmen

Deutsches Handelsrecht

Gesamtheit der deutschen juristischen Regelungen im Zusammenhang mit wirtschaftlichen Fragen. Hier interessieren besonders der Aufbau, Ablauf und die Abbildung unternehmerischer Tätigkeit in → Unternehmen. Weitgehend bekannte Teile sind das → deutsche Handelsgesetzbuch, das Aktiengesetz und das GmbH-Gesetz.

Deutsches Rechnungslegungs Standards Committee

Gremium, das seit 1998 Auslegungsstandards für die Rechnungslegungsvorschriften des → dHGB erarbeitet und den deutschen Gesetzgeber berät

dHGB

Abkürzung für → deutsches Handelsgesetzbuch

Direkte Abschreibung

→ Abschreibung, direkte

Dividend

Englischsprachiger Ausdruck für → Dividende, → Entnahme. In manchen Texten wird der Ausdruck im Sinne von → Eigenkapitaltransfer verwendet und umfasst dann auch die Einlagen und Kapitalerhöhungen.

Dividende

Ausschüttung eines → Unternehmens in der → Rechtsform einer → Kapitalgesellschaft an seine Anteilseigner. In Deutschland sieht das Aktiengesetz vor, dass normalerweise der Vorstand über die Höhe von Dividenden entscheidet. Im englischsprachigen Raum wird der Begriff → *dividend* für diesen Ausdruck verwendet.

Doppelte Buchführung

→ Buchführung, doppelte

DRSC

Abkürzung für → Deutsches Rechnungslegungs Standards Committee.

Eigenkapital

Saldo aus → Aktiva und → Fremdkapital. Die Höhe hängt von der Höhe der Aktiva und des Fremdkapitals ab.

Eigenkapitalherabsetzung

Herabsetzung des von den Anteilseignern in eine → Kapitalgesellschaft eingelegten → Eigenkapitals. Gründe können im Ausgleich von → Verlusten bestehen sowie in der → Kapitalrückzahlung an die Anteilseigner.

Eigenkapitalrücklage

Beträge, die von den Anteilseignern beim Kauf „junger" Anteile über den Nominalwert hinaus eingezahlt wurden

Eigenkapitalrückzahlung

Rückzahlung von Eigenkapital an die Anteilseigner. Eine solche Rückzahlung ist nach → dHGB nur unter sehr einschränkenden Bedingungen und unter Ausweitung der Haftung möglich.

Eigenkapitaltransfer

→ Eigenkapitalveränderungen, die aus einem Kapitaltransfer vom → Unternehmen an die Anteilseigner, also einer → Entnahme oder → Dividende, oder aus einem Kapitaltransfer von den Anteilseignern in das Unternehmen, also einer → Einlage oder → Kapitalerhöhung, herrühren

Eigenkapital, Unterkonten

Das Eigenkapital lässt sich auf vielfältige Weise in Unterkonten aufteilen. Bei → Personengesellschaften unterscheidet man → Konten für die festen Teile des Eigenkapitals von solchen für dessen variable Teile. Bei → Kapitalgesellschaften wird das → Eigenkapital üblicherweise unterteilt in den Betrag, der aus Haftungsgründen nicht unterschritten werden darf (Grundkapital bei der AG, Stammkapital bei der GmbH), in die zusätzlichen Einzahlungen der Anteilseigner (→ Kapitalrücklagen), in die nicht ausgeschütteten Gewinne vergangener Abrechnungszeiträume (→ Gewinnrücklagen) sowie in den → Gewinn beziehungsweise → Verlust des gerade abgeschlossenen Abrechnungszeitraums.

Eigenkapitalveränderung

Veränderung des → Eigenkapitals im → Abrechnungszeitraum. Üblicherweise werden → Eigenkapitaltransfers getrennt von den restlichen Eigenkapitalveränderungen, dem → Einkommen, ausgewiesen.

Eigenkapitalveränderungsrechnung

→ Finanzbericht, der die Entwicklung des → Eigenkapitals vom Beginn bis zum Ende des → Abrechnungszeitraums enthält. Dieser Finanzbericht enthält das Eigenkapital vom Beginn des Abrechnungszeitraums, die Veränderungen durch Eigenkapitaltransfers und Einkommen sowie das Eigenkapital zum Ende des Abrechnungszeitraums. In der englischen Sprache wird dafür der Ausdruck → *statement of owners' equity* verwendet.

Einkauf von Roh-, Hilfs- und Betriebsstoffen sowie Handelsware

Der Einkauf von → Vermögensgütern ist ein einkommensneutraler Vorgang. Die Roh-, Hilfs- oder Betriebsstoffe nehmen zu. In gleicher Höhe nehmen die Zahlungsmittel ab beziehungsweise die Verbindlichkeiten aus dem Einkauf nehmen zu. Der Einkauf einer nicht-lagerfähigen Dienstleistung beeinflusst dagegen das Einkommen des Abrechnungszeitraums.

Einkommen

Das Einkommen stellt diejenige → Eigenkapitalveränderung eines → Unternehmens während eines → Abrechnungszeitraums dar, die nicht aus → Eigenkapitaltransfers zwischen den Eigenkapitalgebern und dem Unternehmen herrührt. Ist das Einkommen positiv, heißt es → Gewinn, ist es negativ, heißt es → Verlust. Gewinn und Verlust entstehen formal, wenn man vom → Ertrag den → Aufwand abzieht. Im → dHGB heißt der Gewinn → Jahresüberschuss beziehungsweise Konzernüberschuss und der Verlust → Jahresfehlbetrag beziehungsweise Konzernfehlbetrag. In der Literatur findet man für das Einkommen auch die Begriffe → Erfolg und → Ergebnis. Wenn die → *clean surplus* Anforderung nicht erfüllt ist, rechnet man sich ein unvollständiges Einkommen aus, das dem oben definierten nicht entspricht. Im englischsprachigen Raum wird von → *net income* oder → *profit* und von → *net loss* oder → *loss* gesprochen.

Einkommensrechnung

Finanzbericht, der mit allen → Erträgen und allen → Aufwendungen die Größen zur Ermittlung des → Einkommens enthält. Das Einkommen entsteht durch Abzug der → Aufwendungen von den → Erträgen. In der englischen Sprache werden dafür die Ausdrücke → *income statement* oder → *statement of earnings* verwendet. Die Einkommensrechnung kann nach → dHGB in der Form des sogenannten → Gesamtkostenverfahrens oder in der des sogenannten → Umsatzkostenverfahrens erfolgen. Einkommensunterschiede ergeben sich dabei aber nicht.

Einkommensvorwegnahme

Ausdruck für diejenigen Regelungen, welche aus zukünftigen Vorgängen Ertrag oder Aufwand im laufenden Abrechnungszeitraum anzusetzen erlauben, welche also zukünftige Einkommenskonsequenzen heute bereits vorwegnehmen

Einkommenswirkung nach Zahlung

→ Einkommenswirkung, Zahlung vor

Einkommenswirkung vor Zahlung

→ Einkommenswirkung, Zahlung nach

Einkommenswirkung, Zahlung nach

Erfolgt die Zahlung aus einem → relevanten Ereignis in einem späteren → Abrechnungszeitraum als die Erfassung in der → Einkommensrechnung, so entstehen nach → dHGB entweder → Forderungen oder → Verbindlichkeiten. Wir haben es mit einem sogenannten → antizipativen Vorgang zu tun.

Einkommenswirkung, Zahlung vor

Erfolgt die Zahlung aus einem → relevanten Ereignis in einem früheren → Abrechnungszeitraum als die Erfassung in der → Einkommensrechnung, so entstehen nach → dHGB entweder → Vorauszahlungen, wenn Erzeugnisse oder Handelsware berührt werden, oder → Rechnungsabgrenzungsposten, wenn es um eine Dienstleistung geht. Wir haben es mit einem sogenannten → transitorischen Vorgang zu tun.

Einlage

Oberbegriff für den → Eigenkapitaltransfer von dem oder den Eigenkapitalgeber(n) in das → Unternehmen. Bei → Kapitalgesellschaften wird dieser Eigenkapitaltransfer als → Kapitalerhöhung bezeichnet. Im englischsprachigen Raum steht dafür der Ausdruck → *capital contribution* vereinzelt auch → *dividend*.

Einnahme

→ Einzahlung oder Forderungszunahme

Einzahlung

Zufluss von → Zahlungsmitteln

Einzelunternehmen

In Deutschland üblicher (aber schlecht gewählter) Ausdruck für ein von einer einzelnen Person geführtes → Unternehmen. Das → Eigenkapital stammt von der Person, welche die Geschäfte führt.

Entnahme

Oberbegriff für den → Eigenkapitaltransfer vom → Unternehmen an den oder die Eigenkapitalgeber. Bei → Kapitalgesellschaften

wird dieser Eigenkapitaltransfer als → Dividende bezeichnet, wenn er aus gegenwärtigem oder in der Vergangenheit nicht ausgeschüttetem → Gewinn besteht, und als → Kapitalherabsetzung, wenn dadurch das von den Eigenkapitalgebern eingelegte → Eigenkapital vermindert wird. Die vergleichbaren englischsprachigen Ausdrücke lauten → *dividend* und → *capital reduction*.

Entscheidungsrelevanz

Relevanz für Entscheidungen. Hinsichtlich des Kaufs und Verkaufs von Aktien gewünschte Eigenschaft der Rechnungslegung von börsennotierten Kapitalgesellschaften

Ereignis, anderes relevantes

In der → Buchführung zu erfassendes → relevantes Ereignis, das im → Unternehmen keine physischen Vorgänge auslöst, an die man eine Buchung anschließen könnte. Als Beispiel kann die → Abschreibung eines Vermögensguts dienen. Im Unternehmen gibt es nach der Anschaffung keinen physischen Vorgang mehr, der zum Anlass für die → Buchung einer Abschreibung herangezogen werden könnte.

Ereignis, einkommensneutrales

Ein für die → Buchführung → relevantes Ereignis, bei dem die → Einkommensrechnung nicht berührt wird

Ereignis, einkommenswirksames

Ein für die → Buchführung → relevantes Ereignis, bei dem die → Einkommensrechnung berührt wird

Ereignis, relevantes

Ereignis, dessen finanzielle Konsequenzen in der → Buchführung erfasst werden. Man kann sogenannte → Geschäftsvorfälle von → anderen relevanten Ereignissen unterscheiden. Bei Geschäftsvorfällen wird die Buchung an einen im Unternehmen stattfindenden physischen Vorgang geknüpft, bei anderen relevanten Ereignissen gibt es keinen solchen physischen Vorgang.

Erfolg

Ungenauer Ausdruck, der auch als Synonym zu → Einkommen verwendet wird

Erfolgsrechnung

Ungenauer Ausdruck, der auch für eine → Einkommensrechnung verwendet wird

Ergebnis

Ungenauer Ausdruck, der auch für → Einkommen verwendet wird

Ergebniskonto

Ungenauer Ausdruck für das Einkommenskonto, das alle → Erträge und alle → Aufwendungen aufnimmt

Ergebnisneutrales Ereignis

Ungenauer Ausdruck für ein relevantes → Ereignis, das sich nicht auf das Einkommen auswirkt

Ergebnisrechnung

Ungenauer Ausdruck, der auch für die → Einkommensrechnung verwendet wird.

Ergebniswirksames Ereignis

Ungenauer Ausdruck für ein relevantes → Ereignis, das sich auf das Einkommen auswirkt

Erhaltungsausgabe

Ausgabe, die der Erhaltung eines Vermögensguts dient, die also für die Wartung oder Reparatur eines Vermögensguts anfällt. In der Buchführung hängt die Behandlung davon ab, ob die Erhaltungsausgabe mit Erzeugnissen oder Handelsware in Beziehung gesetzt wird oder nicht. Die Ausgabe wird im laufenden Abrechnungszeitraum zu Aufwand, wenn kein Bezug zu Erzeugnissen oder Handelsware unterstellt wird. Wird der Bezug dagegen unterstellt, so erscheint die Ausgabe in demjenigen Abrechnungszeitraum als Aufwand, in dem die Erzeugnisse oder Handelsware verkauft werden.

Ertrag

Positive → Eigenkapitalveränderung eines → Abrechnungszeitraums, die nicht als → Eigenkapitaltransfer zu klassifizieren ist

Expenditure

Englischsprachiger Ausdruck für → Aufwand

Fair value

Englischsprachiger Oberbegriff für einen „fairen" Wertansatz zum Bilanzstichtag. Als „fairer" Wert eines → *asset* oder einer → *liability* wird allgemein der Betrag verstanden, zu dem zwei voneinander unabhängige Parteien mit Sachverstand und Abschlusswillen bereit wären, das *asset* zu tauschen beziehungsweise die *liability* zu begleichen. Man kann den *fair value* auch als einen unter normalen Bedingungen zustande gekommenen Tageswert zum Bilanzstichtag auffassen, sofern von einem aktiven Markt ausgegangen werden kann (*mark to market*). Lässt sich dies nicht unterstellen, ist der *fair value* auf Basis eines Bewertungskalküls zu schätzen (*mark to model*).

FASB

Akronym für → *Financial Accounting Standards Board*

Fehlersuche in der Buchführung

Mathematische Analyse einer Differenz zum leichteren Auffinden der fehlerhaften → Buchung

Finalprinzip

→ Zurechnungsprinzip, Argumentationskette, bei welcher der Zweck im Vordergrund steht, eine Zurechnung vorzunehmen

Financial Accounting Standards Board

Privat organisiertes Gremium, das seit vielen Jahren die U.S.-amerikanischen Rechnungslegungsstandards und die anderen U.S.-amerikanischen Rechnungslegungsregeln erarbeitet.

Financial statements

Englischsprachiger Ausdruck für die → Finanzberichte

Finanzanlagen

→ Anlagevermögen, finanzielles

Finanzberichte

Gesamtheit der Berichte über die wirtschaftliche Lage, die von → Unternehmen regelmäßig anzufertigen sind. Bei börsennotierten Kapitalgesellschaften handelt es sich zur Zeit nach → dHGB um die → Bilanz, den → Anlagespiegel, die → Einkommensrechnung, die → Eigenkapitalveränderungsrechnung, die → Kapitalflussrechnung und die → Segmentberichterstattung sowie um den → Anhang. Im englischsprachigen Raum wird dafür der Ausdruck → *financial statements* verwendet.

Finanzieller Aspekt

→ Aspekt, finanzieller

Finanzielles Anlagevermögen

→ Anlagevermögen, finanzielles

Forderungen

Anspruch eines → Unternehmens gegenüber Dritten auf Erhalt von Geld- oder anderen Leistungen. Wir unterscheiden → Forderungen aus dem Verkauf, → Forderungen aus geleisteten Vorauszahlungen für Vermögensgüter, → Forderungen aus der Vergabe von Darlehen und → sonstige Forderungen. Forderungen aus geleisteten Vorauszahlungen für den zukünftigen Empfang von Dienstleistungen werden als aktive → Rechnungsabgrenzungsposten bezeichnet.

Forderung aus dem Verkauf von Erzeugnissen und Handelsware

Forderung, die aus der Abgabe von → Vermögensgütern oder Dienstleistungen an Marktpartner resultiert

Forderung aus der Vergabe von Darlehen

Forderung, die aus der Vergabe eines Darlehens folgt

Forderung aus geleisteten Vorauszahlungen

Forderung, die aus der Abgabe einer Vorauszahlung für eine zeitpunktbezogene, aber noch nicht erhaltene Lieferungen von Vermögensgütern durch Marktpartner resultiert

Fremdkapital

Nach → dHGB verbergen sich hinter Fremdkapital sichere oder erwartete künftige Belastungen der → Vermögensgüter eines → Unternehmens. Nach den IFRS entsteht Fremdkapital bei einer gegenwärtigen Verpflichtung, die aus einem vergangenen → Ereignis resultiert und in Zukunft voraussichtlich zum Abfluss von Ressourcen führt. Je nach den verwendeten Regelungen für den Ansatz und die Bewertung von Passiva ergibt sich eine unterschiedliche Höhe des Fremdkapitals. Das Fremdkapital nach → dHGB entspricht daher im Allgemeinen nicht dem nach → U.S. GAAP oder dem nach → IFRS.

Fremdkapital mit sicherer Zahlungsverpflichtung

Das Fremdkapital, aus dem eine sichere Zahlungsverpflichtung resultiert, wird nach → dHGB als → Verbindlichkeit bezeichnet. Der Begriff Verbindlichkeiten entspricht nicht den → *liabilities* der IFRS, weil diese sichere und unsichere Zahlungsverpflichtungen umfassen.

Fremdkapital mit unsicherer Zahlungsverpflichtung

Fremdkapital mit unsicherer Zahlungsverpflichtung wird nach → dHGB als → Rückstellung bezeichnet. Nach IFRS geht es dagegen um einen Teil der → *liabilities*.

Gesamtkostenverfahren

Aus der Kostenrechnung stammender Name für ein Aufbauprinzip einer → Einkommensrechnung. Das Einkommen ergibt sich bei diesem Verfahren aus der Summe der Differenz aus den → Erträgen aus dem Verkauf und → Aufwendungen aus dem Verkauf von Vermögensgütern und Dienstleistungen sowie aus der Differenz der restlichen → Erträge und restlichen Aufwendungen. Dabei werden die Aufwendungen aus dem Verkauf nicht direkt angegeben. Man gibt nur die → Ausgaben für die gesamte produzierte Menge an und einen Korrekturposten für die Veränderungen des Lagerbestands an Erzeugnissen. Die Summe dieser beiden Posten entspricht genau den Umsatzaufwendungen. Ein vermeintlicher Vorteil des Verfahrens besteht darin, dass man Außenstehenden keinen genauen Einblick in die Kalkulation gestattet. Ein anderer Vorteil besteht darin, dass man während des Abrechnungszeitraums alle Ausgaben für die Erzeugnisse wie Aufwand behandeln und erst nach der → Inventur den Korrekturposten bilden kann. Der Nachteil eines solchen auf einer Inventur beruhenden Vorgehens besteht aber darin, dass man vor einer Inventur keine Zahlen über das Eigenkapital und das Einkommen ermitteln kann.

Geschäftsvorfälle

In der → Buchführung zu erfassende → relevante Ereignisse, die physische Vorgänge im → Unternehmen hervorrufen, an die ein Buchungsvorgang anknüpfen kann. Der Verkauf einer Handelsware stellt beispielsweise einen Geschäftsvorfall dar, weil eine Rechnung geschrieben und die Handelsware aus dem Lager entnommen wird. Beide physischen Vorgänge können dazu herangezogen werden, die Buchungen auszulösen, die aus dem Verkauf folgen (Zugangs- und Ertragsbuchung sowie Aufwands- und Abgangsbuchung).

Gewinn

Der Gewinn stellt das positive → Einkommen eines → Unternehmens dar. Er entsteht, wenn die → Erträge die → Aufwendungen übersteigen. Im englischsprachigen Raum heißt er → *net income* oder → *profit*.

Gewinn- und Verlustrechnung

Name der → Einkommensrechnung im → dHGB

Gewinnrücklage

Summe der in der Vergangenheit erzielten und nicht ausgeschütteten Gewinne

Gewinnverwendungsregeln

Juristische Regeln, nach denen in Deutschland die Kompetenzen, über die Verwendung des → Gewinns zu entscheiden, zwischen Unternehmensleitung und Gesellschafterversammlung geregelt sind

Going concern-Anforderung

→ Anforderung nach Unternehmensfortführung

Gross margin

Englischsprachiger Ausdruck für → Rohertrag

Grundbuch

→ Gebundenes Buch, auch → Journal genannt, in dem die → relevanten Ereignisse in chronologischer Reihenfolge aufgezeichnet werden

Haben-Seite

Rechte Spalte eines prinzipiell zweispaltigen → Kontos

Handelsware

Häufig vorkommende Kontenbezeichnung für Ware, mit der man Handel treiben möchte

Hauptbuch

→ Gebundenes Buch, in dem sich die Bilanz- und Einkommenskonten befinden

Herstellung von Erzeugnissen

Prozess, der in der Buchführung die Ermittlung der → Herstellungs- und weiterer Ausgaben für ein Erzeugnis erfordert. Herstellung ist ein → einkommensneutraler Vorgang, bei dem → Vermögensgüter (Vorräte an Erzeugnissen) aus anderen Vermögensgütern (Rohstoffen, Zahlungsmitteln) oder Fremdkapital (Verbindlichkeiten für Lohn) gebildet werden. Ausgaben für ein Erzeugnis, die nichts mit dessen Herstellung zu tun haben, gehören zwar nicht zu den Herstellungsausgaben dieses Erzeugnisses, wohl aber zu den gesamten Ausgaben des → Abrechnungszeitraums. Es hängt von den verwendeten Argumentationsketten ab, ob man eine Ausgabe den Ausgaben für ein Erzeugnis zurechnet oder nicht und ob man es zu dessen Herstellungsausgaben zählt oder nicht.

Herstellungsausgaben

Ausgaben, die der → Herstellung von Erzeugnissen zugerechnet werden. Meistens werden Ausgaben für Material und für Lohn den Erzeugnissen als sogenannte → Einzelausgaben zugerechnet. Je nach Wahl des → Zurechnungsprinzips werden den Erzeugnissen zusätzlich sogenannte → Gemeinausgaben zugerechnet. Die Herstellungsausgaben bilden den Betrag, mit dem eine Lagerzunahme aus der Herstellung bewertet würde. Bei Verkauf der Erzeugnisse werden die Herstellungsausgaben der Erzeugnisse als → Aufwand für den Verkauf von Erzeugnissen und Handelsware verbucht.

IAS

Abkürzung für → *International Accounting Standards*

IASB

Abkürzung für → *International Accounting Standards Board*

IASC

Abkürzung für → *International Accounting Standards Committee*

IFRS

Abkürzung für → *International Financial Reporting Standards*

Imparitätsprinzip

Prinzip, erwartete → Gewinne nicht, erwartete → Verluste dagegen sehr wohl in der → Einkommensrechnung zu erfassen

Income

Englischsprachiger Ausdruck für → Einkommen

Income from operations

Englischsprachiger Ausdruck für → Betriebseinkommen, Betriebsergebnis. Unklar ist dabei allerdings, welche Erträge und Aufwendungen man dem Betriebseinkommen zurechnet und welche man anderen Einkommensteilen zuordnet.

Income statement

→ Einkommensrechnung

Indirekte Abschreibung

→ Abschreibung, indirekte

International Accounting Standards

Standards zur Rechnungslegung, die bis 2002 vom → IASC erarbeitet und seither vom → IASB modifiziert wurden. Die Standards werden seit 2003 fortgesetzt in Form der → *International Financial Reporting Standards*

International Accounting Standards Board

Gremium, das seit 2003 die → IFRS erarbeitet

International Accounting Standards Committee

Gremium, das in der Vergangenheit bis 2002 die → IAS erarbeitet hat

International Financial Reporting Standards

Standards zur Rechnungslegung, die seit 2003 vom → *International Accounting Standards Board* erarbeitet werden

Inventar

Liste der Arten und Mengen an → Vermögensgütern und → Fremdkapital eines → Unternehmens. Das Inventar wird im Rahmen einer Inventur ermittelt.

Inventory

Englischsprachiger Ausdruck für das Lager an Erzeugnissen und Handelsware

Inventur

Tätigkeit der Erstellung des → Inventars

Jahresabschluss

Ausdruck des → dHGB als Oberbegriff über die → Bilanz, den → Anlagespiegel, die → Gewinn- und Verlustrechnung sowie den → Anhang eines rechtlich selbstständigen Unternehmens. Bei börsennotierten Kapitalgesellschaften umfasst der Jahresabschluss zusätzlich eine → Kapitalflussrechnung sowie eine → Segmentberichterstattung, bei Konzernen die Angaben in Finanzberichten, die sich auf den Konzern beziehen. Die Bezeichnung ist ungenau, weil viele Arten von Finanzberichten in kürzeren als jährlichen Zeitabständen zu erstellen sind und weil nicht alle Konten abgeschlossen werden müssen.

Jahresfehlbetrag

Jahresfehlbetrag steht für den nach dem → dHGB ermittelten → Verlust, den ein Unternehmen im juristischen Sinne erzielt. Bei Konzernen geht es um den → Konzernfehlbetrag. Im englischsprachigen Raum werden die Begriffe → *net loss* und → *loss* dafür verwendet.

Jahresüberschuss

Jahresüberschuss steht für den nach dem → dHGB ermittelten → Gewinn, den ein Unternehmen im juristischen Sinne erzielt. Bei Konzernen geht es um den → Konzernjahresüberschuss. Im englischsprachigen Raum werden die Begriffe → *net income* und → *profit* dafür verwendet.

Journal

→ Gebundenes Buch, auch → Grundbuch genannt, in dem die für die → Buchführung → relevanten Ereignisse in chronologischer Reihenfolge aufgezeichnet werden

Kapital

Zusammenstellung, welche die Herkunft der → Vermögensgüter kennzeichnet. Das Kapital wird auf der → Passivseite einer → Bilanz angegeben. Üblicherweise wird der Betrag genannt, der von Fremden kommt und als → Fremdkapital bezeichnet wird,

sowie der Betrag, der von den Eigenkapitalgebern stammt und als → Eigenkapital bezeichnet wird.

Kapitalerhöhung

Ungenauer Ausdruck für eine Eigenkapitalerweiterung eines Unternehmens, eine in eine → Kapitalgesellschaft getätigte Einlage

Kapitalflussrechnung

→ Finanzbericht, in dem die → Einzahlungen in das und die → Auszahlungen aus dem Unternehmen dargestellt werden. Kapitalflussrechnungen sind nach dHGB seit 1998 von börsennotierten Gesellschaften zu veröffentlichen. In der Regel wird der Zahlungsstrom aus operativen Tätigkeiten nach der indirekten Methode entwickelt, getrennt von den Zahlungsströmen aus Investitionen und aus Finanzierungen.

Kapitalflussrechnung, direkte Methode zur Ermittlung des *operating cash flow*

Ermittlung des Zahlungsstromes aus operativen Vorgängen aus mehreren Einzahlungs- und Auszahlungsströmen. Mehrstufige Gegenüberstellung der Einzahlungen und der Auszahlungen des operativen Bereichs.

Kapitalflussrechnung, indirekte Methode zur Ermittlung des *operating cash flow*

Ermittlung des Zahlungsstromes aus operativen Vorgängen als Saldo aller Zahlungsströme des operativen Bereichs. Die Ermittlung dieses einen Saldo-Zahlungsstroms geschieht durch Korrektur des Einkommens um die zahlungsunwirksamen Komponenten des Einkommens, durch Abziehen der zahlungsunwirksamen Erträge und durch Hinzuzählen der zahlungsunwirksamen Aufwendungen.

Kapitalgesellschaft

→ Unternehmen, in dem das → Eigenkapital von vielen Personen stammt, die meistens nicht an der Unternehmensleitung beteiligt sind. Kapitalgesellschaften begründen eine eigene Rechtspersönlichkeit. Übliche Formen von Kapitalgesellschaften sind in Deutschland die Gesellschaft mit beschränkter Haftung und die Aktiengesellschaft.

Kapitalherabsetzung
Ungenauer Ausdruck für die → Eigenkapitalherabsetzung eines Unternehmens, der in vielen Fällen einer Entnahme entspricht.

Kapitalrücklage
Ungenauer Ausdruck für → Eigenkapitalrücklage

Kapitalrückzahlung
Ungenauer Ausdruck für → Eigenkapitalrückzahlung

Kontenplan
Übersicht der in einem → Unternehmen benutzbaren → Konten

Kontenrahmen
Meist von Verbänden herausgegebene Empfehlungen zum Aufbau eines → Kontenplans

Konto
Darstellungsform für die Veränderungen von Beständen. Im Rahmen der sogenannten doppelten Buchführung werden Konten verwendet, die zwei Zahlenspalten aufweisen, jeweils eine für die Zugänge und eine für die Abgänge. Der Normierung der Konteninhalte durch die doppelte Buchführung entsprechend werden die Zugänge von Konten für Vermögensgüter auf der linken Seite, der Soll-Seite, eines Kontos verzeichnet und die Zugänge für Kapitalkonten jeweils auf der rechten Seite, der Haben-Seite, eines Kontos. Die Abgänge von Vermögenskonten werden auf der Haben-Seite und die Abgänge von Kapitalkonten auf der Soll-Seite abgebildet. Durch diese Normierung besteht jeder → Buchungssatz aus der Angabe von (1) Konten, deren Soll-Seiten zu verändern sind, (2) Konten, deren Haben-Seiten zu verändern sind und (3) den zugehörigen Beträgen. In der englischen Sprache steht der Ausdruck → *account* für Konto und die Begriffe → *debit* für → Soll und → *credit* für → Haben.

Konto, permanentes
→ Konto, das man über mehrere → Abrechnungszeiträume hinweg benutzen möchte, weil es Informationen enthält, die man möglicherweise in mehreren Abrechnungszeiträumen benötigt. Als Beispiel eines solchen Kontos sei das für bebaute Grundstücke genannt.

Konto, temporäres
→ Konto, das man nur in einem einzigen → Abrechnungszeitraum benutzen möchte, beispielsweise das Konto für eine bestimmte Art von Erträgen des Abrechnungszeitraums 20X1.

Konzern
Aus mehreren rechtlich selbstständigen (und ökonomisch unselbstständigen) Einheiten bestehendes ökonomisch selbstständiges → Unternehmen. Konzerne sind nicht buchführungspflichtig. Sie müssen aber in der Lage sein, aus den Finanzberichten der in ihnen enthaltenen juristischen Einheiten Finanzberichte zu erzeugen, die sich auf den Konzern beziehen.

Konzernjahresabschluss
Unpassender Ausdruck des → dHGB für die Gesamtheit von → Bilanz, → Anlagespiegel → Gewinn- und Verlustrechnung sowie → Anhang eines Konzerns. Bei börsennotierten Konzernen kommen eine Kapitalflussrechnung und eine Segmentberichterstattung hinzu. Der Ausdruck ist unpassend, weil sich die Bewegungsrechnungen nicht auf ein Jahr beziehen müssen und weil durchaus nicht alle Konten abgeschlossen werden müssen. Besser wäre der Ausdruck Konzernfinanzberichte.

Konzernjahresfehlbetrag
Unpassender Ausdruck für den nach → dHGB ermittelten → Verlust, den ein → Konzern während eines → Abrechnungszeitraums erzielt. Die Ermittlung erfolgt durch Addition der Zahlen der juristischen Einheiten, die zum Konzern gehören, und durch

anschließende Konsolidierung dieser Summen. Der Ausdruck ist unpassend, weil sich die Einkommensrechnung nicht auf ein Jahr beziehen muss. Besser wäre der Ausdruck Konzernfehlbetrag.

Konzernjahresüberschuss

Unpassender Ausdruck für den nach → dHGB ermittelten → Gewinn, den ein → Konzern während eines Abrechnungszeitraums erzielt. Die Ermittlung erfolgt durch Addition der Zahlen der juristischen Einheiten, die zum Konzern gehören, und durch anschließende Konsolidierung dieser Summen. Der Ausdruck ist unpassend, weil sich die Einkommensrechnung nicht auf ein Jahr beziehen muss. Besser wäre der Ausdruck Konzernüberschuss.

Korrekturbuchungen

Sie ergeben sich aus Buchungsfehlern, die man korrigiert, und aus der Berücksichtigung von Buchungen wegen anderer relevanter Ereignisse. Die letztgenannten Korrekturbuchungen sind → Buchungen, die nach Aufstellung der → vorläufigen Saldenaufstellung vorgenommen werden, um die → korrigierte Saldenaufstellung zu erhalten.

Korrigierte Saldenaufstellung

→ Saldenaufstellung, korrigierte

Leistungsabgabeorientierung der Rechnungslegung

→ Rechnungslegung, Leistungsabgabeorientierung der, → Anforderung nach Leistungsabgabeorientierung

Liabilities

Englischsprachiger Ausdruck für das → Fremdkapital eines → Unternehmens

Lineare Abschreibung

→ Abschreibung, lineare

Liquidität

Zahlungsfähigkeit eines → Unternehmens

Loss

Englischsprachiger Ausdruck für den → Verlust, den ein Unternehmen während eines Abrechnungszeitraums erzielt

Lower of cost or market-Prinzip

Englischsprachiger Ausdruck für das → Niederstwertprinzip

Marginalprinzip

Es handelt sich um eines der → Zurechnungsprinzipien

Marktleistungsabgabe

Ausdruck dafür, dass beim Verkäufer Einkommen entsteht, wenn er allen seinen Verpflichtungen aus dem Verkauf von Vermögensgütern an einen Marktpartner nachgekommen ist

Maschinen

Häufig vorkommende Kontenbezeichnung für die abnutzbaren Vermögensgüter, die zur Herstellung von Erzeugnissen verwendet werden. Soweit die Nutzung von Maschinen nur zu Verwaltungszwecken erfolgt, subsumiert man sie unter dem Konto Betriebs- und Geschäftsausstattung.

Matching-Prinzip

Englischsprachiger Ausdruck für das Prinzip, → Erträge und die sachlich zugehörigen → Aufwendungen in der → Einkommensrechnung des gleichen Abrechnungszeitraums anzusetzen

Mengenrabatt

Rabatt, der meistens vor einem Geschäftsabschluss ausgehandelt wird und deswegen Bestandteil der Kaufpreisverhandlungen ist. Ein solcher Mengenrabatt beeinflusst die Höhe des Kaufpreises, jedoch nicht die sich anschließenden Buchungen des Einkaufs.

Negatives Wirtschaftsgut

→ Wirtschaftsgut, negatives

Net income

U.S.-amerikanischer Ausdruck für den → Gewinn eines → Unternehmens während eines Abrechnungszeitraums, ermittelt nach den U.S.-amerikanischen Rechnungslegungsstandards

Net loss

U.S.-amerikanischer Ausdruck für den → Verlust eines → Unternehmens während eines → Abrechnungszeitraums, ermittelt nach den U.S.-amerikanischen Rechnungslegungsstandards

Nicht abnutzbares Anlagevermögen

→ Anlagevermögen, nicht abnutzbares

Niederstwertprinzip

Prinzip des → dHGB, nach dem → Vermögensgüter in der → Bilanz so lange mit ihren eventuell wegen Abnutzung fortgeschriebenen → Anschaffungs- oder → Herstellungsausgaben anzusetzen sind, bis der Börsenwert, der Marktwert oder der beizulegende Wert niedriger ist. Im englischsprachigen Raum ist in diesem Zusammenhang vom → *lower of cost or market principle* die Rede.

Non current assets

Oberbegriff über → Vermögensgüter, die nicht den → *current assets* zugerechnet werden. Im englischen Sprachraum geläufige Klasse von Vermögensgütern. Die *non current assets* entsprechen weitgehend, aber nicht ganz dem Anlagevermögen.

Normierung von Konteninhalten

→ Konto

Oberkonto

→ Konto, über das mehrere → Unterkonten abgeschlossen werden

Operating expense

Englischsprachiger Ausdruck für → Betriebsaufwand. Nach → dHGB steht nicht fest, welche Aufwendungen dem operativen Bereich zuzurechnen sind. Nach → U.S. GAAP zählen alle Aufwendungen dazu, auch wenn sie offensichtlich nichts mit dem operativen Bereich zu tun haben, um Ermessensspielräume bei den Finanzberichterstellern zu vermeiden.

Operating income

Englischsprachiger Ausdruck für → Betriebseinkommen

Operating revenues

Englischsprachiger Ausdruck für → Betriebsertrag. Nach → dHGB steht nicht fest, welche Erträge dem operativen Bereich zuzurechnen sind. Nach → U.S. GAAP zählen alle Erträge dazu, auch wenn sie offensichtlich nichts mit dem operativen Bereich zu tun haben, um Ermessensspielräume bei den Finanzberichterstellern zu vermeiden.

Owners' equity

Englischsprachiger Ausdruck für → Eigenkapital

Partialbetrachtung

Betrachtung eines sachlichen oder zeitlichen Ausschnitts des Unternehmens

Passiver Rechnungsabgrenzungsposten

→ Rechnungsabgrenzungsposten, passiver

Passivum

Oberbegriff zu allen Posten, die auf der Kapitalseite einer → Bilanz erscheinen

Percentage of completion-Methode

Methode zur Abbildung von Fertigungsaufträgen, deren Fertigstellung über einen Bilanzstichtag hinaus geht. Es wird der Ansatz von anteiligen Erträgen und Aufwendungen aus dem Verkauf von Erzeugnissen in jedem Zeitraum vorweggenommen, in dem an dem Auftrag gearbeitet wird, obwohl die Abnahme durch den Käufer noch aussteht. Nach den Kommentaren zum → dHGB widerspricht die *percentage of completion*-Methode dem Realisationsprinzip. Nach den → IFRS ist ihre Anwendung in den meisten Fällen verbindlich.

Periodisierung

Ausdruck dafür, dass das Einkommen auch berührt wird, wenn sich ein abnutzbares Vermögensgut abnutzt, das man nicht verkaufen möchte

Permanentes Konto

→ Konto, permanentes

Personalausgaben

→ Ausgaben für die Beschäftigung von Personal. Werden die Ausgaben der → Herstellung von Erzeugnissen zugerechnet, richtet sich die Behandlung im Rechnungswesen nach dem → Prinzip der sachlichen Abgrenzung. Dann werden sie in dem Zeitraum zu Aufwand, in dem die Erzeugnisse verkauft werden. Werden sie nicht der Herstellung von Erzeugnissen zugerechnet, so sind sie → zeitraumbezogen abzurechnen. Daher erscheinen sie in dem Abrechnungszeitraum als Aufwand, in dem sie angefallen sind.

Personengesellschaft

→ Unternehmen, in dem das → Eigenkapital von mehreren Personen stammt, die oft alle an der Geschäftsführung beteiligt sind. Übliche Formen sind in Deutschland die Offene Handelsgesellschaft und die Kommanditgesellschaft.

Planmäßige Abschreibung

→ Abschreibung, planmäßige

Positives Wirtschaftsgut

→ Wirtschaftsgut, positives

Preisnachlass, nachträglicher

Ein nachträglicher Preisnachlass verlangt beim Käufer und beim Verkäufer Buchungen. Der Käufer muss seine Kaufbuchung korrigieren durch eine zusätzliche Korrekturbuchung in Höhe des Nachlasses. Der Verkäufer muss seine im Zusammenhang mit dem Verkauf gemachte Zugangs- und Ertragsbuchung durch eine weitere Buchung in Höhe des Nachlasses korrigieren. Ein nach-

träglicher Preisnachlass wirkt sich auch auf die Umsatzsteuer aus und führt beim Käufer und Verkäufer zu Korrekturbuchungen.

Prepaid expense

Englischsprachiger Ausdruck, der inhaltlich mit den → aktiven Rechnungsabgrenzungsposten übereinstimmt

Prinzip der sachlichen Abgrenzung

→ Abgrenzung, Prinzip der sachlichen

Prinzip der zeitlichen Abgrenzung

→ Abgrenzung, Prinzip der zeitlichen

Prinzip der zeitraumbezogenen Abgrenzung

→ Abgrenzung, Prinzip der zeitraumbezogenen

Profit

Englischsprachiger Ausdruck für den → Gewinn eines → Unternehmens

Profit and loss account

Englischsprachige Bezeichnung für das → Konto, auf dem die → Einkommensrechnung durchgeführt wird

Provisions

Englischsprachiger Ausdruck für → Rückstellungen

Prudence requirement

→ Anforderung nach Vorsicht

PublG

Abkürzung für → Publizitätsgesetz

Publizitätsgesetz

Gesetz, das in Deutschland die Berichtspflicht für große → Unternehmen regelt, die keine Aktiengesellschaften darstellen.

Purchase returns

Englischsprachiger Ausdruck für → Rücksendung von Handelsware

Realisation principle
Englischsprachiger Ausdruck für → Realisationsprinzip

Realisationsprinzip
Prinzip, nach dem Ertrag erst entsteht, wenn das Geschäft realisiert ist. Das ist der Fall, wenn der Verkäufer all seinen Pflichten nachgekommen ist. Die → *terms of trade* helfen dem Verkäufer bei der Festlegung seiner Verpflichtungen. In der englischen Sprache steht dafür der Ausdruck → *realisation principle*.

Rechnungsabgrenzungsposten
→ Aktivischer oder passivischer Bilanzposten für streng zeitraumbezogene Zahlungen, die vor dem Bilanzstichtag für Dienstleistungen in einem genau bestimmbaren Zeitraum nach dem Bilanzstichtag geleistet oder empfangen wurden.

Rechnungsabgrenzungsposten, aktiver
Forderungsähnlicher Posten, der aus noch nicht erhaltenen, aber bereits bezahlten zeitraumbezogenen Dienstleistungen von Marktpartnern resultiert. In der englischen Sprache wird ein Posten mit diesem Inhalt → *prepaid expense* genannt.

Rechnungsabgrenzungsposten, passiver
Verbindlichkeitsähnlicher Posten, der aus noch nicht erbrachten, aber bereits bezahlten zeitraumbezogenen Dienstleistungen an Marktpartner resultiert. In der englischen Sprache wird ein Posten mit diesem Inhalt → *unearned revenue* genannt.

Rechnungslegung, *accrual*-Basis der
Festlegung, dass → Eigenkapital und → Gewinn oder → Verlust ermittelt werden unter Berücksichtigung von Beständen an Vermögensgütern und Fremdkapital sowie aus deren Veränderungen

Rechnungslegung, Leistungsabgabeorientierung der
Festlegung, dass normalerweise bei Abgabe einer Leistung an einen Marktpartner → Gewinn oder → Verlust entsteht

Rechtsformen
Juristische Gestaltungsmöglichkeiten für die rechtlichen Rahmenbedingungen, nach denen sich → Unternehmen organisieren. Als Arten unterscheidet man das von einer einzelnen Person geführte Unternehmen (sog. → Einzelunternehmen) von → Personengesellschaften und von → Kapitalgesellschaften.

Relevante Ereignisse
→ Ereignisse, relevante

Relevante Ereignisse, Arbeitsablauf bei der Erfassung von
Erfassung derjenigen → relevanten Ereignisse, die → Geschäftsvorfälle darstellen, zu dem Zeitpunkt, zu dem physische Vorgänge im → Unternehmen ablaufen; Erfassung der → anderen relevanten Ereignisse zum Ende des Abrechnungszeitraums durch Prüfung jedes einzelnen Kontostandes, ob alle → relevanten Ereignisse erfasst wurden

Relevanzanforderung
→ Anforderung nach Relevanz

Reliability requirement
Englischsprachiger Ausdruck für → Anforderung nach Verlässlichkeit

Requirement of a going concern
Englischsprachiger Ausdruck für → Anforderung nach Unternehmensfortführung

Requirement of an economically independent unit
Englischsprachiger Ausdruck für → Anforderung nach selbstständiger Wirtschaftseinheit

Requirement of comparability
Englischsprachiger Ausdruck für → Anforderung nach Vergleichbarkeit

Requirement of conservatism
Englischsprachiger Ausdruck für → Anforderung nach Vorsicht

Requirement of prudence
Englischsprachiger Ausdruck für → Anforderung nach Vorsicht

Requirement of relevance
Englischsprachiger Ausdruck für → Anforderung nach Relevanz

Requirement of reliability
Englischsprachiger Ausdruck für → Anforderung nach Verlässlichkeit

Requirement of stable monetary unit
Englischsprachiger Ausdruck für → Anforderung nach stabiler Währungseinheit

Requirement of timeliness
Englischsprachiger Ausdruck für → Anforderung nach Zeitnähe

Rohertrag
Saldo aus → Umsatzertrag (Ertrag (Verkauf)) abzüglich → Umsatzaufwand (Aufwand für verkaufte Erzeugnisse und Handelsware), Aufwand (Verkauf))

Roh-, Hilfs- und Betriebsstoffe
Häufig vorkommende Kontenbezeichnung für die Vermögensgüter, die in einem Produktionsunternehmen für die Produktion benötigt werden

Rücklagen
Der Teil des Eigenkapitals einer Kapitalgesellschaft, der die Mindesthaftungssumme übersteigt. Man unterscheidet → Kapitalrücklagen von → Gewinnrücklagen. Kapitalrücklagen entstehen, wenn Anteilseigner beim Kauf ihrer Aktien mehr Geld in das Unternehmen einzahlen als der Mindest-

haftungssumme ihrer Aktie entspricht. Gewinnrücklagen entstehen durch Einbehaltung von Gewinn im Unternehmen.

Rücksendung von Handelsware
In der Praxis vorkommender Vorgang, bei dem unter Umständen die Kaufbuchung ganz oder anteilig durch eine weitere Buchung zurückgenommen wird. Im Englischen wird die Warenrücksendung als → purchase return bezeichnet.

Rückstellungen
Rückstellungen gehören zum → Fremdkapital. Es handelt sich nach → dHGB um erwartete künftige Belastungen des Vermögens, deren Zahlungsverpflichtung oder deren Höhe nicht feststehen. Im → dHGB sind Rückstellungen auch ansetzbar, wenn man einen absehbaren zukünftigen Verlust als Aufwand bereits im laufenden Abrechnungszeitraum vorwegnimmt. In der englischen Sprache werden für Rückstellungen die Ausdrücke → contingent liability und → provision verwendet.

Rückstellungen, Ansatz von
→ Erwartete künftige Belastung des Vermögens. Zur Vermeidung missbräuchlicher Bildung von Rückstellungen wird der Begriff der → erwarteten künftigen Belastung im englischsprachigen Raum näher definiert.

Sachanlagen
→ Anlagevermögen, sachliches

Sachliche Abgrenzung, Prinzip der
→ Abgrenzung, Prinzip der sachlichen

Saldenaufstellung
Liste der jeweiligen Kontensalden, der Differenz zwischen der Soll- und der Haben-Seite eines jeden Kontos. In der englischen Sprache heißt die Saldenaufstellung → trial balance.

Saldenaufstellung, korrigierte
Liste der jeweiligen Kontensalden nach Berücksichtigung aller für die → Buchführung → relevanten Ereignisse

Saldenaufstellung, vorläufige
Liste der jeweiligen Kontensalden nach Berücksichtigung aller Geschäftsvorfälle

Schwebendes Geschäft
Geschäft aufgrund eines zweiseitig verpflichtenden Vertrages, der noch von keiner Seite erfüllt worden ist. Schwebende Geschäfte werden grundsätzlich nicht bilanziert. Nur wenn daraus ein Verlust absehbar ist, erfolgt nach → dHGB der Ansatz einer Rückstellung und die Verbuchung von Aufwand in Höhe des erwarteten Verlusts.

Segmentberichterstattung
→ Finanzbericht, in dem wichtige Zahlen nach sogenannten Segmenten getrennt angegeben werden

Skonto
Barzahlungsrabatt, dessen Inanspruchnahme bei Geschäftsabschluss unbekannt ist. Wird bei der Buchung eines Verkaufs eine Inanspruchnahme des Skontos unterstellt, die dann nicht vorgenommen wird, ergeben sich Konsequenzen für die Buchführung. Sie ergeben sich auch, wenn man keine Inanspruchnahme unterstellt und dann vom Käufer unter Abzug von Skonto gezahlt wird.

Soll-Seite
Linke Spalte eines prinzipiell zweispaltigen → Kontos

Sonstige Verbindlichkeiten
→ Verbindlichkeiten, sonstige

Stabile Währungseinheit, Anforderung nach
→ Anforderung nach stabiler Währungseinheit

Stable monetary unit requirement
Englischsprachiger Ausdruck für die → Anforderung nach stabiler Währungseinheit

Statement of cash flows
Englischsprachiger Ausdruck für den → Finanzbericht mit der → Kapitalflussrechnung als Inhalt

Statement of earnings
Englischsprachiger Ausdruck für → Einkommensrechnung

Statement of owners' equity
Englischsprachiger Ausdruck für → Eigenkapitalveränderungsrechnung

Temporäres Konto
→ Konto, temporäres

Terms of trade
Liste von im Geschäftsleben üblichen Vereinbarungen bei Kauf oder Verkauf von Vermögensgütern oder Dienstleistungen

Timeliness requirement
Englischsprachiger Ausdruck für → Anforderung nach Zeitnähe

Totalbetrachtung
→ Betrachtung eines Unternehmens über seine gesamte Lebensdauer hinweg in einem einzigen Abrechnungszeitraum

Transitorischer Vorgang
→ Einkommenswirkung, Zahlung vor

Transportausgaben
Transportausgaben werden bei derjenigen Partei verrechnet, die sie übernommen hat. Hat der Käufer sie zu bezahlen, gehören sie zu den → Anschaffungsausgaben für die gekaufte Handelsware. Die → *terms of trade* helfen den Parteien bei der Festlegung von Details.

Trial balance

Englischsprachiger Ausdruck für → Salden-aufstellung

Umlaufvermögen

Nach → dHGB Oberbegriff über diejenigen → Vermögensgüter, die nicht dazu bestimmt sind, dem Unternehmen durch Gebrauch zu dienen. Dies sind Vermögensgüter, die im Rahmen der Geschäftstätigkeit ständig ihre Form wechseln, insofern „umlaufen". Zahlungsmittel, Roh-, Hilfs- und Betriebsstoffe, Erzeugnisse, Forderungen gehören beispielsweise dazu. Im → dHGB verbirgt sich hinter dem Umlaufvermögen eine übliche Klasse von Vermögensgütern. Vermögensgüter, die zum Umlaufvermögen gehören entsprechen weitgehend, aber nicht ganz den Vermögensgütern, die zu den → current assets zählen.

Umsatzaufwand

→ Aufwand aus Verkauf von Erzeugnissen und Handelsware sowie Dienstleistungen

Umsatzertrag

→ Ertrag aus dem Verkauf von Erzeugnissen und Handelsware sowie Dienstleistungen

Umsatzkostenverfahren

Aus der Kostenrechnung stammender Name für ein Aufbauprinzip einer → Einkommensrechnung. Das Einkommen ergibt sich bei diesem Verfahren wie beim sogenannten Gesamtkostenverfahren aus der Summe der Differenz aus den → Erträgen und → Aufwendungen aus dem Verkauf von Vermögensgütern und Dienstleistungen sowie aus der Differenz der restlichen → Erträge und Aufwendungen. Allerdings werden beim Umsatzkostenverfahren die Aufwendungen aus dem Verkauf direkt angegeben. Ermittelt und verbucht man die Umsatzaufwendungen bei jedem Verkauf, so besitzt die Buchführung jederzeit die Möglichkeit, gute Schätzwerte (ohne eventuellen aus der Inventur ersichtlichen Schwund) für das Eigenkapital und das Einkommen zu ermitteln.

Unearned revenue

Englischsprachiger Ausdruck mit dem gleichen Inhalt wie → Rechnungsabgrenzungsposten, passiver

Unterkonten des Eigenkapitals

→ Eigenkapital, Unterkonten des

Unterkonto

→ Konto, das über ein → Oberkonto abgeschlossen wird

Unternehmen

Institution, in welcher der → Unternehmer tätig ist. Mit ihrem Rechnungswesen ermitteln Unternehmen das → Eigenkapital und das → Einkommen. Unternehmen lassen sich juristisch und ökonomisch abgrenzen. Die ökonomische Abgrenzung ist für Aktionäre bedeutsamer als die juristische.

Unternehmensfortführung, Anforderung nach

→ Anforderung nach Unternehmensfortführung

Unternehmer

Person oder Personengruppe zur Leitung der Geschäfte eines → Unternehmens. Unternehmer übernehmen meistens Einkommensunsicherheiten von Beschäftigten, sind an Arbitragegewinnen interessiert und müssen sich durchsetzen können.

U.S. GAAP

Sammelbegriff für alle U.S.-amerikanischen Standards und Regeln zur Rechnungslegung von Unternehmen

Verbindlichkeiten

Nach → dHGB stellen Verbindlichkeiten Leistungsverpflichtungen des → Unternehmens dar, die juristisch erzwingbar sind und eine wirtschaftliche Belastung darstellen. Wir unterscheiden → Verbindlichkeiten aus dem Einkauf, → Verbindlichkeiten aus erhaltenen Vorauszahlungen, → Verbindlichkeiten aus Darlehen und → sonstige Verbindlichkeiten.

Verbindlichkeiten aus Darlehen
Verbindlichkeiten, die aus Darlehensaufnahmen resultieren

Verbindlichkeiten aus dem Einkauf
Verbindlichkeiten, die aus dem Einkauf von Vermögensgütern und Dienstleistungen von Marktpartnern folgen

Verbindlichkeiten aus erhaltenen Vorauszahlungen
Verbindlichkeiten, die aus dem Erhalt von Vorauszahlungen für zu erbringende zeitpunktbezogene, aber noch nicht gelieferte Erzeugnisse oder Handelsware an Marktpartner folgen

Verbindlichkeiten, sonstige
Restliche, nicht unter die anderen Verbindlichkeitsposten fallende Verbindlichkeiten

Vergleichbarkeit in Zeitablauf
→ Anforderung nach Vergleichbarkeit

Vergleichbarkeit zwischen Unternehmen
→ Anforderung nach Vergleichbarkeit

Verkauf von Vermögensgütern und Dienstleistungen
Beim Verkauf von Vermögensgütern und Dienstleistungen fallen zwei → Buchungen an, die → Zugangs- und Ertragsbuchung sowie die → Aufwands- und Abgangsbuchung. Wenn man während des Abrechnungszeitraums nur die Zugangs- und Ertragsbuchung vornimmt, muss man sich merken, dass man zum Ende des Abrechnungszeitraums noch die Aufwands- und Abgangsbuchungen für sämtliche Verkäufe vorzunehmen hat, eventuell in nur einer einzigen Pauschalbuchung.

Verlässlichkeitsanforderung
→ Anforderung nach Verlässlichkeit

Verlust
Verlust stellt das negative → Einkommen eines → Unternehmens dar. Er entsteht, wenn der → Ertrag den → Aufwand nicht deckt.

Vermögensgegenstand
→ Vermögensgut, das nach den Regeln des → dHGB bilanzierungsfähig ist: ein einzeln veräußerungsfähiges, selbstständig bewertbares Vermögensgut

Vermögensgut
Oberbegriff für das, was auf der Aktivseite einer → Bilanz erscheint. In einer Bilanz nach → dHGB versteht man darunter die → Vermögensgegenstände, in einer → Bilanz nach U.S.-amerikanischen oder internationalen Standards die → *assets*.

Vorläufige Saldenaufstellung
→ Saldenaufstellung, vorläufige

Vorrat an Erzeugnissen und Handelsware
Bewerteter Lagerbestand an Erzeugnissen, Handelsware

Vorsichtsanforderung
→ Anforderung nach Vorsicht

Wertanpassung, außerplanmäßige
Außerplanmäßige Zuschreibung oder → außerplanmäßige Abschreibung des Werts eines → Vermögensguts

Wirtschaftsgut, negatives
Ausdruck des deutschen Steuerrechts für dasjenige → Fremdkapital, das in einer → Bilanz nach deutschem Steuerrecht angesetzt wird. Nach der in diesem Buch verwendeten Terminologie müssen zur Passivierung eines Postens im steuerrechtlichen Sinn sichere oder hinreichend sichere Belastungen des Vermögens vorliegen, die auf einer rechtlichen oder wirtschaftlichen Leistungsverpflichtung beruhen und selbstständig bewertbar sind. Negative Wirtschaftsgüter des deutschen Steuerrechts entsprechen weitgehend, aber nicht ganz dem Fremdkapital des → dHGB und den → *liabilities* der IFRS.

Wirtschaftsgut, positives

Ausdruck des deutschen Steuerrechts für diejenigen → Vermögensgüter, die in einer → Bilanz nach deutschem Steuerrecht angesetzt werden. Nach der in diesem Buch verwendeten Terminologie müssen zur Aktivierung eines Guts im steuerrechtlichen Sinn Ausgaben entstanden sein, ein über das Wirtschaftsjahr hinausgehender Nutzen zu erwarten sein und eine selbstständige Bewertbarkeit vorliegen. Positive Wirtschaftsgüter des deutschen Steuerrechts entsprechen weitgehend, aber nicht ganz den Vermögensgegenständen des → dHGB und den *assets* der IFRS.

Write off

Englischsprachiger Ausdruck für → außerplanmäßige Abschreibung

Zahlungsmittel

Barmittel sowie jederzeit verfügbare sogenannte Sichteinlagen bei Banken. Im englischsprachigen Raum wird dafür der Ausdruck → *cash* verwendet.

Zeitliche Abgrenzung

→ Abgrenzung, Prinzip der zeitlichen

Zeitnäheanforderung

→ Anforderung nach Zeitnähe

Zeitraumbezogene Abgrenzung

→ Abgrenzung, Prinzip der zeitraumbezogenen

Zurechnungsprinzipien

Prinzipien oder Argumentationsketten, die man anwendet, wenn man Vermögensgüter mit den Wertbestandteilen versieht, die aus Vorgängen resultieren. Ein bekanntes Beispiel ergibt sich, wenn man Erzeugnisse mit den Werten versehen möchte, die bei ihrer Herstellung angefallen sind. Bei dieser Ermittlung der → Herstellungsausgaben eines Erzeugnisses ist es erforderlich, Überlegung zur Abgrenzung derjenigen Ausgaben, die man dem Erzeugnis zurechnet, von denjenigen vorzunehmen, die man ihm nicht zurechnet. Die vielen möglichen Zurechnungsprinzipien oder Argumentationsketten lassen sich in zwei Arten unterteilen, in Marginalprinzipien und in Finalprinzipien. Nach einem Marginalprinzip wird einem Erzeugnis eine Ausgabe nur zugerechnet, wenn sie mit jeder neuen Erzeugniseinheit wieder neu anfällt. Finalprinzipien eröffnen dagegen die Möglichkeit, Erzeugnissen auch solche Ausgaben zuzurechnen, die nur einmalig oder gemeinsam für mehrere Produktionseinheiten anfallen.

Register

Seitenzahlen, die auf die Begriffserklärung im Glossar verweisen, sind **fett** gedruckt.